选矿厂工艺设备安装与维修

孙长泉　孙成林　等编著

北　京
冶 金 工 业 出 版 社
2014

内 容 简 介

本书共15章，全面系统地介绍了选矿厂设备安装与维修技术，包括概述、颚式破碎机、旋回破碎机、圆锥破碎机、锤式破碎机、反击式破碎机、辊式破碎机、筛分机械、球磨机与棒磨机、自磨机与砾磨机、分级机械、浮选机械、磁选机械、浓缩机、过滤机等。重点介绍了这些机械设备的类型、工作原理、构造、主要工作参数、安装与试车、使用、维修等。

本书可供选矿厂生产、管理、科研等人员使用，也可供大专院校相关专业师生参考。

图书在版编目(CIP)数据

选矿厂工艺设备安装与维修/孙长泉，孙成林等编著.
—北京：冶金工业出版社，2010.5（2014.1重印）
ISBN 978-7-5024-5247-6

Ⅰ.①选… Ⅱ.①孙… ②孙… Ⅲ.①选矿厂—选矿机械—安装 ②选矿厂—选矿机械—维修 Ⅳ.①TD45

中国版本图书馆CIP数据核字(2010)第074772号

出 版 人 谭学余
地　　址 北京北河沿大街嵩祝院北巷39号，邮编 100009
电　　话 (010)64027926 电子信箱 yjcbs@cnmip.com.cn
责任编辑 李 梅 美术编辑 李 新 版式设计 孙跃红
责任校对 王永欣 责任印制 牛晓波
ISBN 978-7-5024-5247-6
冶金工业出版社出版发行；各地新华书店经销；三河市双峰印刷装订有限公司印刷
2010年5月第1版，2014年1月第3次印刷
787mm×1092mm 1/16；20.5印张；496千字；312页
62.00元

冶金工业出版社投稿电话：(010)64027932 投稿信箱：tougao@cnmip.com.cn
冶金工业出版社发行部 电话：(010)64044283 传真：(010)64027893
冶金书店 地址：北京东四西大街46号(100010) 电话：(010)65289081(兼传真)
（本书如有印装质量问题，本社发行部负责退换）

前　言

矿产资源是人类生存和社会发展不可缺少的物质基础，世界各国都非常重视对矿产资源的合理开发和综合利用，从而促进社会的持续发展。我国亦是如此，为开发矿产资源，据不完全统计，目前已建立以国有矿山为主体的矿山企业(集团)达28万个，已形成大、中资源城市390座，吸纳从业人口3亿多。当前，我国92%的一次性资源、80%的工业原料、70%的农业生产资料都是以矿产品为原料提供的。

随着国民经济的持续发展，社会的不断进步，人民生活水平的不断提高，对矿产资源的需求量不断增加，各类矿山企业担负着重要任务和使命。随着对矿产资源需求量的不断增加，促使矿山企业的增加和生产能力的不断扩大，生产过程的机械化和自动化水平也随之不断提高。选矿厂是矿山生产的重要环节，生产过程的整体性、连续性很强，其工艺设备安装与维修水平和质量，直接影响着选矿厂的生产及其经济效益。

选矿厂工艺设备安装与维修水平和质量的提高，可以延长设备使用寿命，提高设备运转率，降低能源消耗，对改善和提高选矿生产技术经济指标，提高企业经济效益和社会效益，建设节约型社会，有非常重要的作用和意义，国内目前尚无有关选矿厂工艺设备安装与维修方面较为系统的技术书籍。为使设备的安装与维修更好地服务于选矿厂生产，作者根据我国各类选矿厂的实际状况和水平，结合几十年的经历和经验，编写了本书。本书的编写，是以生产实践为基础，从生产实际需要出发，系统归纳和总结了目前我国选矿设备的制造水平和设备安装的现行规范及有关选矿厂的成功经验。本书突出重点，考虑全局，内容丰富，实用性强，以主要工艺设备为主，系统介绍了设备分类、工作原理、构造、主要工作参数、安装与试车、使用、维修，全面体现和总结了我国选矿厂工艺设备安装与维修水平，可供各类选矿厂生产管理、设备管理及技术人员使用。

本书由孙长泉和孙成林共同策划和编写，并组织有生产实践经验的生产第一线的工程师或高级工程师参加了编写。全书共15章，其中，第1章由李奎星编写，第2章和第3章由孙长泉编写，第4章由孙成林编写，第5章由陈学云编写，第6章由孙长泉编写，第7章由卞英娟、孙成林编写，第8章由王军祥编写，第9章由张贵忠编写，第10章由王书建编写，第11章由贾增良编写，第12章由仵怀昌编写，第13章由谭玉林编写，第14章由贾增良编写，第15章由李云平、孙长泉编写。最后由孙长泉统一修改定稿。

本书编写过程中，由于国内选矿设备制造厂家繁多，设备型号规格多元化，各有关选矿厂生产技术与管理水平不一，收集资料难度较大，再加上编写时间及水平有限，恐有挂一漏万之虞，难免存在一些不足，敬请同行指正。

孫長泉

2010年3月10日于青岛理工大学黄岛校区

目　录

1 概　述

1.1 选矿厂设备在生产中的重要作用

选矿厂设备是指工业企业在从事选矿生产活动中的物质技术装备。设备是现代化生产的物质基础,是生产力的重要组成部分。在选矿生产实践中,所加工原料的性质决定了生产工艺,是生产活动的基本条件;选择合适的生产工艺后,高效的工艺设备是生产经营好坏的关键。这是因为,一方面优化的生产工艺要靠先进的设备来实现,工艺设备是达到生产目的的手段,是现代工业企业进行生产活动的物质技术基础;另一方面,工艺设备也是企业生产力发展水平与企业现代化程度的主要标志,没有先进的选矿工艺设备,就没有现代化的选矿生产,也就没有现代化的选矿企业。所以选矿工艺设备在选矿生产中有着重要的作用和地位。

对企业而言,机器设备涉及企业生产经营活动的全局,设备管理直接影响着生产效率、产品质量、企业效益和生产安全。企业作为商品的生产、经营单位,必须树立市场观念、质量观念、时间观念、效益观念,以适销对路、物美价廉的产品赢得用户,占领市场,才能取得良好的经济效益,求得企业的生存和发展。在企业从产品市场调查—组织生产—经营销售的管理循环过程中,机器设备处于十分重要的地位,影响着企业生产经营活动的全局。首先,在项目的可行性研究阶段,就必须充分考虑企业本身所具备的基本生产条件,掌握矿山的储量、构造等地质条件,矿石矿物组成,矿石结构构造,矿石类型等;在选矿厂初步设计阶段就要对全厂设备进行合理选择、计算和匹配,选择高效、节能、环保型先进选矿设备,以适应选矿生产的机械化和自动化程度越来越高的要求。

选矿厂设备对生产过程中原材料和能源的消耗也关系极大,直接影响产品的成本和销售利润,以及企业在市场上的竞争能力。选矿厂设备还是影响生产安全、环境保护的主要因素,并对操作者的劳动情绪有着不可忽视的影响。

从宏观上讲,设备管理工作对国家技术进步和工业现代化起促进作用,提高设备的技术水平是民族工业技术进步的一项主要内容。一方面科学技术进步的过程就是劳动手段不断发展的过程,科学技术的新成就往往迅速地应用到设备上,可以说设备是科学技术的结晶;另一方面新设备的出现,标志着新的劳动手段的出现,又进一步促进科学技术的发展。新工艺、新材料的应用,新产品的发展都靠设备来保证。先进的科学技术和先进的经营管理是推动现代经济高速发展的两个车轮,缺一不可,这已是人们的共识。我国发展国民经济,都特别强调"科学技术是第一生产力","科技实力,决定国家命运"。企业的技术进步,主要表现在科技进步上,产品开发、升级换代、生产工艺技术的革新进步,生产装备的技术更新、改造以及人员技术素质、管理水平的提高。其中,设备的技术改造和技术更新尤为重要。因此,选矿厂必须十分重视提高机器设备的技术水平,把改善和提高选矿厂技术装备的素质,作为实现选矿厂技术进步的主要内容。

1.2　选矿厂生产的目的和任务

矿产资源指经过地质成矿作用,埋藏于地下或出露于地表,并具有开发利用价值的矿物或有用元素的集合体。矿产资源是重要的自然资源,是社会生产发展的重要物质基础,现代社会人们的生产和生活都离不开矿产资源。目前,我国92%以上的一次能源,80%的工业原材料,70%以上的农业生产资料,30%以上的农业灌溉用水和1/3人口的饮用水均来自于矿产资源。矿产资源属于非可再生资源,其储量是有限的,矿产资源是在地球千百万年乃至几十亿年漫长的地质过程中,经过复杂的变迁而富集起来的极其珍贵的自然资源,与其他资源不同,它们一旦被开采,在相当长的时期内绝大多数不可能再生,只供人们一次使用。随着社会生产力的不断发展,矿产资源不断开发和利用,储量也越来越少。但是目前许多矿产资源已日趋贫化,原矿品位日趋下降,不仅大量的矿石需要经过选矿加工才能利用,而且入选矿石中的低品位和难选矿石越来越多;同时,冶炼对精矿质量的要求越来越严,要求综合回收的元素越来越多。因此,选矿工程在资源开发利用中显示着越来越重要的作用。因此,如何最大限度地综合利用矿产资源,使其充分地为人类社会的发展贡献力量,是矿物加工领域的重大课题。

我国是世界上矿产种类比较齐全、资源蕴藏比较丰富的少数国家之一,目前我国已发现171种矿产,查明资源储量的矿产有158种,这些矿产按其特点和用途通常分为金属矿产、非金属矿产和能源矿产三大类。

(1)金属矿产资源。

1)黑色金属矿产:铁、锰、铬、钛等。

2)有色金属矿产:属于这类的资源很多,如铜、铅、锌、钨、锡、镍等单金属或多金属的硫化矿、氧化矿和混合矿以及铝土矿。

3)稀有金属矿产:富含锂、铍、铌、钽、锆、铪、铷、铯等稀有元素的矿产。

4)稀土矿产:含有稀土元素的矿石,如独居石、氟碳铈矿和离子型稀土矿等。稀土金属包括铈族和钇族共17种元素,如铈、镧、钕、钇等。

5)分散元素矿产:分散元素很少有单独存在的矿产品,多分散存在于其他矿产品中,如锗、镓、铟等。

6)放射性金属矿产:含铀、钍和镭的矿石,如晶质沥青铀矿、铜铀云母矿等。

7)贵金属矿产:含金、银、铂、钯、钌、铑、锇、铱等贵金属元素的矿石。

(2)非金属矿产资源。包括磷矿岩和含硫化铁矿、石墨、石棉、滑石、石英、长石、云母、金刚石等矿物。这类矿产种类繁多,可作为化工、建材、冶金辅助材料、陶瓷和硅酸盐等部门的原料。

(3)能源矿产。此类矿产指在天然状态或经过加工后可作为燃料或化工原料的矿产资源,如煤、油页岩、石油、天然气等。

矿产资源能否具有工业开采价值,取决于矿物的存在形式、存在环境及富集程度与数量,矿产资源的经济地理环境,矿产的加工技术和其他技术经济因素。在各种矿产资源中,除极少数在开采后可直接利用外,绝大多数需要经过开采—矿物加工(选矿)—冶炼,才能利用,选矿是主要加工过程。

金属矿产资源加工的最终目的是从矿石中提纯金属或金属化合物。但是从地下开采的矿石大都金属含量很低,且越来越低,无法直接利用,必须进行选矿加工处理。

对于大多数矿石而言(特别是有色金属、稀土和稀有金属的复合矿石),常有多种有用矿物共生或伴生的特点,如铜-钼、铜-镍、铜-铅-锌-银、钨-锡-钼-铋、钕-镧、铁-铜-钴、铁-钒-钛等。其中有价元素常以矿物集合体的形式共存于同一矿体中。这类矿石的加工分离过程较复杂,需要将各种有用矿物分离。否则,不仅造成有用矿物的浪费,甚至使冶炼过程无法进行。如一些多金属共生的矿石,其中所含各金属成分,如铜、铅、锌、铁在冶炼时常常是相互为害的,只有经过选矿分离得到多种精矿产品后才能分别进行冶炼。这种在冶炼之前将同一种矿石中的多种有用矿物相互分离的过程也只能借助选矿技术才能实现。

矿石中除了有用矿物以外,还常含有对冶炼或其他加工过程有害的杂质。例如,对于高炉炼铁,硫、磷是有害杂质,如果铁精矿中硫和磷的含量太高,会使生铁发脆。用于陶瓷工业的黏土,微量的铁是十分有害的杂质。如果不预先将这些有害元素除去,将直接影响产品质量和工艺过程,甚至无法进行。这种除去原料中有害杂质的任务也由选矿来完成。

因此,选矿的目的和任务就是将有用矿物同脉石分离;把彼此共生的有用矿物分离并富集成单独精矿,综合回收有用矿物;除去对冶炼和其他加工过程有害的杂质,提高选矿产品质量,以便充分、合理、有效、经济地利用矿产资源。

为了达到上述目的,根据不同的矿石类型和对选矿产品的要求采用不同的选矿方法。常用的选矿方法有:浮选法、重选法和磁选法。其中浮选法应用较为广泛,可用来处理绝大多数矿石,磁选法多用在黑色金属和稀有金属的选矿,重选法则广泛地应用于黑色、有色、稀有金属和非金属矿石的选别。

除上述常用的三种选矿方法外,还有电选法、光电选矿法、化学选矿法及其他特殊选矿法。各种选矿方法常常联合应用,小型选矿厂也可单独使用。

1.3 选矿作业内容和基本方法

选矿过程一般包括选别前的准备、选别和选别后的脱水三个基本作业。

1.3.1 选别前的准备作业

该作业包括破碎和筛分、磨矿和分级等作业,在一些选矿厂加入预选作业和洗矿作业。其主要目的是实现有用矿物和脉石矿物单体解离,各种有用矿物间单体解离,为选别作业提供合适入选粒度。

(1)破碎作业。破碎是大块物料在机械力作用下粒度变小的过程,其主要任务是为磨矿作业准备合格的给矿粒度,或者直接为选别或冶炼等用户提供最合适的入选、入炉和实用粒度。

在矿山工业生产中,目前广泛应用的破碎方法,仍然是机械力破碎,主要有压碎、劈碎、折断、磨碎和冲击,见图1-1;非机械力,如超声波等破碎,目前尚没有在大工业生产中应用。

1)压碎(图1-1a)。矿石在两个工作面之间施加压力而被破碎。

2)劈碎(图1-1b)。劈裂破碎是矿石受到两个楔状物体的劈力作用被破碎,其特点是物料受力的作用范围较集中,易于破碎。

3)折断(图1-1c)。矿石受弯曲作用而破碎。

4)磨碎(图1-1d)。这是两个破碎工作面对矿石做相对运动,物料受到压力和剪力的作用而破碎。

5)击碎(图1-1e)。矿石在瞬间受到外来的冲击力而被破碎。

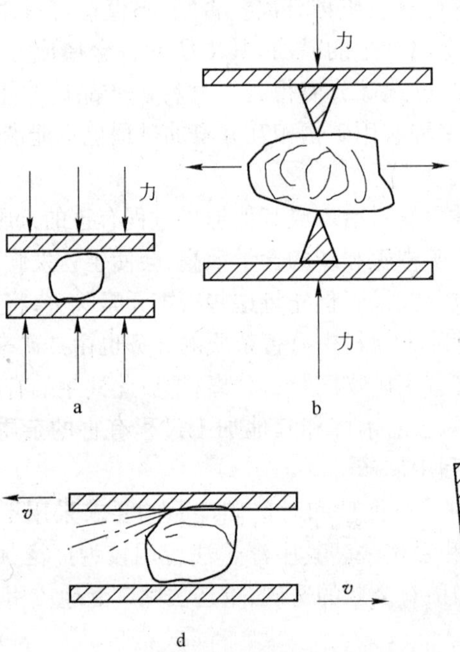

图1-1 常用的破碎方法

a—压碎;b—劈碎;c—折断;d—磨碎;e—击碎

现在工业中应用的破碎设备种类繁多,其分类方法也有多种。破碎设备可按工作原理和结构特征划分为:颚式破碎机、圆锥破碎机、辊式破碎机和冲击式破碎机等。

(2)筛分作业。将颗粒大小不同的混合物料按其粒度级别分开的作业称为筛分。筛分得到两种产物:小于筛孔的颗粒通过筛面叫筛下产物,留在筛面上的产物叫筛上产物。要实现筛分过程,物料在筛面上应做相对运动,一方面使筛面上的物料层处于松散状态,产生按粒度分层;另一方面,物料和筛子的运动促使堵在筛孔上的颗粒脱离筛面,有利于颗粒透过筛孔。

按筛分在选矿工艺中的作用不同,筛分作业一般分为以下几种:独立筛分、准备筛分和辅助筛分,此外还有以脱水、脱泥或脱介为目的的筛分,在实验中用筛分做筛分分析。

按照筛分的性质和特点,目前在工业中广泛应用的筛分方法有普通筛分法、薄层筛分法、概率筛分法和厚层筛分法。

普通筛分法是一种中等料层厚度的筛分方法,在普通振动筛和共振筛中进行的筛分就是这种筛分,料层厚度一般为筛孔尺寸的3~6倍,筛面1~2层,物料颗粒的透筛是在筛面连续振动的情况下按筛孔的大小进行的,适用于颗粒状或块状物料的筛分。

薄层筛分法是在物料层极薄的条件下进行的一种筛分方法。这种方法通常应用于筛面直接被激振的筛子,适用于细粒物料或超细粒物料的筛分。

概率筛分法是瑞典的摩根森首先提出的，这种方法有效地按照概率理论去完成物料筛分的整个过程，具有多层面、大安装倾角、大筛孔的特点。

厚层筛分法又叫等厚筛分法，其特点是：不管入料中小于筛孔的颗粒所占的百分比如何，在筛分过程中筛上物料层的厚度保持不变或递增；而采用普通筛分法，筛上物料层厚度都是递减的。厚层筛可成倍地提高处理能力，目前在大型选煤厂中使用。

筛分机根据其运动特点和筛面形状可分为三类：固定筛、筒形筛和振动筛。其中常用的筛分设备有固定筛、惯性振动筛、自定中心振动筛、重型振动筛、共振筛、直线振动筛。

(3)磨矿作业。磨矿作业的主要任务是实现有用矿物单体解离，为选别作业提供合适的入选粒度，是选矿工艺的关键工序。

磨机是一个两端带有中空轴颈的空心圆柱筒，物料从圆筒一端进入，产物从另一端排出。筒内装有磨碎介质（钢球、钢棒或砾石），根据磨碎介质的不同，磨机分为球磨机、棒磨机、砾磨机和自磨机。筒体转动时将介质带到一定高度而下落，对物料产生冲击与磨剥作用，使物料粉碎。

选矿厂中广泛使用的磨矿设备是球磨机和棒磨机，近几年自磨机在新建选厂中应用较多。与此同时，一些特殊的细磨设备，也开始应用于磨矿作业中，如立式磨、离心磨、振动磨、喷射磨等。

(4)分级作业。绝大多数矿石有用矿物嵌布得极细，其嵌布粒度可达0.1~0.01mm，甚至更细，为了把这些细微的有用矿物与脉石分离，必须把矿石磨到一定细度，但又不能过细，过细就会泥化，影响产品质量并增加磨矿费用，为此经磨矿后的产品必须及时进行分级。

按矿粒在介质中的不同沉降速度，将物料分成若干粒度级别的过程称为分级。分级使用的介质有空气和水，使用空气作为介质的叫干式分级，使用水作为分级介质的称为湿式分级。在湿式分级中，根据作业的目的和使用的设备不同，又可分为水力分级和机械分级。

1)水力分级。在重选前，这种分级可用来将磨好的矿物在水中按等降性分级，此方法可分为自由沉降和干涉沉降两类。

2)机械分级。根据选别作业要求，在矿石入选前用螺旋分级机、水力旋流器和细筛等对矿石进行分级。

螺旋分级机是常规的分级设备，与湿式球磨机形成闭路配套共同完成磨碎与分级。

水力旋流器常用于二段磨矿分级作业，近十年来也应用于一段磨矿分级作业，并有取代螺旋分级机的可能。

1.3.2 选别作业

根据各种矿物不同的性质，采用不同的选矿方法，如重选法、浮选法、磁选法、电选法、生物化学选矿法等，把有用矿物同脉石分离出来，并使有用矿物相互分离获得最终选矿产品。

(1)重选作业。主要是根据矿物的密度不同借助于选别介质，把有用矿物从矿石中分离出来。根据介质的运动形式和作业目的，可以分为以下九种基本方法：分级、重介质选矿、跳汰选矿、摇床选矿、溜槽选矿、螺旋选矿、离心力选矿、风力选矿和洗矿。分级和洗矿是按粒度分离的，常用在入选前的准备作业。

(2)浮选作业。主要是利用矿物表面物理化学性质的不同来分选矿物。它的特点是有用矿物选择性地附着在矿浆中的空气泡上，并随之上浮到矿浆表面，达到分离有用矿物和脉石的目的。浮选时向矿浆中添加浮选药剂,并往矿浆中导入空气,形成大量气泡,不易被水湿润的疏水性矿物颗粒附着在气泡上,随同气泡上浮到矿浆表面形成矿化泡沫层;而那些容易被水湿润的亲水性矿物颗粒,不能附着在气泡上而留在矿浆中从而使矿化泡沫实现分离。

将有用矿物浮入泡沫产物中,将脉石矿物留在矿浆里,这种浮选叫正浮选。但有时却将脉石矿物浮入泡沫产物中,将有用矿物留在矿浆里,这种浮选叫反浮选。如矿石中含有两种或两种以上的有用矿物,其浮选方法有两种:一种叫做优先浮选,即把有用矿物依次地一个一个的选出为单一的精矿;另一种叫做混合浮选,即先把有用矿物同时选出为混合精矿,然后再把混合精矿中的有用矿物一个一个地选分开。根据充气方式的不同,浮选机分为:机械搅拌式、充气机械搅拌式和充气式三种。

(3)磁选作业。主要是根据各种矿物的磁性的差异把有用矿物从矿石中分离出来。磁选是在磁选设备的磁场中进行,被选矿石给入磁选设备的选分空间后,受到磁力和机械力(包括重力、离心力、水流动力等)的作用,不同的矿粒受到不同的磁力作用,沿不同的路径运动,分别接取就可得到磁性产品和非磁性产品。

磁选法广泛地应用于黑色金属矿石的选别,有色和稀有金属矿石的精选,重介质选矿中介质的回收,从非金属矿物原料中除去含铁杂质、排出铁物以保护破碎机和其他设备,从冶炼生产的钢渣中回收废钢以及从生产和生活污水中除去污染物,此外超导磁选和磁流体分选应用也有较大发展。在选矿工艺上,按比磁化率的大小把所有矿物分成强磁性矿物、弱磁性矿物和非磁性矿物。磁选机根据其磁场强度和磁力的强弱可分为弱磁场磁选机和强磁场磁选机两种。

(4)电选作业。电选是根据各种矿物的电性质不同,在电场的作用下,矿粒所受到的电力和机械力(包括重力、离心力、阻力等)不同,产生不同的运动轨迹,从而使之分开的一种选矿方法。电选的内容很广泛,包括电选、电分级、摩擦带电分选、介电分选、高梯度电选、电除尘等。

(5)其他选别作业。如化学选矿、生物选矿、手选等都是利用矿物某一方面的特性进行分离。

1.3.3 选别后的脱水作业

湿法选矿得出的精矿含有大量的水分,这对精矿的直接使用或继续加工都不合适。精矿中的水分太大还会给运输和装卸造成困难。选矿产品中的水可以返回再用,以减少新水的消耗量。

从选矿产品中除去水分的过程叫做脱水。脱水的方法主要有自然排水、浓缩、过滤和干燥。粗粒物料的脱水是比较容易的;一般采用自然排水法,这种方法是利用水自身的重力作用排泄出来。但是细粒物料用自然排水法,不仅脱水过程慢,而且细粒物料会随水流失脱水,因此细粒物料比较复杂,一般要分为浓缩、过滤和干燥三个阶段来完成。对于具体的物料究竟采用什么脱水作业,取决于物料的性质和对脱水产品水分的要求。

(1)浓缩。就是将较稀的矿浆浓集为较稠的矿浆的过程,同时分出不含或含少量固体物质的液体。选矿产品浓缩过程,根据矿浆中固体颗粒所受的主要作用力的性质,分为重力沉降浓缩、离心力沉降浓缩和磁力浓缩三种。

(2)过滤。这是从矿浆中分离固体颗粒的过程,基本原理是:将液固两相的混合物给到多孔隙的介质表面，在压力差的作用下，液体通过介质，而固体颗粒残留于介质表面，称为滤饼；通过滤饼层和介质层的液体称为滤液。目前最常用的方法就是过滤。

按照产生过滤的压差的原理不同可分为重力过滤、真空过滤、加压过滤和离心过滤四种。

（3）干燥。干燥进一步降低产品的水分，以满足用户或下道生产工序的要求。干燥是利用热能除去物料中部分水分的作业。常用的方法有间接或直接传热干燥法，即以热气体为介质，将热间接或直接传递给物料，使物料表面的水分汽化，并通过表面处的气膜向气流主体扩散；与此同时，物料表面水分汽化的结果，使物料内部和表面之间产生水分差，物料内部的水分以气态或液态的形式向表面扩散，从而使物料得到干燥。

1.4 选矿工艺流程

1.4.1 破碎筛分工艺流程

破碎作业的主要任务是为磨矿作业提供合适的给矿粒度，或者直接为选别、冶炼等用户提供适宜的入选、入炉和使用粒度。组成破碎流程的基本作业是破碎和筛分（包括预先筛分和检查筛分），必要时配备洗矿作业。因此，可能的单元流程见图1－2a、b、c、d。以此单元流程组合的生产常用流程见图1－3，有bb、bc、bbb、bbc几种。究竟选择怎样的破碎流程，一般依据原矿最大块度、最终产品粒度、原矿和各段破碎产物的粒度特性、原矿的物理性质、含泥量和含水量等因素确定。

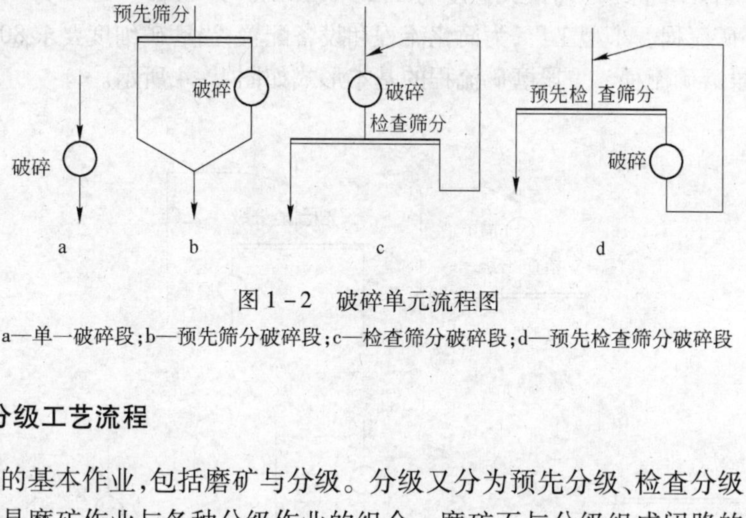

图1－2 破碎单元流程图

a—单一破碎段；b—预先筛分破碎段；c—检查筛分破碎段；d—预先检查筛分破碎段

1.4.2 磨矿分级工艺流程

磨矿流程的基本作业，包括磨矿与分级。分级又分为预先分级、检查分级与控制分级。所以磨矿流程是磨矿作业与各种分级作业的组合。磨矿不与分级组成闭路的开路磨矿，仅在棒磨机代替细碎或粗磨时使用。目前，选矿厂常用的磨矿流程可分为两大类，即常规的球磨—棒磨流程和自磨流程，每一种类型又可分为不同的组合形式。

1.4.2.1 球（棒）磨流程

对选矿而言，采用一段或两段磨矿，便可经济地把矿石磨至选矿所需要的任何粒度。两段以上的磨矿，通常是由进行阶段选别的要求决定的。

一段磨矿流程的主要优点是：设备少，投资低，操作简单，不会因一个磨矿段停机影响到另一磨矿段的工作，停工损失少。但磨机的给矿粒度范围宽，合理装球困难，不易得到较细

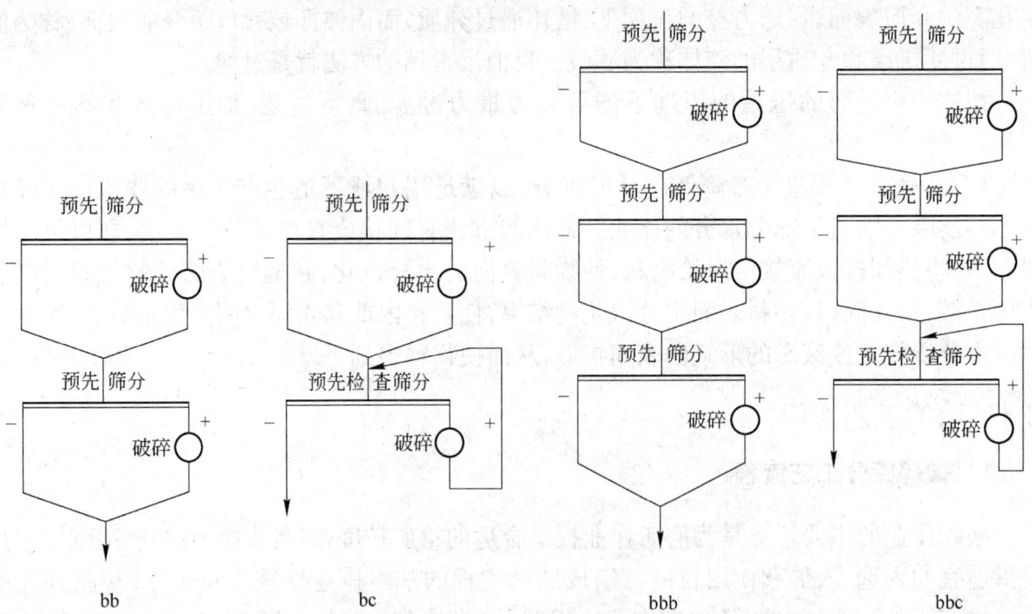

图1－3　常用生产流程图

bb—预先筛分二段破碎；bc—带有预先筛分和预先检查筛分二段破碎；
bbb—预先筛分三段破碎；bbc—带有预先筛分和预先检查筛分三段破碎

的最终产物。当要求最终产物最大粒度为0.2～0.15mm（即60%～79%为－200目），一般都采用一段磨矿流程。小型工厂，为简化流程和设备配置，当磨矿细度要求80%为－200目时，也可用一段磨矿流程。一段磨矿流程的基本形式如图1－4所示。

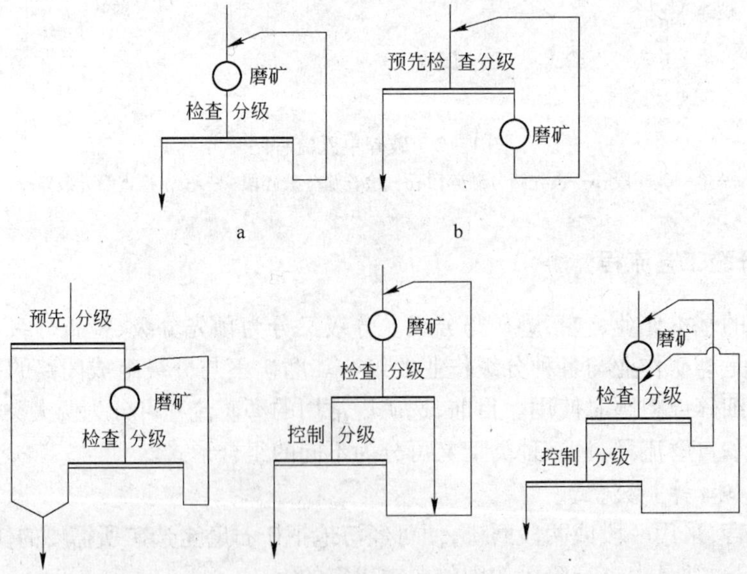

图1－4　一段磨矿流程的基本形式

a—检查分级一段磨矿；b，c—预先及检查分级一段磨矿；d，e—检查分级及控制分级一段磨矿

两段磨矿的突出优点是能够得到较细的产品,能在不同磨矿段进行粗磨和细磨,特别适用于阶段处理。在大、中型工厂,当要求磨矿细度小于 0.15mm(即 80% 为 -200 目)时,采用两段磨矿较经济,且产品粒度组成均匀,过粉碎现象少。根据第一段磨机与分级机连接方式不同,两段磨矿流程可分为三种类型:一段闭路,如图 1-4a、b、c、d 所示;二段全闭路,如图 1-5e、f 所示;一段局部闭路,二段全闭路工作的磨矿流程,如图 1-5g、h 所示。

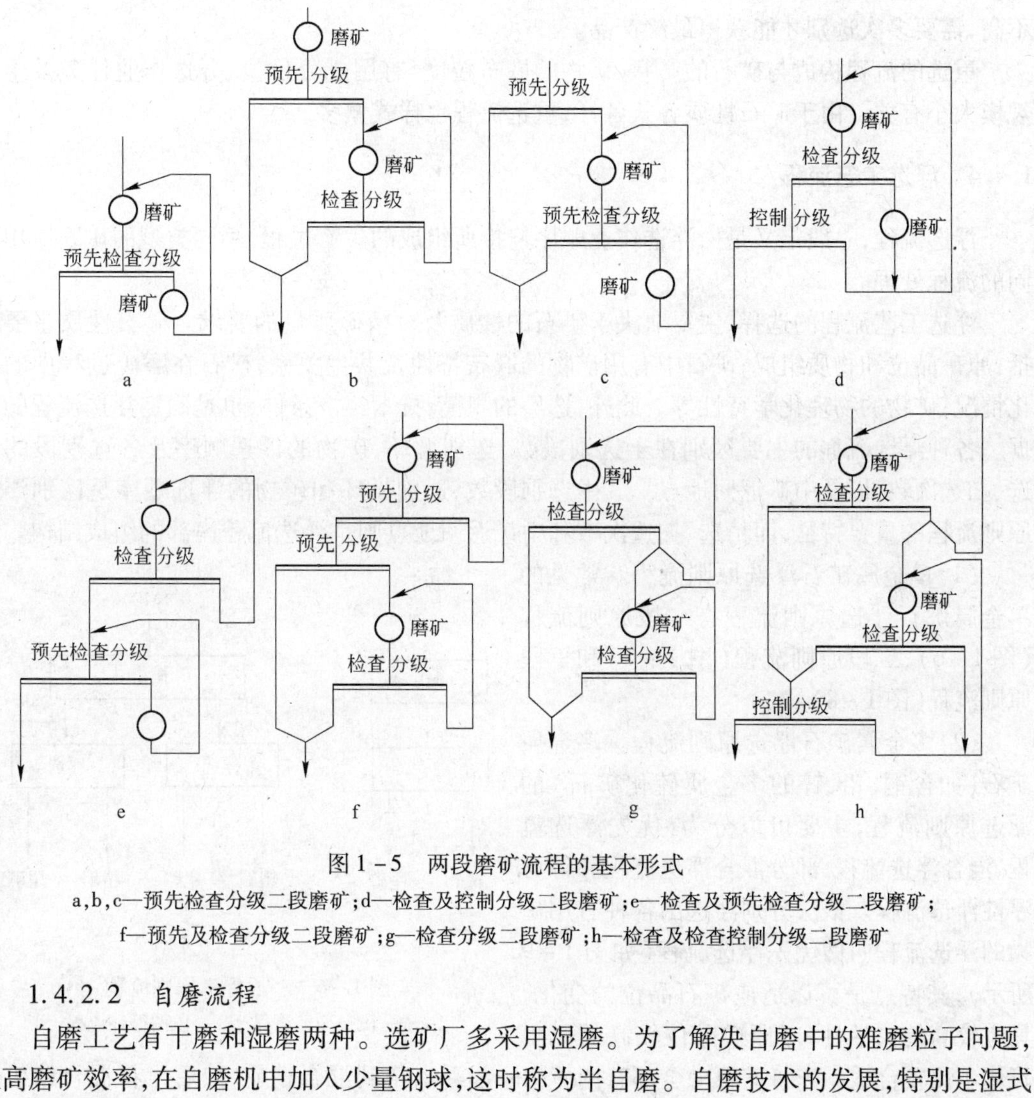

图 1-5 两段磨矿流程的基本形式

a,b,c—预先检查分级二段磨矿;d—检查及控制分级二段磨矿;e—检查及预先检查分级二段磨矿;
f—预先及检查分级二段磨矿;g—检查分级二段磨矿;h—检查及检查控制分级二段磨矿

1.4.2.2 自磨流程

自磨工艺有干磨和湿磨两种。选矿厂多采用湿磨。为了解决自磨中的难磨粒子问题,提高磨矿效率,在自磨机中加入少量钢球,这时称为半自磨。自磨技术的发展,特别是湿式自磨在选矿厂的广泛应用,使破碎磨矿流程发生了根本性变化,大大简化了破碎磨矿流程。

自磨常与细碎、球磨、砾磨等破磨设备联合工作,根据其连接方式可组成很多种工艺流程。目前常见的自磨流程有:“A”一段自磨流程、“SA”一段半自磨流程、“AB”自磨+球磨流程、“SABC”半自磨+球磨+破碎流程、“APC”自磨+棒磨+破碎流程、“AVC”自磨+塔磨+破碎流程、“AGC”自磨+砾磨+破碎流程等多种不同形式的流程,以满足不同性质矿石的磨矿需要。

1.4.3 重力选矿工艺流程

重选流程一般由准备作业、选别作业和产品处理作业三大部分组成。准备作业主要包括:为使矿物解离而进行的破碎磨矿,矿石的洗矿及脱泥,采用筛分或水力分级方法对入选原料按粒度分级,然后入选。选别作业是分选矿物的主体环节,多数的流程结构比较复杂,主要是因为:重选的工艺方法较多,不同粒级的矿石应选用不同的工艺设备处理;同样类型的设备在处理不同粒度给料时应选用不同的操作条件;多数重选设备的富集比或降尾能力不高,需要多次选别才能获得最终产品。

重选的流程构成与矿石的产状、矿物的嵌布粒度、有用成分价值、分选作业任务及生产规模大小有关。由于矿石性质各式各样,重选流程也样式繁多。

1.4.4 浮选工艺流程

浮选流程,一般定义是由浮选作业顺序连接所组成的生产过程,不同类型的矿石应用不同的流程处理。

浮选工艺流程的选择,主要取决于矿石的性质及对精矿质量的要求。矿石性质主要包括:原矿品位和物质组成;矿石中有用矿物的嵌布特性及共生关系;矿石在磨矿过程中的泥化情况;矿物的物理化学特性等。此外,选厂的规模、技术经济条件,也是确定浮选流程的依据。各种浮选流程的主要区别在于选别段数、选别循环、矿物的浮选顺序及各选别段的精选、扫选次数,以及中矿返回地点。其中选别段数、选别循环和矿物的浮选顺序是区别浮选原则流程的重要特征,而精选、扫选次数和中矿返回地点则是浮选流程内部的组成结构。

(1)单金属矿石浮选原则流程。常见的单金属矿石浮选原则流程有一段原则流程(图1-6)、二段原则流程(图1-7)和三段原则流程(图1-8)。

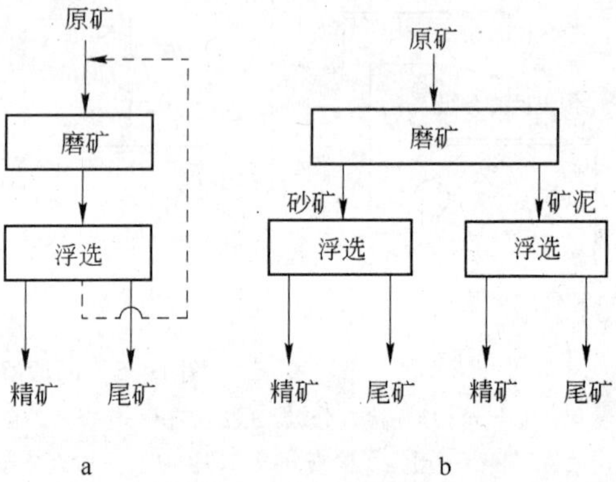

图1-6　一段浮选原则流程

a——一段一循环流程;b——一段两循环流程

(2)多金属矿石浮选原则流程。多金属矿石(如含铜、铅、锌的多金属硫化矿石)的浮选原则流程,主要可以分为:优先浮选流程、混合浮选流程、部分混合浮选流程和等可浮性浮选流程。依次分别浮选出各种有用矿物的浮选流程叫做优先浮选流程(如图1-9所示),其特点是可以适应矿石品位的变化、具有较高的灵活性,对原矿品位较高的原生硫化矿比较合适。先将矿石中全部有用矿物一起浮出得到混合精矿,然后再将混合精矿依次分选出各种有用矿物的流程叫做混合浮选流程(如图1-10所示);这种流程适应原矿中硫化矿物总含量不高,硫化矿物之间共生密切,结构复杂、嵌布粒度细的矿石,它能简化工艺、减少矿物过粉碎,从而有利于分选。先将矿石中两种有用矿物一起浮出得到混合精矿,再用全浮选回收难浮矿物的流程叫做部分混合浮选流程(如图1-11所示)。根据矿石中矿物可浮性的好坏,依次浮选出可浮性好的及较差的矿物群,然后再将各混合精矿依次分选出不同矿物的流程叫做等可浮性浮选流程(如图1-12所示)。

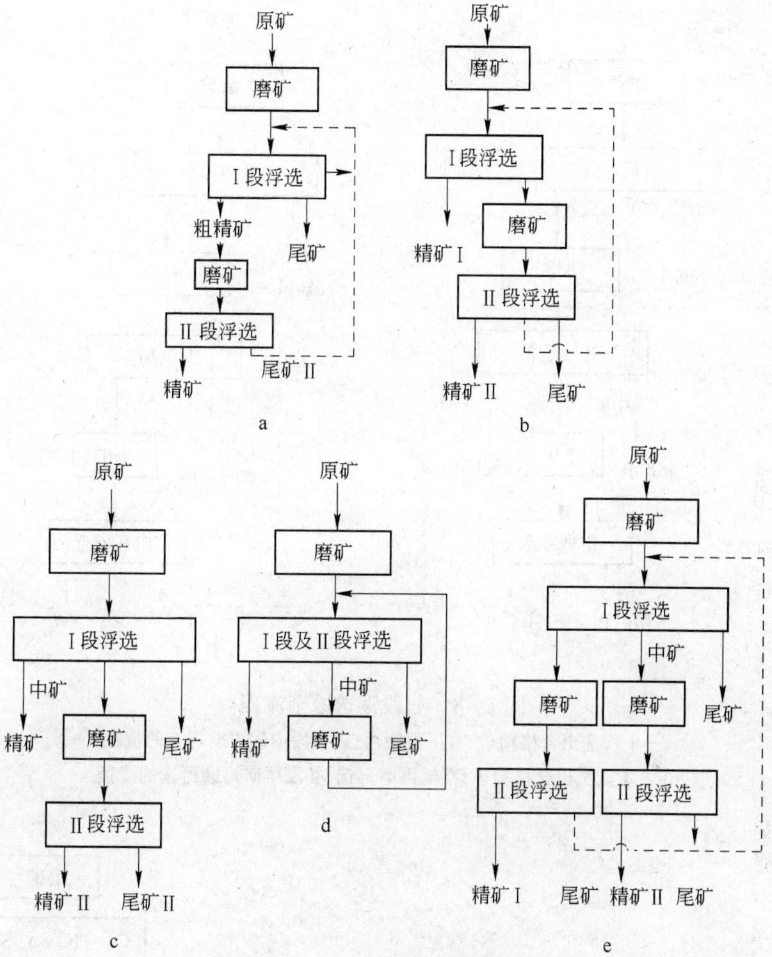

图1-7 二段浮选原则流程

a—粗精再磨流程；b—尾矿再磨流程；c—中矿再磨流程；d—中矿再磨后返回粗选一次循环流程；
e—粗精矿和中矿分别再磨再选流程

1.4.5 磁选工艺流程

磁选是处理铁矿石的主要选矿方法，按照矿石的性质、选别的难易程度及综合利用情况，可将磁选流程分为：强磁性铁矿石选别流程、弱磁性铁矿石选别流程和复合铁矿石选别流程。

(1)强磁性铁矿石磁选流程。强磁性铁矿石的主要类型是鞍山式铁矿石中的磁性铁矿石类。矽卡岩类型所含铜、钴等有用矿物未达到工业利用品位的磁铁矿石也可归入此类。此类流程主要有两种：一段磨矿、一段磁选流程（如图1-13所示），阶段磨矿、阶段磁选流程（如图1-14所示）。

(2)弱磁性铁矿石磁选流程。弱磁性铁矿石种类多，有的矿石极为难选，应用了较多的选矿方法。工业上常采用的磁选方法有以下几种：焙烧磁选流程，它是处理弱磁性铁矿石比较有效的方法，但能耗高，新设计选厂已很少使用；强磁—浮选流程，该流程用以选别褐铁矿，

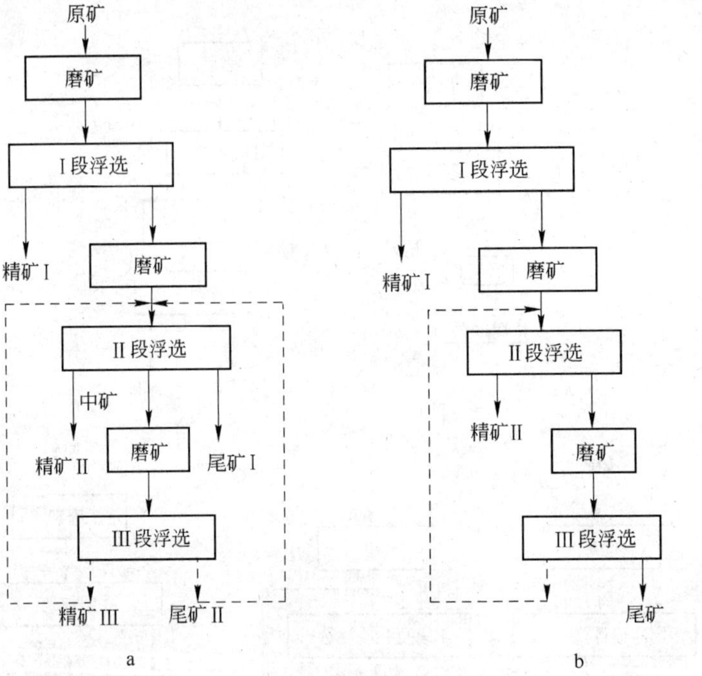

图1－8　三段浮选原则流程

a—Ⅰ段选出合格精矿，富尾再磨再选，Ⅱ段中矿再磨再选的流程；

b—Ⅰ段选出合格精矿，富尾再磨再选，Ⅱ段尾矿再磨再选的流程

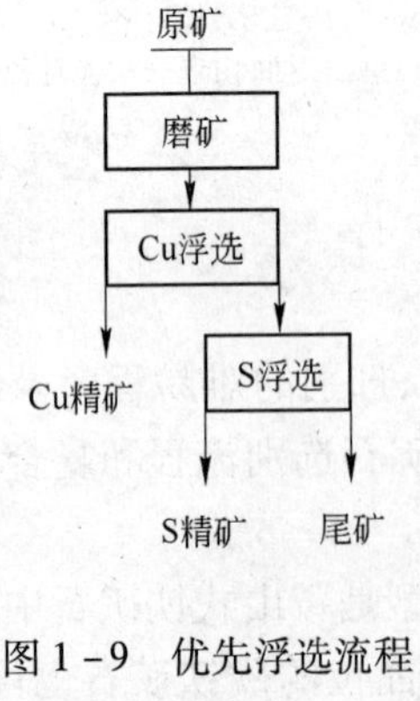

图1－9　优先浮选流程

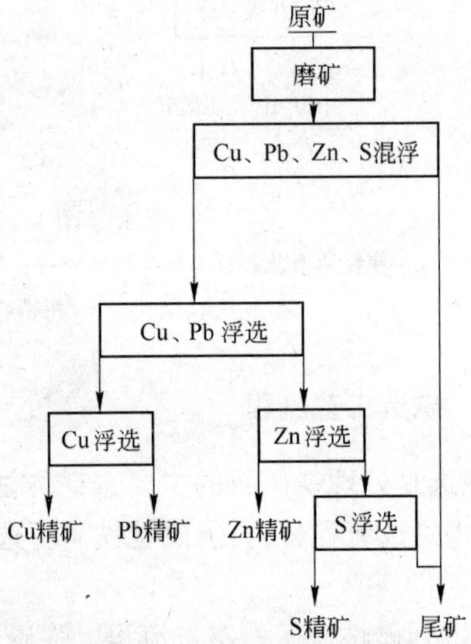

图1－10　混合浮选流程

强磁作业在前，主要获取精矿，再以浮选控制尾矿。

(3)复合铁矿石磁选流程。复合铁矿石含有许多伴生的有用矿物，所以除了收取铁矿物外，尚必须综合回收伴生的其他有用矿物，常常是磁选和其他选矿方法组成联合选别流程：含铜(钴)铁矿石，一般为矽卡岩型铁矿石，矿石中的铁多呈磁铁矿存在，多采用磁—浮或浮—磁流程；含钽、铌、稀土的铁矿石，复杂难选，多采用多种多样的联合流程。

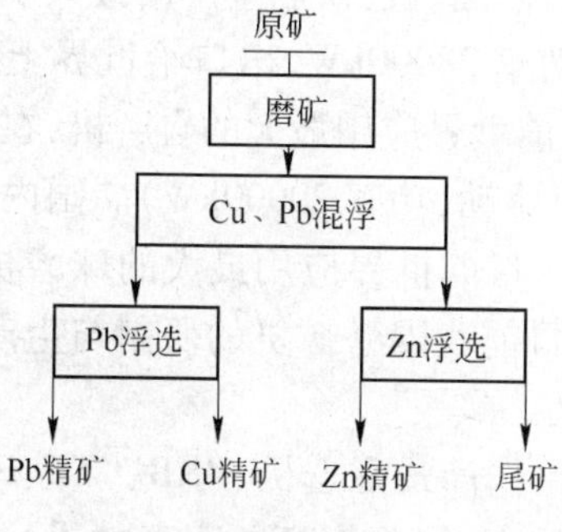

图1－11　部分混合浮选流程

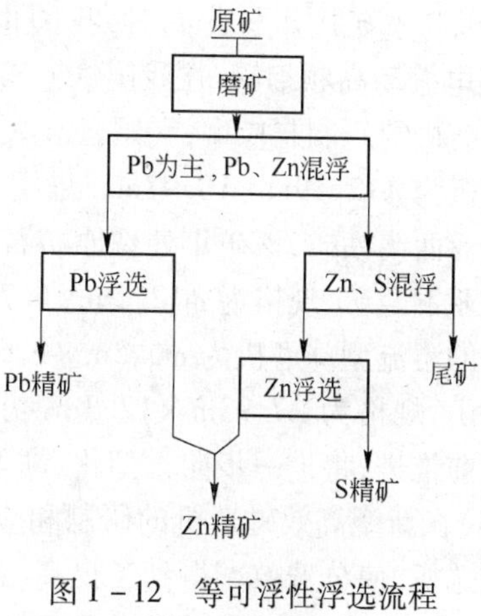

图1－12　等可浮性浮选流程

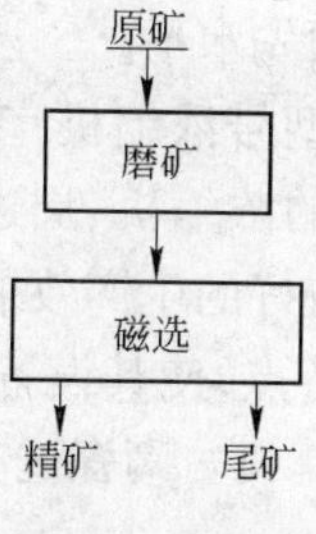

图1－13　一段磨矿、一段磁选原则流程

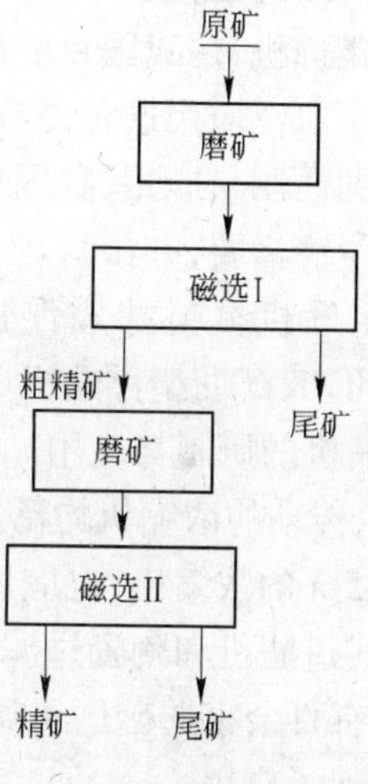

图1－14　阶段磨矿、阶段磁选原则流程

1.5　我国选矿机械发展概况

我国自改革开放以来，特别是近10年来，在破碎、磨矿分级、磁选、浮选、重选、过滤等方面研制和引进了许多新设备，并取得了成功的应用，为选矿技术进步和选矿工艺深选精选提供了设备保障。

面对我国开采的金属矿产资源越来越"贫、细、杂"的实际状况，必须有相应的选矿技术手段和相应的有效机械设备，才能实现对金属矿产资源的有效分选和综合利用。

(1)为提高破碎设备效率，减小破碎产品粒度，我国从美国美卓和瑞典山特维克引进了各种不同类型和规格的高效破碎机，美卓HP型高效圆锥破碎机已有100多台应用于我国各类矿山，山特维克CH800型圆锥破碎机也有60多台在我国各类矿山应用，均取得了比较好的效果。与此同时，我国也研制和生产了一些新型破碎机，并改造了一些原有的破碎机，也取得了比较好的效果。

(2)在筛分机械的研制与应用方面，我国研制和生产了能够满足各种筛分作业要求的粗粒筛分机械，并出口国外；为解决细粒筛分和分级，我国引进了美国德瑞克细筛应用于我国有关铁矿选矿厂。与此同时,我国也研制出具有中国特色和自主知识产权的唐山陆凯MVS型电振动高频细筛,在我国铁矿石选矿厂得到了广泛的应用,近万台投入生产运营。

自磨机的研制与应用,我国已步入世界先进水平,目前国内已研制生产出最大规格的湿式自磨机为 ϕ12.19m×10.97m。采用环型电机驱动,功率28000kW,出口给世界上最大的澳大利亚西澳铁矿,该矿年处理原矿石为8400万吨(目前世界应用最大的自磨机,在澳大利亚卡迪亚铜金矿,规格为 ϕ12.2m×6.7m,采用环型电机驱动,功率20000kW)。国内生产最大规格的溢流型球磨机为 ϕ6.2m×9.5m,功率6000kW(目前世界应用最大的球磨机,在智利铜矿山,规格为 ϕ7.93m×12.3m,功率13400kW)。目前我国磨矿机的研制与生产,正在继续向前推进,将进一步向大型化、高效化、自动化方向发展。

(3)在新型高效磁选机的研制和应用方面,BKJ型精选筒式磁选机、BKB、CTB、BX型多磁极磁选机,使分选效率得到了提高,获得了铁精矿品位高、回收率高的双高效果。高效磁分离设备——磁选柱,生产出高品位铁精矿,并大幅度降低精矿中的硅含量。SLon型立环脉动高梯度磁选机,是我国目前使用的处理细粒物料强磁选机中理想的可靠设备,我国大型铁矿磁选矿厂广泛应用这种磁选机,并出口国外。

浮选机的研制与应用,我国目前研制与生产出各种类型和规格的浮选机,能够满足各类矿石的选矿生产需要,并出口国外,其中BF、TJFⅡ、GF型机械搅拌式浮选机、XCFⅡ/KYFⅡ、CLF型充气机械搅拌式浮选机,都是先进的浮选设备,TJFⅡ型浮选机单槽容积达160m^3、XCFⅡ/KYFⅡ型浮选机单槽容积达320m^3,均居世界领先水平。

(4)浓缩机的研制与应用。我国目前能生产制造出各种型号浓缩机,多层、高效、大直径,周边胶轮传动的浓缩机均已应用到实际生产,直径100m的浓缩机、周边胶轮传动的浓缩机、直径45m的浓缩机,也应用于实际生产多年,均取得了较好的生产效果。

(5)盘式过滤机和陶瓷过滤机。吸取国内外同类型设备特点,使其设备结构更为合理,目前国内已有百余家选矿厂400多台盘式过滤机取代原有过滤机。陶瓷过滤机也在有关铁矿选矿厂得到了应用。

随着我国选矿机械设备研制和生产的不断发展和进步,有的已经步入世界先进水平,为此,对选矿厂设备安装与维修的要求也在不断提高。所以,必须不断地提高选矿厂设备安装与维修水平,才能使其同步发展,满足生产发展要求。

2 颚式破碎机

2.1 颚式破碎机类型

颚式破碎机从1858年就开始在工业生产中使用。由于它具有结构简单、工作可靠、容易制造和维修、生产管理和设备费用低等优点，所以，直到现在仍广泛地应用于选矿、建筑材料、硅酸盐和化学等部门。对坚硬和中硬矿石或石料进行粗碎和中碎，也有用小型颚式破碎机进行细碎的。

颚式破碎机的固定颚1(见图2－1)和动颚2构成破碎腔。给入破碎腔中的矿石，由于动颚被转动的偏心轴4带动做往复摆动，而被挤压、劈裂和弯曲破碎。当动颚离开固定颚时，破碎腔内下部的已破碎到小于排矿口的矿石，靠自重从排矿口排出；位于破碎腔内上部的矿石，还未被破碎到小于排矿口尺寸，只是随着排矿而下降一定距离，直到动颚转入向固定颚靠近时，破碎腔内已下降的矿石才再次受到继续破碎。如此进行下去，直到给入破碎腔中的全部矿石从排矿口排出为止。

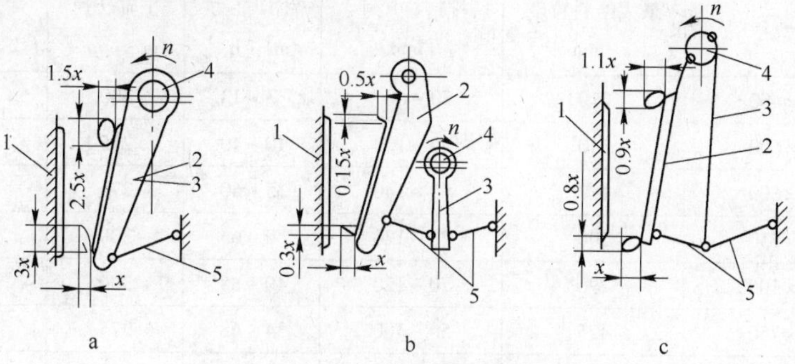

图2－1 颚式破碎机类型

a—复杂摆动；b—简单摆动；c—综合摆动

1—固定颚；2—动颚；3—连杆；4—偏心轴；5—推力板

颚式破碎机根据动颚摆动特点，可分为三种类型：动颚做简单摆动的(图2－1b)，动颚做复杂摆动的(图2－1a)和动颚做综合摆动的(图2－1c)颚式破碎机。目前，前两种应用较广。

简单摆动颚式破碎机的动颚上每点的运动轨迹都是圆弧，而且上端圆弧小，下端圆弧大，破碎效率较低。但是，由于它采用了曲柄双连杆机构，虽然动颚上受到很大的破碎力，而偏心轴和连杆却受力较小。因此，它可以制成大、中型破碎机，破碎坚硬的矿石，其破碎比 $i=3\sim6$。

复杂摆动颚式破碎机的动颚，是曲柄连杆机构的连杆，因此动颚上每点的运动轨迹都是椭圆，而且从上往下椭圆越来越大。由于偏心轴逆时针方向转动，动颚的各点运动方向有促进排矿的作用，又由于动颚的水平行程由下往上越来越大，破碎效率较高，因此它的生产率比同规格的简单摆动颚式破碎机高 20% ~30%。但是，动颚破碎矿石过程中，颚板与矿石之间产生磨剥作用，使动颚和固定颚颚板磨损较快且产生粉尘，能量消耗也较多。另外，由于动颚直接装在偏心轴上，使偏心轴受力大。因此，复杂摆动颚式破碎机适于制成中、小型机器，破碎中硬矿石，其破碎比 i 可达到 10。近年来，随着机械工业的进步，复摆颚式破碎机也往大型化方向发展。

我国所产颚式破碎机多达 15 系列，300 多种规格，按其给矿口宽度可分为：大于 600mm 者为大型；300 ~600mm 者为中型；小于 300mm 者为小型。目前，国产主要规格系列颚式破碎机的技术参数列于表 2 -1。型号规格含义示例如下：

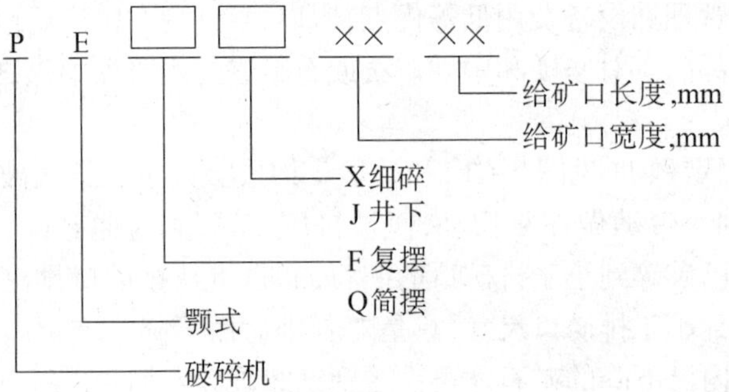

表 2 -1　颚式破碎机技术性能和参数

类型	规格型号	最大给料粒度 /mm	排料口尺寸 /mm	生产能力 /$m^3 \cdot h^{-1}$	主轴转速 /$m \cdot min^{-1}$	功率 /kW	重量 /kg
复摆式粗碎机	PEF250 ×400	210	20 ~60	3 ~13	300	15	3000
	PEF400 ×600	340	40 ~100	10 ~40	275	30	6800
	PEF480 ×600	400	90 ~140	35 ~60	275	37	7200
	PEF350 ×750	290	70 ~120	30 ~65	300	45	8975
	PEF350 ×1000	290	70 ~120	40 ~85	300	55	10770
	PEF500 ×750	425	50 ~100	34 ~68	275	55	11320
	PEF600 ×750	480	150 ~200	50 ~100	275	55	12000
	PEF600 ×900	480	75 ~200	32 ~120	255	75	17600
	PEF700 ×900	560	195 ~245	120 ~180	255	90	18800
	PEF750 ×1060	630	75 ~200	75 ~150	255	90	26000
	PEF750 ×1200	650	80 ~160	96 ~200	210	110	42632
	PEF800 ×1100	650	80 ~200	80 ~160	250	90	29600
	PEF900 ×1060	700	230 ~350	218 ~300	250	110	32600
	PEF900 ×1200	750	95 ~220	140 ~280	200	132	50000
	PEF1000 ×1200	850	195 ~265	200 ~350	200	185	52600
	PEF1200 ×1500	1020	150 ~300	270 ~500	180	200	88000
	PEF1300 ×1500	1120	250 ~400	400 ~700	180	250	96000
	PEF1500 ×2100	1250	300 ~450	350 ~620	150	245	152000

续表 2-1

类型	规格型号	最大给料粒度 /mm	排料口尺寸 /mm	生产能力 /$m^3 \cdot h^{-1}$	主轴转速 /$m \cdot min^{-1}$	功率 /kW	重量 /kg
复摆细碎型	PEX150×500	125	10~40	5~12	300	11	2470
	PEX150×750	125	10~40	5~15	300	15	3600
	PEX250×750	210	10~50	8~22	300	22	5890
	PEX200×1000	160	10~50	9~25	300	22	6800
	PEX250×1000	210	15~55	10~32	300	30	7350
	PEX250×1200	210	15~60	12~38	300	37	8700
	PEX300×1300	250	20~90	15~65	300	75	11600
	PEX400×750	320	15~50	12~40	300	37	9510
	PEX400×1200	340	20~80	18~60	330	55	11278
简摆型	PE900×1200	750	100~180	120~200	180	110	62000
	PE1200×1500	850	130~180	130~200	135	180	128000
	PE1500×2100	1250	170~220	400~500	100	260 280	220000

2.2　简单摆动颚式破碎机构造

图 2-2 是 900mm×1200mm 简单摆动颚式破碎机的结构。从图上看出，破碎机机架 1 的前壁即是固定颚，为了防止它磨损，在其上面固定有颚板 2。心轴 4 的两端支撑在轴承上，轴上则悬挂着动颚 5 及其颚板 6。

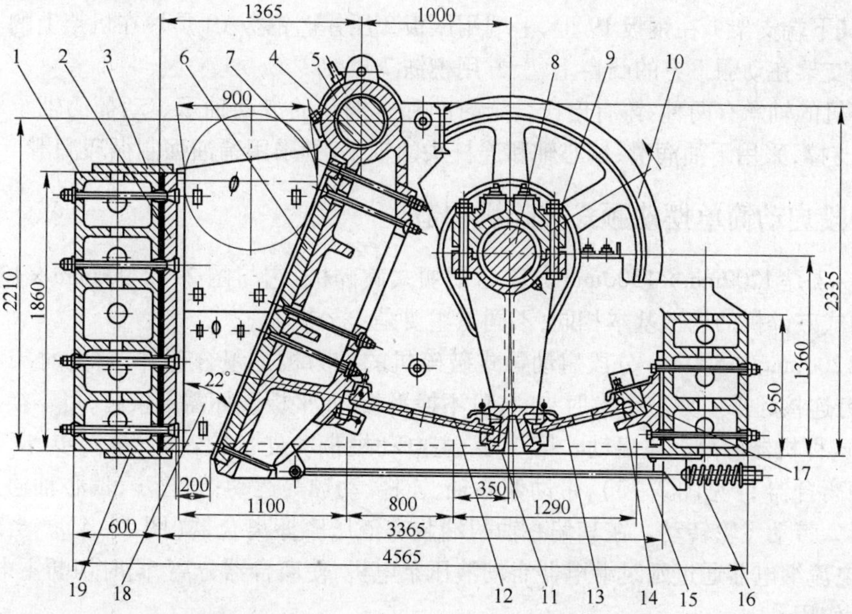

图 2-2　900mm×1200mm 简单摆动颚式破碎机

1—机架；2，6—颚板；3—压板；4—心轴；5—动颚；7—楔铁；8—偏心轴；9—连杆头；10—皮带轮；11—肘板；12—前推力板；13—后推力板；14—后支撑座；15—拉杆；16—弹簧；17—衬垫；18—平衬板；19—钢板

偏心轴8支撑在主轴承上,而偏心轴上安装着连杆头9。连杆头与杆身分开制造,然后用螺钉把它紧成一体。连杆头里面通入循环冷却水,用以冷却连杆头的轴瓦。电动机通过三角带,带动固定在偏心轴上的皮带轮10,使偏心轴转动。在杆身下方两侧的凹槽中,装有肘板11,前、后推力板12和13的一端支撑在肘板上。

拉杆15拉着动颚下端的耳环,其另一端通过弹簧16支持在机架的后壁上。当动颚向前摆动完后,转向后退时,动颚和推力板所产生的惯性力,通过拉杆由弹簧来平衡,所以能使动颚、推力板、连杆保持紧密接触而不产生冲击。另外,拉杆15还由滚轮从下方托着,这就避免了拉杆被弹簧托盘磨坏。

偏心轴除在一端固定有皮带轮10外,在另一端还固定着飞轮,皮带轮同时也起飞轮的作用。在破碎机的空行程中,飞轮储存能量,而在工作行程中放出,从而可减轻偏心轴旋转速度的不均匀,使电动机功率输出稳定均衡。

在后推力板的肘板与后支撑座14之间,放一组衬垫17,用以调节排矿口大小。当增加衬垫17的厚度时,可使动颚向前移动一个距离,排矿口减小。反之,如减少衬垫17的厚度,则可使排矿口相应地增大。

后推力板13还兼有保险件的作用。当破碎机的破碎腔中进入了与矿石混在一起的非破碎物时,各杆件可能因所受的力超过材料的许用值而被破坏。为了保护其他杆件不致损坏,一般设计破碎机时,是将形状比较简单而零件较小的后推力板的强度设计得弱一些,让它起保险件的作用。

动颚和固定颚的颚板是波浪形表面的,一个颚板的波峰与另一颚板的波谷相对,这样可给矿石以弯曲破坏的作用,因而提高破碎效率。

破碎腔的两侧壁上镶有锰钢平衬板18,采用螺钉或楔将它固定在侧壁上。为了防止由于矿石和衬板之间的摩擦力,而使衬板上下窜动,剪坏螺钉,对固定颚的颚板除用螺钉固定外,还使其下端支架1在钢板19上,上端用压板3压住。钢板19是焊在机架上的。动颚的颚板下端支架在动颚下方的凸台上,上方用楔铁7压住。

破碎机的轴承有两种:铸有巴氏合金衬的和有铜瓦的滑动轴承。动颚的轴承和推力板12、13的支撑,采用干油润滑;偏心轴和连杆头的轴承,则采用稀油强制循环润滑。

2.3 分段启动简单摆动颚式破碎机构造

图2－3是1200mm×1500mm分段启动颚式破碎机,它与图2－2 900mm×1200mm简单摆动颚式破碎机的构造基本相同,不同点主要是:

(1)1200mm×1500mm分段启动颚式破碎机的推力板是组合部件,它由肘头和平板组成,用螺钉连接起来。如需更换肘头时,可不换平板,而平板破坏需更换时,可不换肘头。

(2)这种机器可分三段启动。第一步,主电动机带动皮带轮转动;第二步,皮带轮通过液压摩擦离合器1(见图2－3),带动偏心轴、连杆、动颚等运动;第三步,偏心轴通过液压摩擦离合器2带动飞轮转动。在其偏心轴两端装有液压摩擦离合器(图2－4)。当破碎机过载时,过电流继电器通过延时继电器启动液压泵电机,使离合器分离,同时切断主电机,由此起到保险作用。

破碎机的带轮和飞轮借摩擦离合器与偏心轴相连。摩擦离合器由液压系统控制。启动时首先开动液压泵电机,使压力油通过柱塞中心通孔进入柱塞右方(即带轮侧)或左方(即

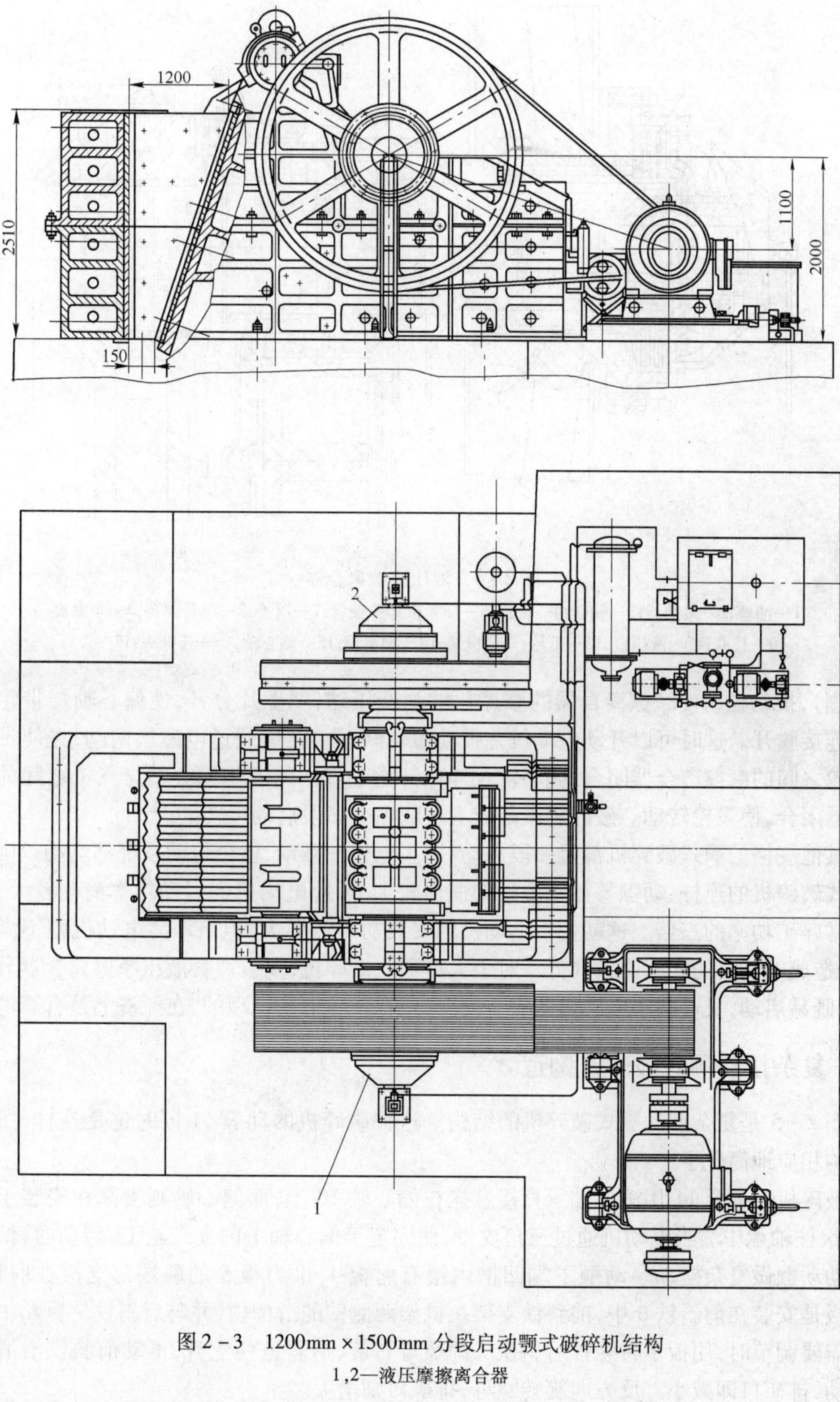

图 2－3　1200mm × 1500mm 分段启动颚式破碎机结构

1,2—液压摩擦离合器

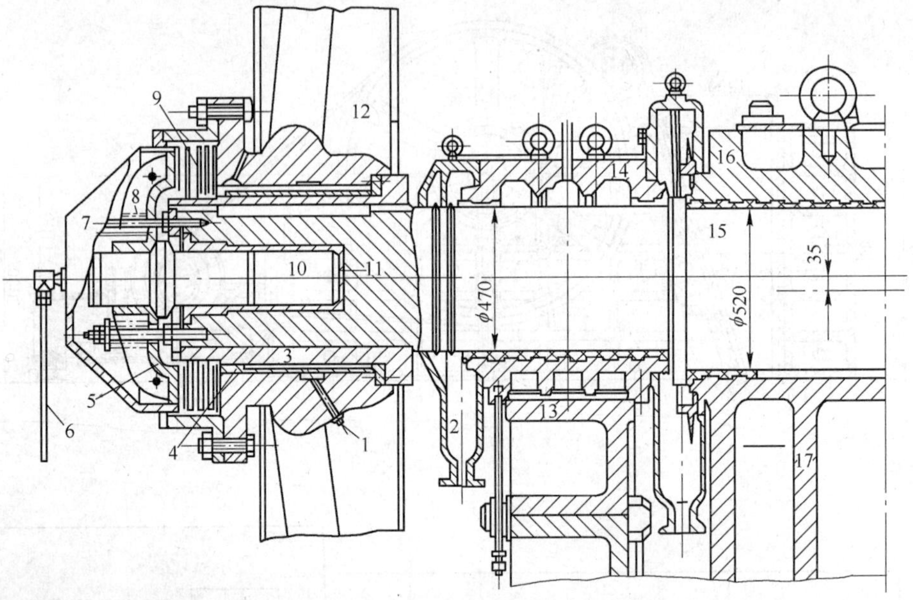

图 2－4　液压摩擦离合器

1—油塞；2—集油器；3—轴套；4—轴瓦；5—压紧架；6—油管；7—罩子；8—压紧弹簧；9—摩擦板；10—柱塞；11—液压缸；12—带轮；13—机架；14—轴承盖；15—偏心轴；16—连杆头；17—连杆

飞轮侧)，推动柱塞使摩擦离合器的摩擦片的弹簧压缩，摩擦片分开，使偏心轴与带轮或飞轮的连接脱开。这时可以开动电动机并带动带轮转动。然后通过电磁换向阀，先使带轮和偏心轮之间的摩擦离合器闭合，偏心轴及连杆开始动作。随后使偏心轴与飞轮之间的摩擦离合器闭合，使飞轮转动。破碎机就是依上述顺序分三段启动运转的。

其他规格的颚式破碎机都是一段启动，即主电机一开动，整个传动系统都运动。由于大型颚式破碎机的连杆、动颚等摆动质量的惯性较大，因此电动机的启动功率消耗较大，往往是正常碎矿功率的三倍。这就使得电动机的安装功率需要大，但启动后电动机则不满负荷运转，造成电网路的功率因数降低。对于大型颚式破碎机，安装两套液压摩擦离合器分三段启动，既易启动，又可减小电动机的安装功率，这在技术上是合理的，在经济上是合算的。

2.4　复杂摆动颚式破碎机构造

图 2－5 是复杂摆动颚式破碎机的结构。这种破碎机的动颚 11 同时也是连杆，所以它的机构相应地简化了。

破碎机的动颚 11 用滚柱轴承直接悬挂在偏心轴 10 上，而偏心轴则支撑在安装于机架 12 的滚柱轴承中。当电动机通过三角皮带，使固定于偏心轴上的皮带轮 13 转动时，偏心轴便带动动颚做复杂摆动。动颚下端凹槽内镶有肘板 4，推力板 5 的两端都支撑在肘板上。后肘板是安装在前斜铁 6 中，前斜铁支架在机架两侧壁的滑槽内，并与后斜铁 7 紧贴。当排矿口需要调节时，用扳手将悬挂后斜铁 7 的螺母右旋，后斜铁便上升，推动前斜铁沿滑槽向前移动，排矿口即减小。反方向旋转螺母，排矿口则增大。

此种破碎机的其他零件与简单摆动颚式破碎机相似。而它构造特点是：动颚与偏心轴

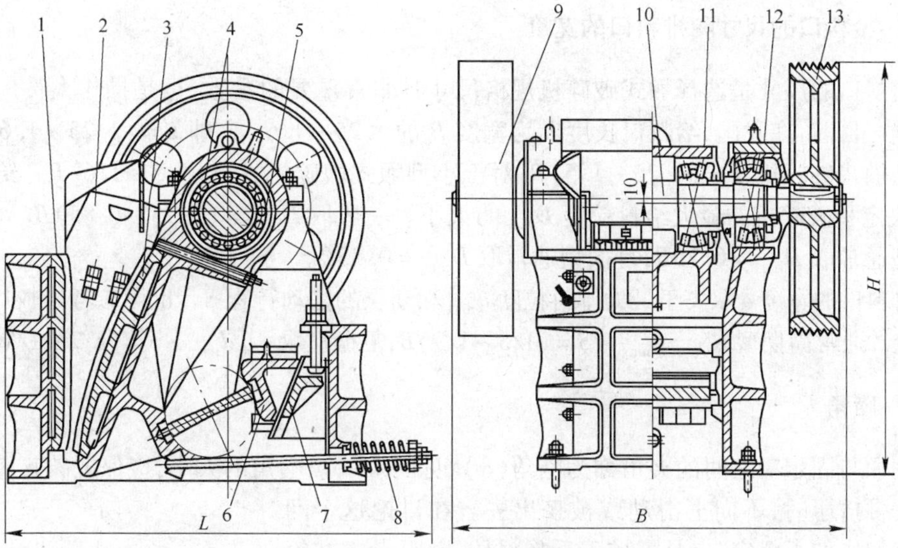

图2-5 250mm×400mm 复杂摆动颚式破碎机

1—固定颚衬板;2—边护板;3—动颚衬板;4—肘板;5—推力板;6—前斜铁;7—后斜铁;8—拉杆;9—飞轮;10—偏心轴;11—动颚;12—机架;13—三角皮带轮

的轴承都采用滚动轴承,所以传动效率高且润滑简单;推力板头与肘板是滚动接触,可以减轻磨损。

其他规格的复杂摆动颚式破碎机的结构,基本上与此相似。

目前,颚式破碎机的调节排矿口装置的好坏,对破碎机的运转率影响较大。为此,必须对调节排矿口装置进行分析与改进。现在颚式破碎机的调节排矿口装置可分为三类:

(1)斜铁调节装置。图2-5所示的就是斜铁调节装置的例子。这种调整方法可以达到无级调节,调节时方便,不必停车,节省时间。但缺点是使机器尺寸和重量增加,因此只适用于中、小型破碎机。

(2)垫板调节装置。图2-2所示的是垫板调节装置的例子。这种方法可实现多级调节,可使机器结构紧凑和降低机器重量,因此,大、中型破碎机都采用这种装置。但这种装置一定要停车才能调节,所以比较费劲和费时间。某厂的维修工人对此进行了改进,即在机架的后壁上分别固定两个螺母,每个螺母都拧入一根丝杠。丝杠伸在机架外面的一端固定着滑轮,利用吊车转动滑轮,丝杠就可推动垫板,使排矿口增大或减小。这种方法既缩短了调节时间,又减轻了劳动强度。

(3)液压调节装置。这是借助液压油缸来进行调节排矿口的装置。一种是用手压油泵向液压缸内压入干油,另一种是用电动油泵向液压缸内压入稀油。目前,设计新型颚式破碎机都力图采用液压调整。

2.5 颚式破碎机的主要工作参数

为了正确地设计和使用并确保颚式破碎机运转的可靠性和经济性,都必须了解和掌握颚式破碎机的主要参数。由于一些参数的理论计算误差较大,与生产实际相差很远,所以,介绍比较实用的经验计算公式。

2.5.1　给料口的尺寸和排料口的宽度

给料口的尺寸是选择颚式破碎机规格尺寸时非常重要的参数，也是操作人员应该了解的数据。目前，在我国，给料口长度 L 为宽度 B 的 1.25 ~ 1.6 倍，即 $L=(1.25\sim1.6)B$。对于大型颚式破碎机，$L=(1.25\sim1.5)B$；对于小型颚式破碎机，$L=(1.5\sim1.6)B$。给料口宽度 B 决定了破碎机的最大给料粒度 D_{max} 的大小。一般取 $D_{max}=(0.75\sim0.85)B$。在我国，简摆型通常取 $D_{max}=0.75B$；复摆型通常取 $D_{max}=0.85B$。

排料口的宽度 e 取决于最大排料粒度 d_{max} 和动颚的摆动行程 S。也可参考给料口宽度 B 来确定。通常简摆型取 $e=d_{max}-S=(1/5\sim1/7)B$；复摆型取 $e=d_{max}-S=(1/7\sim1/10)B$。

2.5.2　啮角

动颚与固定颚之间的夹角称为啮角（α），见图 2－6。啮角的大小，应保证破碎腔内的矿石被动颚挤压时，不向上滑动或被挤出去。在讨论这个问题时我们作如下假定：一是把矿石看作球体，并只考虑在给矿口宽度上有一个球体；二是考虑矿石重量与破碎力相比很小，可以忽略。

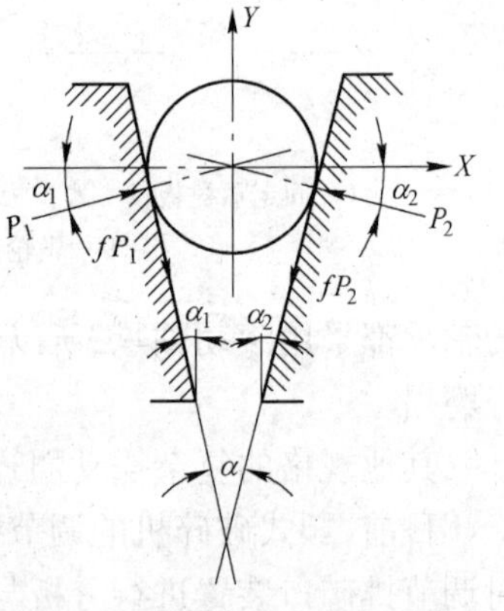

图 2－6　颚式破碎机的啮角

经过对作用在矿块上的各个力的分析与计算，根据最大啮角的条件，得出：

$$\alpha=\alpha_1+\alpha_2\leqslant 2\Phi \qquad (2-1)$$

式中　Φ——矿石与颚板之间的摩擦角；

α_1——固定颚板与垂直线间的夹角；

α_2——动颚板与垂直线间的夹角。

一般的颚式破碎机都采用 $\alpha_1=0$ 的结构，因此，$\alpha=\alpha_2$，即啮角不应大于两倍摩擦角。根据多种矿石与颚板的摩擦系数大小不同，实际上取 $\alpha=18^\circ\sim23^\circ$。

啮角 α 的大小，直接影响破碎机的碎矿效率。减小 α，可以减少使矿石完全破碎所需要的挤压次数。用 400mm×600mm 颚式破碎机，破碎压碎强度为 300MPa 的花岗岩的试验证明了这一点。当把啮角 α 从 21°40′减至 17°30′时，破碎机生产率提高 20% ~40%。但也应该注意，减小啮角会带来破碎比的减小或破碎腔增高的问题。

根据实验可以看出，啮角变化对生产率的影响可用下述修正系数 K 来表示：

$$K=1+0.025(22-\alpha) \qquad (2-2)$$

当 $\alpha=22^\circ$ 时，$K=1$；如果 $\alpha>22^\circ$ 时，$K<1$；反之，$\alpha<22^\circ$ 时，$K>1$。它们的数值关系见表 2－2。

表 2－2　啮角 α 与 K 的数值关系

啮角 α/(°)	K	啮角 α/(°)	K
12	1.25	20	1.05
14	1.20	22	1.00
16	1.15	24	0.95
18	1.10	26	0.90

2.5.3 动颚摆动次数

确定动颚摆动次数(偏心轴转速)的着眼点应是:使机器的生产率高,功率消耗和机件磨损少,另外还要考虑给矿口宽度的因素。但是,目前从理论上确定动颚摆动次数的方法,只着眼于生产率高这个因素,而没有兼顾其他因素。

动颚摆动次数的理论计算公式为:

$$n = 470\sqrt{\frac{\tan\alpha_1 + \tan\alpha_2}{S}} \tag{2-3}$$

式中 n——动颚摆动次数,r/min;

S——动颚行程,cm。

由于上述理论计算公式,没有反映出所有的因素,因此,只能利用它粗略地确定动颚摆动次数。实际上,通常采用下列经验公式。

对给矿口宽度 $B \leqslant 1200$mm 的中、小型颚式破碎机:

$$n = 310 - 145B \tag{2-4}$$

式中 B——给矿口宽度,m。

对给矿口宽度 $B > 1200$mm 的大型颚式破碎机:

$$n = 160 - 42B \tag{2-5}$$

2.5.4 生产率

颚式破碎机的生产率是指在单位时间内所处理的矿石量,它是衡量破碎机处理能力的数量指标。在实际生产和设计工作中,通常用下列经验公式计算:

$$Q = K_1K_2K_3K_4Q_S \tag{2-6}$$

式中 Q——破碎机处理量,t/h;

K_1——矿石可碎性系数,见表 2-3;

K_2——矿石密度修正系数,按下式计算:

$$K_2 = \delta_0/1.6 = r/2.7 \tag{2-7}$$

δ_0——矿石松散密度,t/m^3;

r——矿石密度,t/m^3;

K_3——给矿粒度或破碎比修正系数,见表 2-4;

K_4——水分修正系数,见表 2-5;

Q_S——标准条件下(中硬矿石,松散密度为 $1.6t/m^3$)的处理量,t/h,按下式计算:

$$Q_S = q_0 \cdot e \tag{2-8}$$

式中 q_0——单位排矿口的处理量,t/(mm · h),见表 2-6;

e——破碎机排矿口宽度,mm。

表 2-3 矿石可碎性系数 K_1

矿石硬度	抗压强度/MPa	普氏硬度系数	K_1
硬	160 ~ 200	16 ~ 20	0.9 ~ 0.95
中硬	80 ~ 160	8 ~ 16	1.0
软	<80	<8	1.1 ~ 1.2

表 2-4　粗碎设备的粒度修正系数 K_3

给矿最大粒度 D_{max} 和给矿口宽度 B 之比，D_{max}/B	0.85	0.7	0.6	0.5	0.4	0.3
K_3	1.00	1.04	1.07	1.11	1.16	1.25

表 2-5　水分修正系数 K_4

矿石中水分含量/%	4	5	6	7	8	9	10	11
K_4	1.0	1.0	0.95	0.90	0.85	0.8	0.75	0.65

表 2-6　颚式破碎机单位排料口宽度的生产率 q_0

破碎机规格 /mm × mm	250×400	400×600	600×900	900×1200	1200×1500	1500×2100
q_0	0.4	0.65	0.95 ~ 1.00	1.25 ~ 1.30	1.9	2.7

2.5.5　电动机功率

在破碎机工作过程中，破碎机的功率消耗与其转速、规格尺寸、排料口宽度、啮角、矿石的粒度特性及其物理力学性质等均有关系。由于影响功耗的因素很多且复杂，所以，目前的一些理论计算公式只能供设计者初选破碎机功率时参考。在实践中通常采用下述经验公式来计算功率（kW）。

简摆型：
$$N \approx 10LHsn \tag{2-9}$$

复摆型：
$$N \approx 18LHrn \tag{2-10}$$

式中　L——给料口宽度，m；

H——固定颚板的计算高度，m；

r——主轴的偏心距，m；

s——动颚的摆动行程，m；

n——偏心轴的转速，r/min。

上述公式是在实验的基础上总结推出来的，其计算结果与实际数据较接近。

另外，根据试验资料，小型颚式破碎机破碎每立方米矿石的能耗，平均可采用 1.2 ~ 2.4kW·h/m³；中型破碎机为 0.75 ~ 1.3kW·h/m³；大型破碎机则为 0.3 ~ 0.8kW·h/m³。

2.6　颚式破碎机的安装与试车

2.6.1　颚式破碎机的安装

对于所有规格的颚式破碎机的安装程序，基本上是相同的，其差别只决定于各个零件的重量和零件的结构形式。

颚式破碎机一般是安装在混凝土基础上的。为了减少振动和噪声，最好在破碎机和混凝土基础中间垫上硬木垫板、橡皮带及其他缓振材料。大型破碎机应安装在埋设于基础上的钢梁上，同时应在机架和钢梁中间垫上弹性垫板。

破碎机的基础要与厂房的地基隔开，以免破碎机产生的有害振动传给厂房。基础高度、深度和面积,均应按土质条件,对每种规格破碎机单独计算。

设计基础时,应该考虑安装接受破碎产品的运输带,更换推力板和修理调整装置所需的空间,同时,也要留出安装地脚螺栓所需的通入口。破碎产品要经过破碎机下方纵向排矿槽排出,不允许从基础侧面排出。基础的排矿槽要铺一层金属板。基础中间的坑道应有足够的高度,使破碎产品不受障碍地运出。

为了吊运破碎机的重型零件,应在破碎机厂房内,装有活动的起重设备(如桥式吊车等)。起重设备必须根据破碎机的较重零、部件的重量来选择。

2.6.1.1 机架的安装

组合机架在安装前,必须仔细地检查所有接合面是否正确。下机架借助于钢楔在基础上调整。上、下机架开合面定位销要在上机架安装时装好。机架的水平面及垂直面的调整,应以轴承为基准面。机架横向与纵向水平允许偏差,应符合表2-7规定的要求。

接合面的接触,当螺栓未拧紧时,局部间隙不得超过0.1mm。间隙边缘长度,每段不得超过150mm,累计长度不得超过接合面边缘总长的10%。

机架壁为可卸壁板时,必须注意使破碎机的侧板互相平行,而正面壁板与侧壁板垂直呈矩形。为使可卸壁板连接紧密,在安装之前,应把拉紧螺栓预先加热到400℃的温度。

在安装和校准机架以后,拧紧地脚螺栓,在机架与基础之间的间隙中进行再灌浆。泥浆应具有良好的流动性,以便使泥浆达到各个角落,形成一个完整而又坚固的灌浆层。

当灌浆层凝固并将机器的地脚螺帽再次拧紧后,才可以继续安装破碎机的其他部件。

组合机架应首先安装固定颚板。前壁与固定颚板之间,后壁与后支撑座之间,要浇铸一层锌合金。浇铸时所有缝隙均用石棉或混有石棉的黏土堵死,以防浇铸时漏出液态金属。固定颚板和后支撑座的螺栓,应在锌合金冷却后拧紧。

2.6.1.2 动颚和心轴的安装

把装配好的动颚(带有心轴和衬板)放进机架时,应使心轴的轴颈进入轴瓦内。轴瓦与动颚轴的凸肩端面,应按要求留一定间隙。

另外,要注意使所有滑动表面要很好的润滑。此后,将轴的上轴瓦安到所需位置上,并用螺栓拧紧轴承的上盖。

安装时还必须注意使固定颚板与动颚板谷峰相对。

2.6.1.3 连杆和偏心轴的安装

在安装连杆之前,应检查连杆轴瓦与偏心轴相对应的轴颈的配合情况。同时也要检查主轴承与机架配合的部位是否正确。偏心轴与主轴承的配合应符合表2-7的规定。

连杆的安装,如果可能,最好把连杆、偏心轴部分进行预装,将预装好的连杆和偏心轴,再安装于主轴承上,然后安装上部轴瓦,并用螺帽把轴承盖子拧紧。

如果不可能把连杆同偏心轴进行预装,则首先把连杆体(不包括连杆头)放入机架内的预先准备好的固定架上,并垫好,以防其翻转。然后再把偏心轴安到主轴承内。继之安装上部轴瓦和主轴承的上盖及集油器等。连杆轴承应与偏心轴轴颈配合好,并用螺栓拧紧轴承上盖。在拧紧主轴承和连杆轴承时,应该检查轴在轴承内是否转运灵活。

2.6.1.4 推力板、拉杆的安装

首先将前推力板装上,同时用吊车将连杆向机架前壁的方向拉。然后,安装后推力板。推力板装好后,还得用吊车吊着,当拉紧弹簧和拉杆装好后,方可卸下吊车。

推力板与肘板接合得是否正确，应该用“红铅粉”仔细检查。一般来说，推力板与肘板接触长度不得小于总长度60%，局部间隙每段长度不得大于总长度的10%。

拉紧弹簧压缩后的长度，应在实际中调整，其松紧度应合适。

2.6.1.5　*颚式破碎机安装允许偏差及检验方法*

颚式破碎机安装允许偏差及检验方法应符合表2－7的规定。

表2－7　颚式破碎机安装的允许偏差

项次	项　目			允许偏差	单位	检验方法
1	机座安装	纵、横向中心线		3.0	mm	尺量检查
2		标　高		±5.0	mm	水准仪、水平尺检查
3	机座安装	纵向水平度		0.5/1000	—	水平仪检查
4		横向水平度		0.15/1000	—	水平仪检查
5	动颚轴瓦轴径配合	接触角度		100～120	mm	尺量检查
6		25mm×25mm接触点数		≥1	个	目测尺量检查
7		顶间隙		(0.001～0.0015)d	—	压铅千分尺检查
8	主轴轴瓦轴径配合	接触角度		100～120	(°)	尺量检查
9		25mm×25mm接触点数	铜　瓦	>3	个	着色法检查
			轴承合金瓦	>2	个	目测尺量检查
10		按轴径d计算顶间隙		(0.001～0.0015)d	—	压铅千分尺检查
		每侧间隙		0.5～1.0倍顶间隙	—	塞尺插入检查

2.6.2　颚式破碎机的试车

破碎机安装完成后，经过仔细检查确实无误，方可进行空载试车。空载试车前，应用吊车旋转偏心轴一周，确实无阻时，方可开车。空载试车达到如下要求：

(1)无负荷试运转不少于4h，但必须在轴承温度稳定1h后才能结束试运转。

(2)皮带不得啃边、打滑。

(3)各紧固件、连接件不得有松动。

(4)滑动轴承温度不得超过70℃，滚动轴承温度不得超过80℃。

空载试车合格后，应进行有载试车。有载试车的时间，一般为2～3昼夜。有载试车应达到如下要求：

(1)破碎机不得有周期性或显著的冲击声。

(2)给矿方向要正确，给矿最大矿块应符合设计规定。

(3)轴承温升不应超过无负荷试运转规定的温度。

(4)破碎机产量大致符合规定，产品粒度符合要求。

2.7　颚式破碎机的使用

2.7.1　使用方法

颚式破碎机是在工作条件十分恶劣的情况下运转的。因此，注意使用好机器，才能保证机器正常运转,提高机器的生产率。

破碎机启动之前,应检查破碎腔内有无矿石或杂物等。如果有矿石或杂物,启动前必须清理干净,以保证破碎机在空载下启动。

启动之前必须用铃或信号进行事先预告。

启动破碎机时,应先开动油泵电动机,并观察油压、油流指示器是否正常,然后再开动主电动机。

有的破碎机电动机启动能力小于破碎机之需要,可将飞轮用吊车转过一定角度,使连杆处于容易启动的位置(偏心轴的偏心处于上方)。

启动后,经过一定时间,才能达到正常回转速度,因此工厂的操作须知中,都应规定破碎机的启动时间。在启动后,机器没有杂音或敲击声,才允许给矿。给矿应均匀,应尽量避免过载。

在破碎机运转中,要经常注意大矿块卡住矿口现象。如卡住,要用铁钩翻动,使其排除。如矿石太多或堵塞破碎腔,应停止给矿机,待矿块破碎完了再开给矿机。绝对禁止从破碎机破碎腔中,用手取出矿块或用手整理矿石,如有大矿块需要取出时,在停车后,用专门的器具取出。

颚式破碎机在正常工作时,应经常检查各润滑点的润滑是否良好。并注意轴承的温度。特别是偏心轴承的温度不许超过60℃。应经常观察测油温的仪表,或用手试摸轴承的办法检查温升情况。油温超出允许范围,应停车检查,找出原因并消除。

在破碎机破碎腔内装满矿石的情况下,出现事故停车时,再启动之前,必须清除破碎腔内的矿石。

由于磨损而使排矿口增大时,应及时调整破碎机排矿口的大小,使破碎产品符合所要求的粒度。排矿口大小的调整,应按破碎机产品说明书上所规定的范围进行。

排矿口的大小,是指一个破碎衬板的波峰到另一个破碎衬板相对应的波谷之间的距离。为了测量方便起见,可按所需要的排矿口尺寸制成样板,进行测量。

2.7.2 故障及处理方法

颚式破碎机运转中的主要故障、产生的原因及其处理方法见表2-8。

表2-8 主要故障及其消除方法

故障	原因	消除的方法
(1)轴承的温度超过允许温度,回油的温度超过60℃	1)轴承轴瓦压得过紧; 2)润滑油不足,润滑油路堵塞,润滑油脏; 3)轴承刮得不平	1)用垫片调节轴瓦的压紧程度; 2)增大润滑油量,清洗油沟和润滑油路,更换润滑油; 3)检查轴安得是否正确并刮轴承
(2)从冷却器排出水的温度超过45℃	冷却水不足,冷却系统变脏	向冷却系统中给水,清洗冷却系统
(3)油流指示器断油	1)油泵有毛病; 2)油凉; 3)开关关得过紧	1)修理油泵或更换油泵; 2)把油加热; 3)检查开关是否已打开

续表2-8

故障	原因	消除的方法
(4)给油系统中的油压增高,并且轴承和回油的温度相应的上升	油管或破碎机零件中的油沟阻塞	停止破碎机,清洗油管和破碎机零件中的油沟
(5)水进入给油系统内	1)过滤冷却器中冷却水的压力高于给油系统中油的压力; 2)冷却水管漏水	1)应该使冷却水的压力比给油系统中的油压低0.05MPa; 2)检查和修复漏水处
(6)破碎板抖动,产生金属撞击声	颚膛衬板松弛	停止破碎机,检查衬板固定情况,用锤子敲侧壁上的固定楔,使其完全挤进,然后拧紧楔和衬板上的固定螺钉或者更换动颚破碎板的支撑板条
(7)推力板支撑垫中产生撞击声	1)弹簧拉力不足或弹簧破坏,支撑垫产生很大磨损; 2)支撑垫松弛	1)停止破碎机,调整弹簧的压紧力,更换弹簧或支撑垫; 2)紧固支撑垫
(8)连杆头产生撞击声	偏心轴轴衬磨损	重新刮研轴衬或更换新轴衬
(9)破碎产品粒度增大	衬板下部显著磨损	将衬板调转180°或调整排矿口间隙
(10)强烈的劈裂声后,动颚停止摆动,飞轮继续回转,连杆前后摇动,拉杆弹簧松弛	1)由于掉入不能破碎的金属等,使推力板破坏; 2)连杆折断	1)更换推力板; 2)修理连杆
(11)飞轮回转,破碎机停止工作,推力板从支撑垫中脱出	弹簧破坏,拉杆破坏,拉杆螺帽脱扣	停止破碎机,检查破坏的零件并更换之,安装推力板
(12)飞轮显著地摆动,偏心轴回转渐慢	皮带轮和飞轮的键松弛或破坏	停止破碎机,更换键,校正键槽
(13)破碎机下部出现撞击声	拉杆的弹簧弹性消失或破坏	更换弹簧
(14)振动	紧固螺钉松弛,特别是组合机架的螺钉松弛	系统地拧紧全部连接螺钉,当机架拉紧螺钉松弛时,应停止破碎机,把螺钉在矿物油中预热至150℃后再安装上

2.8 颚式破碎机的维修

为使破碎机高效率地工作,应严格遵守维修规程。如果维修得不好,将使破碎机零件损坏加快,以致造成破碎机计划外的修理或紧急修理。所以及时地发现和修复被磨损的零、部件,是提高机器生产率的重要措施。

为了延长零、部件的使用寿命,维修时要采用与零件工作条件相适应的材料,严格执行图纸上的技术要求;精心修理,仔细装配,严格保护零件的摩擦表面,洁净施工,切实实行计划维修等。

2.8.1 维修内容

颚式破碎机的计划检修,大致有三种类型:小修、中修和大修。

小修和中修是主要的修理方式。通过小修和中修,维护好设备,使其在两次大修期间完好的工作,以及确定大修的工作内容。下面提出的两次修理间隙时间,都是按每日三班工作制算的。

小修的主要内容:检查和修理调整装置,调整排矿口间隙;更换已磨损的衬板、推力板;修理和更换传动件;清洗破碎机的个别零部件;更换润滑油,修理和调节润滑系统等。

小修的间隔时间要看设备的运转情况来定,一般为半个月至一个月一次。

中修的主要内容:包括小修的全部工作内容。此外更换已磨损的推力板、轴衬、拉杆、衬板;检查、车削、研磨和浇铸偏心轴轴瓦、连杆头轴瓦和动颚轴瓦等。

两次中修的间隔时间,取决于主轴瓦、连杆头轴瓦和动颚轴瓦的磨损情况,一般为一年一次。

大修的主要内容:包括中修的全部工作。此外,还进行更换或车削破碎机的偏心轴和动颚心轴;浇铸连杆头上部的巴氏合金;更换和恢复全部磨损的零件和部件;校正整个破碎机和对设备进行技术革新。

两次大修的间隔时间,主要决定于偏心轴和动颚心轴的磨损情况。一般为四年左右一次。

目前破碎机的修理,大多数都是更换整个部件的办法,即部件预修法。这种方法,要求选矿厂须备有破碎机的全部部件。修理时,只要将磨损的部件拆下,换上新的部件即可。这样比更换零件的方法,大大缩短了机器的停车时间,因而提高了破碎机的作业率。

在实行部件预修制度时,选矿厂每台颚式破碎机应备有表2-9所指出的零件(此表仅供参考,各单位应根据自己的实际情况作出切合本厂实际的规定)。

表2-9 颚式破碎机易磨损零件一般使用期限

零件名称	材料	使用寿命/月	最低储备量/个	检修周期/月	备注
可动衬板	锰钢	1~3	4	1~3	复摆式
固定衬板	锰钢	1~3	4	1~3	复摆式
平衬板(上)	锰钢	3~4	2	3~4	
平衬板(下)	锰钢	1~3	2	1~3	
推力板(肘板)	铸铁	1~3	3	1	
支撑垫(滑块)	G35	6~12	1组	6	
滚动轴承(机座)		24~48	1组	2~3	
滚动轴承(动颚)		24~48	1组	2~3	
动颚轴	G45	72	1	24	
动颚	G35	96	1	24	
调节座	铸铁	36~48	1	12	
滚动轴承座	G35	72			
滑铁	铸铁	96		36	
弹簧		12~24	2	6	
连杆	G35	180~240	1	36	简摆式
偏心轴瓦	巴氏合金	36~48	1	6	简摆式
偏心轴	G45	180~240	1	24~36	简摆式
偏心轴瓦座(机体上的)	巴氏合金	24~36	1套	6	简摆式
动颚	G35	180	1	36	简摆式
动颚轴	G45	180	1	36	简摆式
动颚瓦	巴氏合金或铜	6~12	1	6	简摆式

2.8.2　维修方法

颚式破碎机在运转过程中,各个零件在摩擦力的作用下受到磨损,其中最易磨损消耗的零件是可动衬板、固定衬板、上平衬板、下平衬板、推力板、支撑垫(滑块)、滚动轴承或滑动轴承、弹簧等。但有时由于长期运行的磨损或事故导致过早磨损与损坏,动颚、动颚轴、偏心轴、连杆、偏心轴承、动颚轴承、调节座(支撑垫座)、滚动轴承座、三角皮带轮和飞轮以及机体等零件、部件也需要进行修理,以确保其效能。

影响破碎机零件过早磨损和损坏的因素有:零件的构造和工作质量;破碎矿石的物理力学性能;矿石破碎比;零件的材质;安装的质量;使用与维护质量和没有及时进行检修等。下边重点叙述几个主要零件的更换和修理。

2.8.2.1　颚式破碎机的拆卸

颚式破碎机最频繁的修理项目是更换推力板。对于连杆是整体的破碎机,要卸下推力板,首先必须拧出挡板的螺栓,切断干油润滑油管,把推力板挂在吊车起重钩或其他提升装置上,然后才可松开水平拉杆一端的弹簧,把动颚拉到固定颚方向,取出推力板。如果要取出后推力板,应将连杆与前推力板和动颚一起拉开,取出后推力板。

一般都是用钢丝绳穿过基础上的开口,借拆卸推力板用的手动绞车,从破碎机前壁方向,把动颚或动颚与连杆一起拉开。拉开前,连杆应放在最下面的位置。连杆在这个位置时,排矿口为最大。

推力板卸下后,切断稀油润滑油管和冷却水管,在连杆的下面用支架支住,然后卸下连杆盖,才能吊出连杆。

破碎机的主轴应与皮带轮和飞轮一同取下。把电动机(连同皮带轮)沿滑轨尽量向破碎机移近,取下三角皮带。然后,用吊车把轴提起。

为了拆卸动颚,必须先切断干油润滑油管,拆开拉杆,取下轴承盖,然后用吊车或其他提升设备将动颚拉出。

2.8.2.2　更换破碎机衬板

破碎机的固定颚衬板(齿板)、动颚衬板(齿板)、两侧衬板(护板)是最易磨损的。磨损后使产品粒度变大。初期磨损,可将齿板调头使用,或上下两块调换使用。但磨损到一定极限值时,就需更换新的衬板。

固定颚与动颚衬板的磨损,多在中下部,当齿高磨损掉3/5时,即需更换新的衬板。衬板的背面应粗加工,装配时与机体和颚体的接触必须良好,不许有翘脚悬空现象,必要时研点或用砂轮修平。装配动颚齿板时,先将齿板对上,将每块支撑钢板焊在颚体上,上部楔铁压紧后,楔铁与颚体面之间的间隙应保持在10～20mm。装配固定齿板时,先检查机架前壁下部挡铁的磨损情况,衬板端部与挡铁接触良好;两侧衬板磨损掉2/5时,也需更换新的。

2.8.2.3　动颚的修理

复摆式破碎机动颚的修理,一般是裂纹、折断、轴承孔磨偏、支撑垫凹槽磨损或偏斜,以及连接螺丝脱扣等等。

(1)裂纹修理。动颚裂纹在生产运行工作过程中,经常出现的部位是在中下部。对裂纹之修理顺序是:

1)检查裂纹大小。对已发现或怀疑有裂纹之部位,用煤油进行彻底洗擦,然后涂以白粉或粉笔粉,稍等片刻即可显现出裂纹的情况。

2)在裂纹的两端或里端钻一个6mm的圆孔,孔深度应不小于裂纹深度的1.1~1.3倍。

3)标好裂纹的轮廓范围,选择确定合适的焊接坡口(用气焊割成坡口)。一般一侧的坡口角度应不小于35°~45°为好,根据裂纹情况,可采用一面焊接"V"形或两面焊接"X"形。

4)根据动颚的材质,钢的化学成分含碳量的多少(有条件最好化验一下钢中碳、锰、硅、磷、硫的含量),选择确定合适的焊条。

5)正式焊接前,最好将焊接部位周围,预热到300~600℃。

6)焊接时对不需切削加工之部位,可采用较大的电流焊接,每焊接一层后应进行锤击,增加焊接的细密度和消失内应力。

7)必要情况下,也可以采取增加补焊钢板或型钢措施,提高其连接强度,保证焊接效果。

(2)折断修理。动颚经长期运行后或突然事故有时发生折断,实践证明,对已折断的动颚,在采取恰当的焊接技术措施后,是完全可以修复再次使用的。

动颚折断一般均选用"X"形焊接,每侧坡口可选择45°,焊接前最好预先加好起临时固定作用的拉筋(焊接上),这样就可以确保焊接时不会由于温度的变化而产生变形,焊接后尺寸符合折断前的尺寸要求。

(3)轴承孔磨偏修理。动颚轴承孔有时由于安装不当或切削加工不符合要求,经使用一定时间后,便产生轴承孔磨偏现象。轴承孔磨偏的修理办法一般有两种:

1)将已磨损的轴承孔电焊焊补"长肉",重新镗孔(条件不允许时,可用车床改装进行镗孔),恢复原配合尺寸。可选用D/d配合,采用此法时必须注意,要选用合适的焊条,电流不要大,否则焊后加工困难。

2)对已磨损的轴承孔,进行扩孔后嵌套(套厚度5~6mm),恢复原配合尺寸。套的外圆可选用D/gc配合,内孔选用D/d配合。

(4)支撑垫凹槽磨损或偏斜修理。支撑垫凹槽磨损或偏斜的修理有两种方法:

1)对已磨损或偏斜部位,用电焊"长肉"后再到机床上进行刨削加工,恢复原配合尺寸。

2)当磨损或偏斜过大时,也可以采用焊补一层适当厚度的钢板,再进行刨削加工,恢复原配合尺寸。

修理后的支撑垫凹槽中心线与偏心轴中心线的不平行度偏差,应不大于0.2mm。

(5)连接螺丝脱扣修理。

1)将螺丝孔扩大,重新攻丝和配新螺丝,大于原配合尺寸。

2)原螺丝孔扩大,嵌套焊接后重新钻孔攻丝,恢复原配合尺寸。

3)原螺丝孔封死,另换位置,重新钻孔攻丝与原配合尺寸相同。

2.8.2.4 动颚轴的修理

复摆式颚式破碎机的动颚轴轴颈,磨损到下述程度时就应进行修理:椭圆度大于0.05mm;圆锥度大于0.04mm;轴颈表面凸凹度大于0.04mm。

轴颈的修理方法为:

(1)在强度允许的条件下,对已磨损的轴颈进行车削加工后嵌套,恢复原配合尺寸。套厚度为4~6mm,可选用D/gc配合。

(2)采用适当的技术措施,对已磨损的轴颈进行电焊焊补“长肉”后,车削加工,恢复原配合尺寸(此法只适用于机体部位的轴颈修理)。

(3)在条件允许的情况下,利用振动焊、金属喷镀法进行修理,恢复原配合尺寸。

2.8.2.5　偏心轴的修理

简摆式颚式破碎机的偏心轴,在磨损到下述程度时应进行修理,椭圆度大于0.10～0.15mm;圆锥度大于0.08～0.12mm;轴颈表面凸凹度大于0.10～0.12mm。

修理方法为:

(1)根据磨损情况,可采取车床车削加工和刮研修理,修理后轴颈略小于原配合尺寸,此时应配制新的滑动轴承。

(2)特殊情况,在强度许可前提下(如严重损伤的轴颈)可采取原轴颈车削后嵌套,恢复原配合尺寸,套厚度在5～6mm,可选用D/gc配合。

(3)条件允许时,可采用振动焊、金属喷镀法进行修理,恢复原配合尺寸。

2.8.2.6　偏心轴的滑动轴承修理

轴承的修理主要根据顶间隙和几何形状改变的极限值来确定。当轴承没有严重的局部磨损,而在顶端间隙增大时,可以采取撤垫办法,来调整顶端间隙,但当磨损超过一般规定极限时(轴颈的0.25%)和局部磨损严重及有大面积碎裂(脱落)时,必须立即进行修理。修理办法有:

(1)对局部缺陷就地修理和车削加工,如磨偏、椭圆、大小裂纹、局部掉块,最简单办法可用气焊补肉,人工刮研或机械加工,既快又省事,效果基本上是可靠的(应尽量采用原有巴氏合金材料补肉)。

(2)全部重新浇铸或分层气焊“长肉”制成。轴承厚度在10mm以上则进行浇注,厚度在10mm以下,可采用分层气焊“长肉”。焊补的厚度至少应在4mm以上,然后可以用机床加工。

刮研后偏心瓦的径向间隙应为轴颈的0.10%～0.13%,侧向间隙为轴颈的0.15%～0.20%,接触角为75°～90°,接触面不低于60%,接触点应均匀分布。

当偏心轴颈在200～350mm时,轴承调整间隙垫片厚度为1.8～2.50mm,轴瓦允许磨损厚度(指一次配合)为1.5～2.3mm,瓦衬厚度为9～15mm。

2.8.2.7　机架的修理

颚式破碎机的机架,在经过多年运行后,有时出现局部裂纹,轴承支撑部位磨损严重和连接螺栓孔径磨大、磨偏变形以及可拆卸式机架的对口磨偏等缺陷。对这些缺陷要进行修理。

(1)裂纹修理。机架裂纹,经常发生在承受重负荷或应力集中薄弱环节以及原始铸造加工缺陷部位。其具体修理方法与顺序可参考动颚裂纹的修理。

(2)轴承支撑部位磨损与损坏修理。在个别情况下,由于使用、维护检查不当,发生机架在轴承部位的严重磨损,甚至损坏现象,如不立即进行修理,将影响设备正常运行。修理方法是:

1)对已磨损部位进行适当的电焊“长肉”,然后进行镗孔和刨削加工,恢复原配合尺寸。

2)镗孔和刨削轴承支撑部位的磨偏部分,扩大原尺寸,重新配合瓦衬或轴承壳体。

(3)连接螺栓孔磨大,磨偏或变形的修理。

1)对已磨损的各连接孔,找好中心划线,然后用机床进行扩孔。如扩孔较大,可采取扩孔后镶套,恢复原设计配合尺寸方法,如扩孔较小,可采取增大连接螺栓直径,改变原配合尺寸的办法。

2)根据各个孔磨损的具体情况,适当进行焊补"长肉",然后进行重新钻孔,恢复原配合尺寸。

(4)机架对口磨偏修理。有时可拆卸机架,由于长期运行和维护不周,产生连接处对口平面磨偏,应进行修理。

先按原设计图纸尺寸,对磨偏机架进行检查测量,确定磨偏具体数值,然后按要求加工尺寸进行电焊"长肉",刨削加工,恢复原配合尺寸。修理后,必须保证原设计要求之各轴承中心间距。

2.8.2.8 连杆修理

连杆在工作过程中,出现裂纹、折断、轴承孔磨偏、支撑垫凹槽磨损或磨偏以及连接螺丝脱扣等情况,均应及时进行修理,实践证明在发生连杆下部裂纹,甚至折断的重大事故时,如修理技术措施采取得当,基本是可以恢复使用的。

连杆裂纹或折断一般出现在其下部,具体修理方法经常采用的是直接焊接和补强钢板焊接两种。直接焊接方法较简单,适用于中、小、短、浅裂纹,补强钢板焊接较费事,但效果可靠,适用于大、长、深裂纹和折断。

参 考 文 献

[1] 中华人民共和国国家标准. 选矿机械设备工程安装验收规范(GB50377)[S]. 北京:中国计划出版社,2006:17,18,26.

[2]《选矿设计手册》编委会. 选矿设计手册[M]. 北京:冶金工业出版社,1988:115~117.

[3]《破碎粉磨机械》编写组. 破碎粉磨机械[M]. 北京:机械工业出版社,1978:10~25.

[4] 洛阳大华重型机械有限公司. 产品目录[S]. 1,2.

[5] 王运敏,田嘉印,王化军,等. 中国黑色金属矿选矿实践(上册)[M]. 北京:科学出版社,2008:668~673.

[6] 沈阳重型机械集团有限责任公司. 产品简明手册(第三册,第十一分册):破碎设备类[S]. 3~9.

3　旋回破碎机

3.1　旋回破碎机类型

旋回破碎机从1880年就开始出现于工业中，直到现在，仍广泛地应用于大、中型选矿厂和大型采石场中，用以粗破碎各种硬度的矿石与岩石。

此类破碎机的工作原理如图3－1所示。动锥1与固定锥2之间形成的空间为破碎腔。电动机经三角皮带轮3和圆锥齿轮副4，使偏心轴套5转动，而偏心轴套5又带动动锥1围绕破碎机中心线做旋摆运动，动锥1时而靠近，时而离开固定锥2，从而使给入破碎腔内的矿石不断受到挤压和弯曲作用而破碎。被破碎了的矿石靠自重从破碎腔底部排出。

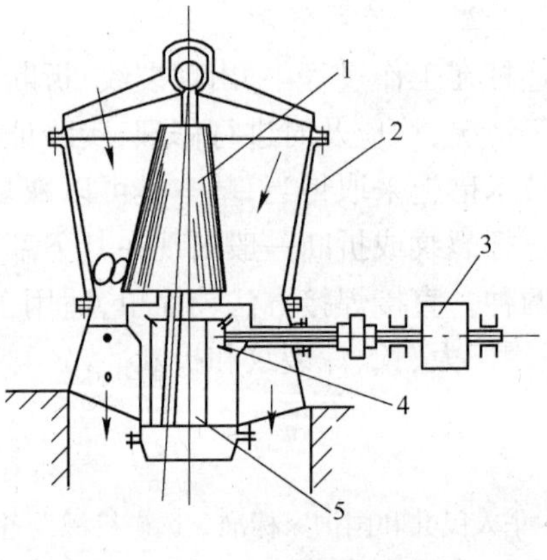

图3－1　旋回破碎机简图
1—动锥；2—固定锥；3—三角皮带轮；
4—圆锥齿轮副；5—偏心轴套

与颚式破碎机比较，旋回破碎机是连续破碎矿石，故它的生产效率比颚式破碎机高。

旋回破碎机基本上有三种类型：固定轴式、斜面排矿式和中心排矿式。由于前两种类型存在许多缺点，因此，我国只生产中心排矿式旋回破碎机，这种旋回破碎机的缺点是没有可靠的保险装置，调节排矿口的装置不仅操作不方便，而且调节范围也很小。所以，也生产液压旋回破碎机，采用液压调整和液压保险，可使排矿口宽度的调节工作容易进行，使机器的保险装置安全可靠。

目前，国产旋回破碎机技术性能和参数，列于表3－1和表3－2。型号规格含义示例如下：

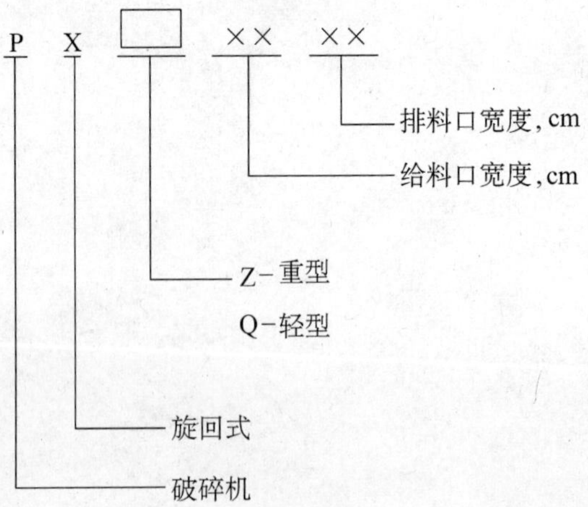

表 3－1 液压旋回破碎机技术性能和参数

型号规格	给料口宽度/mm	排料口宽度/mm	推荐最大给料尺寸/mm	生产能力/$t \cdot h^{-1}$	动锥直径/mm	动锥转速/$r \cdot min^{-1}$	配套电动机				润滑液压规格/$L \cdot min^{-1}$	设备质量（不包括电动机）/t
							型号	功率/kW	转速/$r \cdot min^{-1}$	电压/V		
PXZ700/100	700	100	580	310～400	1400	140	JR136－8	145	730	380	40	92
PXZ900/90	900	90	750	380～510	1400	140	JR137－8	210	730	380	63	142
PXZ900/130	900	130	750	625～800	1650	125	JR137－8	210	730	380	63	142
PXZ1200/160	1200	160	1000	1250～1480	2000	110	JR158－10	310	590	6000	125	230
PXZ1200/210	1200	210	1000	1560～1720	2000	110	JR158－10	310	590	6000	125	230
PXZ1400/170	1400	170	1200	1750～2060	2200	105	JR1510－10	400	590	6000	125	315
PXZ1400/220	1400	220	1200	2160～2370	2200	105	JR1510－10	400	590	6000	125	306
PXZ1600/180	1600	180	1350	2400～2800	2500	100	JR1512－8	570	730	6000/(3000)	125	480
PXZ1600/230	1600	230	1350	2950～3200	2500	100	JR1512－8	570(700)	730	6000/(3000)	125	480
PXZ1524/178	1524	178	1300		2340	105	JR1510－10	430	590	3000	125	450
PXZ1850/220	1850	220	1450	4000～4550	2800	90	JR1512－6	780	970	6000	125	700
PXZ1850/270	1850	270	1450	4700～5000	2800	90	JR1512－6	780	970	6000	125	700

表 3－2 PXZ 型和 PXQ 型旋回破碎机技术性能和参数

型号规格	给料口宽度/mm	排料口宽度/mm	最大给料尺寸/mm	排料口调整范围/mm	生产能力①/$t \cdot h^{-1}$	破碎圆锥底部直径/mm	主电动机				润滑站规格/$L \cdot min^{-1}$	冷却水耗量/$m^3 \cdot h^{-1}$	机器总重（不包括电动机）/t
							型号	功率/kW	转速/$r \cdot min^{-1}$	电压/V			
PXZ0506	500	60	420	60～75	140～170	1200	JR128－10	130	585	380	40	3	44.1
PXZ0710	700	100	580	100～130	310～400	1400	JR128－8 JR136－8	155 145	730	380 3000	40	3	91.2
PXZ0909	900	90	750	90～120	380～510	1650	JR137－8	210	735	380	63	3	141
PXZ0913	900	130	750	130～160	625～770	1650	JR137－8	210	735	380	63	3	141
PXZ0917	900	170	750	170～190	815～910	1650	JR137－8	210	735	380	63	3	141
PXZ1216	1200	160	1000	160～190	1250～1480	2000	JRQ158－10	310	590	6000	125	6	228.2

续表 3－2

型号规格	给料口宽度/mm	排料口宽度/mm	最大给料尺寸/mm	排料口调整范围/mm	生产能力①/t·h⁻¹	破碎圆锥底部直径/mm	主电动机					润滑站规格/L·min⁻¹	冷却水耗量/m³·h⁻¹	机器总重(不包括电动机)/t
							型　号	功率/kW	转速/r·min⁻¹	电压/V				
PXZ1221	1200	210	1000	210～230	1560～1720	2000	JRQ158－10	310	590	6000		125	6	228.2
PXZ1417	1400	170	1200	170～200	1750～2060	2200	JRQ1510－10	430 400	590	3000 6000		125	6	309
PXZ1422	1400	220	1200	210～230	2160～2370	2200	JRQ1510－10	430 400	590	3000 6000		125	6	309
PXZ1618	1600	180	1350	180～210	2400～2800	2500	JRQ158－10②	310	590	6000		125	6	481
PXZ1623	1600	230	1350	210～240	2800～3200	2500	JRQ158－10②	310	590	6000		125	6	481
PXQ0710	700	100	580	100～120	200～240	1200	JR128－10 JR136－8	130 145	585	380 3000		40	3	45
PXQ0913	900	130	750	130～150	350～400	1400	JR128－8	155	730	380		40	3	86.7
PXQ1215	1200	150	1000	150～170	720～815	1650	JR137－8	210	735	380		63	6	144

①生产能力以矿石的松散密度 $1.6t/m^3$ 计；②双电动机传动。

3.2　中心排矿式旋回破碎机构造

中心排矿式旋回破碎机的构造见图 3－2。

从图 3－2 中可看出，破碎机的下部机架 4，安装在钢筋混凝土基础上，在基础的中心排矿孔敷一层钢板 39，以防止破碎机中落下的矿石打伤基础。下部机架 4、中部机架 6、10 和横梁 11 之间，都是用楔铁固紧的销钉连接的。

下部机架的侧壁上，有检查机器工作情况用的人孔，机器正常工作时，用盖子 29 盖上。连接机架侧壁与中心套筒 31 的四根筋 30 和传动轴套筒 34 的上面，要敷一层保护板 28 和 35，以免落下的矿石损坏筋和套筒。

在中心套筒 31 的搪孔中，压合有钢衬套 32，内表面铸满而外表面只铸 3/4 巴氏合金的偏心轴套 5，在钢衬套 32 中旋转。为使巴氏合金铸牢，在偏心轴套 5 内外表面，备有密布的燕尾槽和许多小孔，以便使内外表面上的巴氏合金铸得更加牢固。在中心套筒 31 与大圆锥

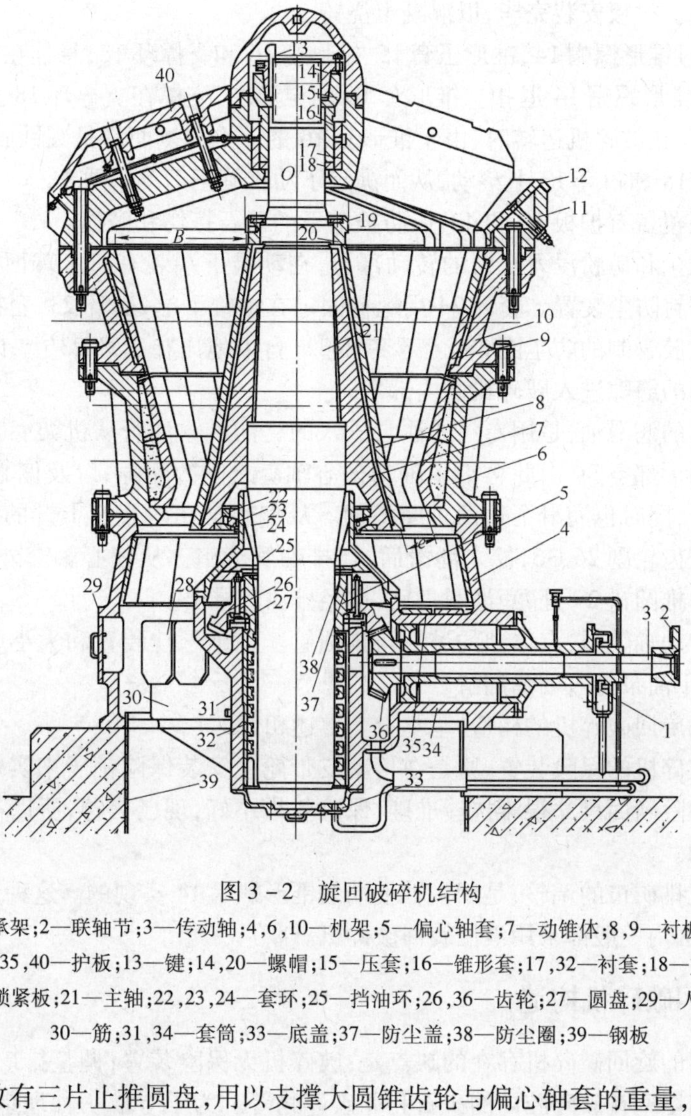

图3-2 旋回破碎机结构

1—传动轴承架;2—联轴节;3—传动轴;4,6,10—机架;5—偏心轴套;7—动锥体;8,9—衬板;11—横梁;12,28,35,40—护板;13—键;14,20—螺帽;15—压套;16—锥形套;17,32—衬套;18—支撑环;19—锁紧板;21—主轴;22,23,24—套环;25—挡油环;26,36—齿轮;27—圆盘;29—人孔盖;30—筋;31,34—套筒;33—底盖;37—防尘盖;38—防尘圈;39—钢板

齿轮26之间,放有三片止推圆盘,用以支撑大圆锥齿轮与偏心轴套的重量,下面的圆盘是钢制的,用销子固定在中心套筒的上端,以防转动;上面的圆盘也是钢制的,用螺钉固定在大圆锥齿轮上,并与其一起转动;中间的青铜圆盘27,将以近似偏心轴套的转速的一半而在上下圆盘之间自由地转动。

电动机经三角带轮、弹性联轴节2、传动轴3、大小圆锥齿轮36和26以及偏心轴套5等,带动破碎圆锥运动,悬挂在横梁上的主轴21的下端,插入偏心轴套的偏心搪孔中。当偏心轴套5转动时,主轴与压合于其中部的动锥体7,一起做旋摆运动。动锥表面任意点,都在以悬挂点 O 为顶点划出的锥面上,从而即可进行碎矿。破碎后的矿石,靠自重从动锥底部排出。

动锥体的外表面装有锰钢制成的衬板8,为了使衬板与动锥体紧密接触,在两者中间注锌,并于衬板上端用螺帽20压紧。在螺帽上端装以锁紧板19,以防螺帽退扣。

中部机架6、10内部,各镶有两圈衬板9。下面一圈衬板,支靠于机架下端凸出部分上,而上面一圈,则插入机架的上部凸边中。这样,就能承受碎矿时由于摩擦而产生的推力和破碎力的垂直分力。衬板安装完毕,以混凝土浇铸。

主轴21通过锥形螺帽14、锥形压套15、锥形套16和支撑环18,悬挂在横梁11上,并用楔形键13,防止锥形螺帽14退扣。锥形套16的锥形端,支撑在支撑环18上,而侧面,则支撑在衬套17上。在破碎机运转时,由于锥形套16的下端与侧面都是圆锥面,故能保证锥形套16,沿支撑环18和衬套17上滚动,从而满足了动锥旋摆运动的要求。

横梁上部还覆盖有护板12和40,以防被落下的矿石打伤和磨损。

为了防止灰尘和矿粉浸入机器的转动部分,在动锥下端装有三个球面接触的套环22、23和24,构成密封防尘装置。套环24用螺钉固定在动锥下端,套环23,套在防尘盖37上,两者中间装有软胶管制的防尘圈38,上部套环22,自由地压在套环23上,因而灰尘不可能透过各套环之间的缝隙进入破碎机的内部。

破碎机所需的润滑油,是用专门的油泵压入的。油沿输油管从机架底盖33上的油孔,进入偏心轴套的下部空间,由此再沿主轴与偏心轴套之间的间隙,以及偏心轴套与衬套32之间的间隙上升,同时也润滑了这两个摩擦面。从偏心轴套内表面上升的油,与挡油环25相遇而溢至圆锥齿轮副26、36,使之润滑后,经排油管流出。从偏心轴套外表面上升的油,到偏心轴套的止推圆盘27处,润滑圆盘后,也经排油管排出。

破碎机的传动轴轴承,有单独的进油与排油管。动锥悬挂装置和大小皮带轮的四个轴承,定期用手动干油泵打入干油润滑。

其他规格的旋回破碎机的构造,基本上与上述相似。

这种旋回破碎机的保险装置,原是在传动皮带轮上安装保险销子来实现的。由于保险销子的材料和危险断面尺寸很难选择准确,保险效果不好,现已去掉,所以都是在无保险装置情况下工作的。

旋回破碎机排矿口的调整,是用主轴上端的锥形螺帽14实现的。这种调整结构很不方便。为此,目前国内一般都采用液压旋回破碎机。

3.3 液压旋回破碎机构造

前面所介绍的旋回破碎机存在的缺点是:破碎机无保险装置;调整排矿口困难;破碎机卡铁时很难取出堵塞在破碎腔内的矿石和非破碎物等。为了寻取一种理想、完善的液压旋回破碎机,先后制造了几种支撑结构的液压旋回破碎机。根据三十多年的使用实践和综合分析,确定了以底部液压支撑结构为液压旋回破碎机的基型结构,并于1975年开始按此进行了系列设计。液压旋回破碎机系列见表3-1。

液压旋回破碎机与没有液压的旋回破碎机的基本结构完全一致,仅仅在原基础上加一套液压装置和局部改变。因此,本节只介绍其不同部分。

图3-3为1400/170液压旋回破碎机的结构。在破碎机下部,设有油缸1。油缸1由缸体2、柱塞3、衬套4、下摩擦盘5、中摩擦盘6和上摩擦盘7组成。上摩擦盘固定在主轴下端,下摩擦盘固定在柱塞3上。由于上摩擦盘的球心在主轴中部O'处,所以当破碎圆锥摆动和自转时,中摩擦盘的上球面和下平面,各以近似破碎圆锥摆动行程和自转数的二分之一做相对滑动。

上部悬挂装置有了很大简化,从而使横梁受力状态得到很大改善(免受了破碎力的垂直分力和破碎圆锥自动对横梁的影响)。为了防止主轴的磨损,在锥形套8内装有铜衬套

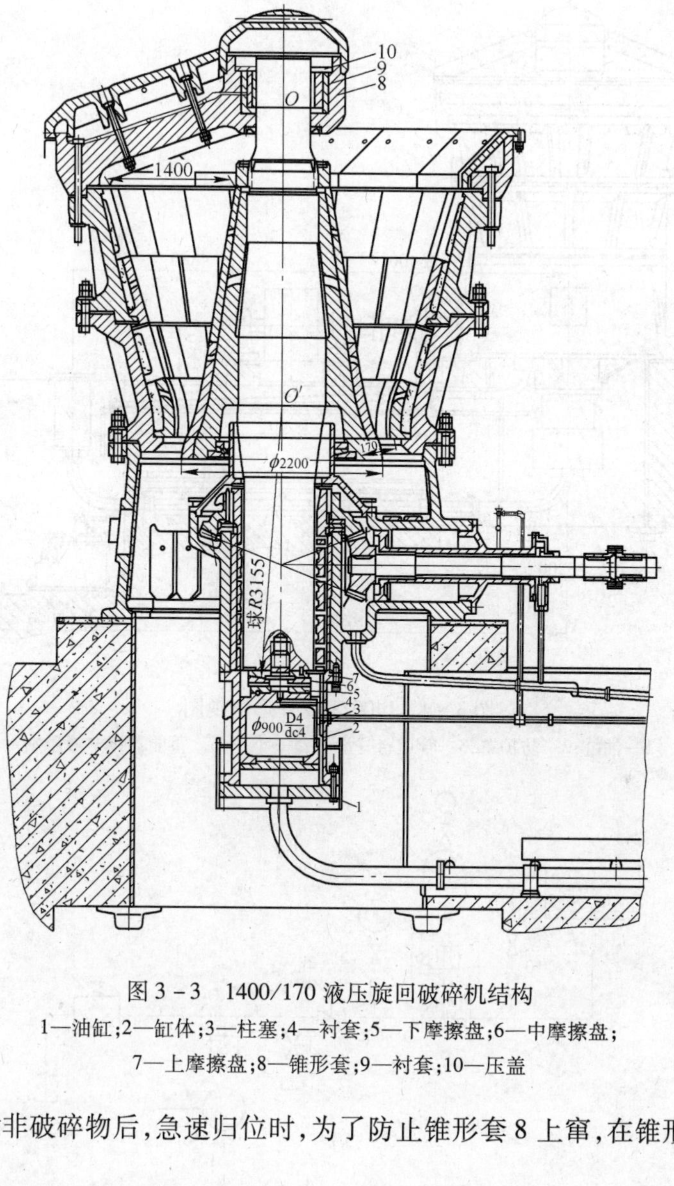

图 3－3 1400/170 液压旋回破碎机结构
1—油缸；2—缸体；3—柱塞；4—衬套；5—下摩擦盘；6—中摩擦盘；
7—上摩擦盘；8—锥形套；9—衬套；10—压盖

9。在破碎机排除非破碎物后，急速归位时，为了防止锥形套 8 上窜，在锥形套 8 上设有压盖 10。

油缸 1 通过管道 3 与蓄能器 6 和液压站 7 相连接，见图 3－4。为了防止排矿中的个别矿石碰撞油缸，在油缸周围设有防护罩 2。为了便于油缸的拆、装，在基础通廊内设有滑轨 4 和小车 5。

液压系统由单级叶片泵 1、单向阀 2、溢流阀 3、截止阀 4、单向节流阀 7 和蓄能器 8 等组成，见图 3－5。蓄能器起保险作用，内部充气压力一般为 1.1MPa。单向节流阀起过铁时动作快、复位时动作慢的作用，以减轻复位时对破碎机的强烈冲击。

在破碎机开动之前，首先要向油缸 11 内充油。充油的次序是：首先打开截止阀 4a，关闭截止阀 4b，启动泵 1。当油压达到 0.8MPa 时，破碎圆锥开始上升，破碎圆锥升到工作位置之后，即可关闭截止阀 4a，同时停止泵 1，液压系统的压力仍保持 0.8MPa，破碎机可开始工作。破碎机工作之后，由于破碎矿石的作用，液压系统自然地保持与破碎力相平衡的油

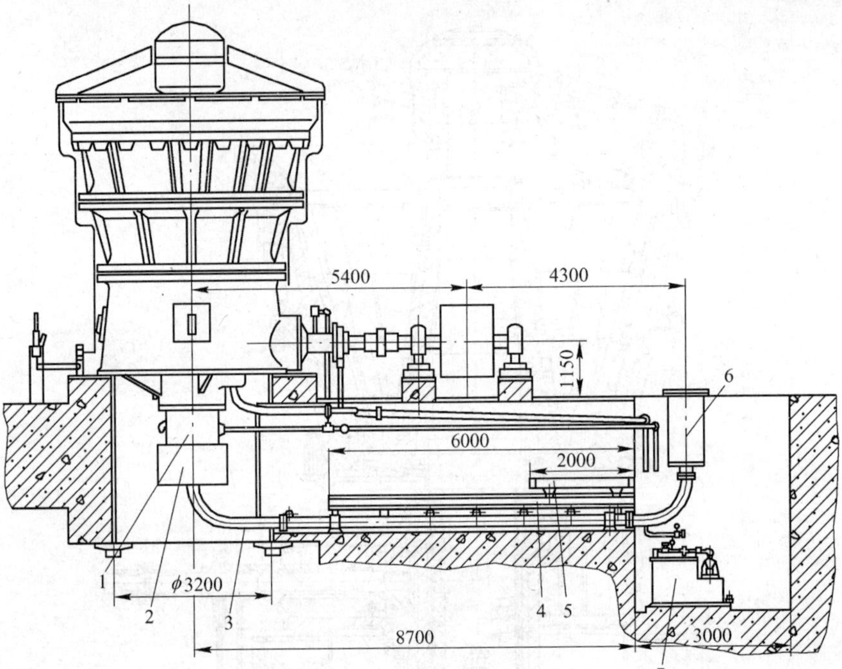

图 3－4　1400/170 外形侧视图

1—油缸；2—防护罩；3—管道；4—滑轨；5—小车；6—蓄能器；7—液压站

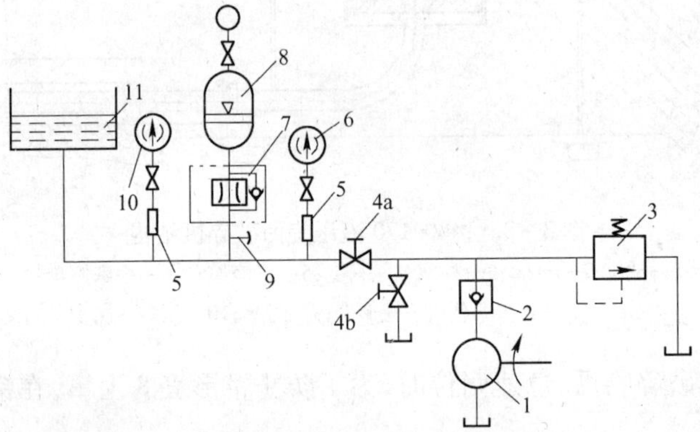

图 3－5　液压系统示意图

1—单级叶片泵；2—单向阀；3—溢流阀；4—截止阀；5—减振阀；6—压力表；
7—单向节流阀；8—蓄能器；9—放气阀；10—电接点压力表；11—油缸

压，一般为 0.8～1.1MPa。

当非破碎物落入破碎机腔时，造成破碎力急增，系统油压也随之急增。这样就破坏了蓄能器压力大于系统油压的关系，迫使油缸内的油挤入蓄能器中（此时油缸的油压和蓄能器的气压，均在 1.1～1.5MPa 之间波动，形成了暂时平衡）。在油缸内的油挤入蓄能器中的同时，破碎圆锥不落，排矿口增大，非破碎物即可排出，非破碎物排出之后，由于破碎力急降，又破坏了暂时的平衡关系。由于单向节流阀的作用，较缓慢地逐步恢复到原来的平衡关系，破碎圆锥也较缓慢地自动复位。

当非破碎物尺寸过大,不能通过排矿口时(液压破碎机虽然能排除非破碎物,但也有一定的限度),油压可开至1.6MPa。此时由于电接点压力表的作用,主电机可自动停车。

破碎机停车后,破碎腔内不仅卡有非破碎物,还存在着大量矿石。处理这种情况,可以采用放油卸载(即打开截止阀4a、4b使破碎机圆锥下降),充油加载的方法,使破碎圆锥多次上升、下降(就像捣蒜那样),即可排出堵在破碎腔内的矿石和非破碎物。

当工作需要增大或减小排矿口时,可按下列程序进行:

(1)增大排矿口。打开截止阀4a、4b,将油缸内油排回油箱,破碎圆锥即可下落。达到需要后,关闭截止阀4a、4b。

(2)减小排矿口。打开截止阀4a,启动泵1,往油缸内充油,破碎圆锥即可上升。达到需要后,关闭截止阀4a,同时停泵。

破碎机各种情况的油压变化数值,取决于被破碎物料的性质。上述数值是针对某一规格的破碎机,按电机额定功率计算所得。使用单位可根据其具体情况修正。

滑车是检修油缸的拆、装装置(图3-6)。在滑轨4下面设有7对托辊1和一对压辊2。压辊2既起支撑滑轨和小车的作用,又起压紧滑轨的作用,使滑轨向左运行时保持平衡。油缸的取出过程如下:

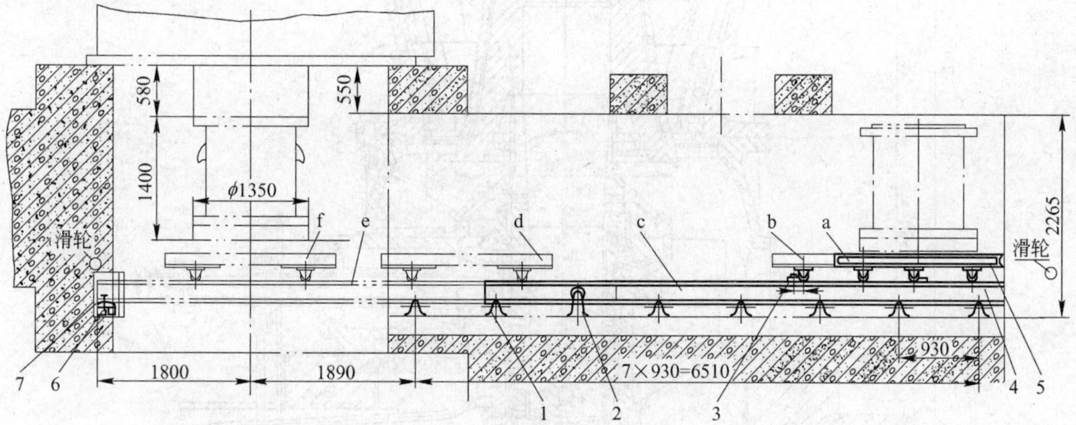

图3-6 滑车装置

1—托辊;2—压辊;3—挡板;4—滑轨;5—小车;6—支架;7—销钉

(1)按图3-6位置,先将小车5从a位置移至b位,然后用挡板3将小车固定。这样做的目的,是使滑轨向左移动时,在脱离右侧第一托辊前,小车右侧滚轮已进入滑轨右侧第二托辊的左侧,保证移动平稳。

(2)将滑轨从c位置移至e位,并用销钉7将滑轨固定在支架6上,此时小车进入d位。

(3)拆下挡板3,将小车移至f位,再用挡板固定。

(4)用吊车吊住缸耳,将油缸放在小车上。

(5)将小车移回d位并固定,将滑轨移回c位,再将小车移回a位,即可将油缸吊出修理。

送回油缸同上。移动滑轨或小车时,可以用人工,也可以在两侧设置滑车,通过吊车移动。

矿石的硬度相差较大,但是过去不论破碎硬度在18以上的硬矿石,还是破碎硬度在8

以下的软矿石,都采用同一旋回破碎机。因此,对后者是个很大的浪费。为此,在液压旋回破碎机系列中,列入了700/100、900/130、1200/150轻型旋回破碎机系列。从系列表3－2中可以看出,同一规格的1200旋回破碎机,轻型就比普通型轻80t。轻型和普通型的液压旋回破碎机的基本结构和工作原理完全一样(见图3－7)。

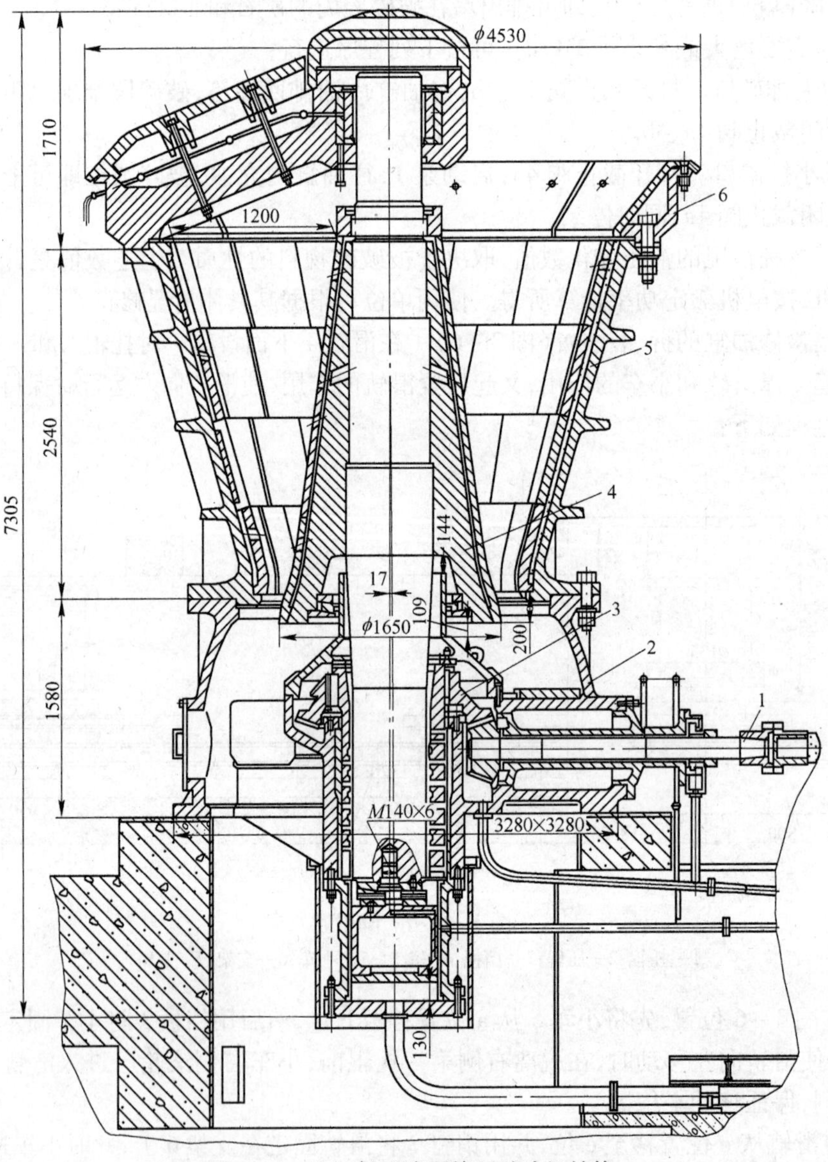

图3－7　1200轻型液压旋回破碎机结构

1—传动;2—机架;3—偏心套;4—动锥;5—中架体;6—横梁

3.4　旋回破碎机主要工作参数

尽管旋回破碎机与颚式破碎机在结构上极不相同,但是它们的碎矿与排矿过程却完全相同,只是旋回破碎机是连续工作的,而颚式破碎机是间歇往复式工作的。因此,确定颚式破碎机参数的方法,可以进一步延伸到旋回破碎机上来。

3.4.1 啮角

图3-8为啮角示意图。旋回破碎机的啮角仍须满足公式(3-1)：

$$\alpha = \alpha_1 + \alpha_2 \leqslant 2\varphi \tag{3-1}$$

式中 α——啮角，(°)；

α_1——固定锥角，(°)；

α_2——动锥锥角，(°)；

φ——摩擦角。

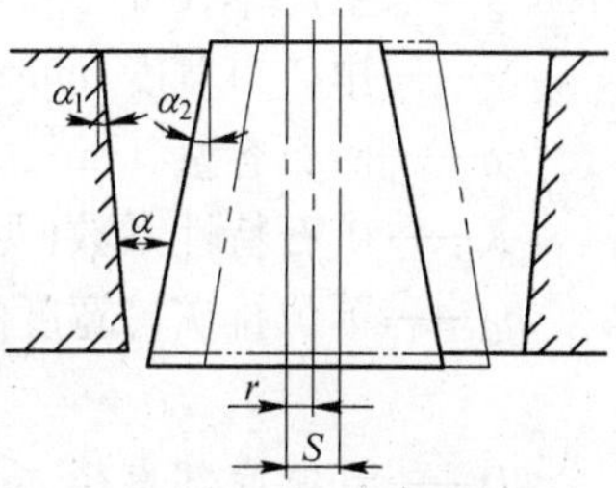

图3-8 啮角示意图

但是，为了减小动锥的垂直破碎分力，从而减轻动锥上部悬挂装置的负荷，α_1 应取大些，一般 $\alpha_1 \approx 12° \sim 18°$，而 α_2 应取小些。由于旋回破碎机通常是在挤满矿石状态下工作，矿石在破碎腔中被挤出去或上滑的可能性小，因此其啮角可适当地比颚式破碎机取得大些，一般取啮角 $\alpha = 22° \sim 27°$。

3.4.2 动锥摆动次数

由于旋回破碎机的破碎腔断面形状以及排矿过程与颚式破碎机完全相同，故它的动锥摆动次数完全可以按公式(3-2)计算：

$$n = 665\sqrt{\frac{\tan\alpha_1 + \tan\alpha_2}{S}} \tag{3-2}$$

式中 n——动锥摆动次数，r/min；

S——动锥在排矿口处的行程，cm。

一般按下述经验公式，概算动锥摆动次数：

$$n = \frac{500}{D\pi}\sqrt{D} \tag{3-3}$$

式中 n——动锥摆动次数，r/min；

D——动锥底部直径，m。

动锥除了绕固定锥中心线旋转外，由于主轴与偏心轴套之间的摩擦力矩以及矿石与动锥之间的摩擦力矩的作用，还绕自己的轴线转动。空载时，动锥绕自己轴线回转方向与偏心轴套回转方向相同，其转速与制造和安装的精度有关，一般小于10r/min。有载时，动锥自转方向与偏心轴套回转方向相反，其转速为：

$$n_2 = n\frac{r}{R} \tag{3-4}$$

式中 n_2——破碎机工作时，动锥的自转转速，r/min；

n——偏心轴套的转速，r/min；

r——偏心距，m；

R——动锥上破碎力作用点处半径，m。

动锥的自转，可以促使产品粒度更加均匀，也能使动锥衬板的磨损更加均匀。

3.4.3 生产率

旋回破碎机的生产率公式，也可以用理论方法推演出。但是，因该法计算麻烦且误差较

大,故推荐用一个从实际中得到的经验公式:

$$Q = Kq_0 e \frac{\delta}{1.6} \quad (3-5)$$

式中 Q——生产率,t/h;

e——排矿口宽度,mm;

δ——矿石容量,t/m^3;

K——矿石特性系数(见表 3-3);

q_0——单位排矿口宽度的生产率,t/mm,

$$q_0 = \delta D^{2.5}$$

D——动锥底部直径,m。

表 3-3 矿石特性系数 *K*

矿石强度	抗压强度/MPa	普氏硬度 f	K
硬	160 ~ 200	16 ~ 20	0.9 ~ 0.95
中硬	80 ~ 160	8 ~ 16	1.0
软	< 80	< 8	1.1 ~ 1.2

不同规格旋回破碎机的 q_0 值列入表 3-4。

表 3-4 δ = 1.6 时旋回破碎机的 q_0 值

破碎机规格	1500/180	1500/300	1200/180	900/150	700/130	500/75
q_0/t · mm^{-1}	10.5	13.5	6	4.5	3	2.5

3.4.4 安装功率

旋回破碎机的需用功率,可用下述半经验公式计算:

$$N = \frac{9.2arn}{\eta_1 \eta_2} \quad (3-6)$$

式中 N——需用功率,kW;

a——破碎锥表面积,m^2;

r——破碎锥中间部分的偏心距,m;

n——偏心轴套转速,r/min;

η_1——偏心轴套和上部悬挂装置传动效率,一般取 $\eta_1 = 0.75$;

η_2——圆锥齿轮和传动轴的传动效率,一般取 $\eta_2 = 0.95$。

考虑到安全系数,取电动机安装功率为需用功率的 1.5 倍,即电动机安装功率应为:

$$N_d = 1.5N \quad (3-7)$$

式中 N_d——电动机安装功率,kW。

一般采用下述经验公式计算安装功率:

$$N_d = 16D^{2.5}rn \quad (3-8)$$

式中 N_d——电动机的安装功率,kW;

D——动锥底部直径,m;

r——动锥底部的偏心距,m;

n——偏心轴套转速，r/min。

3.5　旋回破碎机的安装和试车

3.5.1　旋回破碎机的安装

3.5.1.1　下部机架的安装

装配时，首先将下部机架安装在基础上，使其中心线与基础中心线重合。找平时，在下部机架内中心孔上端的加工面上放置水平仪1、平尺2（图3-9），其不水平允差每米为0.1mm。下机架底座与基础间，要保留大于30mm的空隙，以便二次灌浆。当灌浆层凝固后，再一次拧紧地脚螺栓。

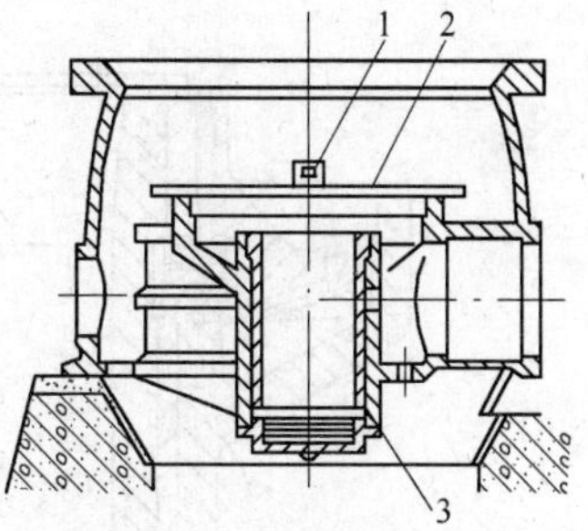

图3-9　下机架的找平

1—水平仪；2—平尺；3—机座

3.5.1.2　传动部的安装

安装传动轴时，见图3-10，必须注意两铜套7中心应在同一水平线上。铜套7与轴3之间的径向间隙应在$\frac{2.5D}{1000}$～$\frac{3D}{1000}$mm的范围内（D是轴的直径）。

当固定挡环4时，应保持传动轴的轴向窜动为0.3～0.8mm范围内。外侧独立轴承与基础间应有一定的距离，一般为30mm左右，以便二次灌浆。

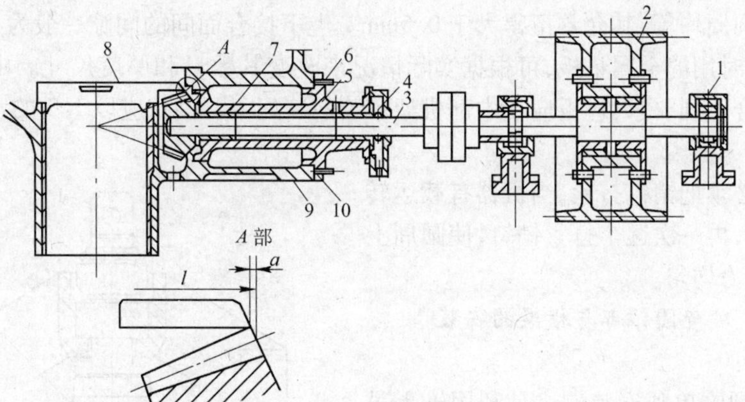

图3-10　传动部

1—轴承；2—皮带轮；3—传动轴；4—挡环；5—传动壳体；6—顶丝；
7—铜套；8—样板；9—机架；10—调整垫片

安装传动轴3时，应在传动壳体5的法兰与机架9之间，加入适量的调整垫片10，以调整锥齿轮的位置，而且要用样板8来检查，使l与a之差，符合产品设计时的要求。如欲将传动壳体5从机架9上取出时，可拧动在传动壳体上的三个顶丝6来达到。

3.5.1.3　偏心轴套部的安装

在偏心轴套安装之前，应将调整垫片3放在机架的中心套筒4上。中心套筒与大圆锥齿轮之间的三片止推圆盘2,也应分别用销一螺钉固定在中心套筒4与大圆锥齿轮1上(见图3－11),并清净圆盘和油沟里的脏物。

安装时,应特别注意保护巴氏合金层的摩擦表面,以防止碰坏和弄脏。如图3－12所示,在保证齿的大端面平齐的情况下,检查安装后齿顶间隙是否符合要求(在齿外端测量),一般的应为0.2m(m为模数)。如间隙太大或太小,可用改变调整垫片的数量来调整。

固定大圆锥齿轮用的斜键,其上端应不高出偏心轴套的上端面。

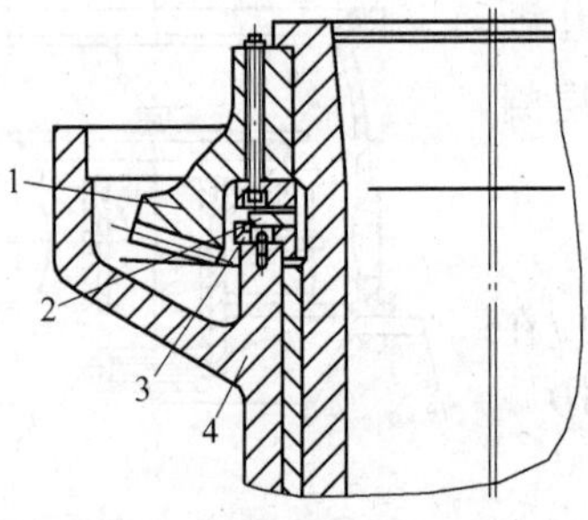

图3－11　偏心套调整示意图
1—圆锥齿轮;2—止推圆盘;3—调整垫片;4—中心套筒

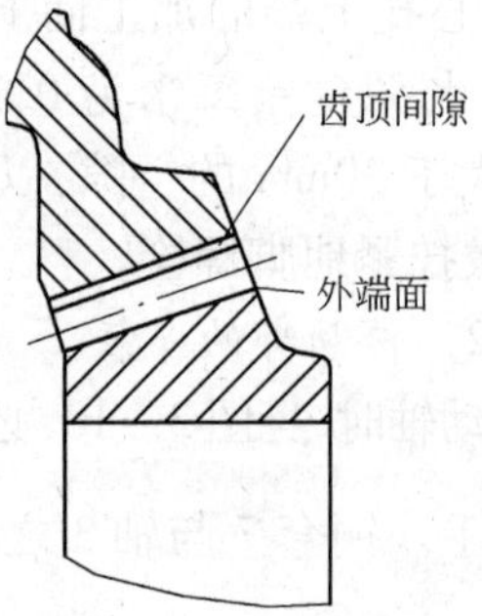

图3－12　传动齿轮的啮合

3.5.1.4　中部机架的安装

安装中部机架时,必须按下部机架的上法兰盘来进行校准,应使所有锥面接触的法兰盘间的间隙,沿圆周均等,其允差不得大于0.5mm。上下接合面间的间隙一般为15mm左右。

安装衬板时用的金属垫板,可根据实际情况来改变其数量和厚度尺寸。中部机架衬板装配时,应符合下列要求:衬板应于中部机架吊装前装配,装配后,应以1:3的水泥砂浆灌注衬板后面。

安装时,必须把销钉打紧,当机器有载运转一段时间以后,再一次逐个打紧销钉,使圆周上所有的销钉受力均匀。

3.5.1.5　破碎圆锥部与横梁的安装

安装如下:

(1)破碎圆锥单独安装。这是利用轴上吊环,将破碎圆锥吊入机架内。然后在机架下部的各筋上,放置木垫顶住锥体,并保证适当的高度。同时在中部机架内,用木楔楔紧动锥,使其位于中央。之后装上横梁,并将主轴上端的螺母及外套装上,最后装上帽盖,并取出木垫及木楔。

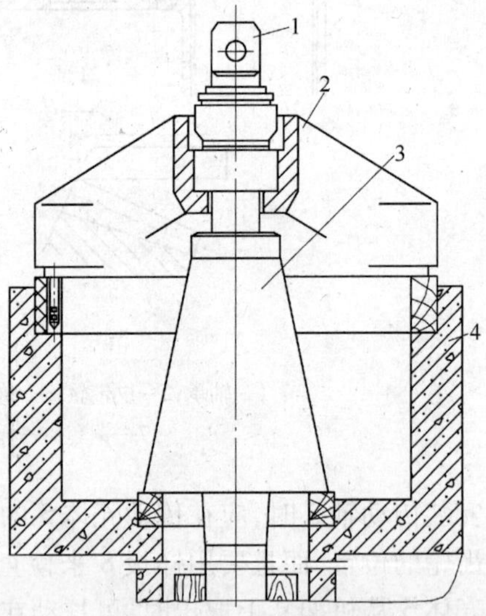

图3－13　专用地坑示意
1—吊环;2—横梁;3—破碎圆锥;4—地坑

(2)破碎圆锥与横梁一起安装。这是将横梁和破碎圆锥在专用的地坑上先装好,如图3－13所示(修理横梁和破碎圆锥时也用此地坑)。然后再整套地安装到机架内。在起吊破碎圆锥和横梁组件时,必须用钢丝绳吊在横梁的梁上,绝不允许用主轴上端吊环吊起,以免起重吊环承受不了而发生事故。如果吊车容量允许,最好用此法来安装。

破碎圆锥的破碎壁,须用螺帽压紧,以防松动。在压紧前,为防止生锈和拆卸困难,必须在固定圈(压板)下部空间和吻合螺栓上涂满干油。

横梁与中部机架组装时,应使横梁的筋顺着给矿槽的方向,以保证矿石均匀地落入破碎机内。横梁与中部机架的法兰端面间的间隙,应沿圆周均等,其允差不得大于0.5mm。组装合格后,应立即用销钉固定。

3.5.1.6　*旋回破碎机安装的允许偏差及检验方法*

旋回破碎机安装的允许偏差及检验方法应符合表3-5的规定。

表3-5　旋回破碎机安装的允许偏差及检验方法

项　次	项　目	允许偏差	单　位	检验方法
1	纵、横向中心线	3.0	mm	尺量检查
2	标　高	±5.0	mm	尺量检查
3	纵、横向水平度	0.1/1000	—	用平尺、水平仪检查
4	联轴器同轴度应符合GB 50231的规定			用塞尺或百分表检查

3.5.2　旋回破碎机的试车

安装好的破碎机,经过仔细检查,确定所有的部件及所有连接零件装配正确,破碎腔内没有遗留任何工具或其他器械,方可允许试车。

破碎机在启动前,用人力或起重设备,转动传动轴2~3转,转运灵活,无卡住现象时才能启动。破碎机启动前,必须先开动油泵,直到各润滑点都得到润滑后,方可启动破碎机。

破碎机无载试车,连续运转不得少于2h。注意观察轴承温度,如超过规定要求时,或者发现油中有钨金微粒,应立即停车检查润滑系统的全部设备、各种控制仪器、电气连锁等等,并且详细检查破碎机各部的运转情况,对一切不正常的情况,均须找出原因加以消除,直到全部正常为止。破碎机无载试车必须达到如下要求:

(1)无负荷试运转正反转各不少于2h。

(2)无负荷试运转时,破碎圆锥摆动应平稳。

(3)滑动轴承温度不得超过70℃,滚动轴承温度不得超过80℃。

无载试车合格以后,方可进行有载试车。有载试车不能少于12~24h。在有载试车时,除注意给矿、排矿及上下工序间的联系外,对破碎机及其润滑设备的检查工作与无载试车相同。

有载试车必须达到下列要求:

(1)破碎圆锥的转动平稳,无显著振动。

(2)破碎机给矿、排矿正常,产品粒度均匀,与规定的产量近似。

(3)润滑系统正常,给油管内的油压在0.08~0.1MPa的范围内,回油温度不超过无负荷试运转规定的温度。

(4)电气设备控制系统正常工作。

(5)各摩擦部分不应发生磨损现象。

无论是无载试车或有载试车,均须作详细记录。全部试车完毕后,将各种原始记录交给生产单位,这些资料对日后维修和检修工作是极为有用的。

3.6　旋回破碎机的使用

3.6.1　使用前的检查

破碎机开动之前,必须进行一次全面的检查。在检查时,必须拉下电路总开关。检查的事项如下:所有连接件必须把紧,不得有松动现象;破碎腔内不得有矿石和任何其他物品;检查排矿口的宽度;检查与上下工序间设备的连锁装置。另外,还要检查油箱中的油量及油温。寒冷季节油温过低时,应使用电热器加热。检查润滑设备、油泵电动机与破碎机电动机的连锁装置是否正常。

3.6.2　启动程序

经过检查认为准备工作合格后,关上总电路开关,可以按下面的程序启动:

首先开动润滑部油泵电动机,并检查和调整油压。油的压力应在 0.08 ~0.15MPa 范围内。检查过滤器开关开得是否正确。根据油流指示器和压力计等,检查全部润滑系统的工作情况。过滤器中水的压力应比油压低 0.05MPa,否则水可能渗入油里造成事故。当润滑油达到各润滑点之后,按规定发出开车信号,并开动破碎机。破碎机空转 3 ~5min,机器达到正常转速后,再开动给矿机使破碎机进行破碎工作。

3.6.3　操作注意事项

在破碎机进入正常破碎工作之后,操作人员必须遵守和注意下列事项:

检查破碎机的运转情况,内部不应有异常敲击声。如有不正常声音及一切不正常的情况,应立即处理,特殊情况应立即停止运转。给矿粒度不许大于给矿口的 0.8 倍,排矿溜槽及破碎圆锥下部不要被矿石堵住,否则矿石会将破碎锥抬起,矿粉进入偏心轴套里去,造成事故。注意油泵的运转,经常检查各处的油流指示器、油温及油压的指示数等。油经过冷却器以后的温度不应高于 45 ~53℃。回油温度不应高于 70℃,并按时向上部悬挂装置给油。注意检查三角带的松紧情况,有无断裂,并注意三角带不要粘上油。在运转中如果发生意外事故,例如溜槽被矿石堵住、给油停止或油温超过 70℃及圆锥齿轮有敲击声,应立即按规定程序停车。应经常检查横梁、中架体和机座之间连接销钉是否松动及沿圆周 15mm 间隙是否相等。检查各部衬板有无松动、缺少及严重磨损情况。应严格检查给矿情况,切实防止非破碎物(如金属块,钎头等)进入破碎腔内。

破碎机停车的顺序应该是:先停止破碎机的给矿,待破碎腔内的矿石全部排掉后,才可以停止破碎机,然后停止运输机。

3.6.4　排矿口的调整

当破碎圆锥或机架衬板磨损以后,为了保证排矿粒度,需要恢复原来的排矿口宽度。恢复的办法，是将破碎圆锥提高而减小排矿口。如果破碎圆锥已提高到顶点，排矿口还不能恢复原有宽度，则只有更换机架或破碎圆锥的衬板，或者把它们同时更换。提高破碎圆锥时，先将横梁上的螺帽取下，再将起重吊环拧在破碎圆锥主轴的上端的丝孔内，然后利用吊车，将破碎圆锥吊起。吊起的高度比预先计算的应提高的距离高 5～15mm。

破碎圆锥提起以后，向下拧螺钉 2（见图 3－14），将压套 4 及锥形套 5 压下去。然后将螺钉 2 退回。接着将键 1 取出，并向下拧螺帽 3，直至它与压套 4 接触为止。然后测量排矿口宽度。如果尚未达到要求的宽度，再将破碎圆锥吊起，并按上述程序进行，直到达到所需要的排矿口宽度为止。再将键 1 打入，并取下起重吊环。然后清理干净，并加满润滑油，最后装上帽盖。

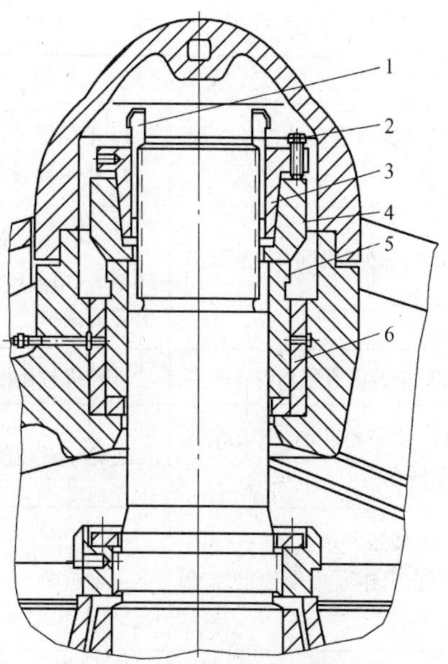

图 3－14　排矿口调整装置
1—键；2—螺钉；3—螺母；4—外套；
5—锥形套；6—固定套

3.6.5 故障及处理方法

旋回破碎机在运转中的故障及产生的原因和消除方法，列于表 3－6 中。

表 3－6　旋回破碎机运转中的故障、原因和消除的方法

故　障	原　因	消除方法
1. 润滑油中有水	过滤冷却器中的水压高于油压、渗漏	保持水压低于油压 0.05MPa，检查冷却器的水管连接部分是否漏水
2. 过滤器前、后的压力表指示的压力差太大	过滤器堵塞了	当压力差大于 0.04MPa 时，必须清洗过滤器
3. 油压下降	1. 油泵有毛病； 2. 油箱中的油温低； 3. 油开关未关好	1. 更换或检修油泵； 2. 用电热器将油加热； 3. 将开关关好
4. 油压升高，同时回油温度也升高	油管或破碎机内油路堵塞	停车，找出油温升高的原因并消除
5. 回油温度超过 70℃	偏心轴套等摩擦部位有毛病	停车，找出油温升高的原因并消除
6. 过滤器出来的油温超过 45℃	1. 没有冷却水； 2. 冷却水的温度高	1. 通入冷却水； 2. 检查冷却水的温度
7. 油流指示器里油是满的，经过润滑机件后，油温超过 70℃	轴承有毛病，冷却器水路堵塞，冷却水温高，或衬套油路堵塞	停车，找出原因消除之

续表 3 - 6

故　障	原　因	消除方法
8. 油流指示器的油流中断了	1. 油温低了； 2. 指示器管路堵塞	将油加热，在油流指示器的油流没有正常前，不许运转
9. 回油少，油箱中的油量显著减少	破碎机底盖漏油，回油油路堵塞了，给油过多使油从防尘装置处漏掉	1. 消灭漏油原因； 2. 调整给油量，停车时清洗或降低回油油路； 3. 处理后应向油箱内添油
10. 破碎时有强烈的噼啪声	破碎机衬板松动了	检查衬板的固定牢靠性
11. 皮带轮转动，但破碎圆锥不转动	齿轮或者轴被破坏	拆开破碎机，更换被破坏零件
12. 强烈劈裂声后，破碎圆锥停止工作而皮带轮继续转动	主轴折断	拆开破碎机，找出破坏原因，安装新主轴
13. 破碎机带负荷突然停车	1. 油温过高，油位和油压过低，使继电器动作； 2. 油泵或其他与破碎机有连锁的设备发生故障； 3. 外部电源中断； 4. 有过大的非破碎物进入破碎腔，卡住破碎机	1,2. 检查油温、油位、油压和连锁设备，找出故障原因予以消除； 3. 拉开电气开关，清除破碎腔内矿石等，电源恢复再按规定开车； 4. 可用气割方法，消除卡在破碎腔内的非破碎物

3.7 旋回破碎机的维修

3.7.1 维修内容

在三班作业的正常情况下，旋回破碎机定期检修的主要内容和检修周期如下：

(1)小修。检查和修复破碎圆锥上部的悬挂装置、防尘装置、偏心轴套、圆锥齿轮、止推圆盘、传动轴衬套的磨损和润滑情况。检查修复润滑系统，更换润滑油。检查和修复各处衬板的磨损和紧固情况。小修检修周期约为半个月。

(2)中修。中修检查周期主要决定于圆锥衬板和机架衬板的磨损，以及传动衬套的磨损情况。中修内容包括更换破碎圆锥衬板；修复或更换传动轴、传动轴衬套、圆锥齿轮和悬挂装置的各磨损件；修复或更换偏心套、内外衬套和止推圆盘；修复和更换电气设备。中修包括小修的全部内容，一般为半年一次。

(3)大修。主要是修复更换机架、中架体、横梁及修理基础。大修对中修的项目进行全部检查和处理，并进行技术改革。大修检修周期一般为五年。

中修和大修周期与破碎机破碎矿石的软硬有关。例如，破碎磁铁矿时，3 ~ 4 个月则需中修一次，而破碎石灰石时，有的延至两年左右。同时也与破碎机的日常维护工作及修理的质量有关。因此加强平时的维修工作，防止事故，提高修理工作的质量，是延长机器运转期限的重要途径。

目前旋回破碎机,大多数是实行部件预装法进行修理。

3.7.2　维修方法

3.7.2.1　上部悬挂装置的检修

悬挂装置受很大的动载荷,因此要求安装平稳牢固,不许摆动,润滑良好。破碎机正常运转时,固定套6必须装得很紧,不许有任何松动(见图3－14)。正常时,主轴可以正向也可以反向自转,但每分钟不可超过10转。转得过快,说明这部分出了毛病。当锥形套5及固定套6磨损严重时,动锥冲程减小,破碎机的产量就显著下降,应及时检修或更换。在订制锥形套、固定套和支撑环备品时,一定要按图纸要求保证其硬度,以及它们之间的硬度差。由于这一部件特别重要,因此除有计划地定期检查以外,还应利用生产间歇时间随时进行检修。

螺母3上面的螺钉2,是为分开螺母3和外套4用的,下面的螺钉,是为取出固定套6用的,所以检修以后应涂油好好保管。螺母3应该用键1很牢靠地固定在主轴上。

此部件是用干油润滑的,检修后应以洁净的干油充分润滑。一般半个月左右更换一次干油,最后放上帽盖。

3.7.2.2　更换衬板

当衬板厚度磨损三分之二,或磨漏破裂,或者排矿口增大到不能调整时,就需更换机架的或破碎圆锥的衬板。更换衬板时可根据磨损、破裂情况决定不同的更换范围,大体如下:

(1)机架和破碎圆锥衬板同时全部更换。

(2)只更换机架或破碎圆锥其中之一的全部衬板。

(3)只更换机架、破碎圆锥下部衬板。

(4)只更换机架或破碎圆锥其中之一的下部衬板。

(5)只做局部更换。

更换机架衬板时,如旧衬板很坚固,取不下来,可用瓦斯切割,并将机架内表面清理干净。衬板背面所浇铸的混凝土,是用500~600号水泥与砂子,按1∶3的比例(按重量计算)混合。浇铸之前,衬板要打磨干净,以便混凝土能和它牢固地结合起来。浇铸完了的混凝土,必须修整,使衬板背面筋面与机架紧贴,并且要等混凝土养生和干了以后方能使用。

更换破碎圆锥衬套前,首先将压紧螺母20(图3－2)松开约15~20mm,然后开动破碎机,带负荷运转较短的一段时间。这时应均匀适量地给矿,由专人看管并注意观察破碎机的情况。当破碎锥体与衬板的连接破坏以后,便可很容易地取下衬板。

当用以上的方法,仍不能将破碎圆锥衬板取下时,就只有用瓦斯将它割掉。切割时应随时注意不要伤锥体。

旧衬板取下以后,将破碎锥体打磨干净,然后由下到上依次套上新衬板。

下部衬板装上后,利用锥体下部的调整圈,使下部衬板与锥体之间保持有1~2mm的间隙(如图3－15所示)。最上面的衬板装上后,还应先将压紧螺母装上,检查一下压紧情况,然后再浇铸锌合金。浇铸前,锥体与衬板应预热60~80℃,衬板各接头的缝隙,应用石棉及黏土塞住,以免锌合金漏出。小型破碎机一次铸完。大型破碎机可两次浇铸。

衬板浇完锌合金后,装上压紧螺母20和锁紧板19等(见图3－2),使之紧紧固定。即使螺母打得紧,在破碎机工作一段时间后,衬板仍会松动,因此还要再次打紧螺母。

主轴上及压紧螺母上的丝扣非常重要，在检修时应妥善保护，不要碰伤或落上灰尘，并应清洗干净，涂上干油以免生锈。

3.7.2.3　偏心轴套的拆卸和安装

当偏心轴套有严重的裂纹，或主轴与偏心轴套内孔之间的间隙大于装配时的标准间隙的 1.5 ~ 2 倍时，需修理或更换。大、小圆锥齿轮齿厚磨损 25% ~ 30% 时，需更换齿轮。

检修时，应首先将油放出，然后由上部吊出偏心轴套（横梁和动锥已拆出）。卸下之后，要检查偏心轴套上的巴氏合金，检查钢套与机架的紧密性。检查时，用铜锤或铝锤敲击，根据声音判断是否正常。

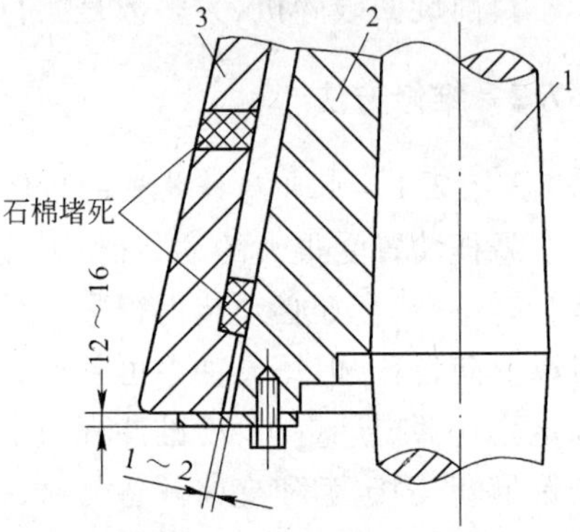

图 3 - 15　破碎圆锥衬板的安装
1—主轴；2—锥体；3—锥体下部衬板

安装时，各接触面必须光滑，清洗干净，巴氏合金套上的毛刺擦伤，应加以修整消除。油沟要清洗干净，必要时加以研磨并加深油沟。最后必须将下部底盖装得很严密，以免漏油。

偏心轴套安装以后，两个齿轮的外端面必须平齐（见图 3 - 12）。齿轮的啮合间隙应符合前面安装一节中提出的要求。

无论在拆卸前或安装后，均应测量齿轮的啮合间隙。通过拆卸前的间隙记录，可以知道齿轮磨损的规律，掌握它的使用寿命。如果间隙太大或太小，可以利用增加或减少轴套处的调整垫片的数量来调整，或在传动壳体法兰和机架之间加垫或减垫，使传动轴沿轴向移动的方法来调整（参看图 3 - 10）。

参 考 文 献

[1] 中华人民共和国国家标准．选矿机械设备工程及安装验收规范 GB 50377—2006[S]．北京：中国计划出版社，2006：18 ~ 19，26.

[2] 周思浦．矿山机械（选矿机械部分）[M]．北京：冶金工业出版社，1979：42 ~ 49.

[3]《中国选矿设备手册》编委会．中国选矿设备手册（上册）[M]．北京：科学出版社，2006：38 ~ 42.

[4]《破碎粉磨机械》编写组．破碎粉磨机械[M]．北京：机械工业出版社，1978：32 ~ 60.

[5] 沈阳重型机械集团有限责任公司．产品简明手册（第三册，第十一分册）：破碎设备类[S]．2005：10 ~ 20.

4 圆锥破碎机

4.1 圆锥破碎机类型

圆锥破碎机在世界上通称为“西蒙式”破碎机。由于它具有破碎比大、效率高、功耗少、产品粒度均匀和适于破碎硬矿石等特点，所以，自1920年问世以来，至今在世界各国仍广泛地采用，并对它不断进行改进，采用液压装置等，使它更加完善。圆锥破碎机的上述特点，是其结构特点的反映。圆锥破碎机具有比旋回破碎机高2.5倍的转速和大4倍的摆动角。在这样高转速、大冲程的破碎过程中，破碎腔内的矿石，不是像旋回破碎机那样，受运动较慢、冲程较小的动锥的挤压，而是受大冲程的快速冲击。这样的冲击破碎方法，有利于矿石的粉碎，因此破碎效率高。

由于圆锥破碎机高转速、大冲程的缘故，破碎腔内的矿石，有95%的时间处于沿锥面下滑的运动状态。也就是在任意瞬间，矿石只有5%处于被破碎状态。由于矿石95%时间处于下滑状态，破碎机的通过能力就大，产量就高。由于矿石只有5%处于被破碎状态，也就是整个破碎腔只有5%的面积上处于破碎矿石，因此它的功耗小。并且，在破碎腔的局部面积上，产生很高的对矿石单位面积上的压力，就使它适于破碎硬矿石。由于其转速高和破碎腔下部设有长度不同的平行区，保证矿石在平行区内，至少被破碎一次，因此圆锥破碎机产品粒度均匀。

圆锥破碎机根据破碎作业的要求，可用于中碎和细碎作业。中、细碎圆锥破碎机的不同点，在于破碎腔的形状和尺寸的不同，分为三种形式，见图4－1。

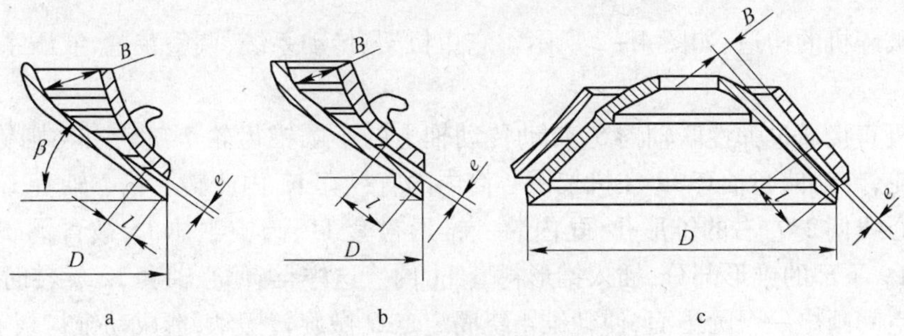

图4－1　破碎腔断面示意

a—标准型；b—中型；c—短头型

标准型，用于矿石的中碎；中型，用于矿石的中、细碎；短头型，用于矿石的细碎。图4－1和表4－1列出三种不同类型圆锥破碎机给矿口B、排矿口e和平行区长度L。一般推荐的最大给矿粒度为给矿口的0.85倍。最大产品粒度，取决于被破碎矿石的硬度、动锥衬板和定锥衬板的规整程度、破碎机的性能和相关设备的合理配置等。在上述条件都处于有利的情况下，最大产品粒度可不超过排矿口的1.5倍，而其中有70%的产品小于排矿口尺寸，上述条件处于不利的情况下，最大产品粒度可达到排矿口的 4 倍，而且有 80% 的产品粒度大于排矿口尺寸。

表 4－1　圆锥破碎机给矿口与排矿口尺寸（mm）

形　式	标准型					中　型				短头型				
规　格	600	900	1200	1750	2200	900	1200	1750	2200	600	900	1200	1750	2200
给矿口尺寸 B	75	135	170	250	350	70	115	215	275	40	50	60	100	130
排矿口尺寸 e	12～25	15～50	20～50	25～60	30～60	5～20	8～25	10～30	10～30	3～13	3～13	3～15	5～15	5～15
平行区长度 l	60	75	100	150	175	90	120	150	250	125	150	200	275	350

圆锥破碎机根据调整排矿口和过载保险方式的不同，可分为弹簧保险和液压保险两种形式，液压保险又分为单缸液压和多缸液压，液压保险形式是圆锥破碎机的发展方向。

圆锥破碎机的型号规格含义示例如下：

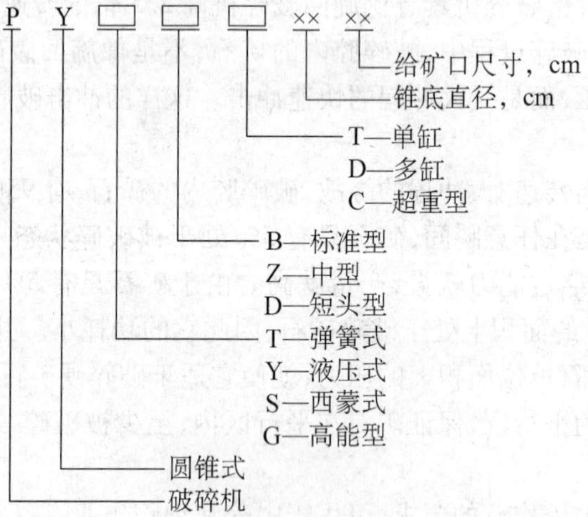

4.2　弹簧圆锥破碎机构造

圆锥破碎机的构造，如图 4－2 所示。它由机架、传动系统、调整装置、液压系统、润滑系统等组成。

电动机直接通过弹性联轴器 5，带动传动轴上的小圆锥齿轮 7 旋转。小圆锥齿轮通过大圆锥齿轮，带动偏心轴套 12 在机架中心筒内的直衬套 13 内旋转。偏心轴套 12 内有一与其转动中心线偏 2°左右的锥形孔，孔内装一锥形衬套 11，圆锥躯体 15 被青铜碗形球瓦 14 支撑，主轴 9 下部的锥形部分，插入锥形衬套 11 内。这样，当偏心轴套 12 旋转时，主轴 9 的中心线在空间画出一个圆锥面，使动锥 4 绕固定点 O 做旋转摆动，造成动锥衬板 16 的表面，时而靠近，时而离开固定锥衬板 17 表面。

被破碎的矿石，从进料箱 19 落到动锥上端的分配盘 1 上，由此再均匀地撒入动锥周围的破碎腔内。矿石在动锥离开定锥衬板一侧的瞬间，落入破碎腔，动锥冲向定锥时矿石被第一次破碎。当动锥再次离开定锥时，矿石就落入第二次被破碎的位置，通过此方式，矿石经过几次下落和破碎后排出机外。

偏心轴套 12，支撑在由 4 片圆盘组成的止推轴承 8 上。最下面的铜圆盘，固定在机架底盖 10 上。最上面的钢圆盘，与偏心轴套用销连接在一起，两者共同旋转。中间的两个钢、

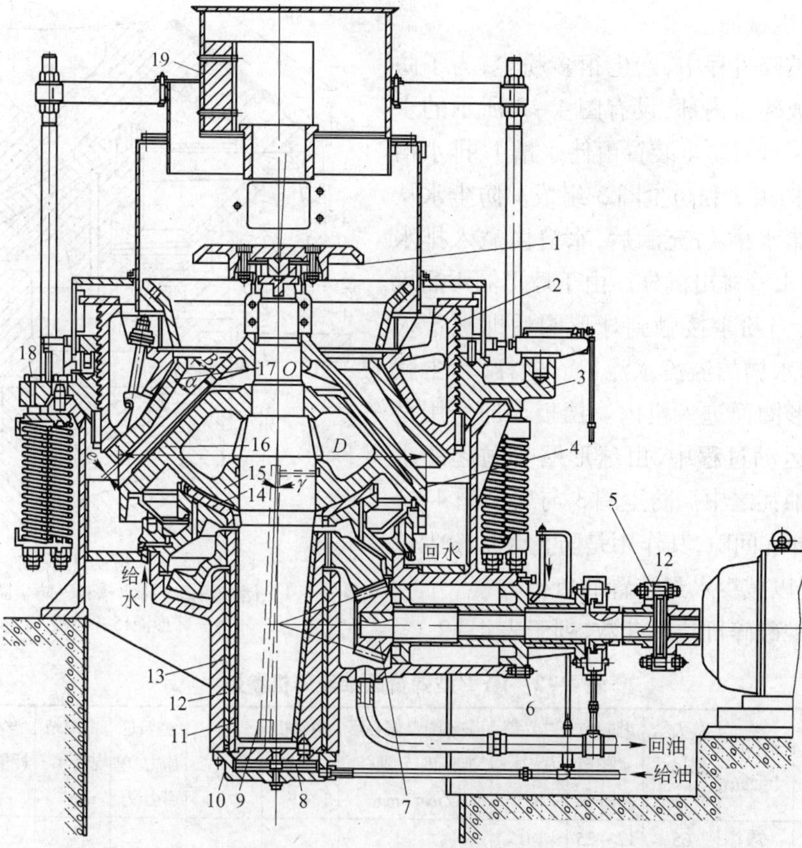

图4-2　圆锥破碎机结构

1—分配盘;2—调整环;3—支撑套;4—动锥;5—弹性联轴器;6—传动轴架;7—小圆锥齿轮;8—止推轴承;9—主轴联轴器;10—机架底盖;11—锥形衬套;12—偏心轴套;13—直衬套;14—碗形球瓦;15—圆锥躯体;16—动锥衬板;17—固定锥衬板;18—弹簧;19—进料箱

铜圆盘的三个滑动面,各以偏心轴套转数的1/3左右做相对滑动。

机架上部装有支撑套3,它借助于周边若干组压缩弹簧的压力,紧贴在机架上。支撑套有锯齿形内螺纹,装有固定锥衬板17的调整环2,就拧入该螺纹中。左、右旋转调整环,即可使固定锥衬板沿高度方向下降或上升,以达到调整排矿口的目的。

机架周边的弹簧18,既是造成破碎机正常破碎时的破碎力,又是保护破碎机不被破坏的保险装置。当破碎机掉入非破碎物时,由于破碎力的急增,弹簧再次产生压缩,使破碎机上部,即支撑套和调整环的一侧向上抬起,从而增大了固定锥衬板与动锥衬板表面间的距离,使非破碎物从排矿口排出,然后支撑套和调整环借弹簧的压力,又能重返其原来位置。

圆锥破碎机各运动摩擦表面上,受有很大的压力,且速度又比较高,故润滑对于圆锥破碎机有着极其重要的意义。当前生产的各种规格的圆锥破碎机,均采用不同能力的稀油循环集中润滑油站。由润滑油站供给的低压润滑油,分两路进入破碎机。一路经机架底盖10的进油孔,润滑止推轴承8、直套13、锥套11和碗形球瓦14。大小圆锥齿轮,依靠从锥套和碗形球瓦的回油润滑;另一路,经传动轴架6的进油孔,润滑传动轴两端轴承。进入破碎机的润滑油,润滑各部位后,由回油管流回油站。

润滑油站常用润滑油为:冬季可用20号或30号机械油,一般温度可用40号机械油,夏季可用 50 号机械油。

在矿石破碎过程中，产生很多粉尘，为了防止粉尘进入破碎机内部，设有图 4-3 所示的水封防尘装置。水封防尘装置由储水槽 1、排水槽 2、球形圈 4、挡板 5 和防尘圈 3 组成。防尘水从进水管输入储水槽 1，充满后，水自由溢入排水槽 2 内，由排水管排出机外。由于球形圈 4 插入储水槽 1 内，当粉尘接触到球形圈后即被带入水中，随着储水槽的溢流水流出。这样，粉尘就不能通过球形圈而进入机内。挡板 5 的作用是防止破碎机运动过程中，由球形圈 4 抛起的水浪溅入碗形轴瓦之中。防尘圈 3 与球形圈 4，一般保持 2 ~ 4mm 间隙，其作用是防止大量粉尘进入贮水槽中，以减少水封装置的负担。

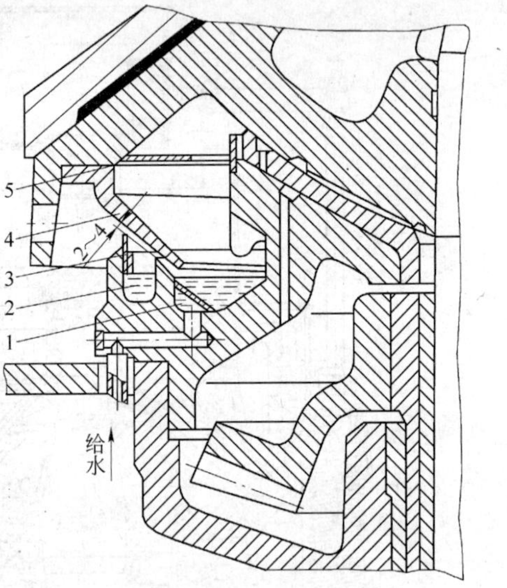

图 4-3　水封防尘装置
1—储水槽；2—排水槽；3—防尘圈；4—球形圈；5—挡板

弹簧圆锥破碎机技术参数，列于表 4-2。

表 4-2　PYT 型弹簧圆锥破碎机参数

型号规格	给料口尺寸/mm	最大给料尺寸/mm	排料口调整范围/mm	生产能力①/$t\cdot h^{-1}$	破碎圆锥底部直径/mm	偏心套转速/$r\cdot min^{-1}$	电动机功率/kW	弹簧组数	弹簧总压力/单组压力	润滑站规格/$L\cdot min^{-1}$	冷却水耗量/$m^3\cdot h^{-1}$	质量②/t
PYT-B0607	75	65	12 ~ 25	40	600	355	30	8	40/5	16	1.2	5.2
PYT-D0604	40	36	3 ~ 13	12 ~ 23								
PYT-B0913	135	115	15 ~ 50	50 ~ 90								
PYT-Z0907	70	60	5 ~ 20	20 ~ 65	900	333	55/60	10	70/7	16	1.2	10.2
PYT-D0905	50	40	3 ~ 13	15 ~ 50								
PYT-B1217	170	145	20 ~ 50	110 ~ 168								23.6
PYT-Z1211	115	100	8 ~ 25	42 ~ 135	1200	300	110	10	150/15	63	3	23.4
PYT-D1206	60	50	3 ~ 15	18 ~ 105								24.3
PYT-B1725	250	215	25 ~ 60	280 ~ 430								50
PYT-Z1721	215	185	10 ~ 30	115 ~ 320	1750	245	155	12	300/25	125	6	50
PYT-D1710	100	85	5 ~ 15	75 ~ 230								49
PYT-B2235	350	300	30 ~ 60	590 ~ 1000								78.9
PYT-Z2227	275	230	10 ~ 30	200 ~ 580	2200	220	280/260	16	400/25	125	6	80.6
PYT-D2213	130	100	5 ~ 15	120 ~ 340								80.5

①生产能力以矿石松散密度 1.6t/m^3 计；②机器质量不包含电机重。

4.3　单缸液压圆锥破碎机构造

单缸液压圆锥破碎机,就其对矿石的破碎作用和破碎过程来说,同弹簧式圆锥破碎机是基本一样的。

图 4－4 为单缸液压圆锥破碎机的结构。这种形式的单缸液压圆锥破碎机,与弹簧式圆锥破碎机相比,主要特点在于它采用了液压调整、液压保险和液压卸载(卸除堵塞的矿石)。

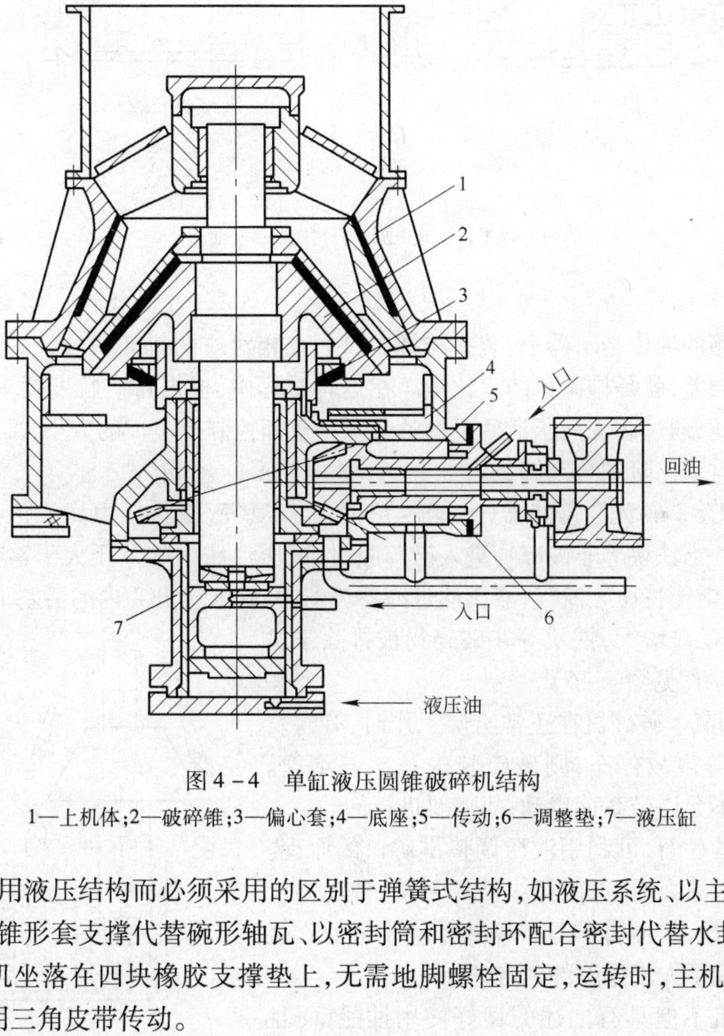

图 4－4　单缸液压圆锥破碎机结构

1—上机体;2—破碎锥;3—偏心套;4—底座;5—传动;6—调整垫;7—液压缸

除去因采用液压结构而必须采用的区别于弹簧式结构,如液压系统、以主轴下端的止推轴承和上端的锥形套支撑代替碗形轴瓦、以密封筒和密封环配合密封代替水封防尘等外,其他区别是:主机坐落在四块橡胶支撑垫上,无需地脚螺栓固定,运转时,主机将整体自由晃动。另外,采用三角皮带传动。

弹簧式破碎机在破碎腔堵塞或卡铁时,需要一两个班时间排除。但使用这种破碎机只要操纵液压系统工作即可完成;由于这种破碎机是坐落在四块橡胶垫上,机器运转时动锥和偏心轴套的惯性力所引起的机器晃动被胶垫所吸收,从而减轻了基础的负担,这样就无需大的地脚螺栓和基础(只需用小的螺栓将脚垫托盘固定于基础上便可),因此降低了安装费用。由于采用了这种液压结构形式,大大地改善了圆锥破碎机的使用性能。调整排矿口,使其减小,是将油从液压箱 4,压入液压缸 2 活塞下方,顶起动锥 1,达到所需要的位置(见图 4－5a);使排矿口增大,是将液压缸 2 活塞下的油放回液压油箱 4,则动锥 1 下降,达到所需

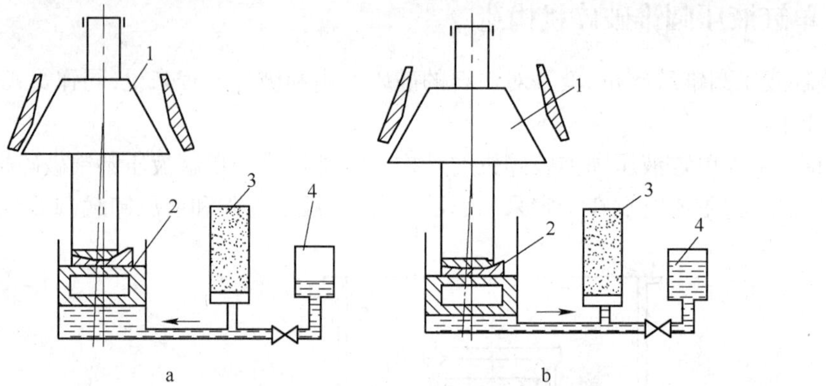

图 4 - 5　排矿口的自动调整
a—动锥上升，排矿口缩小；b—动锥下降，排矿口扩大
1—动锥；2—液压缸；3—蓄能器；4—油箱

要的位置（图 4 - 5b）。

在液压油箱的油位指示器上，装有与排矿口大小相对应的排矿口标尺。油位变化所引起的排矿口读数差，就是排矿口的变化量。在运转过程中，根据排矿粒度要求，随时可以调整排矿口。因此，通过改变液压活塞下的油量来调整和控制排矿口的大小，准确而又方便。

下面介绍自动保险和自动卸载。

（1）自动保险。首先向蓄势器（蓄能器）3 内充入氮气，使其压力高于正常破碎时所需要油压的压力。当铁块等非破碎物进入破碎腔时，高压油路中的油压大于蓄势器内氮气压力，蓄势器 3 的活塞将压缩氮气，液压油进入蓄势器内，则液压缸 2 内的活塞下降，动锥也随之下降，此时排矿口增大，铁块等非破碎物被排除于机外，实现保险作用（见图 4 - 6）。

（2）自动卸载。破碎机在正常给矿工作时，有时发生故障或停电等事故停车，则破碎腔内被矿石堵塞。但圆锥破碎机不允许带载荷启动，故需要进行卸载。

卸除堵塞的矿石，可利用液压调整排矿口的原理。当破碎腔内发生堵塞时，可以操纵液压系统，使动锥上升、下降反复多次，从而将矿石挤碎并排除于机外。这样就大大地减轻了人工排除的困难。

这种破碎机不但具有上述的良好使用性能，而且结构简单。这样，不但可以节省维修调整的工作量、提高设备利用率，而且还可以节省较大的地基基础，同时可以大大地减少制造的工作量。

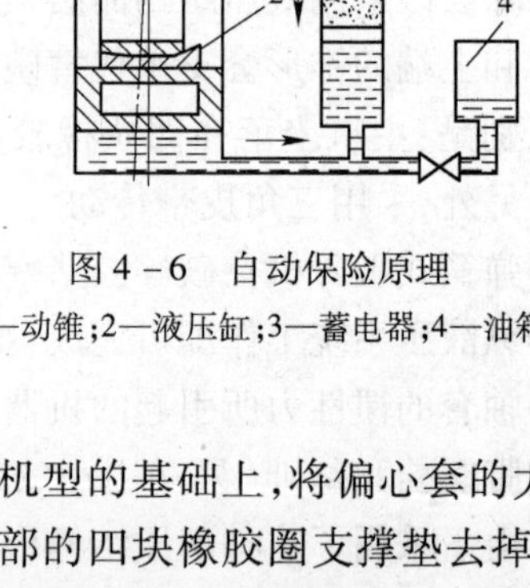

图 4 - 6　自动保险原理
1—动锥；2—液压缸；3—蓄电器；4—油箱

单缸液压圆锥破碎机，经过生产实践的不断改进，在原机型的基础上，将偏心套的大齿轮从下部翻到上部，将皮带传动改为直接传动，将原机架下部的四块橡胶圈支撑垫去掉，把机架直接固定在基础上，见图 4 - 7。目前生产的单缸液压圆锥破碎机，都是按照改进后的新型制造生产的。

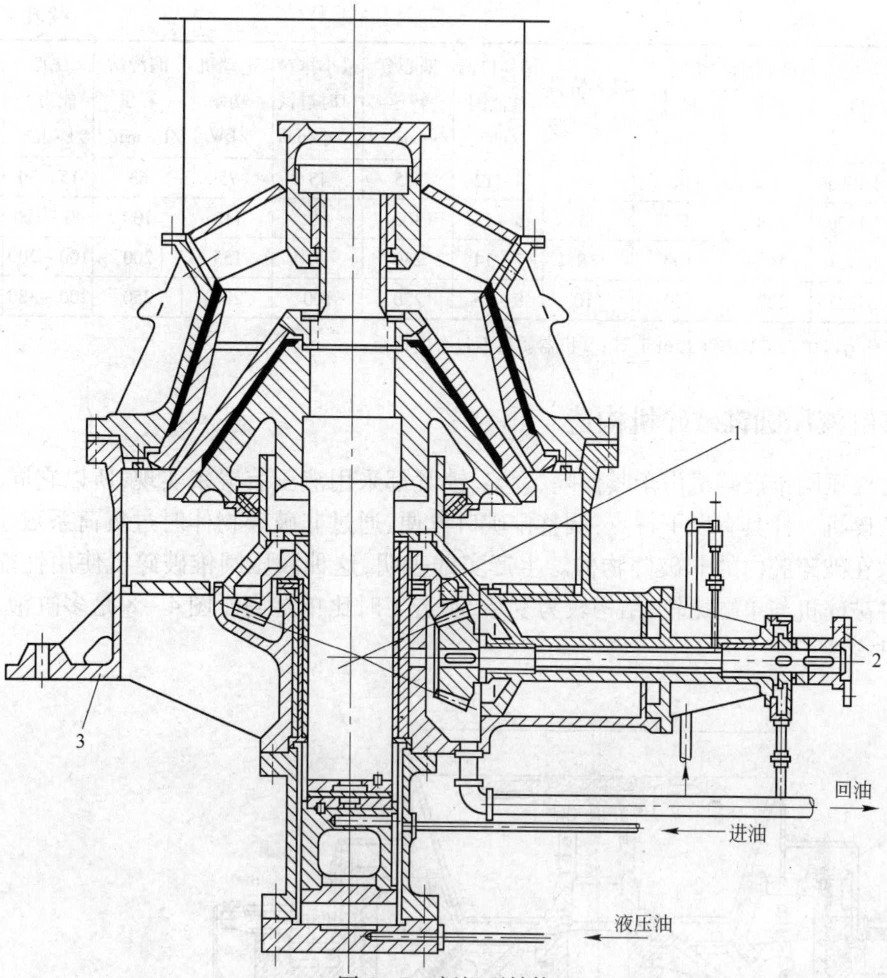

图4-7 新机型结构
1—偏心套;2—联轴器;3—机架

单缸液压圆锥破碎机的技术参数列于表4-3。

表4-3 PYY-T型单缸液压圆锥破碎机技术参数

类型	规格	破碎锥直径/mm	给料口尺寸/mm	最大给料尺寸/mm	排料口调整范围/mm	偏心套转速/r·min^{-1}	最小排料口时过铁尺寸/mm	电动机功率/kW	润滑站容量/L·min^{-1}	生产能力①/t·h^{-1}	质量②/t
标准型	PYY-BT0913	900	135	115	15~40	335	55	75	63	40~100	8.4
	PYY-BT1219	1200	190	1600	20~45	300	70	110	100	90~200	8.3
	PYY-BT1628	1650	285	240	25~50	250	100	155	200	210~425	8.3
	PYY-BT2235	2200	350	300	30~60	220	130	280	250	450~900	17.9
中型	PYY-ZT0907	900	75	65	6~20	335	50	75	63	17~55	17.6
	PYY-ZT1215	1200	150	130	9~25	300	65	110	100	45~120	17.5
	PYY-ZT1623	1650	230	195	13~30	250	90	155	200	120~280	35.8
	PYY-ZT2229	2200	290	230	15~35	220	110	280	250	250~580	35.7

续表 4-3

类型	规　格	破碎锥直径/mm	给料口尺寸/mm	最大给料尺寸/mm	排料口调整范围/mm	偏心套转速/r·min⁻¹	最小排料口时过铁尺寸/mm	电动机功率/kW	润滑站容量/L·min⁻¹	生产能力①/t·h⁻¹	质量②/t
短头型	PYY-DT0906	900	60	50	4~12	335	45	75	63	15~50	35.6
	PYY-DT1208	1200	80	70	5~13	300	60	110	100	40~100	74.5
	PYY-DT1610	1650	100	85	7~14	250	80	155	200	100~200	73.7
	PYY-DT2213	2200	130	110	8~15	220	100	280	250	200~380	73.4

①生产能力以矿石松散密度 1.6t/h 计；②机器质量不包含电机重。

4.4　多缸液压圆锥破碎机构造

多缸液压圆锥破碎机由于其保险、调整、锁紧都采用液压装置来实现，所以它同单缸液压圆锥破碎机一样具有以下特点：调整排矿口方便、通过非破碎物体时过负荷系数小、容易取出堵塞在破碎腔内的非破碎物体。生产实践表明，这种液压圆锥破碎机使用性能良好。但是这种破碎机与单缸比较，结构较为复杂，制造工时比单缸高。图 4-8 是多缸液压圆锥破碎机结构图。

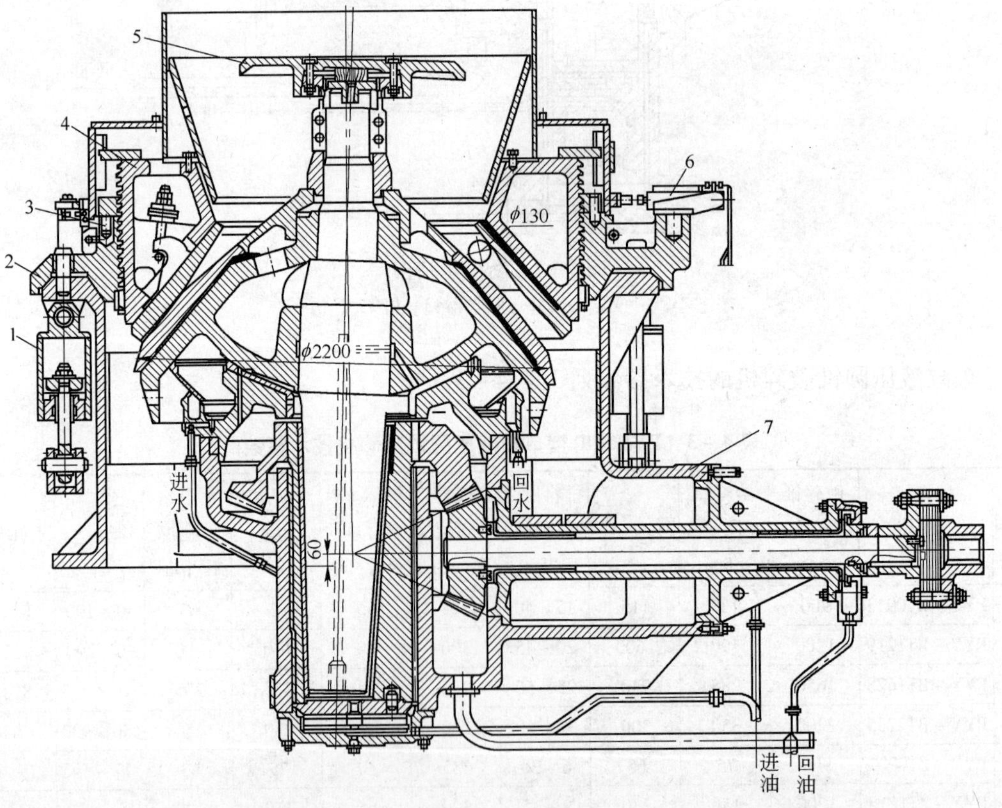

图 4-8　多缸液压圆锥破碎机结构

1—油缸；2—支撑套；3—锁紧缸；4—环；5—破碎锥；6—推动缸；7—机架

多缸液压圆锥破碎机是在弹簧圆锥破碎机的基础上发展起来的，它的基本结构与弹簧圆锥破碎机相似。

多缸液压与弹簧圆锥破碎机的区别，只是原来的10～16组弹簧，换成10～16个保险缸。保险缸的结构如图4－9所示。它由缸体1、活塞2、支架3及螺栓4组成。油缸由活塞分隔成A、B上下两室。

当破碎机落入非破碎物体时，由于破碎力急增，破碎机上部以0点为中心，以落铁点为最大距离，一侧向上抬起，此时保险缸上室A之高压油被挤入蓄能器中（见图4－10）。当非破碎物体排除后，由于蓄能器上部气体之作用，破碎机上部自动复位。

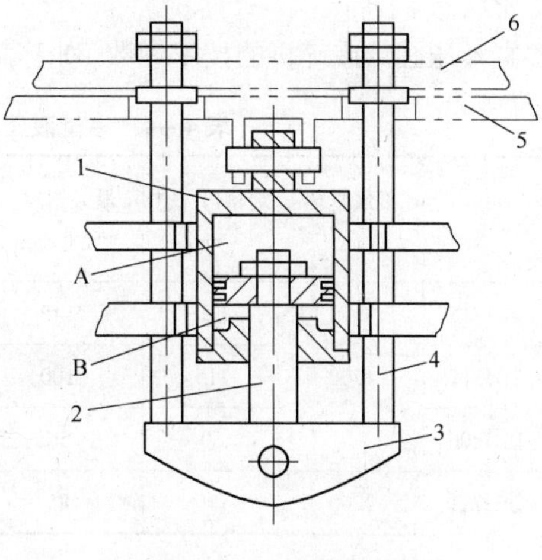

图4－9　保险缸结构

1—缸体；2—活塞；3—支架；4—螺栓；5—机架；6—支撑套

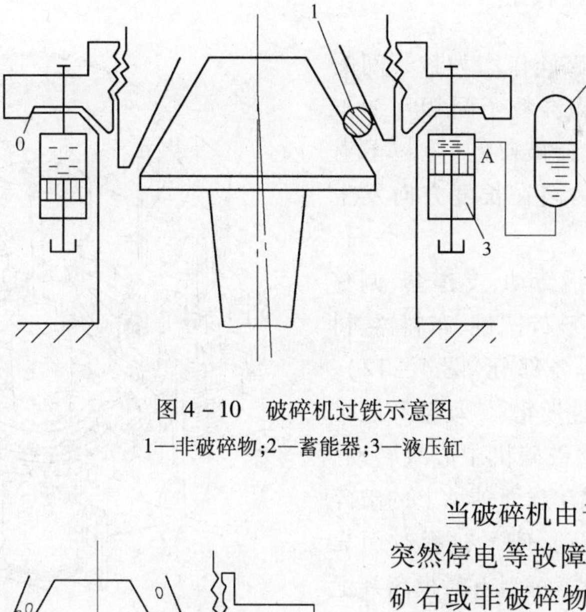

图4－10　破碎机过铁示意图

1—非破碎物；2—蓄能器；3—液压缸

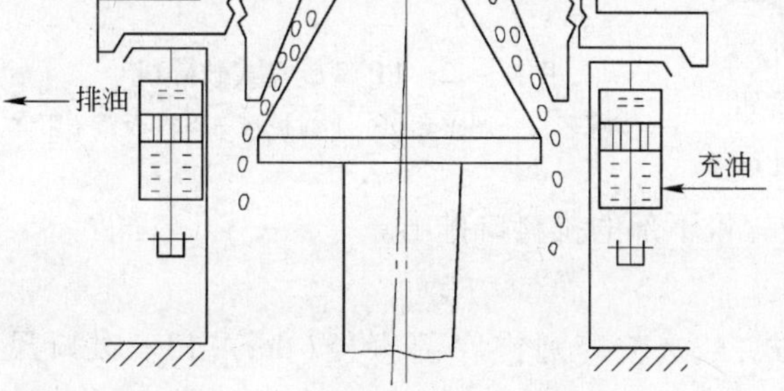

图4－11　破碎机排除堵矿示意图

当破碎机由于卡铁或给矿过多或突然停电等故障停车，破碎腔内挤满矿石或非破碎物体。在这种情况下，可变换液压系统的换向阀，向保险缸下室充油，保险缸上室A之油自动流回油箱，此时破碎机上部向上平行抬起，堵塞在破碎腔内的矿石或非破碎物体即可排出机外（见图4－11）。矿石或非破碎物体排出后，再变换液压系统的换向阀，向保险缸上室充油，保险缸下室之油自动流回油箱，破碎机恢复正常状态。

多缸液压圆锥破碎机的技术参数，列于表 4－4。

表 4－4　多缸液压圆锥破碎机技术参数

型号规格	锥底直径 /mm	给料口尺寸 /mm	最大给料口尺寸/mm	排料口尺寸范围/mm	生产能力 /$t \cdot h^{-1}$	电动机功率 /kW	质量/t
PYY－BO1217	1200	170	145	20～50	110～168	110	23.5
PYY－ZD1211		115	100	8～25	42～135		22.26
PYY－DD1206		60	50	3～15	18～105		24.2
PYY－DC2211	2200	110	85	5～15	125～350		89.24

4.5　旋盘式破碎机构造

旋盘式破碎机是 1986 年从美国诺德伯格公司引进设计和制造技术，而生产出的一种超细破碎机。它能够把大范围的物料破碎成粒度均匀、粒度细、形状好的产品，且比其他破碎机效率高、更经济。

旋盘式破碎机的破碎作用为粒子间的层压破碎，是靠多层物料粒子间相互冲击和研磨的综合作用进行破碎的，是粒子对粒子的破碎，并且是物料在长度方向发生破碎。

旋盘式破碎机包括传动、支撑套、调整套、偏心套、碗形轴承、破碎圆锥、布料器、衬板、弹簧保险和润滑等各部分（图 4－12）。电动机的旋转运动通过带轮、传动轴和圆锥齿传给偏心套，使其绕破碎机中心线转动。当偏心套旋转时，支撑在球面轴承上的破碎锥绕固定点做旋摆运动，使下衬板时而靠近，又时而离开上衬板。每当下衬板离开上衬板时，来自布料器的物料从上面进入研磨腔，靠躯体的旋摆运动破碎物料，并且靠研磨腔中物料的高度所产生的压力使物料缓慢地逐步向外推进，最终通过研磨腔从破碎锥下部的排料口排出。

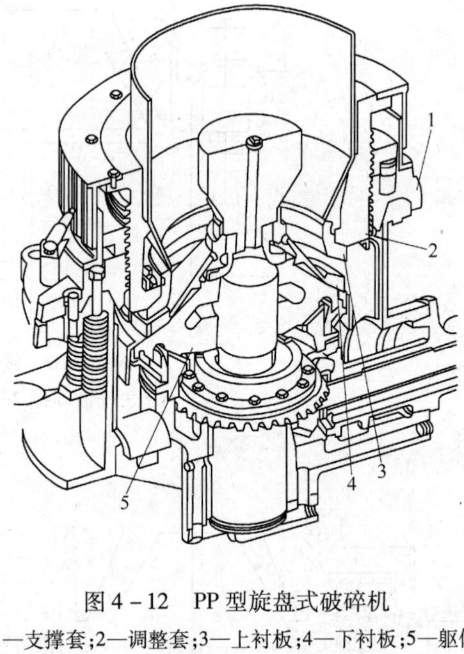

图 4－12　PP 型旋盘式破碎机

1—支撑套；2—调整套；3—上衬板；4—下衬板；5—躯体

型号规格含义示例如下：

例如 PP1213：P—破碎机；P—旋盘式；12—破碎圆锥底部直径（dm）；13—喉口尺寸（mm）。

PP 型盘式破碎机的技术性能参数列于表 4－5。

表 4-5 PP 型旋盘式破碎机技术性能及参数

型号规格	锥底直径 /mm	喉口尺寸 /mm	通过能力 /$t\cdot h^{-1}$	成品生产能力①/$t\cdot h^{-1}$									主电机功率 /kW	稀油润滑站公称流量 /$L\cdot min^{-1}$
				透过的筛孔尺寸/mm										
				9	6	4.7	3.3	2.36	1.65	1.17	0.83	0.5		
PP0602	600	20	20										40	16
PP0911 PP0919 PP0925	914	11 19 25	68	54	45	32	27	21	16	14	9	18 ~ 23	75	150
PP1213 PP1219 PP1225 PP1232	1219	13 19 25 32	109	95	73	50	41	36	27	23	15	32 ~ 36	160	200
PP1619 PP1625	1676	19 25	181	145	108	77	63	54	41	36	27	50 ~ 54	220	250
PP2116 PP2125 PP2132	2134	16 25 32	254	227	107	118	91	81	63	54	36	73 ~ 82	315	315

①生产能力以实际生产为依据，以给料松散密度为 $1.6t/m^3$ 计，破碎机消耗 80% 的推荐功率，给料均匀。典型给料粒度为 -19mm，也可接受 -38mm 给料。

4.6 圆锥破碎机主要工作参数

4.6.1 给矿口和排矿口宽度

圆锥破碎机的给矿口宽度 $B=(1.2\sim1.25)D_{max}$，其中 D_{max} 为最大给矿粒度。

排矿口宽度取决于所要求的产品粒度。细碎用圆锥破碎机由于都有检查筛分，故它的排矿口宽度就等于所要求的产品粒度。而中碎用圆锥破碎机的排矿口宽度 $e=d_{max}/z$，其中 d_{max} 为产品最大粒度；z 为排矿口的过大颗粒系数，破碎硬矿石时 $z=2.4$；中硬矿孔时 $z=1.9$；矿石 $z=1.6$。

4.6.2 啮角

为了提高破碎效率，保证矿石在破碎过程中不上滑，圆锥破碎机的啮角应在 21° ~ 23° 之间。

4.6.3 平行带长度

为了保证破碎产品达到一定的细度和均匀度，中、细碎圆锥破碎机的破碎腔下部必须设有平行带（或平行碎矿区），矿石在排出之前，在平行带中至少受一次挤压。平行带长度 L 与破碎机的类型和规格有关，见公式(4-1)、式(4-2)。

中碎圆锥破碎机 $$L=0.085D \quad (4-1)$$

细碎圆锥破碎机 $$L=0.160D \quad (4-2)$$

式中　L——平行带长度，mm；

D——动锥下部最大直径，mm。

4.6.4　动锥摆动次数

由于这种破碎机动锥的倾角较小，且具有长度不同的平行区，故被破碎的矿石几乎没有可能会自由落下，多半靠矿石重力沿锥面下滑进行排矿。

假设矿石以等加速度，在动锥转一圈的时间内，滑过平行区长度 L（对标准型而言），得出动锥转速公式：

$$n = 1330\sqrt{\frac{\sin\beta - f\cos\beta}{l}} \tag{4-3}$$

式中　n——动锥转速，r/min；

β——动锥倾角，(°)；

l——破碎腔内平行区长度，cm；

f——矿石与衬板摩擦系数。

在实际中，一般常取：$\beta \approx 41°$，$f \approx 0.35$，$l = 0.08D$（见表 4-6）。将以上值代入式(4-3)，得：

$$n = \frac{2940}{\sqrt{D}} \tag{4-4}$$

式中　D——动锥底部直径，m。

表 4-6　标准型破碎机 L/D 值

动锥底部直径 D/mm	600	900	1200	1750	2200
平行区长度 L/mm	60	75	100	150	175
L/D	0.1	0.083	0.083	0.036	0.08

对于中型和短头型圆锥破碎机，为使其结构与标准型更接近一致，都采用与标准型一样的转速。但是由于中型和短头型对产品粒度要求更严格，所以中型和短头型的平行区长度（见表 4-1），均采用比标准型长 1.2～1.4 倍（指中型）和 2 倍（指短头型）的长度。这样就保证了矿石在平行区内，受一次到两次破碎。

圆锥破碎机转速除按式(4-3)计算外，可采用如下经验公式计算：

$$n = \frac{1000}{\pi D}\sqrt{D} \tag{4-5}$$

$$n = 340 - 66D \tag{4-6}$$

4.6.5　生产率

圆锥破碎机的生产率与矿石性质、破碎腔的形状、破碎机的类型、规格及操作条件等诸多因素有关，同时还与破碎机在选矿工艺流程中的配置情况有关。目前尚没有能够充分反映这些因素的理论计算方法，一般都采用经验方式进行计算。

(1) 开路破碎时，圆锥破碎机的生产率为：

$$Q = K_1 K_2 q_0 e\delta / 1.6 \tag{4-7}$$

式中 Q——开路破碎时圆锥破碎机的生产率,t/h;

K_1——矿石可碎性系数,见表4-7;

K_2——破碎比修正系数,见表4-8;

e——排料口宽度,mm;

δ——矿石的松散密度,t/m³;

q_0——单位排矿口宽度的生产能力,t/(mm·h),见表4-9。

表4-7 矿石可碎性系数 K_1

矿石硬度	抗压强度/MPa	普氏硬度分析	K_1
硬	156.9~196.0	16~20	0.9~0.95
中硬	78.45~156.9	8~16	1.0
软	<78.45	<8	1.1~1.2

表4-8 中碎与细碎圆锥破碎机破碎比修正系数 K_2

标准或中型圆锥破碎机		短头圆锥破碎机	
e/B	K_2	e/B	K_2
0.6	0.9~0.98	0.4	0.90~0.94
0.55	0.92~1.0	0.25	1.0~1.05
0.40	0.96~1.05	0.15	1.05~1.12
0.35	1.0~1.1	0.175	1.14~1.2

注:1. e 指上段破碎机的排口宽度;B 为本段中碎或细碎圆锥破碎机的给料口宽度。但当闭路破碎时,即指闭路破碎机的排料口宽度与给料口宽度的比值。

2. 设有预先筛分时取小值,不设预先筛分时取大值。

表4-9 破碎时弹簧圆锥破碎机 q_0 值

规格/mm	q_0/t·mm^{-1}	
	标准型和中型	短头型
600	1.0	4.0
900	2.5	6.5
1200	4.0~4.5	14.0
1750	8.0~9.0	24.0
2200	14.0~15.0	

注:当排料口小时取大值,排料口大时取小值。

(2)闭路破碎时,圆锥破碎机的生产率为:

$$Q_b = KQ \tag{4-8}$$

式中 Q_b——闭路破碎时圆锥破碎机的生产率,t/h;

Q——开路破碎机圆锥破碎机的生产率,t/h;

K——闭路时平均给料粒度变细系数,中型或短头圆锥破碎机一般取 $K=1.15\sim1.4$,矿石硬时取小值,反之则取大值。

通常标准型和中型圆锥破碎机按开路流程进行计算;短头型圆锥破碎机则既可按开路流程,也可按闭路流程计算其生产率。

4.6.6　电动机功率

圆锥破碎机的电动机功率可按下列经验公式计算：

$$N = 65D^{1.9} \tag{4-9}$$

式中　N——电动机功率，kW；

　　　D——破碎锥底部直径，m。

4.7　圆锥破碎机的安装与试车

4.7.1　圆锥破碎机的安装

本节只叙述弹簧圆锥破碎机的现场安装，其他类型圆锥破碎机，与此相似的部分，可供参考。

4.7.1.1　基础

圆锥破碎机需要安装在稳固的钢筋混凝土的基础1之上，见图4－13。基础的深度和大小，应据当地的地质条件确定。混凝土的基础标高，应预留出二次灌浆层2的厚度50～120mm。

为了避免破碎后的矿石积累，在基础下部，须设有足够的空间以安装运输设备。在基础下部的侧壁周围，应镶有保护钢板4，以免下落的矿石损坏基础（见图4－13）。

基础在浇注之前，应按图纸和实物（实测有关安装尺寸）进行标高，严格核对地脚孔的相对位置等项，确认无误之后，再进行浇注。

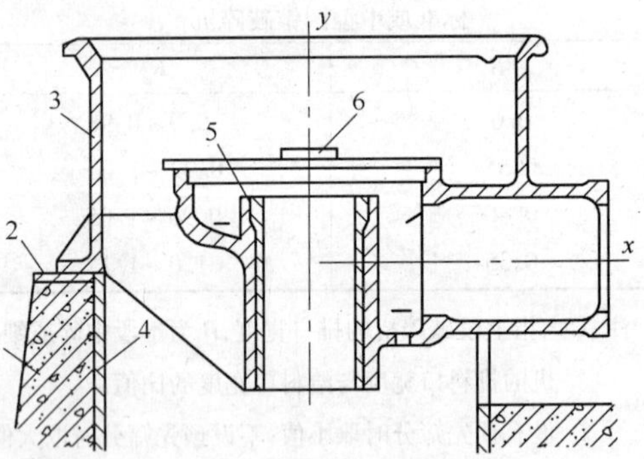

图4－13　机架的安装
1—基础；2—二次灌浆层；3—机架；4—护板；
5—机架衬套；6—水平仪

4.7.1.2　机架的安装

机架的安装见图4－13。机架是破碎机的主体部分，是整个设备的基础。因此，应安装牢固，位置要准确。机架下面利用垫板安装，有利于调整和找正。特别是使用年久之后，重新修复或更换机架时的拆、装和调整，有垫板更为方便。安装垫板的基础和垫板平面要研平，使垫板受力均匀和稳固。垫板不应有翘角和松动现象。每个机架须用8～12组垫板。每组的叠放块数应尽量减少，多者不要超过5块，总厚度为50～120mm。垫板组放的位置，应靠近地脚螺栓。安装长度应露出机架底盘外缘10～50mm。伸入底盘深度，要超过地脚螺栓的中心线，其宽度可选取长度的2/3。钢板加工的斜垫板（调整楔），其斜度为1∶10～1∶20。安装完后，垫板组应焊接一起，以免窜动，影响机架的安装精度。

机架须利用垫板严格地调整水平度和垂直度。水平度的调整，是以球形轴承座的接触环形加工面（见图4－13）为基准，用水平仪6进行测量，其水平偏差不应大于0.1/1000。垂直度的调整，是以机架衬套5中心为基准，利用悬锤等方法检查，应符合图纸规定的精度要求，如超差过大，则应进行修正后再安装。否则将产生衬套局部磨损，而影响主轴和水封防尘装置的正常工作。

机架调整和螺栓紧固之后，不能立即进行二次浇注，待设备全部安妥之后才能浇注，以免出现问题，需要再次调整。二次浇注的地脚螺栓孔，只注其上端的200～400mm，下部螺孔应用浸油棉纱、干砂等物堵塞。

4.7.1.3　传动轴部的安装

传动轴部是装配精度要求高的部件，因此对于制造厂组成的部件要进行严格检查。如发现碰伤、锈蚀、转动不灵活等现象或停放时间过长，则应拆卸、清洗和修正后重新组装。

组件在装进机架之前应在机架4与轴架2接合法兰处预放垫片3，以便调整齿轮的啮合性能。装入之后，应用样板5预检查与齿轮有关的尺寸。K、L、H、M等如图4－14所示。传动轴的水平偏差，每米长度内不应超过0.15mm，轴向串动量为0.4～0.8mm，轴与瓦的间隙为$\frac{2.5D}{1000}$～$\frac{3D}{1000}$（D为轴的直径）。

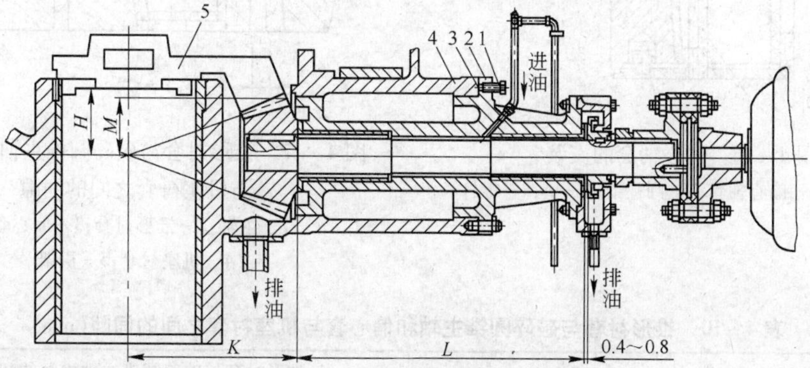

图4－14　传动轴部的安装

1—顶丝；2—轴架；3—垫片；4—机架；5—样板

4.7.1.4　偏心轴套的安装

偏心轴套安装之前，先将调整垫7装入底盖6上（见图4－15），然后将止推轴承按顺序（由下至上为铜、钢、铜），利用螺杆1装在调整垫7上。安装时，应注意将最下面的垫5的凸台卡在底盖6的凹槽内。

止推轴承最上面的垫4，先用螺杆5固定在偏心轴套2上。然后用齿轮1上的专用吊耳，将其装入衬套之内（图4－16）。

偏心轴套3与机架直衬套4的间隙α大小、主轴1与其轴套2的上下间隙b、c的大小（图4－17）极为重要，过大会引起工作不正常，过小会引起发热，甚至发生抱轴事故。偏心轴套与直衬套的间隙上、下一样。主轴与轴套的间隙，由于主轴轴线绕其一点做旋回摆动，要使主轴与轴套之间均匀接触，就必须制成上端间隙小、下端间隙大来实现。此间隙差可利用制图或计算方法求出，其间隙的大小是经验数据，间隙值列入表4－10。

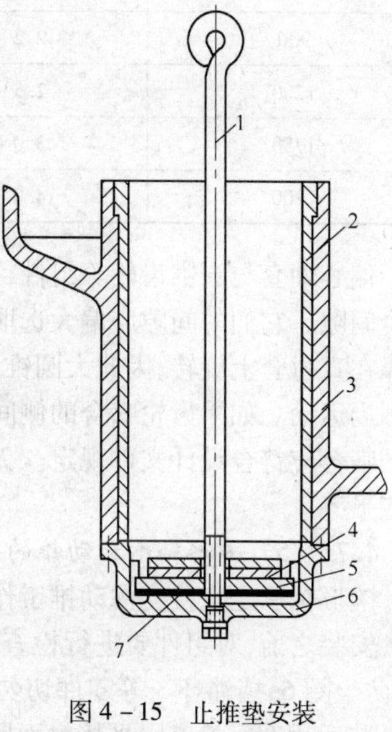

图4－15　止推垫安装

1—螺杆；2—机架衬套；3—机架；4—中间垫；5—垫；6—底盖；7—调整垫

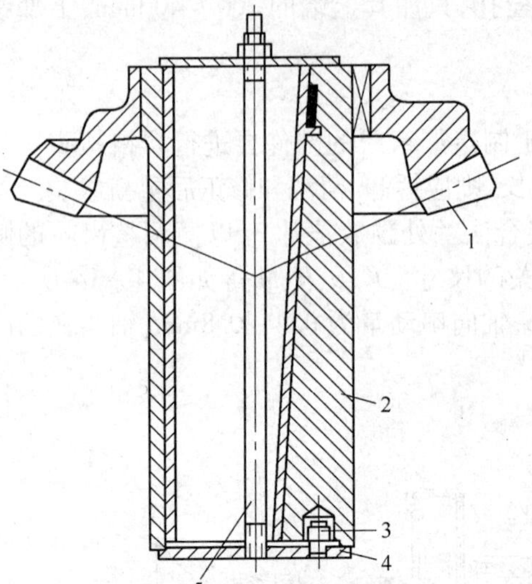

图 4－16　偏心轴套的安装

1—齿轮；2—偏心轴套；3—圆柱销；4—垫；5—螺杆

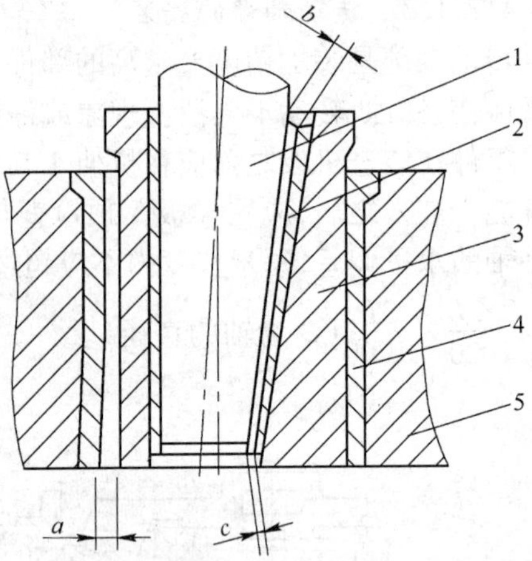

图 4－17　锥形衬套与破碎圆锥主轴和偏心套与机座衬套之间的间隙

1—主轴；2—锥形衬套；3—偏心套；4—机座衬套；5—机架

表 4－10　锥形衬套与破碎圆锥主轴和偏心套与机座衬套之间的间隙（mm）

设备规格	偏心套与机座衬套之间的间隙 a	锥形衬套与破碎圆锥主轴之间的间隙	
		上部 b	下部 c
600	2.0～2.5	2.2～2.7	6～7
900	2.2～2.7	2.3～2.8	7～8
1200	2.5～3.0	2.4～3.0	8～9
1750	3.0～3.6	2.9～3.6	9～10
2200	4.0～4.6	3.8～4.6	10～11

偏心轴套与圆锥齿轮等组件，平稳地装入机架之后，用压铅或转动轴的方法测量齿轮的啮合间隙。它们的间隙应偏大选取，因为偏心轴套与机架衬套的间隙很大，并且偏心轴套总是靠在直衬套上旋转，因此大圆锥齿轮中心，就以偏心轴套与其机架衬套的间隙之半为半径做圆周运动。如果齿轮啮合的侧间隙小，就会在齿轮和传动轴上引起额外的负荷。圆锥齿轮的啮合应符合设计文件规定。无规定时，沿齿高和齿长方向接触面不少于 40%，两齿端面应平齐。

4.7.1.5　*碗形轴承和动锥的安装*

碗形轴承是直接支撑动锥工作的部件，因此安装得要稳固，球面接触要适合。

安装之前，对组件要进行检查，球瓦 4 与碗形轴承架 5 切不可松动。各通水孔不应堵塞，防尘圈 6、挡油环 3 等零件切勿碰坏。碗形轴承架 5 与机架 7 配合处应紧密（见图 4－18），装后用塞尺检查水平接触面紧密情况，保证均匀接触。

继碗形轴承安装之后，即可进行已准备好的动锥安装。动锥向锥套内装入时，利用轴头

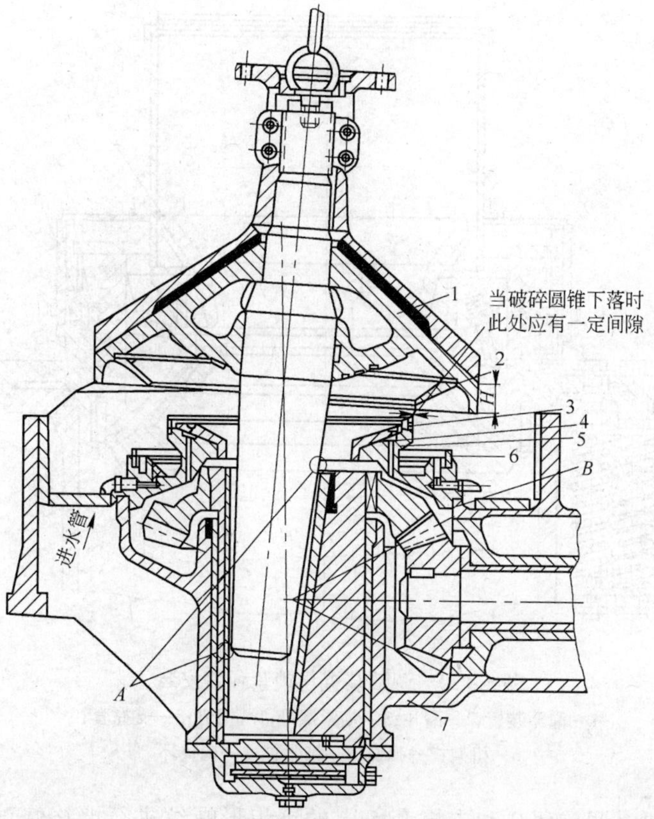

图 4－18　碗形轴承与动锥的安装

1—动锥;2—球形圆;3—挡油环;4—球瓦;5—碗形轴承架;6—防尘圈;7—机架;

A—主轴向下滑动时的接触点;B—碗形轴承架与机架的接合面

上专用吊环进行。为了避免碰坏球形圈、挡油环等零件,应使主轴轻轻地沿着圆锥齿轮平衡块处的锥形套的 A 点,慢慢地装入。

躯体 2 的球面与碗形瓦 3 接触面应在瓦的外环。其接触环形宽度应为(0.3 ~0.5)R(见图 4－19);接触点在 25mm×25mm 的面积上不少于 1 点,不接触部的楔形间隙 c 为0.5 ~1mm。

在安装动锥之前,要精细地检查和清洗主轴 1 和躯体 2 内的通油孔,确保孔内清洁畅通时,才可进行安装。装后要检查衬板的固定情况,并扭紧上部的压紧螺母。

4.7.1.6　调整装置和锁紧弹簧的安装

该部分安装,须在转动部分试验合格后进行。这里主要叙述带有液压推动缸和锁紧缸的调整装置的安装。机械调整和止动装置比较简单,可参阅相似部分。调整装置与锁紧弹簧的安装,见图 4－20。

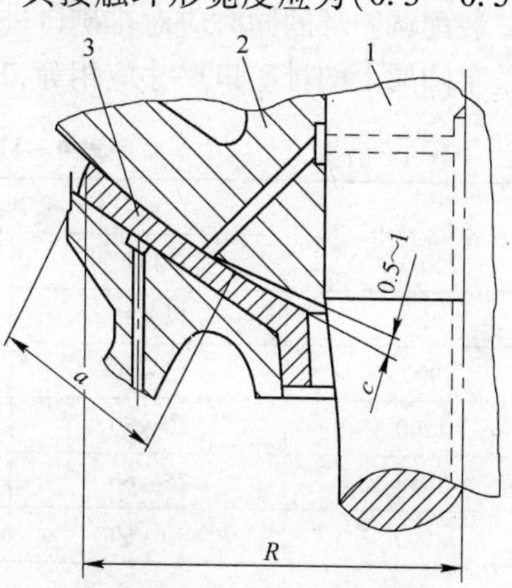

图 4－19　碗形瓦与躯体球面的接触

1—主轴;2—躯体;3—碗形瓦

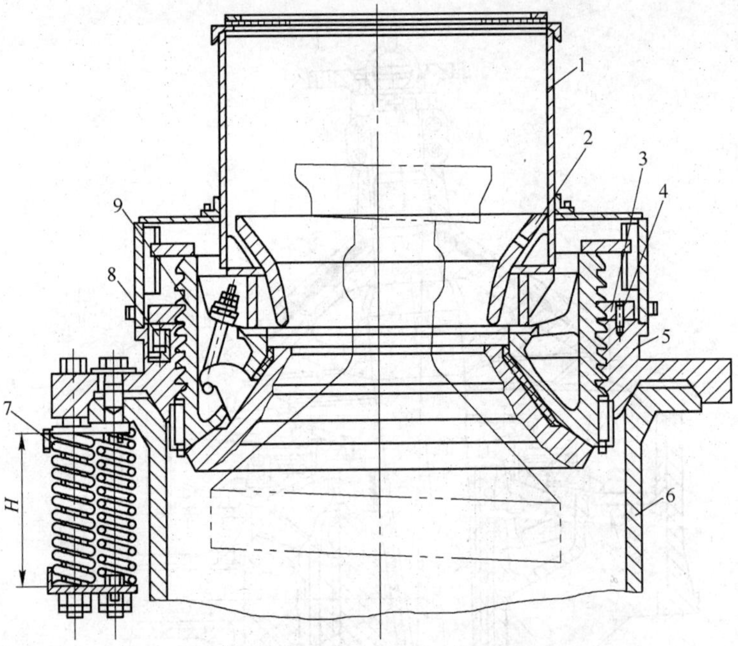

图 4-20　调整装置与锁紧弹簧安装
1—漏斗装置；2—漏斗；3—锁紧螺母；4—销钉；5—支撑套；
6—机架；7—弹簧；8—锁紧缸；9—调整环

在安装之前，要对调整环 9 和支撑套 5 上的锯齿形螺纹进行严格修正，清除毛刺和伤痕，并涂以干稀混合的油料，以保证调整灵活。

首先将锁紧缸 8 装在支撑套 5 上，然后再将支撑套装在机架 6 上，并检查斜面接触均匀情况。待调整环 9 旋入支撑套 5 内，再将锁紧螺母 3 扭入调整环上，并对准支撑套 5 上的 4 个销孔，打入销钉 4 定位。

弹簧装置 7 安装时，应按设计要求调整弹簧压缩后的高度。如矿石软，可相应减少弹簧压缩量，但不能增大。每组弹簧高度应一致，以保证破碎力在各组弹簧位置上都一致。

装配调整环的同时应对排矿口进行调整，当排矿口调整到最小尺寸时，破碎壁与轧臼壁在整个圆周上的排矿口尺寸应相等，其允许偏差应符合表 4-11 的规定。

表 4-11　排矿口尺寸差值表（mm）

设备规格	标准型		短头型	
	排矿口尺寸	差　值	排矿口尺寸	差　值
600	12 ~ 25	4	3 ~ 15	2
900	15 ~ 50	5	3 ~ 15	3
1200	20 ~ 50	6	3 ~ 15	3
1750	25 ~ 60	8	5 ~ 15	4
2200	30 ~ 60	10	5 ~ 15	4

4.7.1.7　水封与润滑装置的安装

水封防尘是圆锥破碎机防止粉尘进入机体的有效措施。其供水系统有两种：一是利用选矿厂泵站水开路使用；另一种是自循环水的供水站。后者是将已组装好的水泵系统（见图4－21），接在碗形轴承架的入口上。水管的位置，应避免被矿石打击和磨损。在排水管上，应设置便于观察的喇叭接水管4，以便检查排水情况。在进水管路上，设置调节阀2，并设有当破碎机停止工作时，能全部排除贮水槽中水的截门3。润滑油站须设置在便于检修、粉尘少的地方。油站的安装，需在破碎机试车前完成，因为此时应进行润滑系统试验，如果润滑部位发生故障，便于事先拆卸修理。

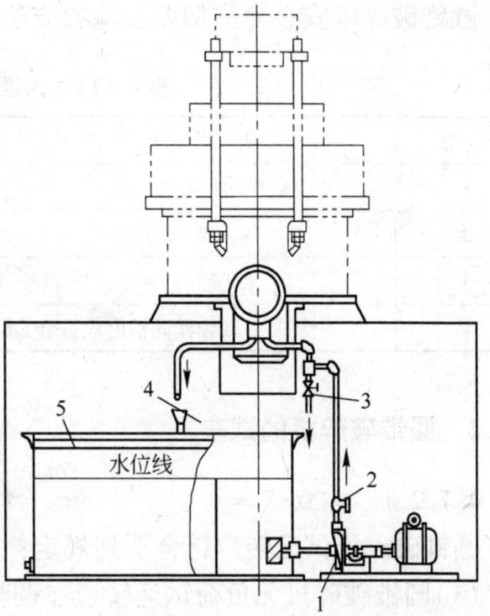

图4－21　防尘供水系统

1—水泵；2—调节阀；3—截门；4—喇叭口接水管；5—贮存箱

润滑系统应与主机电气连锁。即开动主机之前，必须先开油泵，否则主机启动不了，由此保证主机在运转之前即得到充足的润滑。当油泵停止、油压低于0.05MPa或油温超过60℃时，应发出信号和主机停止运转，以保证机件不受破坏。

上述各部安装完后，应做没有载荷的转动部分试验，检查部分的安装质量。如发现不当的地方，在尚未安装调整环、给矿箱等部件之前，很容易进行修正。

4.7.1.8　给矿部分的安装

给矿部分的安装，最主要的是保证矿石经过分矿盘。在圆周方向上均匀地分散在破碎腔内。这样，可保证产品粒度小而均匀、产量高、弹簧工作平稳和功率消耗少等。否则将造成破碎机过载和衬板局部（单面）磨损，以致产品粒度粗而不匀且产量下降。为此，一定要正确地选择给矿溜槽的高度和倾角，以及卸料口距分矿盘的高度 H。保证矿石给入料箱之后，垂直方向落在分矿盘上，再由分矿盘的摆动和自转作用，使矿石均布在破碎腔内（图4－22b），矿石切不可直冲入破碎腔内（见图4－22a）。

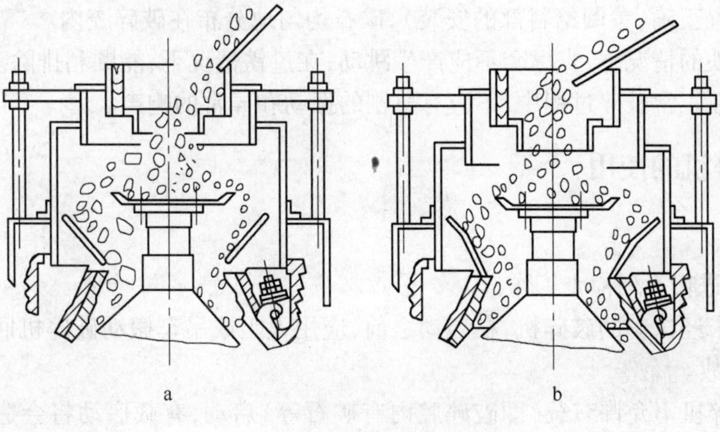

图4－22　给矿部安装

a—不正确位置；b—正确位置

4.7.1.9 圆锥破碎机安装允许偏差

圆锥破碎机安装允许偏差及检验方法，应符合表4－12的规定。

表4－12 圆锥破碎机安装的允许偏差

项 次	项 目	允许偏差	单 位	检验方法
1	纵、横向中心线	3.0	mm	尺量检查
2	标 高	±5.0	mm	尺量检查
3	水平度	0.1/1000	—	用平尺、水平仪检查
4	联轴器同轴度应符合 GB 50231 的规定			用塞尺和百分表检查

4.7.2 圆锥破碎机的试车

4.7.2.1 空载试车

圆锥破碎机试运转应符合下列规定：

(1)圆锥破碎机无负荷试运转应在调整环上面的机件未组装前进行。

(2)有安全保险装置的圆锥破碎机，其保险装置应按设备文件的规定调整合格后方可启动运转。

(3)无负荷试运转正反转各不少于2h。

(4)滑动轴承温度不得超过70℃，滚动轴承温度不得超过80℃。

(5)破碎圆锥的自转转速应符合设备文件的规定。

空载试车后应进行拆卸检查，其碗形瓦、轴套和偏心轴套下的止推轴承垫等零件，不应有擦伤、烧伤、掉屑和研磨等现象。

4.7.2.2 有载试车

有载试车必须在空载试车检查完全合格后进行。有载试车是在给矿的条件下，对空载试车中检查的项目进行检查。试车应达到下列要求：

(1)有载试车时间，要正常连续运转两昼夜（允许短时间的停车检查）。给矿先从半载逐步加到满载。除此之外，应对空载试车的各项要求进行检查，并达到要求。

(2)给矿位置正确（参阅给料部的安装），矿石均匀地分布在破碎腔内。

(3)在无过铁的情况下，支撑套不应产生跳动，在过铁情况下，能顺利排除。

(4)破碎机在正常破碎过程中，不应有急剧的振动和异常的响声。

4.8 圆锥破碎机的使用

4.8.1 启动

开车前必须进行下列检查工作：

(1)新安装未经试车的破碎机，在启动之前，应用人工或吊车搬动破碎机回转2～3转，以免发生碰撞事故。

(2)圆锥破碎机不允许有载（即破碎腔内有矿石等）启动，有载启动将会造成电气跳闸或机件的破坏。因此要检查破碎腔内有无矿石或铁块等物。

(3)为了保证合格的产品粒度，应检查排矿口的宽度（特别是新装或检修后的情况）。

(4)检查各种电气连锁装置和音响信号等是否正确好用。

(5)检查油箱中的油位和油温,油温低于20℃不应开车,此时须用电热器或暖气热水等加热。

(6)检查锁紧缸的油压、调整环在锁紧状态下方可启动(齿板固定者应检查齿板及调整环上的固定螺栓是否牢固)。

做了上述检查并确信不会有任何故障发生后,方可按照下列程序开动破碎机。

开动油泵并检查油压,油压应为0.05~0.15MPa,冷却水的压力稍低于油的压力(一般要低0.025~0.05MPa),以免水渗漏到油里去。

油泵运转3~5min一切正常时,则可按规定发出开车信号,然后开动破碎机。破碎机空转1~2min,一切正常时,即可给矿生产。

4.8.2 运转

给矿以后,破碎机在有载运转中,操作人员须遵守和注意下列事项,进行正确的操作:

(1)给矿必须均匀,粒度应合于要求。

(2)随时注意排矿和运输,以免堵塞引起事故。

(3)经常检查油泵、冷却器、过滤器及油量油温,回油温度不应超过60℃。

(4)检查水封防尘的排水,如果没有水则不允许运转。

(5)注意检查锁紧缸的油压,调整环必须在锁紧状态下方可运转。

(6)定期检查衬板磨损情况,特别注意调整环上的衬板固定螺栓。如果松了,会引起衬板松动。新换的衬板在工作24h以后,应停车紧固一次。

4.8.3 停车

停车顺序如下:

(1)停止给矿后,破碎机应继续运转,直到将遗留在破碎腔内的矿石处理完了,再停止破碎机(为下次空载启动作准备)。

(2)停止破碎机。

(3)停止油泵和排矿运输设备。

(4)室温低于0℃时,停车以后应将水封中的水放净,以免冻结。

4.8.4 排矿口的调整

破碎机在破碎过程中,衬板不断被磨损,而使排矿口逐渐增大。为了保证一定的产品粒度,就要不断地调整其排矿口尺寸。

如果因为调整环螺纹被矿粉堵塞或者因为螺纹间缺油转动困难时,可在放松锁紧环的条件下,稍给一点矿石,使破碎机短时间运转一段,这样就可以很容易地转动调整环。

调整后的排矿口,可采用钢丝系铅球的方法,通过破碎腔到排矿口处测量排矿口尺寸。经过加工的新衬板测量一点即可,未经加工能力或已磨损过的衬板应测量6~8点。排矿口不应小于规定范围。排矿口达到要求尺寸后,利用锁紧缸将调整环锁紧,否则不允许开车。

4.8.5 弹簧的调整

圆锥破碎机上的锁紧弹簧,既是造成正常破碎力的装置,又是保护破碎机过铁时不受损坏的安全装置。因此弹簧的紧度(压缩后的高度),应按制造厂规定的范围内进行调整,并且每组弹簧紧度应调节到一致的程度。如果弹簧已具有按规定的紧度,但支撑套还经常跳动,就必须找出原因,不能随便采取再度扭紧弹簧的办法来解决。因为,弹簧过度的被压缩,则弹簧的安全压缩行程就被减小,同时增加了机件的负荷。在进入非破碎物时,就会引起弹簧螺杆主轴等重要机件的破坏。

弹簧具有正常紧度,但支撑套仍经常跳动的原因,除了进入非破碎物之外,可能由于给矿不均或过多;给矿中的粉矿过多;排矿口小;给矿潮湿,堵塞排矿口等原因造成。检查后应对症消除。由于矿石过硬,弹簧强度不够所产生的跳动现象,是机器性能不适合生产(矿石)条件,应及时进行调整。

4.8.6　给矿与排矿

给入破碎机的矿石,应保证均匀的分布到破碎腔内。

给矿最大粒度不应超过给矿口尺寸的85%,否则既影响产量,又使衬板发生不正常的磨损。因为矿块过大,则会长时间停留在给矿口处下不来,从而造成上部衬板严重磨损。有时矿石可能卡在受矿漏斗与分矿盘的"脖子"上,这样就使主轴承受了过大的弯曲力矩,因而会引起主轴上端折断的事故。

为了保证破碎机不被矿粉堵塞和充分发挥破碎机的生产能力,给矿中的粉矿应预先筛分出去,特别是细碎,更应对给矿进行预先筛分。

为了避免破碎机被矿石充满而发生事故,操作人员应注意给矿运输设备与破碎机电气的连锁装置。即破碎机不预先运转,给矿运输设备就开动不了;如果破碎机停止运转,则给矿运输设备也随之停止。

给矿的同时还必须注意排矿和运输。如果排矿堆积在破碎机下面,可能将破碎机顶起,发生重大事故。因此,发现堵塞时应立即停车。

排矿运输设备与破碎机的电气也是连锁的,如果排矿运输设备不预先运转,则破碎机也开动不起来,或者当排矿运输设备突然停止时破碎机也应自动停止运转,从而避免排矿堆积现象发生。所以应经常检查这些连锁装置,保证其可靠地工作。

4.8.7　运转中的故障、原因和消除方法

圆锥破碎机运转中常见的故障、故障产生的原因和相应的消除方法,见表4－13。

表4－13　破碎机的故障、原因和消除方法

故　障	原　因	消除方法
1. 油流指示器内没有油流,油泵运转,但油压低于0.05MPa	(1)油温低; (2)油路开关未开好; (3)油泵不好使	(1)将油加热; (2)检查油路开关; (3)检修或更换油泵
2. 过滤器前后压差太大	过滤器堵塞	油压差超过0.04MPa时须清洗过滤器
3. 油压升高的同时油温也升高	油管或机内油路堵塞	停机找出堵塞点,并消除之
4. 油温超过60℃,但油压未升高	机内转动摩擦部位有毛病	停机检查球瓦、衬套、止推垫片等摩擦面,找出故障的原因,并消除之

续表 4 - 13

故　障	原　因	消除方法
5. 油箱中油量减少，既油位显著下降	(1)机底部端盖漏油； (2)传动轴法兰漏油； (3)碗形轴承座或瓦上的回油槽堵了，致使从防尘装置漏油	(1)、(2)原因，应停机紧固螺栓或更换垫片消除之； (3)停机检查、清洗油路和油槽、并调节油量消除之，处理后应补加油料
6. 冷却器的进、出油温一样	(1)没有冷却水； (2)冷却水温度高； (3)冷却水管堵塞	(1)给冷却水； (2)检查水温，并采取降温措施； (3)清洗冷却器
7. 油中有水、油箱中油位增高	(1)冷却器中的水压高于油压； (2)冷却器漏水； (3)水封给水量太大； (4)回水管堵塞	(1)调整水压稍低于油压； (2)检查、修理漏水部位； (3)调整给水量； (4)清洗回水管
8. 水封排水中有油、油温并未升高	碗形瓦、挡油环、油槽堵塞	清洗油槽和回油管
9. 破碎机经常振动	(1)给矿不均匀或过多； (2)给矿中粉尘过多、潮湿，排矿口小产生堵矿； (3)弹簧紧度不够	(1)、(2)原因，应按正确方法给矿； (3)按规定范围扭紧弹簧
10. 有剧烈冲击声，支撑套跳起，然后有正常工作	有非破碎物进入破碎腔(过铁现象)，时常引起机件损坏	应采取除铁措施
11. 破碎矿石时有噼裂声音	衬板松动	紧固螺栓或重新灌锌合金
12. 破碎机有强烈振动、动锥自转很快	主轴由下述原因被困抱住： (1)主轴与锥套间缺油或油不干净； (2)由于碗形瓦磨损或制造上的原因，动锥下沉； (3)主轴与锥套间隙不正确	停车检查，找出原因对症消除之
13. 破碎机带载荷突然停车	(1)油温过高，油位或油压过低使继电器动作； (2)油泵或其他与破碎机有连锁的设备发生故障； (3)外部电源中断； (4)有过大非破碎物进入破碎腔，卡住破碎机	(1)、(2)检查油温，油位、油压和连锁设备，找出故障原因予以消除； (3)拉开电气开关，清除破碎腔内矿石，等电源恢复，再按规定开车； (4)可用气割方法，清除卡在破碎腔内的非破碎物

4.9 圆锥破碎机的维修

4.9.1 维修内容

圆锥破碎机的检修周期与使用维护的好坏、检修质量、易损件质量以及生产条件等因素有关。检修周期的确定，一种是以破碎的矿石吨数来计算；另一种是以有载运转时间来计算。前者比较精确科学，后者比较简单易计期限。无论采用哪种方法，都应根据当地实际情况来制订。检修分小修、中修、大修。

小修周期每半个月到期一个月进行一次，其内容包括：

(1)检查碗形瓦；

(2)检查锥套和直套的磨损情况并检查其间隙；

(3)检查圆锥齿轮啮合间隙；

(4)检查传动轴瓦间隙；

(5)检查液压装置和润滑装置或更换润滑油；

(6)主要零件的清洗。

中修周期约4~6个月一次，其主要内容包括：

(1)更换衬板；

(2)修复或更换偏心轴套、锥套和直套；

(3)修复或更换碗形瓦和防尘装置；

(4)修复或更换圆锥齿轮、传动轴和轴瓦；

(5)修复调整环和支撑套螺纹；

(6)对小修项目进行全部检查和处理；

(7)分解电机、吹尘除垢和检查各部轴瓦间隙；分解油开关，清洗和处理缺陷；各部电气调整和试验；检查和修配电盘及其他缆线等。

大修约四年一次或看情况决定。其内容包括：

(1)修复或更换机架及有关基础部分；

(2)对中修项目进行全部检查和处理，以及进行技术改造；

(3)更换电机定子线圈（根据预防性试验决定）及浸漆；更换转子轴（据实际情况决定）。

设备在定期分解检查或进行大、中、小修时，对检查、修复和更换部分应做出详细记录，以便掌握情况总结规律，做好备件，准备预期检修工作。

4.9.2 维修方法

4.9.2.1 传动轴部件维修

检修方法如下：

(1)传动轴发生弯曲、滚键和与轴套间隙超出规定时，应进行修复或更换；

(2)圆锥小齿轮的齿厚被磨损20%以上应更换。

在拆卸传动轴架时，应利用轴架与机架法兰上的预留螺孔，用螺钉顶丝顶出。安装时，应使用拆卸下来的原有的旧垫片或用相同厚度的新垫片，以保证其原来位置。

4.9.2.2 偏心轴套部维修

偏心轴套部的主要零件，使用到下述程度，就应进行修复或更换：

(1)偏心轴套外圆磨损3mm以上，则应更换；

(2)直衬套与偏心轴套间隙，超过原装配间隙（见表4-10）的一倍；直套有裂纹，超过1/3周长或高度，有上述之一者应更换直套；

(3)锥套与主轴上部间隙，超过原装配间隙（见表4-10）的一倍或有严重裂纹者应更换锥套；

(4)圆锥大齿轮厚磨损20%以上者，应更换；

(5)偏心轴套下端止推轴承垫,磨损不平行偏差超过0.1mm或厚度磨损5mm以上,则应更换。

直套与机架、锥套与偏心轴套间的固定,均采用铸锌合金办法,铸锌时要防止变形,铸后应检查。

偏心轴套和下部的止推轴承垫的拆出和装配。直衬套可预先在套内铲除25mm宽、4~5mm深的槽,利用月牙形提升板卡住吊出(见图4-23)。

新更换零件的配合尺寸,均应按磨损后的尺寸配制,其配合公差、间隙应保持原设计的配合要求。

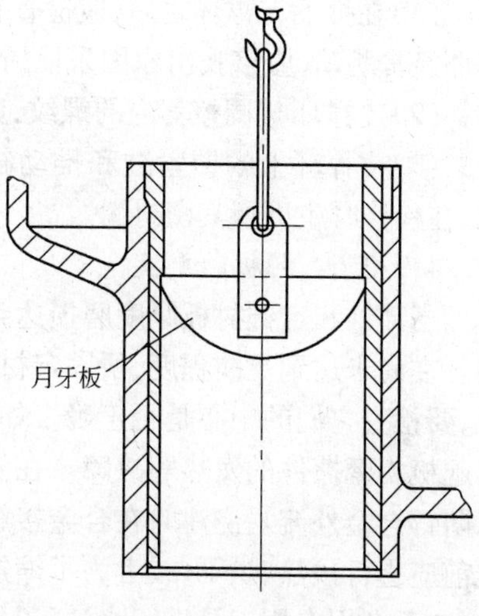

图4-23　直套拆出

4.9.2.3　碗形轴承部的维修

检修内容如下:

(1)检修碗形瓦的固定情况。碗形瓦是利用圆柱销铸造锌固定于轴承座上,如松动时,应重新浇铸锌合金。否则当吊起动锥时,它会被润滑油粘在动锥球面上,一同吊起而造成事故。

(2)检修碗形瓦的接触情况。碗形瓦的接触面应在碗的外环接触,其接触环宽度为100~160mm,如接触过大,应重新修刮。

(3)检查碗形瓦的磨损情况。当瓦面磨损到油沟底部(油沟磨平)或露出固定销以及产生裂纹时应更换。

(4)碗形轴承座与机架配合应该是紧密的,如磨出间隙后,在运动时轴承座产生窜动,会引起主轴与其锥套接触不良,甚至彼此冲击。严重时会使直套和机架受到冲击。可能造成直套的破坏。有此间隙之后,则防尘水也会溅入机体之内破坏润滑。此间隙值大于2mm时,即应修复或更换。更换件应按磨损后尺寸配制。

消除此间隙的方法,可用焊补加工方法达到原来的配合。

(5)碗形轴承座上的防尘圈有破损时,应及时更换,以免粉尘进入水封槽内,沉淀堵塞水孔。水封槽内沉淀的矿粉,检修时亦应清洗干净。

4.9.2.4　动锥部维修

动锥部是利用其上端的起重环吊出机体之外,放于预制的支架上来进行检修。其主要件主轴和躯体产生下列情况即应修复或更换:

(1)主轴在与锥套接触处磨损3mm以上或已出现裂纹时应更换主轴;

(2)动锥身体下挡油环部分磨损超过环高H的1/2(见图4-18)时,则应焊补钢板;

(3)躯体球面磨损4mm以上,或躯体锥面下端与衬板接触处磨损4mm以上时,则应更换躯体。

更换和装配主轴或躯体时,应按实际测量尺寸,确保紧密配合的情况下,确定轴和孔的尺寸及公差。此处采用D/je配合,即过盈量相当于$D/800$~$D/1000$mm(D为孔径)。过盈量在此范围,将躯体加热到200℃左右即可顺利装入。

躯体加热时,应缓慢地进行,同时测量其温度和孔径变化。当孔径涨出尺寸达到约两倍过盈时,即可装入。不能企图加大装配过盈量来增加主轴与躯体的牢固性,因为装配的过盈量越大，轴受的附加应力也越大，装配区与非装配区过渡处的应力集中越严重，以致造成断轴事故。因此，在检修时，应仔细测量配合部位尺寸的精度和热装的操作是否正确。

4.9.2.5　支撑环、调整套和液压缸的维修

检修内容如下：

(1) 在拆下支撑环之后，应检查它与机架接触的斜面。如有磨损现象，表明在工作中支撑环经常跳动，应该找出原因采取措施消除之。该斜面如磨损 5 ~ 10mm 以上则应修复。

(2) 支撑环与调整套上的螺纹，磨损 30% ~35% 以上时，则应更换。

(3) 支撑环上的锁紧缸和推动缸，在检修之前的运转中，应检查其渗漏情况并记上标记、在检修时应更换其密封圈。

4.9.2.6　衬板的更换

当动锥和定锥衬板厚度磨损达到 65% ~80%，或局部磨损凹陷变形，或破裂时，则应更换。在尚未达到更换程度，所固定衬板的锌合金被压碎或松动时，则应重新浇注。衬板装上后，要检查它们的中心是否正确。如中心不对，在运转时将会产生碰撞，产品粒度不均，以至引起机内摩擦件的发热等故障。在浇注锌合金之前，应将各处缝隙用黏土或石棉堵塞严密，以防锌合金外流。浇注时在合金接触的表面上，不允许潮湿，否则会引起爆炸。因此，浇注之前应进行预热、烘干，或者为了缩短时间（不预热），采用在接触表面上涂一层机器油的办法，之后利用专用工具进行浇注（见图 4 - 24a）锌合金浇注后，将衬板的螺栓扭紧。

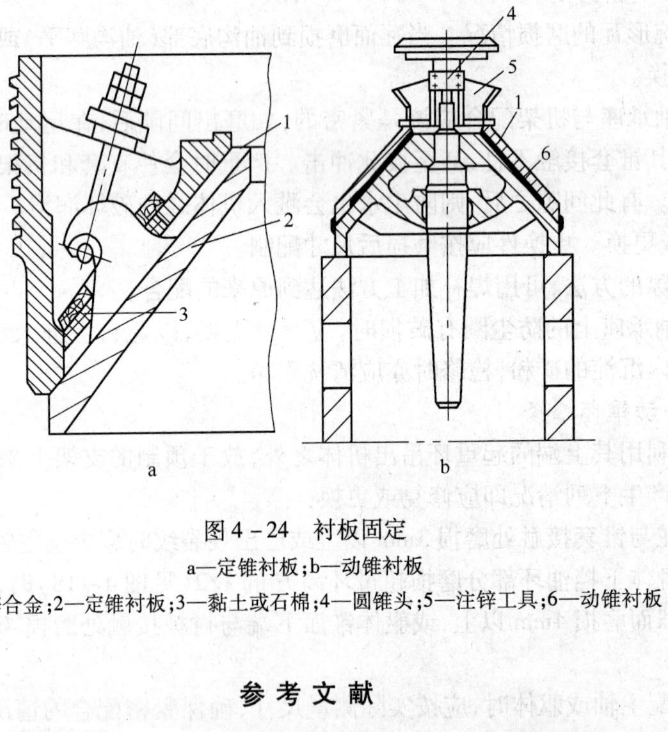

图 4 - 24　衬板固定

a—定锥衬板；b—动锥衬板

1—锌合金；2—定锥衬板；3—黏土或石棉；4—圆锥头；5—注锌工具；6—动锥衬板

参 考 文 献

[1] 中华人民共和国国家标准. GB 50377—2006 选矿机械设备工程安装验收规范[S]. 北京：中国计划出版社，2006：19 ~ 22，27.

[2] 沈阳重型机械集团有限责任公司. 产品简明手册（第三册、第十一分册）：破碎设备类[S]. 2005：21 ~ 55.

[3]《破碎粉磨机械》编写组．破碎粉磨机械[M]．北京:机械工业出版社,1978:61~109.
[4]《中国选矿设备手册》编委会．中国选矿设备手册(上册)[M]．北京:科学出版社．2006:50~91.
[5] 周恩浦．矿山机械(选矿机械设备)[M]．北京:冶金工业出版社,1979:52~75.
[6] 郎宝贤．圆锥破碎机的操作与维修[M]．北京:冶金工业出版社,1983:1~87,106~114.
[7] 张佑清．矿山机械设备维修与安装[M]．北京:机械工业出版社,1976:302~354.
[8]《选矿手册》编委会．选矿手册(第二卷,第一分册)[M]．北京:冶金工业出版社,1983:342~376.

5 锤式破碎机

5.1 锤式破碎机类型

锤式破碎机自1924年问世以来，尽管至今才有80多年的历史，但发展极快。由于它具有破碎比大(10～40)，排料粒度均匀，过粉碎现象少，能耗低，设备造价低，维护方便等优点，因而在水泥、建材、煤炭、化工以及冶金矿山等行业中得到广泛应用。

锤式破碎机按转子的数量可分为单转子和双转子两种类型，其中，前者又可分为可逆式和不可逆式两种。其分类详见表5－1。

表5－1 锤式破碎机分类表

	单转子		双转子
	不可逆式	可逆式	相向旋转
单排锤头	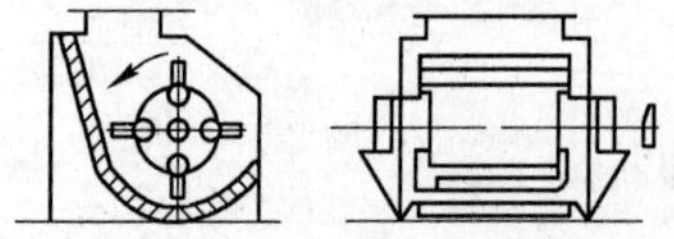		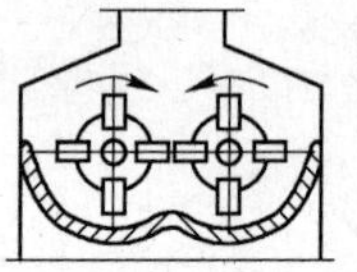
多排锤头	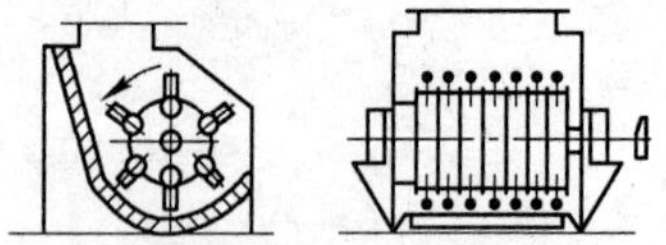	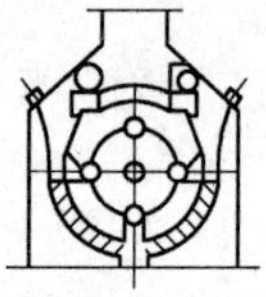	

我国锤式破碎机在20世纪70年代以前发展缓慢，近10多年来才有了较大发展，并形成了通用型中碎和细碎系列、煤用中碎和细碎系列，有10多种规格。不可逆式锤式破碎机一般用于中碎，可逆式锤式破碎机一般用于细碎。此外，还有将粒度为1900mm的石灰石等物料一次破碎到25mm以下的一段锤式破碎机，把传统的两段或三段破碎简化为一段破碎，节省大量基建和生产费用。近几年，主要用于碎煤的环锤式破碎机也得到了发展，这是一种结构较为先进的新式破碎机，有10多种规格。但是，迄今为止，我国尚没有生产双转子锤式破碎机，而只生产单转子的。

锤式破碎机型号规格的表示方式目前尚不统一，各厂略有不同。其一般表示方法是用拼音字母和转子直径 D 及长度 L 表示，其中 D 是指锤头端部所绘出的圆周直径；L 是指沿轴向排列的锤头的有效工作长度。型号规格含义示例如下：

P C □ ×× ××

- ×× 转子长度,mm 或 cm
- ×× 转子直径,mm 或 cm
- □ K—可逆式；Y—一段式；M—煤用；S—石灰石用；L—立式；H—环式；X—细碎；W—无箅条；D—单段
- C 锤式
- P 破碎机

通用型(PC 型和 PCK 型)锤式破碎机可用于冶金、煤炭、建材、化工和电力等工业部门,适用于石灰石、长石、煤、盐、砖瓦、石膏、碎石等各种脆性物料的破碎,被碎物料的抗压强度最大不超过 150MPa,表面水分应小于 2%(对于 PCK 型,表面水分可达到 9% 以下)。煤用(PC-M 型和 PCK-M 型)锤式破碎机主要用于抗压强度低于 12MPa、表面水分小于 9% 的煤炭、石膏等脆性物料的破碎。此外,PCB 型锤式破碎机适用于抗压强度低于 100MPa、湿度不大于 15% 的各种脆性物料的破碎。国内少数厂家还生产 PCL 型立轴锤式破碎机,该机具有密封性好、运转平稳、能耗低、生产能力大、维护方便等优点,可用来破碎石灰石、煤及其他脆性物料。

5.2 不可逆锤式破碎机构造

不可逆锤式破碎机构造比较简单,图 5-1 是我国应用较多的 PC1600×1600 单转子不可逆式锤式破碎机,它是由传动部、转子、主轴承、箅条和机壳等几部分组成的。电动机 1 通过弹性联轴节 2 直接带动转子转动。为了防止灰尘进入滚动轴承中,将转子轴两端的主轴承放在机壳外面,而用两个滚动轴承箱体 3 单独支撑,并要很好的密封。

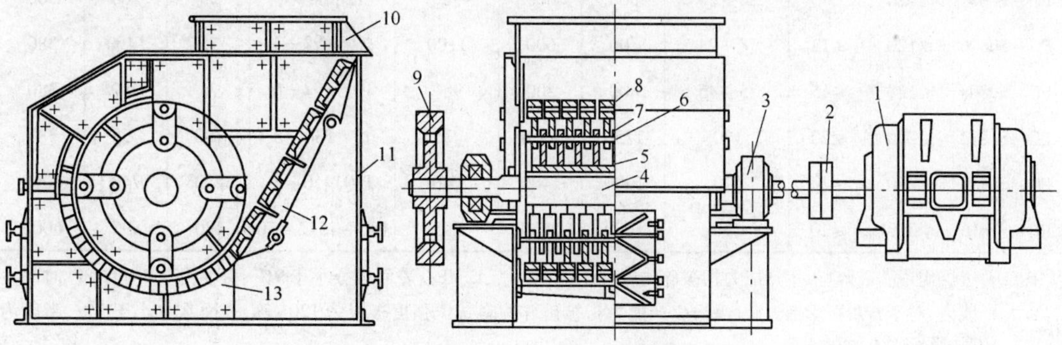

图 5-1 ϕ1600mm×1600mm 锤式破碎机

1—电动机;2—联轴节;3—轴承箱;4—主轴;5—圆盘;6—销轴;7—销套;8—锤头;9—飞轮;10—进料口;11—机壳;12—反击板;13—箅条筛

转子是由主轴 4、装在主轴上的许多圆盘 5 以及锤头 8 等零件组成的。主轴上并排装有 11 个圆盘。每两个圆盘中间,通过 4 个销轴 6,穿有 4 个锤头 8。整个转子共装有 40 个锤头。为了避免锤头轴向窜动,锤头销孔与圆盘销孔之间夹装销套 7(套在销轴上),并用销轴端部的螺帽旋紧，以防销套转动。主轴的左端装有一个飞轮 9，目的是为了减少转子回转的不均匀性，增大锤头打击物料的能量。

由图 5－1 中看出，在转子圆盘上有两排销孔，销孔中心到回转轴线的距离各为 440mm 和 465mm，这是为了调整锤头与箅条之间的间隙。

箅条筛 13 安装在转子的下方。它是由高锰钢铸造的箅条排列而成，左端用衬板压紧。在转子的右侧，装有反击板 12，其上敷有 8 块衬板。被破碎物料被锤头打击后，落在衬板上而遭受第二次冲击破碎。

当破碎机内掉入非破碎物时，它会被锤头带到箅条筛的末端，而从特设的孔中排出去，从而避免引起机壳内壁过早磨损和某些零件的损坏。

破碎机的机壳 11 是用钢板焊接的箱形结构。机壳的上方有给料口 10，在机壳内壁与被破碎物料发生摩擦或承受冲击的地方镶有衬板，以防机壳磨损，为了检查和修理方便，在机壳前、后壁上装有两个小门。

我国生产的 PC 型锤式破碎机技术性能见表 5－2。

表 5－2　PC 型锤式破碎机技术性能

型号规格	给料粒度/mm	排料粒度/mm	生产能力①/$t \cdot h^{-1}$	转子直径②/mm	转子长度/mm	转子转速/$r \cdot min^{-1}$	主电机			
							型　号	功率/kW	转速/$r \cdot min^{-1}$	电压/V
PC－M1316	<300	0～10	150～200	1300	1600	740 590 735	JS147－8 JS147－10 JS137－8	200 200 210	740 590 735	6000 3000 380
PC－M1818	<300	<40	500	1800	1800	590	JR1512－10	480	590	6000
PC－M1825	<300	<25	700～750	1800	2500	590	YR800－10/1430	800	590	6000/3000
PC－S0604	<100	<35	12～15	600	400	1019	Y180L－4	22	1470	380
PC－S0806	≤120	≤15	20～25	800	600	980	Y280M－6	55	980	380
PC－S0806	≤120	≤12	18～24	800	600	1100	JO_2－92－4	75	1470	380
PC－S0808	≤120	≤15	35～45	800	800	980	JO_2－92－6	75	980	380
PC－S1212	≤200	≤20	100	1250	1250	735	JS－136－8	180	735	380
PC－S1414	≤250	≤20	170	1400	1400	740	JSQ1410－8	280	740	6000
PC－S1616	≤350	≤20	250	1600	1600	595	JSQ－1512－10	480	595	6000

①对于煤用锤式破碎机，生产能力指被碎物料抗压强度限为 12MPa、表面水分小于 9%、密度为 0.8～1t/m^3 时的生产能力；对于石灰石用锤式破碎机，生产能力指被破碎物料抗压强度极限为 120MPa、表面水分小于 2%、密度为 1.6t/m^3 时的生产能力。

②转子直径指转子在工作状态时锤头顶端的运动轨迹。

5.3　可逆式锤式破碎机构造

不可逆锤式破碎机具有一个严重的缺点，就是锤头极易一面磨损。要想把锤头翻过来再使用，必须停车把锤头卸下，再倒个装上，因而消耗很多时间，浪费人力，减少了作业率。现场为了减少人力消耗，往往锤头只磨损一面就都换成新的，造成很大的浪费。

为了克服这种缺点,采用可逆锤式破碎机。这种破碎机的转子可以正、反两方向回转。当锤头某一面磨损后,只要将电动机反转,破碎机仍能继续照常工作一段时间。这就增加了锤头的使用寿命,提高了破碎机的作业率,增加了生产能力。

图5-2是ϕ1430mm×1300mm可逆锤式破碎机的构造。这种破碎机的应用范围与不可逆锤式破碎机相同。但是,由于它的转子10可以正、反两方向旋转,所以它的主要零、部件都是对称布置的,进料口18也就必须放在机器的正中上方。

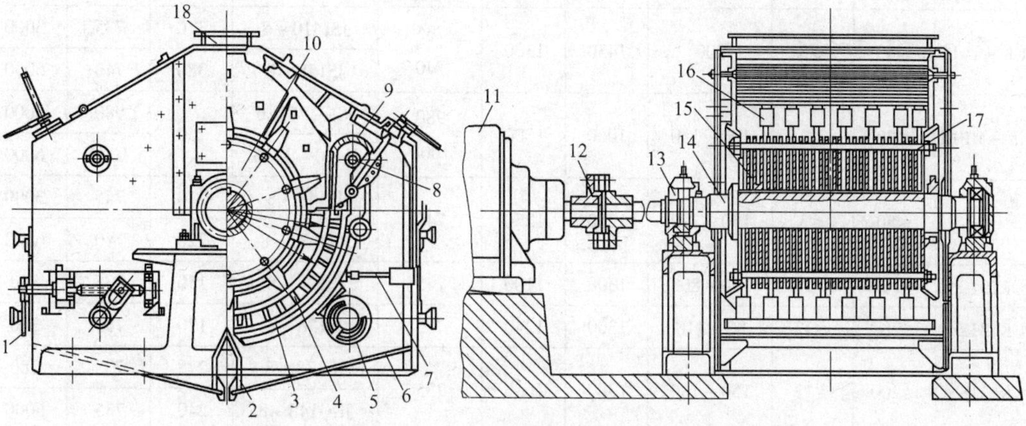

图5-2 ϕ1430mm×1300mm可逆锤式破碎机

1—手柄;2—笼筐;3—侧板;4—箅条;5—偏心轮;6—拉杆;7—拉紧弹簧;8—心轴;9—折转板;10—转子;11—电动机;12—联轴节;13—轴承座;14—主轴;15—圆盘;16—锤头;17—销轴;18—进料口

从图5-2看出,破碎机主轴14上装有28个圆盘15。每两个圆盘,通过销轴17悬挂5个锤头16。整个转子上共挂有70个锤头。主轴14两端支撑在滚动轴承座13上。电动机11通过弹性联轴节12直接带动转子回转。

排料箅条4安装在对称于转子两边的弧形侧板3上。弧形侧板3的上端,悬挂在固定于机壳两侧壁上的心轴8上,下端支撑在偏心轮5上。转动机器两侧的手柄1,使偏心轮5转动某一角度,就可以调节锤头与箅条间的间隙,从而保证所需要的产品粒度。调整时可不必停车。为了保证侧板与偏心轮在机器工作时经常接触,在侧板下端装有拉紧弹簧7,借弹簧的拉紧力,可防止物料冲击箅条而引起侧板在偏心轮上跳动。

为了防止锤头将未被破碎了的物料或非破碎物带到转子的另一边去而引起事故,可使左右侧板下端相距一定的距离,在这段距离内没有箅条。而在下端安装一个可左右摆动的可调式笼筐2(或叫硬炭筐),未被破碎了的物料,就落到此筐内。操作者定期拉动露在机壳外面的拉杆6,便可使积存于硬炭筐内的未被破碎了的物料排出去。

机器使用一段时间后,锤头工作的一面已磨损,转子一侧的衬板与箅条也有一定磨损。这时,可以停车把电动机反接,使转子逆转,锤头未磨损的一面就变成工作面,并利用另一侧未磨损的箅条与衬板,但需要将原来开着的折转板9闭死,而将原来闭死的折转板打开。

锤头用高锰钢等耐磨材料制成。箅条由钢板切割(需经过简单的加工)而成。箅条的间隙从上往下为40mm、80mm、120mm。

我国生产的PCK型可逆式锤式破碎机技术性能见表5-3。

表 5-3　PCK 型锤式破碎机技术性能

型号规格	给料粒度/mm	排料粒度/mm	生产能力①/t·h^{-1}	转子直径②/mm	转子长度/mm	转子转速/r·min^{-1}	主电机			
							型　号	功率/kW	转速/r·min^{-1}	电压/V
PCK-1413	≤80	≤3	400	1430	1300	985	JS1410-6	520	985	3000
							JS158-6	550		6000
PCK-1416	≤80	≤3	400	1410	1608	985	Y500-6	560	985	6000
PCK-1413	≤80	≤3	200	1430	1300	735	JS1410-8	370	735	3000
						740	JS158-8	380	740	6000
PCK-M1010	≤80	≤3	100~150	1000	1000	980	JS-138-6	280	980	3000
						1000	Y400-3-6		1000	6000
PCK-M1212	≤80	≤3	150~200	1250	1250	740	JS148-8	310	735	3000
							JSQ158-8	320	740	6000
PCK1310③	≤200	≤12	60~80	1300	1100	745	JS128-8	150	735	380
PCK1312③	≤200	≤12	80~110	1300	1240	735	JS136-8	180	735	380
PCK1316③	≤200	≤12	150~180	1300	1660	735	JR138-8	245	735	380
							JRQ148-8	240	735	6000

①生产能力指碎煤时，被破碎物料抗压强度为 12MPa，表面水分小于 9%，密度为 0.8~1t/m^3 时的产量。

②转子直径指转子在工作状态时锤头顶端的运动轨迹。

③PCK1310、PCK1312、PCK1316 的技术性能，是处理铁矿石时的技术性能。

5.4　一段锤式破碎机构造

一段锤式破碎机构造见图 5-3，它主要由机架 1、给料辊 2、转子 3、保险门 4、箅条 5、液

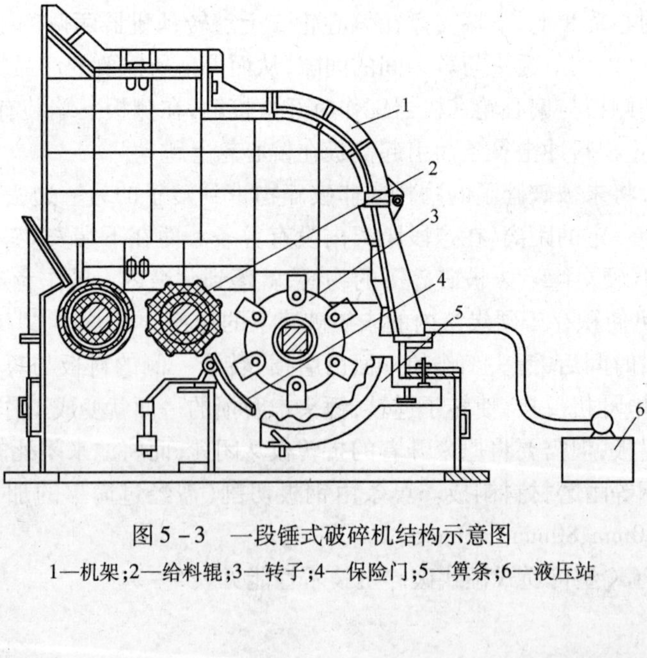

图 5-3　一段锤式破碎机结构示意图

1—机架；2—给料辊；3—转子；4—保险门；5—箅条；6—液压站

压开启装置、基础等部分组成。其特点是有两个转速不同的给料辊，后者转速高于前者，以防砂石楔入两辊之间，而让给料中的细粒部分在两辊之间直接落下。可以将最大进料尺寸为600～1900mm、抗压强度低于200MPa以下的中硬物料，一次破碎成40～25mm以下的成品料。可以用于水泥、化工、建材等行业的中硬、脆性、含水分、泥量小的物料，如石灰石、白云石等。该系列锤式破碎机具有结构简单、破碎比大、生产能力大、能耗低、所占空间小等特点。可将两段或三段破碎合为一次完成，简化破碎流程，减少设备投资。

一段锤式破碎机的技术性能，见表5-4。

表5-4 一段锤式破碎机技术性能

规格型号	转子尺寸/mm×mm	最大进料粒度/mm	出料粒度/mm	生产能力/$t \cdot h^{-1}$	功率/kW	重量/kg
PCD1412	φ1400×1200	600	≤25	80～130	160	20000
PCD1609	φ1680×918	600	≤25	50～70	110	23000
PCD1612	φ1680×1250	850	≤25	100～140	210	29000
PCD1615	φ1680×1580	1000	≤25	180～220	280	38000
PCD1809	φ1800×870	900	≤25	50～80	132	26800
PCD1812	φ1800×1200	1200	≤25	100～150	210	31900
PCD1816	φ1800×1580	1200	≤25	150～190	315	41000
PCD2014	φ1990×1440	1200	≤25	150～200	315	44000
PCD2017	φ1990×1700	1200	≤25	200～250	355	51000
PCD2519	φ2530×1860	1500	≤25	250～450	600	90000
PCD2522	φ2530×2180	1500	≤25	400～550	750	96800
PCD2523	φ2530×2345	1500	≤25	500～600	900	106000
PCD2724	φ2750×2450	1800	≤25	600～800	1100	127000
PCD3028	φ3000×2810	1900	≤25	800～1000	1500	210000

5.5 环锤式破碎机构造

环锤式破碎机是我国于1982年研制生产出的一种高效节能的新型破碎机，结构紧凑、体积小、坚固耐用，适用于表面水分不大于15%的煤、煤矸石、焦炭、页岩等物料的破碎。该机具有节能、生产效率高、能保证排料粒度、噪声小、粉尘少等优点，已被国家列为替代进口产品。图5-4是环锤式破碎机的构造，该机由机体1、顶盖2、装有环锤的转子3、筛板4、筛板调整机构5等主要部分组成，电动机通过弹性联轴器直接驱动转子。转子部分由主轴、端板、隔板、锤销、环锤等主要零件组成。环锤吊挂在锤销上，锤销安装在端板和隔板上，端板和隔板用平键和螺母固定在主轴上。机体部分由上下机壳、破碎板、筛板、托板、反击板、衬板等主要零件组成。破碎板和筛板安装在托板上。托板的一端用轴悬挂在上机壳两侧的轴座上，另一端通过连接板与调节机构相连。衬板安装在机壳两侧的内壁上，用来保护机壳不受磨损。破碎板、筛板、反击板与转子形成破碎腔。调整机构主要由蜗杆、蜗轮、指针、间隙指示牌等主要零件组成，用来调节并显示转子与筛板之间的间隙。环锤式破碎机的工作原理与普通锤破碎机基本相同。

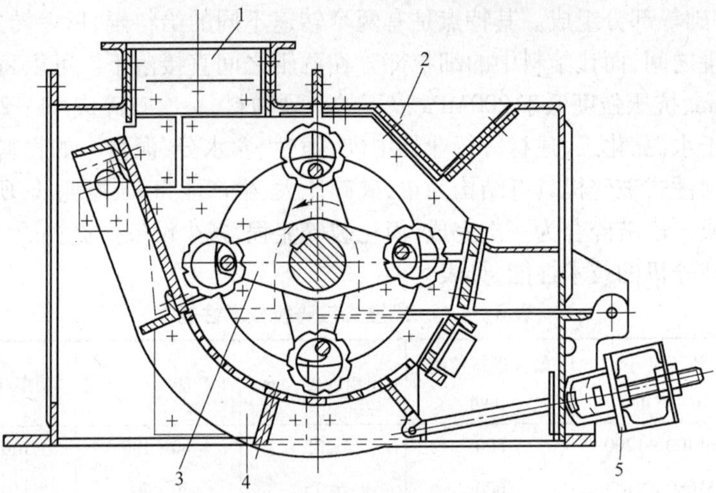

图 5－4　环锤式破碎机

1—构体;2—顶盖;3—装有环锤的转子;4—筛板;5—筛板调整机构

环锤式破碎机主要技术参数,见表 5－5。

表 5－5　环锤式破碎机主要技术参数

规格型号	给料粒度 /mm	排料粒度 /mm	生产能力 /t · h^{-1}	电动机				质量 (不含电动机)/kg
				型号	功率/kW	电压/V	质量/kg	
PHC0402	200	<15	8～12	Y132M$_2$－6	5.5	380	100	800
PHC0404	200	<15	16～25	Y160L－6	11	380	150	1050
PHC0604	200	<15	22～33	Y180L－6	15	380	170	1430
PHC0606	200	<15	30～60	Y225M－6	30	380	360	1770
PHC0808	200	<15	75～105	Y280M－8	45	380	600	3600
PHC1010	300	<15	160～200 200～245	Y315M$_2$－8 Y315M$_3$－8	90 110	380 380	1100 1200	6100
PHC1016	300	<30	300～350 400～500	JS128－8 Y400－8	155 120	380 6000	1600 3100	8560
PHC1212	350	<30	260～320	Y315M$_3$－6 Y400－8	132 280	380 6000	1210 3600	13600
PHC1216	350	<30	500～620 620～800	Y400－8 Y450－8	280 355	6000 6000	3600 4100	15000
PHC1221	400	<30	500～625	Y450－8 YKK450－8	355 450	6000	4100 4300	24500

5.6　无堵塞细碎锤式破碎机构造

无堵塞细碎锤式破碎机,也叫可逆式无箅条锤式破碎机,是近年来参照国内外资料研制开发的一种新型破碎机,其构造与可逆式锤式破碎机基本相似,见图 5－5。在破碎机的中

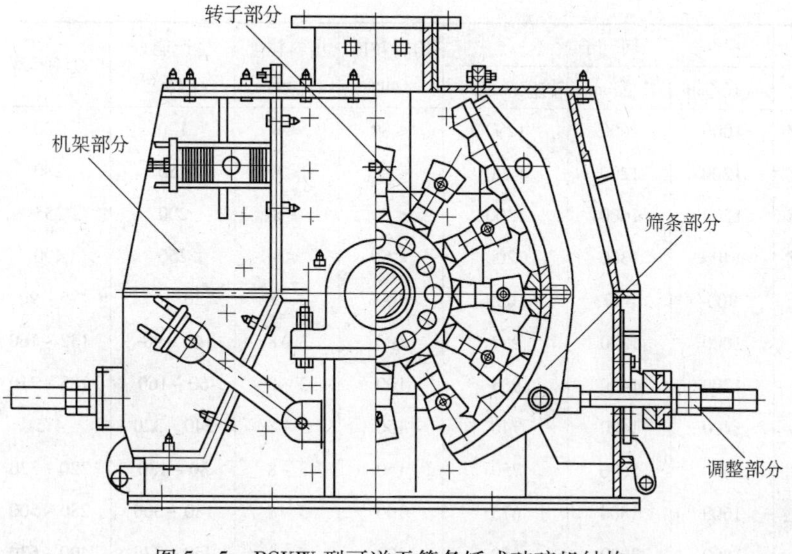

图 5-5　PCKW 型可逆无箅条锤式破碎机结构

央布置转子，旋锤随转子做高速圆周运动，对称于转子两侧有可调节的破碎齿板，破碎齿板可随门做开放性打开，破碎齿板与旋锤运动轨迹构成高效的破碎腔。物料从进料口中央落下，首先被高速旋转的旋锤击向破碎齿板，随即又被破碎齿板反弹向旋锤或其他破碎齿面，物料在破碎腔中如此来回跳动，并在跳动中相互碰撞，被一步步击碎，达到破碎要求粒度的物料从破碎机底部的出料口排出，出料粒度可由调节机构进行随意调整。

其特点为：无箅条，克服了物料湿度大、产生堵塞的问题；转子可正、反转，提高了锤头利用率，降低了更换锤头的频繁性，提高了工作效率，增加了系统产量；采用重锤头，增加了打击力，生产能力是同规格锤式破碎机的 2 倍；排料口尺寸可调，保证出料粒度的均匀性，使小于 8mm 的物料达到 95% 以上；腔板可以打开，易于更换衬板，大型机采用液压油缸；运转可靠，操作方便，易维护；充分利用了冲击式破碎机打击力度大、破碎率高的特点。可广泛用于对中硬度脆性物料，被破碎物料的抗压强度不大于 150MPa 的细碎作业。我国所产无堵塞细碎锤式破碎机的技术参数见表 5-6。

表 5-6　无堵塞细碎锤式破碎机技术参数

型　号	转　子			给料粒度 /mm	出料粒度 /mm	生产能力 /t·h⁻¹	功率/kW	机重(不含电动机)/kg
	直径/mm	长度/mm	转速/r·min⁻¹					
PCXK-0302Z	300	200	1440	≤40	≤6	2	5.5	550
PCXK-0402Z	400	200	1440	≤40	≤6	3	5.5	800
PCXK-0606Z	600	600	1480	≤60	≤8	20	55	3000
PCXK-0806Z	800	600	1270	≤80	≤8	30	7.5	4500
PCXK-0808Z	800	800	1270	≤80	≤8	45	90	5000
PCXK-0810Z	800	1000	1270	≤80	≤8	60	110	5600
PCXK-1010Z	1000	1000	1160	≤80	≤8	80	132	8000
PCXK-1012Z	1000	1200	1200	≤80	≤8	100	160	9800

续表 5-6

型　号	转　子			给料粒度 /mm	出料粒度 /mm	生产能力 /t·h⁻¹	功率/kW	机重(不含电动机)/kg
	直径/mm	长度/mm	转速/r·min⁻¹					
PCXK-1016Z	1000	1600	1200	≤80	≤8	120	220	11500
PCXK-1212Z	1200	1200	1200	≤80	≤8	150	280	13500
PCXK-1216Z	1200	1600	1200	≤80	≤8	200	355	18000
PCXK-1413Z	1400	1300	1200	≤80	≤8	250	400	19800
PCKW0908	900	800	1000	100	3~8	20~65	75~90	6420
PCKW1012	1000	1200	987	100	3~8	40~90	132~160	8187
PCKW1214	1200	1400	985	100	3~8	60~160	185~210	12882
PCKW1414	1400	1400	740	150	3~8	240~320	475	13000
PCKW1416	1400	1600	750	150	3~8	80~180	220~320	18000
PCKW1618	1600	1800	675	100	3~8	180~300	280~500	32500
PCKW1820	1800	2000	650	100	3~8	250~320	400~630	

5.7　立轴锤式破碎机构造

立轴锤式破碎机是近年来新研制出的一种新型锤式破碎机，具有密封性好、运转平稳、能耗低、生产能力大、维修方便等优点。适用于破碎中等硬度的脆性物料。立轴锤式破碎机的构造，见图 5-6。该机由给矿部分 1、破碎机筒体 2、排料部分 3、电动机 4 等部分组成。电动机通过三角传动胶带和胶带轮驱动立轴转子，其工作原理和构造，与普通锤式破碎机基本相似，不同之处是整个机体由卧式改成立式，因此改变了锤式破碎机的基本配置方式。我国目前所生产的立轴锤式破碎机均为小型机，型号规格也不多，其技术性能见表 5-7。

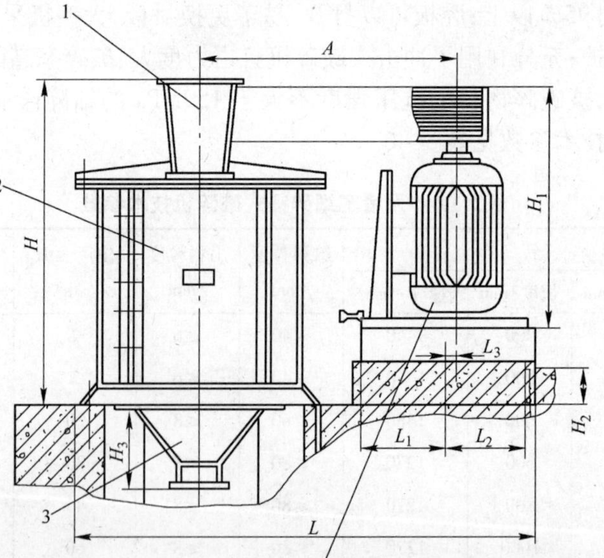

图 5-6　PCL 型主轴锤式破碎机外形

1—给矿部分；2—破碎机筒体；3—排料部分；4—电动机

表 5-7 PCL 型立轴锤式破碎机技术性能

型号规格	锤头排数:筒体直径/mm	立轴转数 /r · min^{-1}	给料粒度 /mm	排料粒度 /mm	生产能力 /t · h^{-1}	电动机功率 /kW	质量/t
PCL750-4	4:750	720	≤50	≤5	12~15	30	3.1
PCL1000-3	3:1000	500	≤60	≤6	20~25	55	4.6
PCL1250-3	3:1250	400	≤70	≤7	35~40	75	6
PCL1500-3	3:1500	416	≤100	≤8	50~55	110	9.899
PCL1500-4	4:1500	330	≤80	≤7	60~75	110	11.078

5.8 锤式破碎机的主要工作参数

5.8.1 转子的转速

锤式破碎机的转子转速按其所需的线速度来确定,而锤子的线速度则根据矿石性质、产品粒度、锤子的磨损量等因素来确定。通常在 35~75m/s 内选取。粗碎时一般在 15~40m/s内选取;细碎时在 40~75m/s 内选取。转子的线速度愈高,破碎比就愈大,但锤头的磨损以及功耗也愈大。因此,在满足产品粒度要求的前提下,线速度应偏低选取。

5.8.2 转子直径和长度

转子的直径根据给料粒度以及处理量确定。通常,转子的直径为最大给料粒度的 2~8 倍。转子的直径与长度的比值一般取 0.7~1.5。当需要的处理量较大、物料较难碎时,应选取最大值。

5.8.3 锤头质量

锤头重量 G 的大小,对破碎效果和能量消耗有很大影响。如果锤头的重量选择得过小,则可能满足不了锤击一次而将给入的物料块破碎的要求。若是锤头重量选择得过重,则无用的能量消耗就会增加。因此,所选择的锤头重量一定要满足每锤击一次,就使给入的料块破碎,并使用无用的能量消耗最少,对于图5-7a所示的锤头,其重量应为:

$$G=1.5G_1 \tag{5-1}$$

式中 G——锤头重量,kg;

G_1——给入破碎机中的最大物料块重量,kg。

对于图 5-7b 所示的锤头,其重量应为:

$$G=2G_1 \tag{5-2}$$

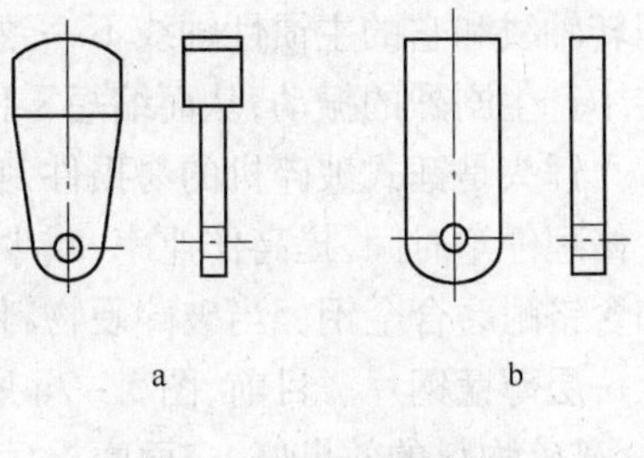

图 5-7 锤子的形状

a—块状;b—板状

目前,有增大锤头重量的趋势,这可以提高破碎效率。

5.8.4 生产率

锤式破碎机的生产率可按下面的经验公式进行估算。

当破碎石灰石时：

$$Q = KDL\gamma_0 \tag{5-3}$$

式中　Q——生产率，t/h；

D——转子的工作直径，m；

L——转子长度，m；

γ_0——破碎产品的松散容积重，t/m^3；

K——系数，$K = 30 \sim 45$。大型破碎机的系数 K 取上限，小型破碎机的系数 K 取下限。

当破碎煤时，仍然可以按公式 5－3 计算生产率，但可取系数 $K = 130 \sim 150$。

5.8.5　电动机功率

锤式破碎机破碎石灰石等中等硬度物料时，它的电动机功率可按下述经验公式计算：

$$N_d = K_0 D^2 Ln \tag{5-4}$$

式中　N_d——电动机功率，kW；

D——转子工作直径，m；

L——转子长度，m；

n——转子转速，r/min；

K_0——系数。对于大型破碎机，$K_0 = 0.15 \sim 0.2$；中型破碎机，$K_0 = 0.15$；小型破碎机，$K_0 = 0.1$。

锤式破碎机的功率，也可以按破碎每吨产品消耗的能量来计算。破碎石灰石时，每吨产品消耗 1.37 ~ 2.11kW · h/t；破碎煤时，则为 1.4 ~ 1.5kW · h/t。

5.9　锤式破碎机安装、运转和维修中应注意事项

锤式破碎机是一种高速回转且靠冲击来破碎物料的机械。为了使它能正常工作，它的转子在装配或检修完后，必须进行静平衡试验。转子转动后静止时，在任何位置上都不许退回 1/10 圆周。转子上的零件（除锤头外）都要进行精确加工，一般按二级和三级精度制造和装配。如果转子的重心离开它的几何中心线（或回转轴线），则产生静不平衡。若转子的回转轴线和它的主惯性轴线不一致，则将产生动不平衡。这两种不平衡现象，都会使机器运转中产生剧烈的振动，从而缩短零件的寿命，且引起厂房振动。

锤头是锤式破碎机的易损件，它的主要质量指标是耐磨性。提高锤头的耐磨性，可以减少修理停车时间，提高作业率，减少修理费。目前，制造锤头多用含锰 12% ~ 14% 的高锰钢和含铬耐磨合金钢。当破碎硬物料时，也有在锤头表面焊上一层 3 ~ 4mm 的硬质合金或焊上一层薄锰钢片。目前，图 5－7a 所示的锤头形状用得比较多。因为它的重心离悬挂中心远，破碎物料的效果好，一面磨损后还可以调换另一面继续使用。用于粗碎时，锤头要重而数量要少些。用于中、细碎时，锤头重量应轻些而数量要多些。在制造锤头时，应力求所有锤头的重量相等，偏差应小于 ±0.5kg。安装时，应保持每两对列锤轴之总重量差在 ±0.05kg以内。这样，可使转子容易平衡，缩短安装和试车时间。

锤头磨损比较快，而其制造成本又很高，因此，对磨损了的锤头要用铸铁焊条进行堆焊，使其恢复原状，从而节省优质钢材。应该注意，更换锤头时，一定要按相对位置成对地更换，否则将引起转子回转不平衡，产生振动，使轴承过早损坏。

算条筛内表面与锤头顶端之间的间隙，对产品粒度有一定影响。在破碎机运转过程中，通常保持此间隙为 10 ~ 20mm。当锤头和箅条筛磨损后，可用调节机构调节这个间隙，从而控制产品粒度的均匀性。

转子轴轴承在正常工作的情况下，温升应在 60℃ 以下，最高温度不得超过 70℃。如超过 70℃，应立即停车检查并消除。靠电动机一端轴承的外圈，应上下左右紧固，而另一端轴承的外圈，两侧各留有 2 ~ 5mm 的侧隙。轴承外圈与轴承压盖之间，要保持一定的间隙。如果用稀油润滑（轴承座内装入稀油），则应每工作 8h 后，往轴承内加注一次润滑油。每三个月更换一次润滑油。换油后，应用洁净的煤油清洗轴承，而且轴承座内，油面的高度应保持在最低一个滚珠中心的位置。如果用干油润滑，则应每班拧 2 ~ 3 次干油杯压盖，加入一定量的干油，每半年要清洗一次轴承。

应该指出，锤式破碎机用的滚动轴承本身的游隙，应比正常的滚动轴承游隙大，否则机器运转后，轴承发热。例如 ϕ1600mm × 1600mm 锤式破碎机，用 2G3640 滚柱轴承，其正常游隙（基本组）为 0.065 ~ 0.135mm。机器运转后轴承发热，改用加大游隙的滚柱轴承（辅助组 2），其游隙为 0.125 ~ 0.198mm，轴承就能正常工作。

参考文献

[1] 洛阳大华重型机械有限公司．产品目录[S]. 2008:12 ~ 15.
[2] 沈阳重型机械集团有限责任公司．产品简明手册（第三册·第十一分册）：破碎设备类[S], 2005:71 ~ 80.
[3] 山东金岭铁矿机械厂．锤式破碎机样本[S]. 2009:1, 2.
[4]《中国选矿设备手册》编委会．中国选矿设备手册（上册）[M]. 北京：科学出版社, 2006:92 ~ 124.
[5]《破碎粉磨机械》编写组．破碎粉磨机械[M]. 北京：机械工业出版社, 1978:198 ~ 210.

6　反击式破碎机

6.1　反击式破碎机类型

反击式破碎机是利用冲击能对中等硬度的脆性物料进行破碎的设备。它自 1942 年在德国问世以来。在短短的 60 余年时间内发展极快，目前，在我国水泥、电力、建材、化工、煤炭及冶金等行业广泛应用。反击式破碎机除了和锤式破碎机一样具有破碎比大、产品粒度均匀且过粉碎现象少、能耗低、设备制造容易、维修方便等优点外，还具有产品粒度调整范围大，能选择性破碎等优点。所以，在我国一度曾试图用它代替锤式破碎机。反击式破碎机在我国自 1958 年开始生产以来，经过了 50 多年的发展，目前其技术指标性能已接近国际先进水平，不仅能满足国民经济建设的需要，并且出口国外。

反击式破碎机的类型比较多，主要分为单转子和双转子两大类，其分类详见表 6－1。

表 6－1　反击式破碎机分类表

	单转子		双转子		
	不可逆式	可逆式	同向旋转	反向旋转	相向旋转
不带均整栅板	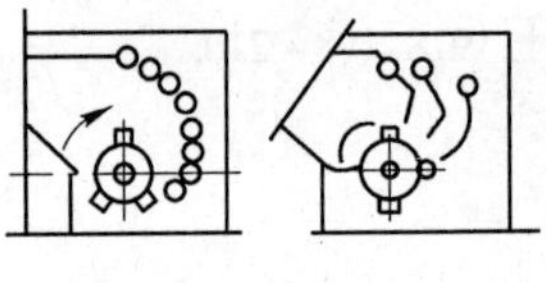	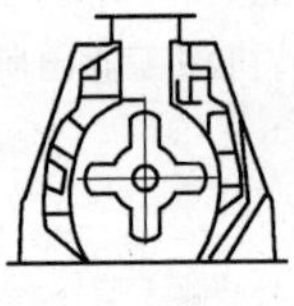	转子位于同水平 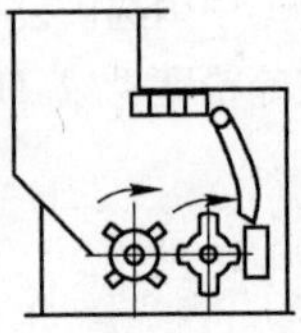	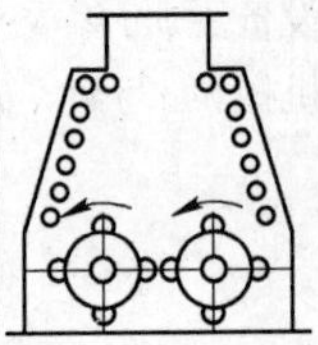	
带均整栅板	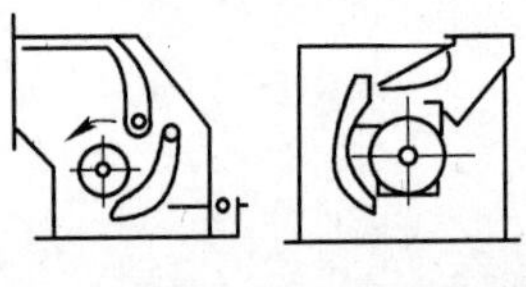		转子位于不同水平 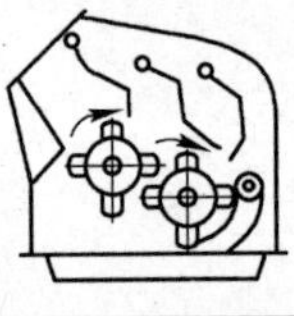		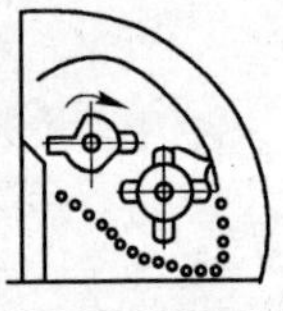

反击式破碎机的工作原理和锤式破碎机相近，都是利用高速回转的锤头冲击矿石而使之破碎的，不过两者的破碎过程却不尽相同。图 6－1 为反击式破碎机的工作原理示意图。当矿石进入破碎腔后即受到高速回转的板锤的冲击而进行选择性破碎。矿石从冲击过程中获得巨大的动能，并以高速抛向第一级反击板，由于反击板的反击作用，矿石再次受到破碎，被反击板弹回来的矿石又再次受到板锤的冲击，继续重复上述破碎过程。之后，此破碎矿石又同样以高速被抛向第二级反击板，进一步得到破碎。

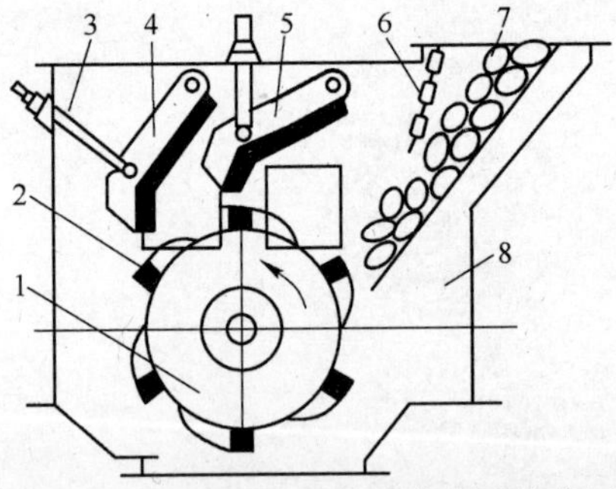

图 6－1　反击式破碎机工作原理示意图

1—转子；2—板锤；3—拉杆；4—第二级反击板；5—第一级反击板；6—链条；7—给料口；8—机体

这样，矿石经过板锤、反击板的连续多次撞击作用以及矿石之间的相互碰撞作用，便不断沿自身的节理面产生裂缝、松散而被破碎。当其粒度小于板锤和反击板之间的缝隙时，就从机器下部排出成为合格产品。

反击式破碎机型号规格含义示例如下：

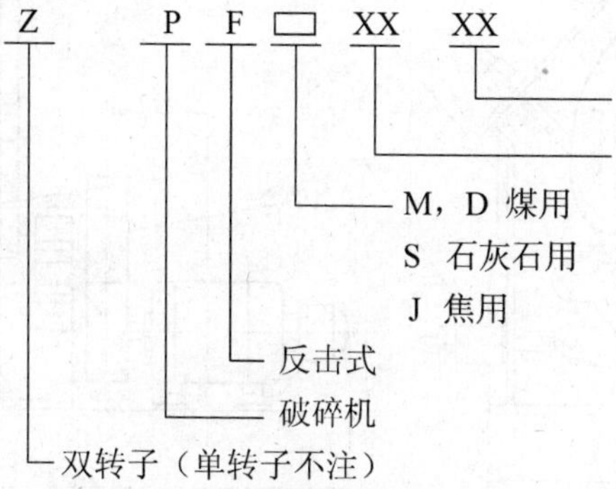

我国所生产的反击式破碎机，根据用途大体可分为普通（PF 型）和煤用（PFD 或 PFM 型）两种类型，分别约有 14 种主要规格。普通型反击式破碎机可供选矿、化工、水泥、建筑、耐火材料、陶瓷、玻璃等工业部门，破碎中等硬度的矿石、岩石及炉渣等，其中单转子的一般用作中碎和细碎，双转子的用作粗碎和单段破碎。其技术参数列于表 6－2。

表 6－2　各类型反式破碎机技术参数

类　型	型号规格	给料粒度 /mm	排料粒度 /mm	生产能力 /t·h⁻¹	电动机功率 /kW	重　量 /t
单转子反击破碎机	PF0504	100	20～0	4～10	7.5	1.35
	PF0706	180	<30	8～12	22～30	10.4
	PF1007	250	<25	15～35	37	6.32
	PF1210	250	<50	40～80	95	15.25
	PF1310	400	<50	80～120	90～110	12.00
	PF1315	500	<50	160～250	180～260	19.00
	PF1320	500	<50	300～350	300～375	24.00
	PF1416				155	35.47
	PF1614				155	36.63
双转子反击破碎机	2PFA0808	350	<20	18～30	37+55	19.1
	2PFA1010	450	<20	30～50	55+75	28.63
	2PFA1212	850	<20	50～90	132+160	64.00
	2PF1416				2×155	54.10
	2PF1820				2×280	83.00

6.2　单转子反击式破碎机构造

反击式破碎机按转子数目不同，分为单转子和双转子两种类型，图 6－2 为我国生产的

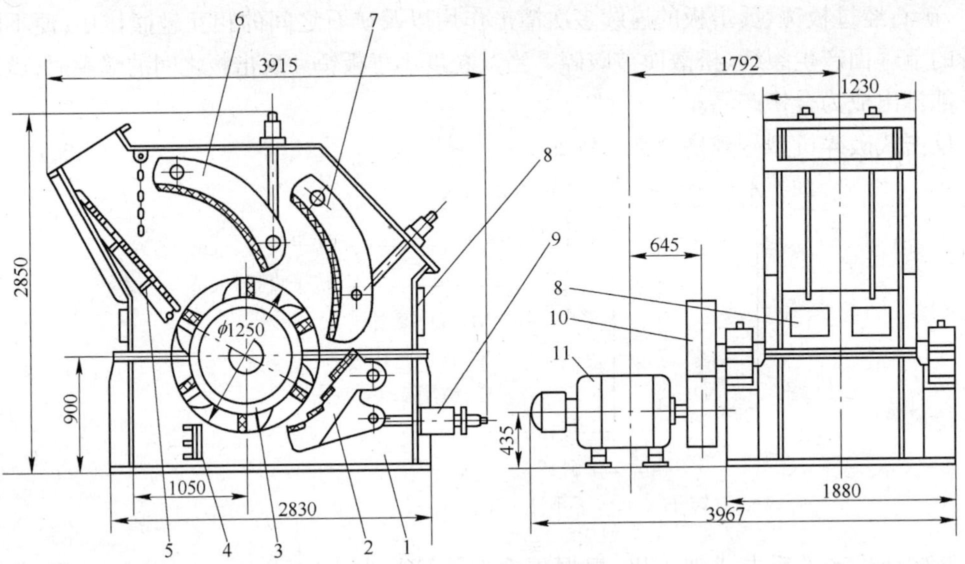

图 6-2 ϕ1250mm × 1000mm 单转子反击式破碎机

1—机体;2—均整板;3—转子;4—打击板;5—筛板;6—第一反击板;7—第二反击板;
8—门;9—弹簧调整部分;10—带轮;11—电动机

ϕ1250mm × 1000mm 单转子反击式破碎机。该破碎机结构比较简单,主要由机架、传动机构、转子、板锤及反击板等组成。

反击式破碎机的机架由上机架和下机架两部分组成,彼此用螺栓连接。转子轴心线上面的为上机架,其上装有供检修、安装用的侧门和后门。转子轴心线下面的为下机架,用螺栓将其固定在地基上,主要承受整个机器的质量。机架内部所有接触矿石的部位均装有可更换的耐磨衬板。破碎机的给料口处设置了链幕,以防破碎过程中矿石飞出机外发生事故。

反击式破碎机的传动机构很简单,由电机通过带轮直接带动主轴和转子做高速回转。主轴通过滚动轴承支撑在机架两侧的轴承座中,轴承一般采用干油定期润滑。

转子就工作原理而言,反击式破碎机和锤式破碎机的最大区别在于,锤式破碎机是靠铰接悬挂锤头,而反击式破碎机的板锤和转子是刚性连接,利用整个转子的回转惯性冲击矿石而使之破碎。所以,其转子就必须具有足够的质量才能满足破碎矿石的要求。若转子质量过轻,破碎效率则会降低。当然,也不能太重,否则破碎机启动将很困难。

反击式破碎机的转子一般采用整体式的铸钢结构,这种结构质量较大,比较容易满足破碎机所需的质量能;同时,也比较坚固耐用,便于安装板锤。也有些反击式破碎机采用数块铸钢或型钢做成的圆盘叠合而成的转子,这种组合式转子便于制造,也容易平衡。小型反击式破碎机有些也采用钢板焊接的空心转子,其结构虽简单,制造虽容易,但强度和耐用性较差。

反击板由高锰钢或其他耐磨材料制成,自由地悬挂在机器内部。其一端通过悬挂轴铰接在机架的两端;另一端则由拉杆螺栓利用球面垫圈支撑在上机架的锥面垫圈上。该反击板同时兼作了破碎机的保险装置。当机内进入非破碎物时,反击板受到的冲击力急增,迫使拉杆螺栓压缩球面垫圈，使拉杆螺栓后退被抬起，让非破碎物排出，保证了整机的安全。另外，调节拉杆螺栓上面的螺母，就可改变板锤和反击板之间的间隙大小，进而控制破碎产品的粒度范围。

由于反击板直接参与破碎，所以，其形状和结构对破碎效率影响比较大。为了获得最好的破碎效果，从理论上要求物料与反击板的表面应呈垂直碰撞。目前，国内反击式破碎机的反击板一般制成折线形和渐开线形，前者结构简单，容易加工，但不能满足矿石最佳破碎效果之要求；后者在反击板上的各点，物料都以垂直方向进行冲击，所以能获得最佳的破碎效果，但由于加工困难，故一般多采用多段圆弧组成的近似渐开线的反击板。

反击式破碎机的反击板的级数一般为二级，大型破碎机也有三级的。

板锤和反击板一样，也是由高锰钢或其他耐磨材料制成，固定在转子上。固定方法一般有下述三种：

(1)螺钉固定法。即用螺钉固定板锤。这种方法最简单，但螺钉露在打击表面，极易损坏，另外螺钉也容易被剪断，使板锤从转子上飞出而造成严重事故。

(2)压板固定法。即板锤从侧面插入转子的沟槽中，两端用压板压紧以防其左右串动。这种方法由于板锤是耐磨材料制成的，故加工困难，难以确保板锤的精确尺寸，容易装配不牢而在工作中松动。

(3)楔块固定法。即用楔块把板锤固定在转子上。在工作时，由于离心力的作用，板锤、楔块和转子便会愈转愈紧，工作比较可靠，且拆装也很方便，目前，国内外多采用这种方法固定板锤。

板锤的数目与转子直径 D 有关，通常，当 $D<1m$ 时，可选用3个板锤；当 $D=1\sim1.5m$ 时，可选用4～6个板锤；当 $D=1.5\sim2m$ 时，可选用6～10个板锤。另外，矿石较硬或破碎比较大时，可增加板锤的数目。

板锤的形状比较多，目前，我国使用较多的如图6－3所示。

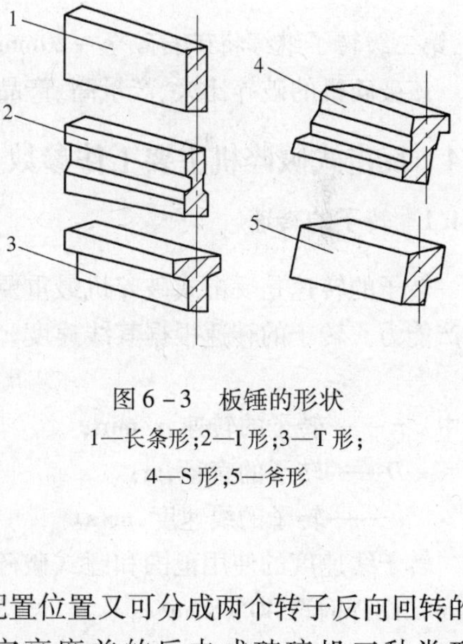

图6－3　板锤的形状
1—长条形；2—I形；3—T形；
4—S形；5—斧形

6.3　双转子反击式破碎机构造

双转子反击式破碎机，根据转子的转动方向和配置位置又可分成两个转子反向回转的，两个转子同向回转和两个转子同向回转且有一定高度差的反击式破碎机三种类型。图6－4是我国生产的 $\phi1250mm\times1250mm$ 双转子反击式破碎机。

该破碎机的两个转子同向回转，而且两个转子平行排列，有一定高度差，它相当于两个单转子反击式破碎机串联使用，第一个转子相当于粗碎，第二个转子相当于细碎。不过，两个转子上装有数目不等的板锤，且板锤高度和形状也不同，同时两个转子的转速也不一样。第一个转子有4排共8个板锤，线速度为38m/s；第二个转子有6排共12个板锤，线速度约为50m/s。

该破碎机的两个转子分别由两台电机通过弹性联轴节、液力联轴器、梯形带组成的传动装置按同向高速旋转。第一级转子将－850mm的矿石碎至－100mm左右排入第二级破碎

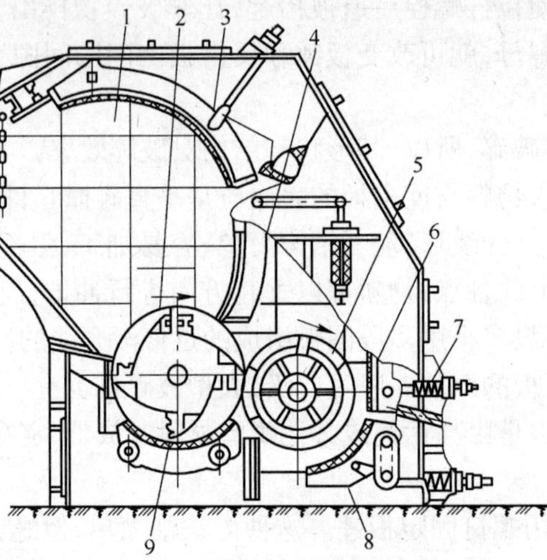

图 6-4　ϕ1250mm × 1250mm 双转子反击式破碎机

1—机体;2—第一级转子;3—第一反击板;4—分腔反击板;5—第二级转子;6—第二反击板;7—调节弹簧;8—第二均整栅板;9—第一均整栅板

腔,第二级转子继续将矿石碎至 -20mm 后从机体均整筛板处排出。

该破碎机的破碎比大、产量高、产品粒度均匀,但功耗也多。

6.4 反击式破碎机主要工作参数

6.4.1 转子的转速

转子的转速是反击式破碎机最重要的参数,它直接影响破碎机的破碎效率、破碎比以及生产能力。转子的转速根据其线速度 v 来确定:

$$n = 60v/(\pi \cdot D) \tag{6-1}$$

式中 n ——转子的转速,r/min;

D——转子的直径,m;

v ——转子的线速度,m/s。

转子线速度的使用范围和锤式破碎机相同,一般在 15 ~ 80m/s 内选取,粗碎时取 15 ~ 40m/s,细碎时取 40 ~ 80m/s。

6.4.2 转子直径与长度

反击式破碎机的转子直径通常采用以下公式计算:

$$D = \frac{100(d + 60)}{54} \tag{6-2}$$

式中 D ——转子直径,mm;

d ——给矿粒度,mm。

对于单转子反击式破碎机,将以上公式中的计算结果乘以 0.7 倍。

转子直径与长度的比值,一般为 0.5 ~ 1.2,当所破碎物料抗冲击力较强时,选用较小值。

6.4.3 生产率

反击式破碎机的生产率一般按下列经验公式计算：

$$Q = 60K_1C(h+a)dbn\delta \tag{6-3}$$

式中 Q——生产率，t/h；

K_1——修正系数，一般取0.1；

C——转子上的板锤数目；

h——板锤的高度，m；

a——板锤与反击板的间距，m；

d——排矿粒度，m；

b——板锤宽度，m；

n——转子的转速，r/min；

δ——矿石的松散密度，t/m^3。

6.4.4 电机功率

反击式破碎机的电机功率目前都是根据生产实践或实验数据推出来的经验公式计算。

(1)根据生产实践。

$$N = KQ \tag{6-4}$$

式中 N——电动机功率，kW；

Q——破碎机的生产能力，t/h；

K——比功耗，kW/t，通常对中等硬度的石灰石 $K=0.5\sim2$；对煤 $K=0.8\sim1.5$，粗碎时取下限；细碎时取上限。

(2)根据实验数据。

$$N = K_0Qi^{1.2} \tag{6-5}$$

式中 N——电动机功率，kW；

Q——破碎机的生产能力，t/h；

i——破碎比；

K_0——比例系数，中等硬度物料取0.026。

双转子反击式破碎机则是两台电机功率之和，一般第一级转子的电机功耗约为第二级转子的电机功耗的0.6~0.7倍。

6.5 反击式破碎机安装、运转及维修中应注意事项

反击式破碎机的板锤随转子高速回转，打击被破碎物料，与物料冲击和磨剥，因此它极易磨损。影响板锤使用寿命的因素有：板锤的材质，制造质量，被破碎物料的性质，转子圆周速度，板锤的结构，处理量等。

目前，我国主要采用高锰钢和铬合金钢等耐磨材料制造板锤。由于制造厂的热处理工艺水平不一样，致使它的力学性能差异很大，板锤的寿命也相差很大。对板锤材质的选择问

题,我国做了许多试验。从试验中发现,在板锤上嵌上低合金白口铸铁,使板锤的寿命提高一倍以上(与高锰钢铸造的板锤比较)。这种低合金白口铸铁的硬度较高,耐磨性好,生产简便,成本低,可以推广使用。

有些厂矿在碳钢板锤上,用"上焊64"和"上焊64A"焊条堆焊,或把高锰钢电焊条堆焊在高锰钢板锤上,都比高锰钢铸造的板锤寿命提高30%。这两种方法也是简单易行,成本低廉。

有些厂矿在 ϕ1000mm×700mm 单转子反击式破碎机中破碎煤,采用白口铸铁制造板锤,使用寿命也比较长。

除了板锤材质影响它的寿命以外,下述原因也影响了某些破碎机的板锤寿命:由于反击式破碎机转子线速度较高,转子上装有3~6块,最多达8~10块板锤。前后两块板锤转过的时间间隔仅为几十分之一秒。在这样短的时间里,只有少数物料能整块进入打击区,而大部分物料,尤其是大块物料,只有一端进入打击区,因而板锤不是打在物料块的重心上,即板锤未与整个物料块正面冲击破碎,而是进行斜碰撞。这样,不但降低了破碎效果,而且造成物料与板锤之间产生滑动摩擦,从而引起板锤非常迅速地磨损。另外,反击板上粘有粉料后,板锤与粉料的摩擦更加严重,板锤更加迅速磨损。

为了减少板锤磨损,转子上的板锤数目不宜过多,转子的直径不宜过小,要适当地增加板锤的高度,并尽量地把给入物料中的粉料、泥土和水分预先筛除。

板锤的结构和它的固定方法,对其寿命也有影响。目前,我国制造的反击式破碎机,板锤多半采用埋头螺钉固定,如图6-5a、b所示。这种固定方法,结构简单,拆装方便,更换时不必把转子吊出机体。图6-5a所示的固定螺钉,工作中受剪切力,螺钉易断,造成板锤脱落事故。图6-5b所示的结构,则克服了这个缺点,板锤被固定得更加牢靠,但需要加工板锤的后凹槽。

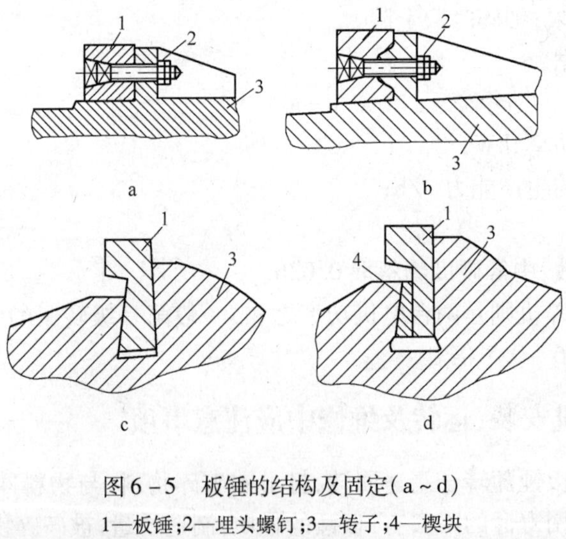

图6-5　板锤的结构及固定(a~d)

1—板锤;2—埋头螺钉;3—转子;4—楔块

有些破碎机的板锤,从侧面插入转子凹槽中。凹槽两侧各有1:5的斜度,靠板锤工作中产生的离心力固紧(图6-5c)。这种结构的板锤两端还要用压板压紧,防止窜动。这种固定方法不太可靠,工作中不安全,板锤容易飞出,最好不用。

还有一种利用楔铁固定板锤(图6-5d)。板锤放入转子凹槽中,从转子侧向,再将两侧带斜度的楔铁打入楔紧板锤。板锤预紧后,工作中在离心力作用下,板锤、楔铁和转子会越转越紧,工作可靠,但拆装困难,目前很少应用。

板锤在制造过程中要严格保证重量的准确性。重量差不许超过±0.5kg。将板锤安装在转子上后,要做静平衡试验,要求转子转动停止时,在任何位置上都不许退回1/10圆周。

反击板是仅次于板锤的易磨损件,承受较大的冲击载荷。它的材质一般用高锰钢铸造。也有用中碳钢棒的,破碎煤时,也可以用普通钢板焊接起来。用高锰钢铸造的反击板,根据对ϕ500mm×400mm反击式破碎机的使用调查,其寿命比较低。需要对反击板的耐磨材料进行研究。

国外某些工厂采用耐磨塑料包扎打击板,或将石子镶在反击板凹槽中,代替金属表面,都提高了反击板的使用寿命。我国某化工厂,根据反击板的磨损规律,按其各部分的磨损程度,采用部分分区安装和更换,使用寿命提高一倍以上。

除了在反击板的材质方面提高它的耐磨性外,反击板的形状也是值得注意的。ϕ500mm×400mm和ϕ1000mm×700mm反击式破碎机,都采用折线形反击板。虽然结构简单、容易制造,但不能保证被破碎物料得到最有效的冲击破碎,而且往往造成破碎腔减小,反击板的棱角也会很快磨损。因为物料不是垂直于反击板,往往产生剪切力,造成反击板加速磨损。此外,折线处往往由于粘着粉料或湿料,而使破碎腔进一步缩小,影响破碎效果。

ϕ1250mm×1000mm和碎煤用PFD系列的反击式破碎机,均采用了近似于渐开线形的反击板(参见图6-4)。它能保证从板锤冲击来的任意方向的物料,到达反击板上的任意点均为垂线,即物料与反击板表面始终成垂线方向冲击,从而消除了物料对反击板的剪切力。这就能减少反击板的磨损,而且不易积沉粉料,保证破碎腔有足够的空间,改善了破碎效果。但是,渐开线形反击板在制造上比较麻烦。因此,ϕ1250mm×1250mm双转子反击式破碎机的第一反击板,采用了两段圆弧形($R=1300$mm及$R=2680$mm)。第二反击板采用了一段圆弧形($R=1300$mm)和一段直线形,来近似代替渐开线形。

反击式破碎机在装配、运转和检修过程中,要特别注意转子的静平衡。无论调头或更换板锤,都要将转子上的板锤同时调换,以免造成转子的静不平衡而产生严重振动和轴承发热。在板锤调头或更换新板锤时,应进行称量,将重量相同或重量差极小(±0.5kg)的板锤,沿圆周对称配置安装,使整个转子处于静平衡状态。如仍有偏重,可采取在转子上临时增焊平衡重块的办法来解决。

机器运转过程中,要注意观测转子主轴承的温升,正常不应超过60℃,最高不得超过75℃。如果温升超过此规定,应迅速停车检查,采取有效措施。转子两端的滚动轴承可用干油或二硫化钼润滑脂润滑,每班定期注入少量(2~3次)润滑脂。

反击式破碎机运转中,产生灰尘比较大,除把破碎机各部分进行很好的密封外,车间内还应设置通风和收尘设备。

如果是双转子反击式破碎机,则两个转子的传动部应分别启动。整套破碎设备的启动顺序应是:收尘设备⟶运输机⟶破碎机⟶给料机;停车顺序恰好相反。

参 考 文 献

[1]《中国选矿设备手册》编委会. 中国选矿设备手册(上册)[M]. 北京:科学出版社,2006:125～151.
[2] 洛阳大华重型机械有限公司. 产品目录[S]. 2008:5～9.
[3] 沈阳重型机械集团有限责任公司. 产品简明手册(第三册·第十一分册):破碎设备类[S]. 2005:56～59.
[4] 周恩浦. 矿山机械(选矿机械部分)[M]. 北京:冶金工业出版社,1979:76～91.
[5]《破碎粉磨机械》编写组. 破碎粉磨机械[M]. 北京:机械工业出版社,1978:212～226.

7 辊式破碎机

7.1 辊式破碎机类型

辊式破碎机出现于1806年,是一种最古老的破碎机械。它结构简单,破碎时过粉碎现象少,辊面上的齿牙形状、尺寸、排列等还可按物料性质而改变,由于具有这些优点,目前仍在煤炭、水泥、硅酸盐等工业部门使用,并且有新的改进和发展。该种破碎机主要用于矿石的中、细碎作业,但由于占地面积大,生产能力低,在冶金矿山工业中已被圆锥破碎机替代。

辊式破碎机按辊子的数目可分为单辊、双辊和多辊几种类型。按辊面形状,可分为光面辊和齿面辊两类。光面辊式破碎机的破碎机理主要是压碎;而齿面辊式破碎机的碎矿机理主要是劈碎,两者均兼有研磨作用。前者适于中等硬度矿石的中、细碎作业;后者适于脆性和松软矿石的粗、中碎。辊式破碎机的工作原理(见图7-1)为:两个圆辊相向旋转,矿石进入两个辊子之间,由于摩擦力的作用,矿石被带入两辊之间的破碎空间,受挤压而被破碎。破碎产品在自重作用下,从两辊之间的间隙处排出。两辊之间的最小距离即为排料口宽度,破碎产品的最大粒度即由此决定。

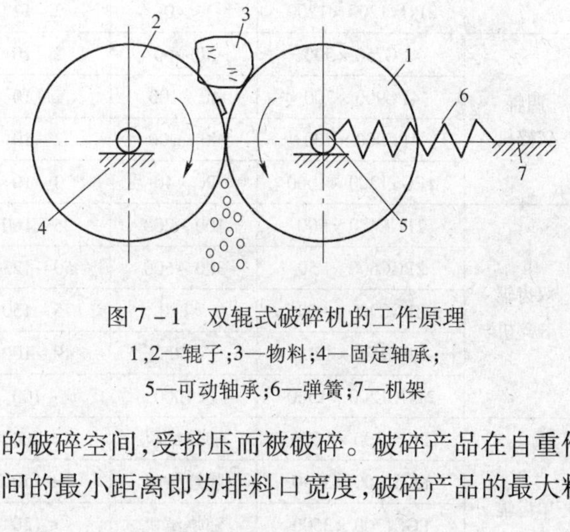

图7-1　双辊式破碎机的工作原理
1,2—辊子;3—物料;4—固定轴承;
5—可动轴承;6—弹簧;7—机架

单辊破碎机的工作原理和双辊破碎机类似,但它除了压力和劈碎力外,还利用了剪力进行破碎,而且其破碎腔的破碎路程比双辊式长得多,所以其破碎比较大,对某些特殊物料(例如海绵钛、焦炭等)的破碎很有效。

辊式破碎机的型号规格含义示例如下:

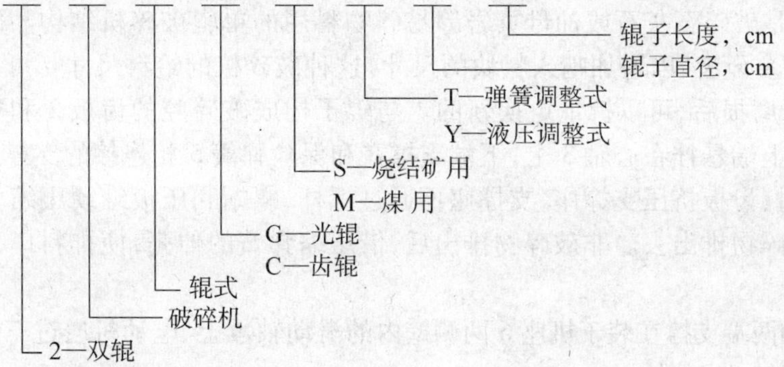

我国生产的单齿、双齿、双辊、四辊破碎机主要产品型号规格及技术参数列于表 7-1。

表 7-1　各类型辊式破碎机技术参数

类　型	型号规格	给料粒度 /mm	排料粒度 /mm	生产能力 /t·h⁻¹	功　率 /kW	重　量 /kg
强力双辊破碎机	2PGQ610×400	<36	2~9	3~9	22	3800
	2PGQ750×500	<40	2~10	5~12	18.5×2	10800
	2PGQ750×700	<40	2~10	6~16	22×2	12200
	2PGQ900×500	<40	2~10	9~30	22×2	15000
	2PGQ900×900	<40	2~10	11~45	~37×2	16800
	2PGQ900×1200	<40	3~10	15~60	~55×2	20800
	2PGY1200×1000	<40	3~12	10~50	~55×2	46820
	2PGY1200×1200	<40	3~12	18~68	~75×2	48600
四辊破碎机	4PG750×500	30~60	2~10	3~10	18.5+11/7	19200
	4PG900×700	40~100	2~10	16~20	30+12/24	28700
	4PG900×900	40~100	2~10	20~25	45×2	31386
	4PGY1200×1000	20~40	3~10	43~68	75+40/55	67000
双齿辊破碎机	2PGC450×500	100~200	25~100	12~32	<11	3100
	2PGC600×750	300~600	50~125	50~75	<22	7400
	2PGC900×900	<800	75~150	60~110	<30	13670
	2PGC920×1200	<800	40~100	90~150	<75	16730
	2PGC1200×1500	<1000	-100	150~250	2×55	52000
单齿辊破碎机	PGC1100×1620	随烧结机	≤100	80	22	15000
	PGC1600×3190	随烧结机	≤150	230	75	98012
	PGC1700×3500	随烧结机	≤120	442.575	132	68237
	PGC1800×3230	随烧结机	≤150	330.430	90	104476
	PGC2300×4160	随烧结机	≤15	770	110	138079

7.2　单辊破碎机构造

图 7-2 是破碎石灰石或油母页岩等易碎物料用的单辊破碎机结构。破碎机的辊子 1 表面镶有许多牙齿，以增加啮入料块的尺寸（这种破碎机的给料尺寸 d 可达辊子直径 D 的 2/3），牙齿磨损后，可以拆下更换新的。与辊子构成破碎腔的齿板 2 和颚式破碎机的动颚相似，其上端悬挂在心轴 3 上，下端支撑在和保险弹簧 5 相连接的支撑座 4 上。当掉入非破碎物时，齿板挤压支撑座，支撑座再通过螺杆、螺帽和压板继续压缩弹簧而增大排料口，使非破碎物排出去。非破碎物排出后，借压缩弹簧的伸张，使排料口又恢复到原来的大小。

辊子轴的两端支撑在装于机座 6 两侧壁内的滑动轴承上，电动机通过三角皮带和一对齿轮带动辊子转动。

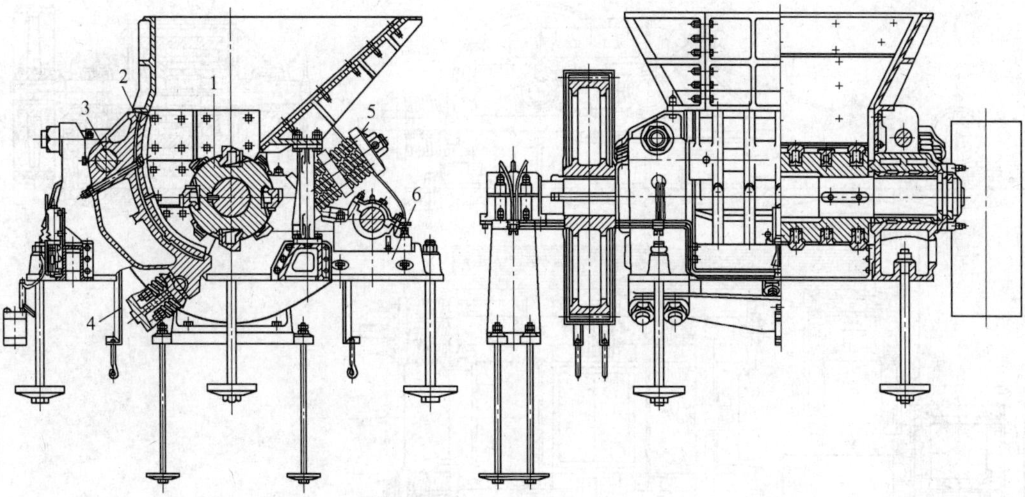

图7-2　单辊破碎机

1—辊子;2—齿板;3—心轴;4—支撑座;5—保险弹簧;6—机座

这台破碎机的传动轴轴承和传动齿轮采用稀油润滑,辊子轴和心轴轴承都采用半自动干油集中润滑。

图7-3是破碎烧结矿用的单辊破碎机结构。这台破碎机的辊子,实际上是由6个十字形盘6(或称星轮体)组成的,每个盘上安装4个齿7,沿轴向将带齿的盘串在一根六角形主轴上而构成齿辊。整个齿辊的两端支撑在主轴承5上,沿六角形主轴轴线方向有通孔,供冷却水循环用。两个主轴承安装在地基上。两地基座中间的齿辊下方铺设有7根水平的箅条。齿辊的十字形盘转动时,它的每个齿都周期地伸到箅条缝隙里,从而将落在箅条上的大块烧结矿打碎而落于箅条下。电动机1通过木销联轴器2、减速器3、胶棒安全联轴器4,带动主轴转动。胶棒安全联轴节的16个胶棒,作为破碎机保险件。当箅条上掉入非破碎物时,16个胶棒首先被剪断,从而保护其他机件不受损坏。

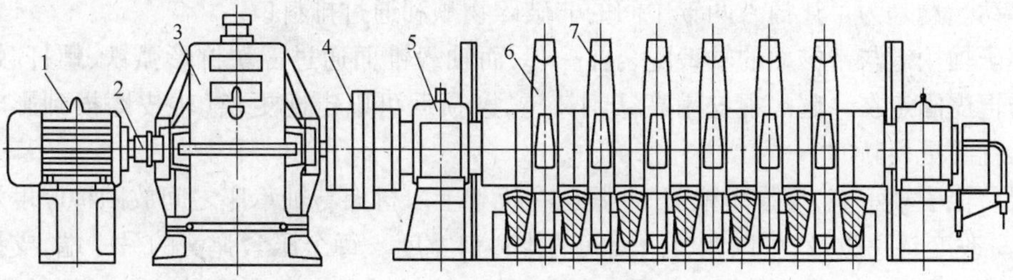

图7-3　破碎烧结矿用的单辊破碎机

1—电动机;2,4—联轴器;3—减速器;5—主轴承;6—十字形盘;7—齿

7.3　双辊破碎机构造

图7-4是双辊破碎机的结构。它由机架、一对辊子、三角皮带传动装置及弹簧保险装置等主要部件组成。

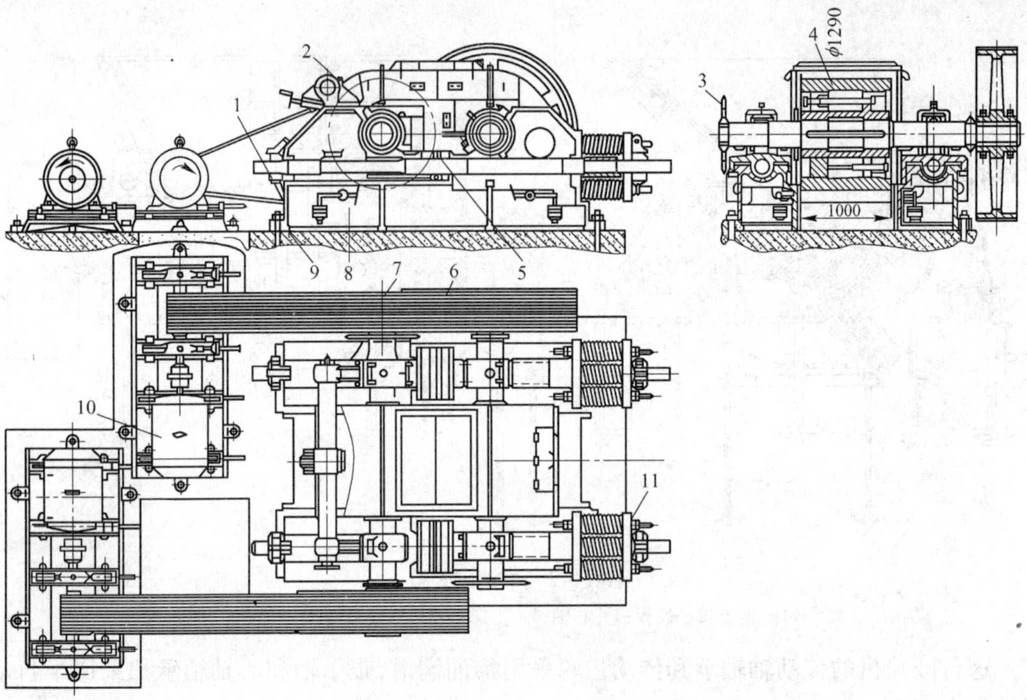

图 7-4　双辊破碎机

1—机架;2—活动轴承座;3—链轮;4—辊子;5—垫片;6—三角皮带传动;
7—走刀架;8—刮板;9—螺母;10—电动机;11—弹簧保险装置

把被破碎的物料放入两个相向转动的破碎辊上面,靠辊子对物料的摩擦力作用而将物料啮入两辊中间,逐渐被压碎。破碎产品从两辊下部缝隙中排出。改变两辊间的下部缝隙,可以控制产品粒度。

电动机 10 通过三角皮带传动 6,带动辊子 4 转动。辊子 4 的主轴另一端装有链轮 3。辊子轴两端的轴承,一侧固定在机架 1 上不动,另一侧固定在活动轴承座 2 上,可以沿机架水平移动。这是为了让掉入两辊中间的非破碎物顺利通过排料口。

辊子轴用键与带锥面的轴毂配合在一起,而轴毂锥面通过三块锥形弧铁、螺杆、螺帽等零件与辊皮固定在一起。辊皮用高锰钢铸造,磨损后可以定期更换(辊皮磨损到影响产品粒度时就要更换新的)。

活动辊子轴承座,靠强力弹簧 11 紧压在机架上。机架与轴承座之间放四种厚度不同的垫片 5。改变垫片数量,可以调节两辊间的排料口宽度。每个压紧弹簧的另一端,支撑在可移动的轴承座 2 上,而轴承座 2 又通过专用螺母 9 与卡在机架上的螺柱连接。扭转螺柱,可以使与轴承座 2 固定在一起的专用螺母前进或后退,从而压紧和松弛弹簧,来调节弹簧压紧力,用以增减破碎力,以适应物料粒度或硬度改变而排料粒度保持不变的需要。

在活动轴承座 2 上,安装有走刀架 7(也可以在固定辊的机架上安装),当辊皮磨损后,可以利用走刀架,安装硬质合金车刀车削辊皮。辊子主轴两端的链轮 3,是供车削辊皮时变速用的。此外,辊子下方还安装有刮板 8。当破碎含水分较大的物料时,用刮板清除粘在辊皮上的湿料。破碎干料时,可将刮板取下不用。

由于被破碎物料的粒度和硬度经常变化，且有时掉入非破碎物，两辊间的距离在运转中经常发生变化。为了在这种情况下，保持良好的传动性能，一般对辊破碎机都采用长齿齿轮转动（见图7－5）。一对长齿齿轮1、2的特点，是允许运转中改变中心距而不破坏啮合特性。

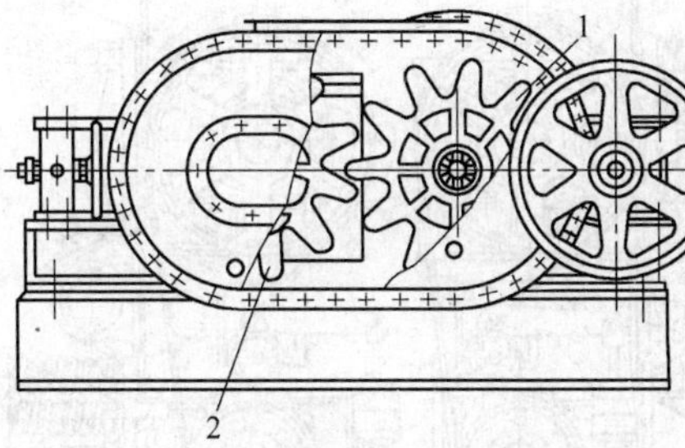

图7－5 长齿齿轮

1，2—长齿齿轮

还有一种辊皮带牙齿的对辊破碎机，它除了两个辊皮表面铸有牙齿外，其他部件与前述对辊破碎机基本相同。辊皮上铸有牙齿的目的，主要是为了破碎煤时，能将大块煤啮入破碎腔内以增大破碎比，并对煤进行劈裂破碎，可减少能耗和过粉碎。

7.4 四辊破碎机构造

烧结厂粉碎焦炭常常采用四辊破碎机。这种破碎机，实质上是由两个对辊破碎机重叠起来的，以便增大破碎比，减少占地面积。它可以对石灰石、泥质页岩、泥灰岩、白垩、炉渣、水泥熟料、长石和焦炭等进行中、细破碎。

图7－6是四辊破碎机结构。这个机器由两个尺寸（$D \times L$）相同的对辊破碎机组成。从辊子7的构造和弹簧装置6上看，它与对辊机没有什么区别。但是，它的辊子轴是支撑在自位调心滑动轴承4上；它的传动装置是由两个电动机10、两个减速机9、两套皮带轮3传动组成的。

左、右两个电动机分别通过齿轮联轴器8、减速机9，带动左下、右上的辊子7转动。同时通过这两个辊子的出轴上的皮带轮3，分别带动左上、右下边的辊子转动。这两套传动装置的速比和功率完全相同。

这台机器的另一特点是，机器本身带有两套车削辊皮的切削装置5。当辊皮磨损后，可不必拆卸辊皮而直接利用切削装置进行车削，以保证辊皮表面光整，减少许多停车时间，提高了设备运转率。

车削辊皮时，将辊子的防护罩取下，将切削装置安装在走刀架上，再将皮带及张紧轮取下，把链子挂到链轮12上，并将上主动辊电动机变为低速（480r/min）旋转，停止下主动辊电动机。利用上主动辊电动机传动，按照图7－7，先车削成对角线的两个主动辊辊皮，然后将切削装置再重新装在走刀架的另一面，将电动机反转，再车削成对角线位置的两个被动辊辊皮。

这台破碎机的两对辊子的轴承，采用干油集中润滑，减速器采用齿轮溅油润滑。

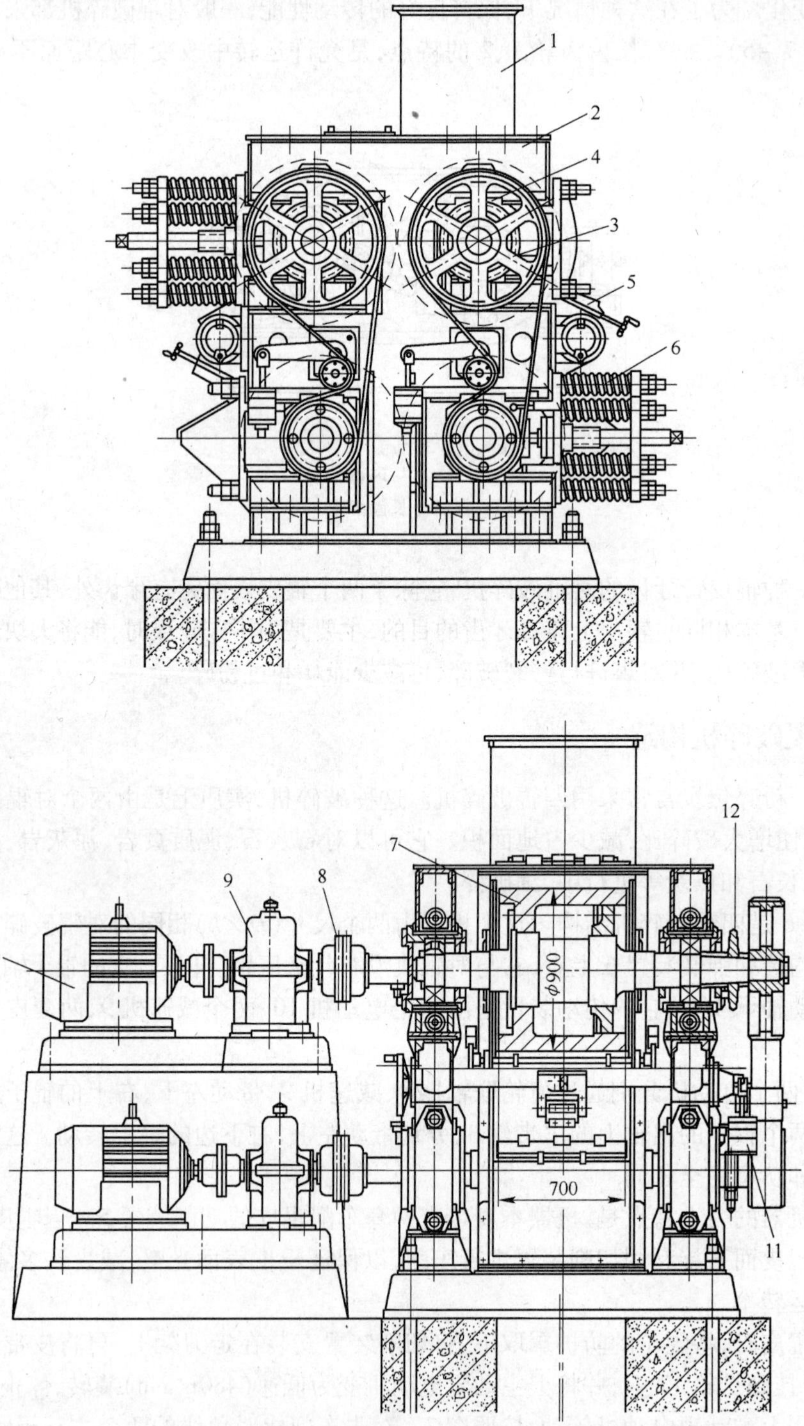

图 7-6　四辊破碎机

1—进料斗；2—机架；3—皮带轮；4—轴承；5—切削装置；6—弹簧；7—辊子；
8—联轴器；9—减速机；10—电动机；11—干油润滑；12—链轮

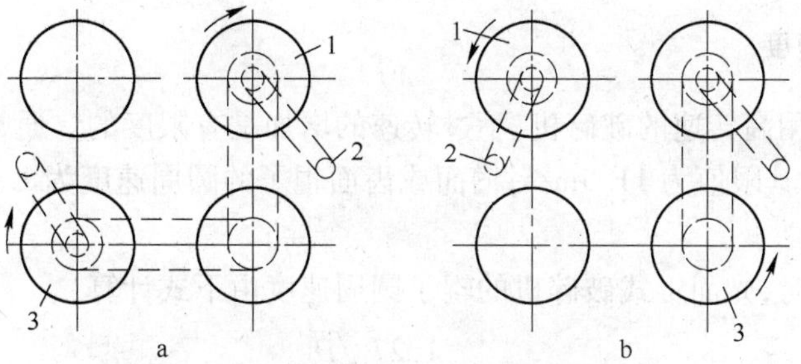

图7－7　辊皮的车削
a—第一次车削；b—第二次车削
1—上主动辊；2—走刀架；3—下被动辊

7.5　辊式破碎机的主要工作参数

7.5.1　啮角

以双辊光面破碎机为例，假设矿石为球形。从矿石与两辊子的接触点分别引切线，两切线的夹角即为双辊式破碎机的啮角，其值一般在33°40′～38°40′之间选取。

7.5.2　辊子直径

辊子直径 D 与给料粒度 d 有关。它们之间的关系，决定于辊皮表面形状与被破碎物料间的摩擦系数大小。

对于光辊：$D \approx 20d$

辊皮表面带有沟槽：$D = (10 \sim 12)d$

辊皮表面镶齿：$D = (2 \sim 6)d$

7.5.3　辊子工作转速

辊子最合适的转速与辊皮表面特征、被破碎物料的硬度和尺寸大小有关，一般都是根据经验决定的。它要保证机器有最大的生产率，功率消耗又要少，同时还应考虑辊皮的磨损不能太快。通常，被破碎物料的粒度越大，辊子转速应越低；辊皮表面有沟槽或镶齿的辊子，它的转速应比光辊的低；当破碎软的或脆的物料时，转速应高些，而破碎硬物料时应低些。根据经验：

$$n = (120 \sim 420)\sqrt{\frac{f}{\gamma D d}} \tag{7-1}$$

式中　n——辊子转速，r/min；

f——被破碎物料与辊皮间的摩擦系数；

γ——被破碎物料的容积量，kg/cm^3；

D——辊子直径，cm；

d——给料粒度，cm。

光辊破碎机辊子每分钟工作转数要取式(7－1)的上限；带沟槽的辊子取中等数值；而带牙齿的辊子则应取下限。

7.5.4 辊子圆周速度

近年来趋向选用高转速的破碎机,不过转速的增加是有限度的。通常,光面辊子的圆周速度为 2~7.7m/s,其限值为 11.5m/s;槽面或齿面辊子的圆周速度为 1.5~1.9m/s,其限值为 7.5m/s。

破碎中硬矿石时,光面辊式破碎机的辊子圆周速度由下式计算:

$$V=\frac{1.27\sqrt{D}}{\sqrt[4]{\left(\frac{D+d}{D+e}\right)^2-1}} \tag{7-2}$$

式中 V——辊子圆周速度,m/s;
D——辊子直径,m;
d——给矿粒度,m;
e——排矿口宽度,m。

7.5.5 生产率

辊式破碎机的生产率可按下式进行计算:

$$Q=188.4eLDn\mu\delta \tag{7-3}$$

式中 Q——生产率,t/h;
e——排矿口宽度,m;
L——辊子长度,m;
D——辊子直径,m;
n——辊子转速,r/min;
μ——矿石松散系数,中硬矿石,$\mu=0.2\sim0.3$;潮湿矿石和黏性矿石,$\mu=0.4\sim0.6$;
δ——矿石松散密度,t/m³。

当破碎坚硬矿石时,其生产能力可按上式增大25%来计算,四辊破碎机的生产能力,应按下面一对辊子计算。

7.5.6 电动机功率

辊式破碎机的电动机功率可按下述公式计算。

对于光棍破碎机破碎中硬物料:

$$N_d=1.08KLv \tag{7-4}$$

式中 N_d——电动机功率,hp(1hp=745.7W);
v——辊皮的圆周速度,m/s;
L——辊子长度,m;
K——系数,$K=0.6\frac{D}{d}+0.15$;D 和 d 是给料与排料粒度。

对于破碎煤或焦炭用的齿辊破碎机:

$$N_d=KLD'n \tag{7-5}$$

式中 N_d——电动机功率,kW;

n——辊子转速，r/min；

L 和 D'——辊子长度和直径，m；

K——系数，破碎煤时，$K=0.85$。

7.6 辊式破碎机安装、运转及维修中应注意事项

辊式破碎机与其他类型的破碎机比较，生产能力较低，但却具有构造简单，结构紧凑，安装、维修简便，产品粒度较小等优点。光面辊式破碎机可以处理比较坚硬的物料，其破碎比为3~4。齿辊破碎机只能破碎硬度不大和脆性物料，如煤、焦炭、石灰和水泥熟料等，其破碎比为10~15。

辊式破碎机的正常运转工作，在许多方面取决于辊皮的磨损程度。只有当辊皮处于良好状态下，才能获得较高的生产能力和排出合格的产品粒度。因此，应当了解辊皮磨损的因素和使用操作中应注意的问题，定期检查辊皮磨损情况，及时进行修理和更换。

在破碎矿石时，辊皮是逐渐磨损的。影响辊皮磨损的主要因素是：处理矿石的硬度、辊皮材料的强度、辊子表面的形状和规格尺寸，以及操作条件、给矿方式和给矿粒度等。

辊皮使用的期限和辊子工作的工艺指标，取决于矿石物料沿着辊子整个长度分布的均匀程度。物料分布如果不均匀，辊皮不但很快磨损，而且辊子表面会出现环状沟槽，从而造成破碎产品粒度不均匀。因此，除粗碎的单辊破碎机外，所有的辊式破碎机全部设有给矿机，给矿机的宽度应与辊子的长度相等，以保证沿着辊子长度连续地均匀给矿。同时，在生产操作中，还应经常检查给矿粒度情况，因为给矿粒度过大，将会造成剧烈的冲击，加剧辊皮的磨损，尤其是粗碎时更为显著。为了消除辊皮磨损的不均匀现象，在运转中，应在一定时间内将其中一个辊子沿着轴向移动一次，其距离约为给矿粒度的1/3。

在进行排矿口调整时，应确保辊子平行移动，防止辊子歪斜，以防导致辊皮磨损不均匀，严重时造成事故。

由于辊式破碎机工作时粉尘较大，故通常必须安装密闭的安全罩，罩子上面留有检查孔，以便维护检查使用。

为了保证设备正常运行，应经常检查各部润滑情况。滑动轴承应定期注入稀油；滚动轴承应定期使用注油器注入稠油。

参 考 文 献

[1]《中国选矿设备手册》编委会. 中国选矿设备手册(上册)[M]. 北京：科学出版社. 2006：151~165.

[2] 沈阳重型机械集团有限责任公司. 产品简明手册(第三册·第十一分册)：破碎设备类[S]. 2005：66~70.

[3] 洛阳大华重型机械有限公司. 产品目录[S]：16，17.

[4]《破碎粉磨机械》编写组. 破碎粉磨机械[M]. 北京：机械工业出版社，1978：186~198.

[5] 王运敏，田嘉邱，王化军，等. 中国黑色金属选矿实践(上册)[M]. 北京：科学出版社，2008：679~681.

8 筛分机械

8.1 筛分机械的分类、用途

8.1.1 筛分机械分类

我国生产多种类型的筛分机械，其分类方法较多，可按运动轨迹、传动方式分类，也可按其用途分类。按其结构、工作原理和用途，具体分类，见表8－1。

表8－1 筛分机分类

筛分机类型	运动轨迹	最大给料粒度/mm	筛孔尺寸/mm	用 途
固定格筛	静 止	1000	25～500	预先筛分
圆筒筛	圆筒按一定方向旋转	300	6～50	矿石分级、脱泥
滚轴筛	筛轴按一定方向旋转	200	25～50	预先分级、大块矿物筛分脱介
摇动筛	近似直线	50	13～50 0.5	分级、脱水、脱介等
圆振动筛	圆、椭圆	400	6～100	分级
直线振动筛	直线、准直线	300	3～80 0.5～13	分级、脱水、脱介
共振筛	直 线	300	0.5～80	分级、脱水、脱介
概率筛	直线、圆、椭圆	100	15～60	矿物分级
等厚筛	直线、圆	300	25～40 6～25	矿物分级
高频振动筛	直线、圆、椭圆	2	0.1～1 （20～50目）	细粒物料分级、回收
电磁振动筛	直 线			细粒物料分级

根据我国选矿厂生产实践需要，在本章系统介绍固定筛、滚轴筛、圆筒筛、圆振动筛、直线振动筛、共振筛。

8.1.2 筛分机械的用途

松散物料通过筛孔分为两种或多种粒度级别，称为筛分。在选矿厂、选煤厂或其他工业部门，筛分设备通常有下述几种用途。

8.1.2.1 预先筛分和检查筛分

在破碎前分出粒度符合要求的合格产品称为预先分级，在破碎后将产品中粒度过大的物料筛出并返回破碎机再破碎称为检查筛分。预先筛分和检查筛分又往往通称为辅助筛分。

8.1.2.2 准备筛分

为下一加工分选工序而进行的筛分作业称为准备筛分。例如,在选矿厂中进行重选或磁选以前,通常要把矿石筛分成所要求的粒级,然后进行分选。

8.1.2.3 独立筛分

物料经筛分后即得到最终产品称为独立筛分。例如,品位达到要求的富铁矿石经筛分后分为不同的粒级,分别送炼铁厂、烧结厂或球团厂。

8.1.2.4 脱水、脱泥和脱介筛分

将物料中所含有的较多泥质或水分经筛分脱除,即称为脱泥筛分或脱水筛分。在重介质选矿中,用筛分方法将介质分出以便回收利用,便称为脱介筛分。

8.1.2.5 选择筛分或筛选

当矿物中的有用成分在不同粒级中的分布显著不同时,可用筛分方法将富含有用成分的粒级与其余粒级分离,前者作为粗精矿,后者作为尾矿废弃或送去分选,这种筛分可称为选择筛分或筛选。

8.1.3 筛面

筛面是筛分设备的基本工作部分。筛面上均匀地分布着大小和形状一定的孔缝,通称为筛孔。在筛面上筛分物料时,穿过筛孔的物料称为筛下产品,留在筛面上的物料称为筛上产品。筛面的有效面积(即开孔率)是指筛孔所占面积与整个筛面面积之比,有效面积越大,单位面积筛面的生产率就越大,筛分效率也越高。它是衡量筛面质量的重要参数。通常,一方面要尽量增加筛面的有效面积,另一方面也要考虑到不致因此而降低筛面强度、明显地缩短其使用寿命。

目前,我国一般用低碳钢、高碳钢、锰钢、弹簧钢、不锈钢等材质制成筛面,即主要采用金属筛面;而用橡胶、尼龙、聚氨酯等非金属材质制成的筛面也在发展和不断增加,但与金属筛面相比还很少,不过击振细筛基本上都采用尼龙筛面。

根据被筛物料的粒度和筛分作业的工艺要求,一般可将筛面分为下述几种。

8.1.3.1 棒条筛面

棒条筛面是由一组平行排列的、具有一定断面形状的钢棒组成。常用的不同棒条的断面形状示于图8-1。棒条平行排列,棒条之间的间隔即为筛孔尺寸。棒条筛面一般用于固定筛或重型振动筛,适于筛分粒度大于50mm的粗粒物料。

图8-1 棒条的不同断面形状

8.1.3.2 冲孔筛面

冲孔筛面一般是在厚5~12mm的钢板上冲制出圆形、方形或长方形筛孔而制成。与圆形或方形筛孔的筛面相比,长方形筛孔的筛面通常有效面积大、质量轻、生产率较高,适于处理水分含量较高的物料,但筛分产品的分离精度较差。

冲孔筛面上筛孔的排列方式示于图 8 - 2,圆形筛孔通常呈等边三角形排列,方形筛孔可平行排列或按直角等腰三角形斜向排列,长方形筛孔一般与筛面的纵轴排列成一定角度,也可呈其他方式排列。

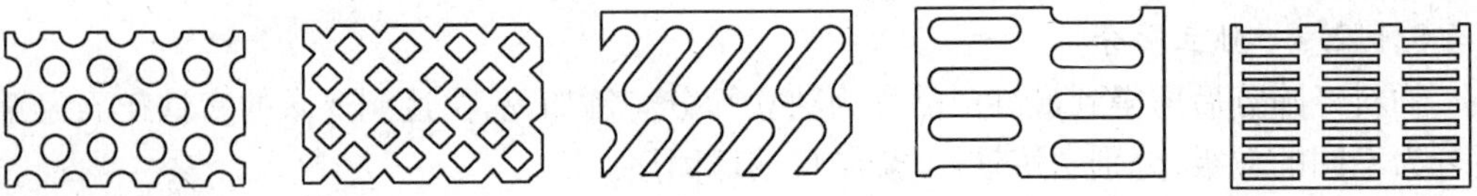

图 8 - 2　冲孔筛面的筛孔形状及其排列方式

筛孔之间应保持一定的距离,这样才能耐磨并保证必要的筛面强度。孔距一般是根据经验确定的,若筛孔尺寸为 10 ~ 100mm,则孔距为其 1.25 倍。冲孔筛面比较坚固,使用寿命较长,但有效面积较小,约为 40% ~ 60%。其筛孔尺寸一般为 12 ~ 50mm,适用于中等粒级物料的筛分。

8.1.3.3　编织筛面

编织筛面是由钢丝做经线和纬线编织而成,筛孔形状为方形或长方形(图 8 - 3a)。为保证筛孔大小分布均匀、避免网丝错动,在筛网交叉处交替的设有凹槽。编织筛网的有效面大(可达 75% 以上),质量轻,便于制造,但使用寿命较短。目前,使用不锈钢或弹簧钢做网丝,可延长使用寿命,但价格高。编织筛面通常适用于对中细粒级物料的筛分。

8.1.3.4　波浪形筛面

筛条沿横向被压制成波浪形,两筛条并合而组成筛孔,此即波浪形筛面(图 8 - 3b)。筛条也可沿纵向被压制成波浪形,由此种波浪形筛条构成的筛面又称为琴弦式筛面。其波长根据筛孔尺寸大小而定。通常,筛孔均为方形,但琴弦式筛面的筛孔为长方形。筛条采用富有弹性的锰钢制成,能产生振幅较小的二次振动,由此可减少黏性物料或微细粒的黏结及堵塞现象。

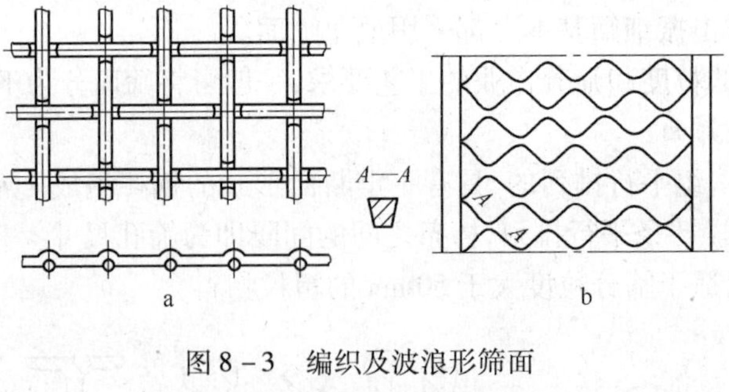

图 8 - 3　编织及波浪形筛面

a—编织筛面;b—波浪形筛面

8.1.3.5　条缝筛面

条缝筛面用不锈钢作筛条制成,有穿条式、焊接式和编织式三种结构形式(图 8 - 4)。穿条式条缝筛面是早期的一种,虽然结构可靠,但制造复杂、费料多、有效面积较小。焊接式条缝筛面则比穿条式节约材料 30%,且制造简单;而编织式条缝筛面有效面积大、质量轻、装拆方便,但使用寿命较短。

条缝筛面的筛条断面形状为圆形或如图 8－4 所示。缝宽可为 0.25mm、0.5mm、0.75mm、1mm 和 2mm 等。条缝筛面适用于对中细粒级物料的脱水、脱介和脱泥作业。

8.1.3.6　非金属筛面

我国制造非金属筛面所用的材质有橡胶、尼龙和聚氨酯。这类筛面的共同优点是耐磨、使用寿命长、质量轻、噪声小，可广泛用于金属矿石、煤和建筑材料等的筛分。但目前我国使用尚不够广泛。

筛面在筛箱上安装时能否均匀地拉紧和是否牢固，对筛面的筛分效率和使用寿命有很大影响。通常，冲孔筛面和条缝筛面用木楔条固定；网丝直径较小的编织筛面和厚度小于 6mm 的冲孔筛面用拉钩固定；网丝直径大于 9.5mm 的编织筛面和厚度大于 8mm 的冲孔筛面用压条和螺钉固定。图 8－5 为一种比较先进的筛网张紧装置，图 8－6 为条缝筛网木制张紧板。

8.1.4　开孔率

开孔率也叫筛面的有效面积系数，即筛孔总面积与筛面总面积之比。筛分机械的生产率与开孔率（筛面有效面积系数）K 有关。

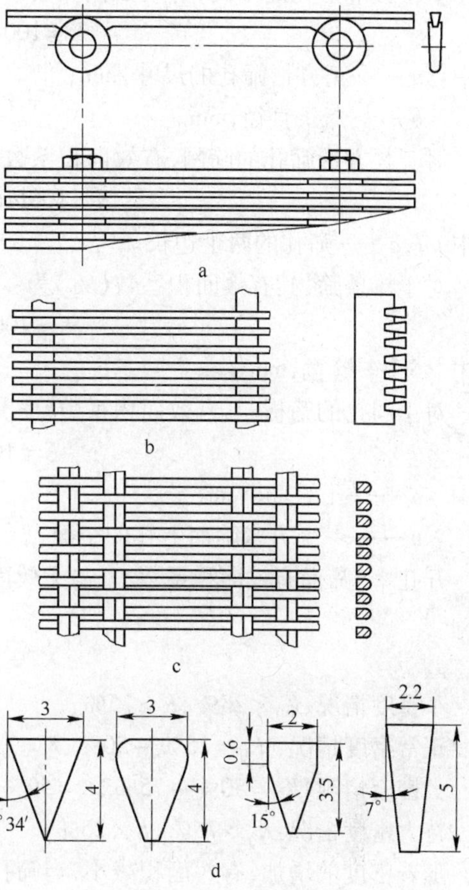

图 8－4　筛条断面形状

a—穿条式；b—焊接式；c—编织式；d—条缝筛面

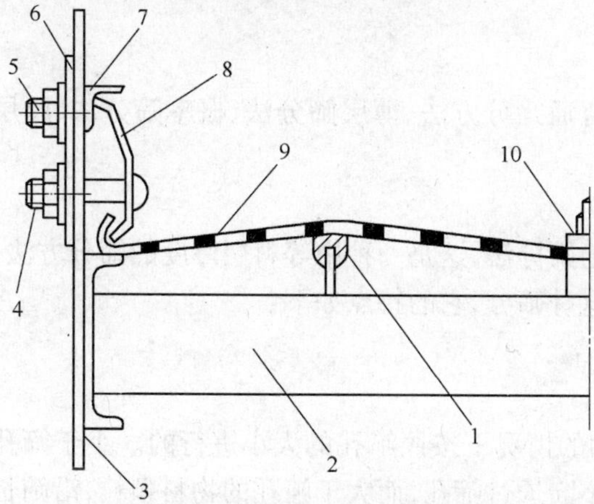

图 8－5　筛网张紧装置

1—减振橡胶条；2—筛面托架；3—筛箱侧板；4—张紧螺栓；5—导向角钢螺栓；6—双孔垫板；7—导向角钢；8—张紧板；9—筛网；10—中间压紧扁钢

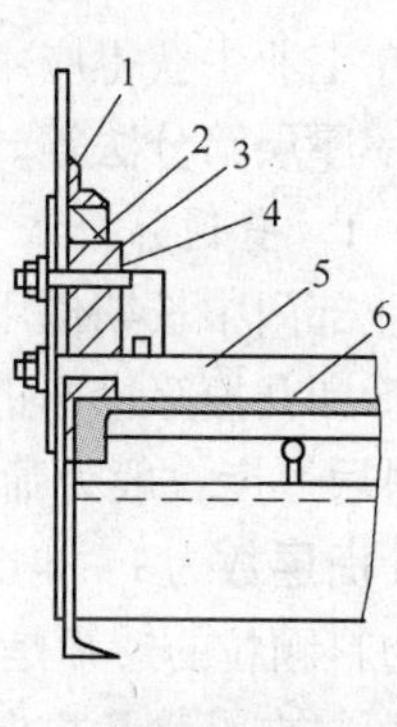

图 8－6　条缝筛网木制张紧板

1—角钢；2—木楔；3—张紧板；4—衬条；5—横挡板；6—橡胶条

对于方形筛孔的筛网，有效面积系数（%）为：

$$K = 100a^2/(a+b)^2 \tag{8-1}$$

式中　a——正方形筛孔的尺寸，mm；

b——筛条直径，mm。

对于长方形筛孔的筛网，有效面积系数（%）为：

$$K = 100la(l+b)(a+b) \tag{8-2}$$

式中　l,a——筛孔的两个边长。

对于棒条筛，其有效面积系数（%）为：

$$K = 100S/(S+b) \tag{8-3}$$

式中　S——缝宽，mm。

对于圆孔的筛板，其有效面积系数（%）为：

$$K = 100n\pi d^2/4 \tag{8-4}$$

式中　d——孔的直径，m；

n——一平方米筛面上孔的个数。

开孔率（筛面有效面积系数）K 与无效面积系数（即固体密度系数）K_0 之和等于100%，即

$$K_0 = 100\% - K \tag{8-5}$$

小密度情况：$K_0 < 25\%$，$K > 75\%$。

正常密度情况：$K_0 = 25\% \sim 50\%$，$K = 75\% \sim 50\%$。

大密度情况：$K_0 = 50\% \sim 75\%$，$K = 50\% \sim 25\%$。

特大密度情况：$K_0 > 75\%$，$K < 25\%$。

随着密度的增加，有效面积减小，当筛孔尺寸相同时，筛机的产量降低，筛面的寿命提高了。筛板与筛格的开孔率不超过40% ~50%，筛网的开孔率不超过70%，细筛网的开孔率为30% ~70%。

8.1.5　筛分方法及其特点

目前在工业中获得应用的筛分方法有普通筛分方法、薄层筛分法、概率筛分法、厚层筛分法和概率厚层筛分法等。

8.1.5.1　普通筛分法

在工业部门中长期使用的筛分法是普通筛分法，这是一种中等料层厚度的筛分方法，在普通振动筛和共振筛中所进行的筛分就是这种筛分，它的特点如下：

（1）料层厚度一般为筛孔尺寸的3 ~6 倍。

（2）筛面层数为1 ~2 层。

（3）物料颗粒的透筛是在筛面连续振动的情况下按照筛孔的大小进行的。小于筛孔尺寸的物料颗粒在沿筛长方向运动的过程中不断透过筛孔，而大于筛孔的物料颗粒，沿筛长方向移动，最后从筛面上方排出。其筛分过程如图8 -7 所示。

（4）在一般情况下，筛孔尺寸与筛下物的最大颗粒尺寸有如下关系：对圆孔，筛孔尺寸 a 与筛下物的最大颗粒尺寸 d 之比为1.3 ~1.4，即 $a = 1.3 \sim 1.4d$，对方形孔，$a = 1.1 \sim 1.3d$，对于长条形孔，$a = 0.7 \sim 0.8d$。

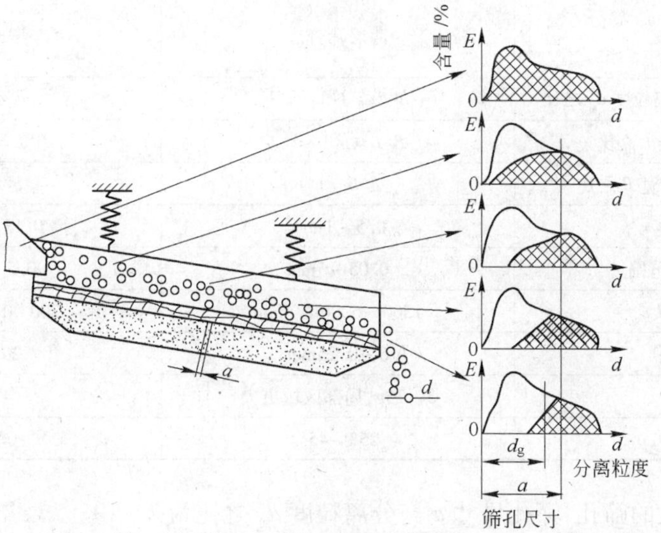

图 8－7　普通筛分法示意图

利用普通筛分法对物料进行筛分，物料的透筛过程进行得较缓慢，在筛长一定的情况下，这种筛分法的筛分效率较低。因此近十多年来，相继提出了多种新的筛分方法，这些方法对提高筛分过程的质量和产量具有实际价值。

普通筛分法一般只适用于颗粒状或块状物料的筛分。

8.1.5.2　*薄层筛分法*

薄层筛分法是在物料层极薄的条件下进行的一种筛分方法。这种方法通常应用于筛面直接被激振的筛机，如筛网直接激振式电磁振动筛、凸轮式振动筛、双激振电机式直线振动筛等。该法有以下一些特点：

(1)料层厚度 h 与筛孔尺寸 a 之比通常为 1∶1～2∶1，即 $h/a=1\sim2$。

(2)筛面一般为单层或双层。

(3)物料运动速度较高，通常为 0.5～1m/s。

(4)给料宽度与筛机宽度之比接近于 1∶1。

(5)适用的分离粒度一般为 0.05～5mm，最常见的为 0.1～3mm。

(6)宜采用高频率，小振幅，振动频率一般为 1500～6000 次/min，单振幅相应为 3～0.125mm。

(7)适用的筛面倾角一般为 25°～45°。

薄层筛分法与普通筛分法的区别列于表 8－2 中，薄层筛分法适用于细粒物料或超细物料的筛分，当采用薄层筛分法时，筛机前面需有附加的布料设备，以保证给料的均匀性。

8.1.5.3　*概率筛分法*

概率筛分法是瑞典人摩根森首先提出的。这种方法有效地按照概率理论去完成物料筛分的整个过程，它有以下特点：

(1)采用多层筛面，一般为 3～6 层。

(2)筛面采用较大的安装倾斜角，一般为 25°～60°。

表 8-2　薄层筛分法与普通筛分法的比较

比较项目 \ 筛分方法	薄层筛分法	普通筛分法
物料层厚度 h 与分离粒度 d_g 之比	h: d_g = 1:1 ~ 2:1	h: d_g ≥ 3:1
筛宽 B 与筛长 L 之比	B: L = 1:1 ~ 1:2	B: L = 1:2 ~ 1:3
给料宽度 b 与筛宽 B 之比	b: B = 1:1	b: B ≥ 1:2
输送速度 v	0.5 ~ 1m/s	0.15 ~ 0.3m/s
分离粒度范围	0.05 ~ 5mm	0.5 ~ 200mm
振动频率 n	1500 ~ 6000 次/min	700 ~ 1500 次/min
双振幅	6 ~ 0.25mm	20 ~ 4mm
加速度	5 ~ 15g，局部区域更大	4 ~ 10g
工作面倾角 α_0	25° ~ 45°	0° ~ 30°

(3) 采用较大的筛孔，筛孔尺寸 a 与分离粒度 d_g 之比为 2 ~ 10。

采用这种筛分法的筛机，我们称它为概率筛，国外称为摩根森筛，其原理见图 8-8。

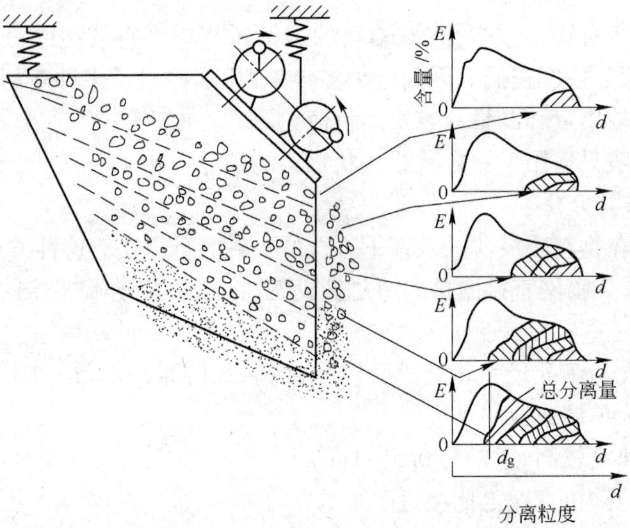

图 8-8　概率筛分法原理图

由于这种方法能动地利用了概率原理，使得在这种筛机中物料的筛分过程进行得十分迅速，物料在这种筛机中经历的时间一般为 3 ~ 6s，而在普通筛机中需 10 ~ 30s，因此，可以说在概率筛上进行的筛分属于快速筛分。

这种筛分法的优点是，由于采用了大筛孔、大倾角的多层筛面，物料入筛后能迅速透筛，同时克服了普通筛分法中容易堵塞筛孔的缺点，消除了临界颗粒的影响，减少了筛面的磨损，提高了单位面积的处理量，由图 8-9 可见，概率筛单位面积的处理量约为普通振动筛单位面积处理量的 5 倍。由于采用了多层筛面，它可以同时分出几种级别的产品。因为概率筛的筛分过程利用概率的原理，所以它只适用于物料近似筛分的场合，筛下产品往往含有少量的粗颗粒，在某些情况下，不能得到较高的筛分效率。

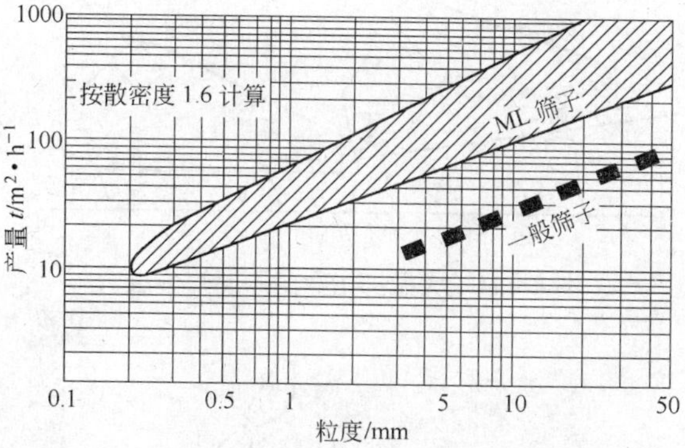

图 8－9　概率筛与普通振动筛单位面积产量的比较

8.1.5.4　厚层筛分法

厚层筛分法又叫等厚筛分法，20 世纪 60 年代该法首先出现在法国，70 年代初期国外广泛应用这一新筛分法。该法的特点是：不管入料中小于筛孔的颗粒所占的百分比如何，在筛分过程中筛上物料层的厚度保持不变或递增（图 8－10a）而采用普通筛分法时，筛上物料层厚度都是递减的（图 8－10b）。

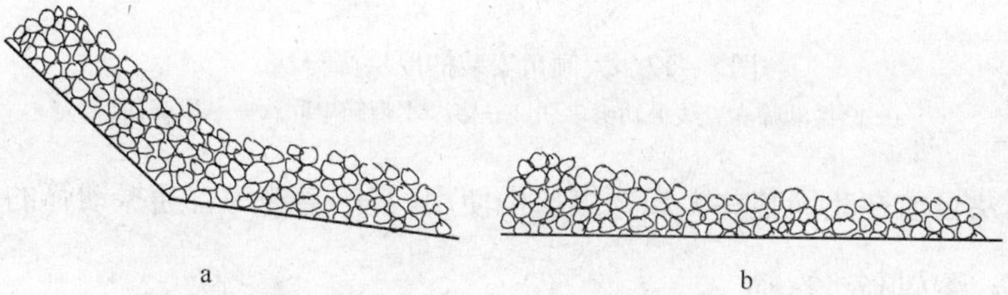

图 8－10　厚层筛分法与普通筛分法筛上料层变化图
a—厚层筛分法；b—普通筛分法

用普通筛分法筛分物料时，筛上料层较厚，而筛面给予物料层的加速度值又不够大，从而使小颗粒向下渗透的速度低，到达筛面要经过一段较长的时间，物料分层不好，因此，普通筛分法平均单位面积透筛能力仅是筛面实际透筛能力的 25% 左右。

厚层筛分法在入料端的加速度要比普通筛分法大，因而可使物料层的加速度加大，料层迅速变薄，并很快分层。对已分层的料群，再施加与普通筛分法相同的加速度，而使物料透筛。这种筛分方式，使小颗粒的筛面接触的概率显著增大，平均单位面积透筛能力约为筛面实际透筛能力的 80%，因此，厚层筛可成倍提高筛机的处理能力。

为了使物料层能沿筛面接近相同的厚度分布，可以采用以下两种方法：

（1）大抛掷指数的厚层筛分法（图 8－11）。在筛分作业中，筛面呈缓倾斜或水平，并分成若干区段，每区段都有自己的传动机构，第一区段的振幅和频率都比较大（振动强度 K 约为 10g），第二区段的振幅和频率比较小（K 为 4～5g）。

（2）大倾角安装的厚层筛分法（图 8－12）。图 8－12a 是圆运动振动筛和直线振动筛串联安装，圆振动筛的倾角为 30°～40°，物料有较高的运动速度，料层较薄，直线振动筛倾角为 0°～10°，以正常的加速度进行筛分；图 8－12b 是多个小型筛机串联安装；图 8－12c 是一台筛机上安装三段筛面，第一段 34°，长 4m；第二段 20°，长 0.8m；第三段 0°，长 4.5m。

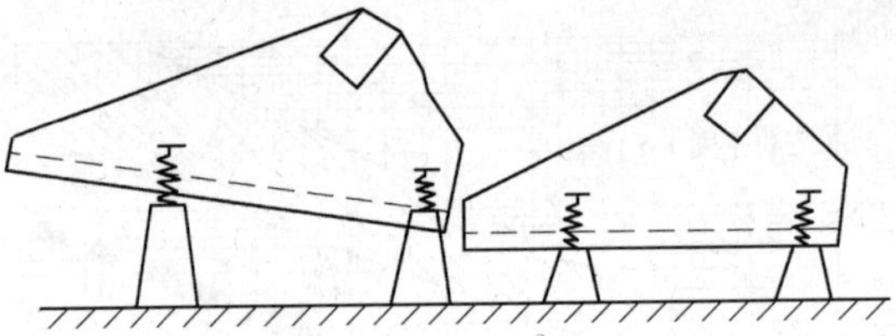

图8-11　大抛掷指数的厚层筛分法

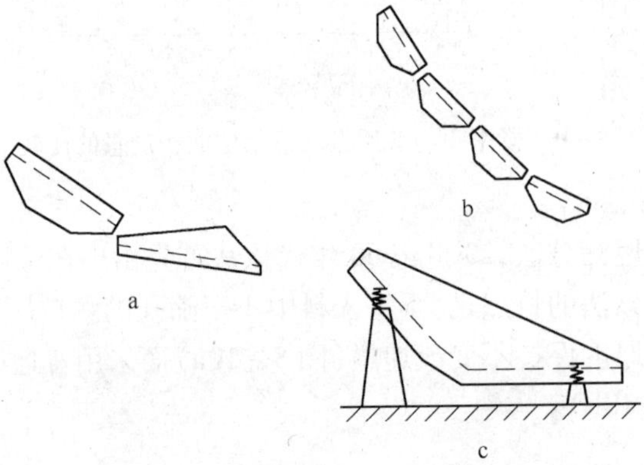

图8-12　大倾角安装的厚层筛分法

a—圆振动筛和直线振动筛串联；b—多个小型筛串联；c—三段筛面

厚层筛分法目前在我国某些大型选煤厂中使用，其产量约为普通振动筛的两倍。

8.2　固定筛、滚轴筛、筒筛

8.2.1　固定筛

固定筛是由平行排列的钢条或钢棒组成，钢条和钢棒称为格条，格条借横杆连接在一起。

固定筛有两种：格筛和条筛。格筛装在粗矿仓上部，以保证粗碎机的入料粒度要求，格筛的筛上大块需要用手锤或气动锤破碎，以使其能够过筛。一般是水平安装的。

条筛主要用于粗碎和中碎前做预先筛分，见图8-13，一般为倾斜安装，倾角的大小应能使物料沿筛面自动地下滑，即条筛倾角应大于物料对筛面的摩擦角。一般条筛倾角为40°~50°，对于大块矿石，倾角可稍小些，而对于黏性矿石，倾角应稍大些。

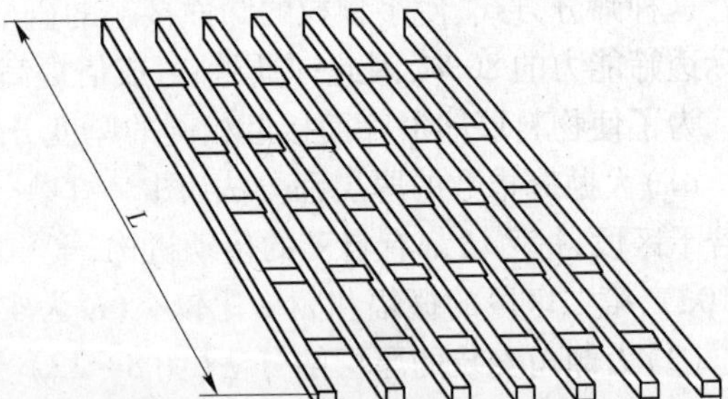

图8-13　条筛示意图

条筛筛孔尺寸约为要求筛下粒度的1.1~1.2倍，一般筛孔尺寸不小于50mm。条筛的宽度决定于给矿机、运输机以及碎矿机给矿口的宽度，并应大于给矿中最大块粒级的2.5倍。条筛的长度L应根据宽度B选择，一般

$$L \approx 2B \tag{8-6}$$

条筛的生产率用下式计算：

$$Q = qS \tag{8-7}$$

式中 S ——筛面面积，m^2；

q ——单位面积生产率，$t/(m^2 \cdot h)$，可查表 8－3。

表 8－3 单位筛分面积的生产率 q 值

筛孔尺寸/mm	20	25	30	40	50	75	100	150	200
$q/t \cdot (m^2 \cdot h)^{-1}$	24	27	30	34	38	40	40	40	40

条筛的优点是构造简单，无运动部件，也不需要动力；缺点是易堵塞，所需高差大，筛分效率低，一般为 50%～60%。

8.2.2 滚动筛

滚动筛具有由一根根回转滚轴排列成的工作表面，轴上有盘子。相邻滚轴和相邻盘子间的空隙，即为该种筛子的筛孔。滚动筛通常安装成不大的倾角（15°左右）。由于滚轴回转，使给到筛面上的物料逐渐向排料端移动，同时获得筛分。

滚轴筛常用于粗筛物料（孔大于 15mm）的作业中，与固定筛比较，筛分效率较高，所需的安装高度较小。虽然这种筛机的构造坚固可靠，而且没有不平衡部分，但由于构造复杂，目前较少采用。这种筛机在选煤厂及炼铁厂使用，它的筛分效率较高，该筛除用于筛分外，还兼做给料机用。

滚轴筛有几种不同形式，它们的区别主要是盘子形状不同，最常用的有圆盘滚轴筛和异形盘滚轴筛。

8.2.2.1 圆盘滚轴筛

圆盘滚轴筛如图 8－14 所示，它是由筛架 1、滚轴 2 和圆盘 3 所组成。筛架上装有七根滚轴，滚轴构成的平面成 15°倾斜。每根轴上有 9 个圆盘，圆盘与轴铸成一体的。

在滚轴轴颈上装有滚珠轴承 4，这些轴承安置筛架的轴承座中。为了传递运动，每根轴上装有两个链轮 5，所有轴的回转方向与物料运动方向相同，由于两相邻轴的转速不同，也就可以避免物料块的堵塞，并且使物料能向排料端加速移动。轴上圆盘式交错排列，圆盘的直径比各轴间距离稍大，这样可以使筛面上的物料更好地松散开，并往前移动。

在架子平台上装有电动机 6 及减速器 7，电动机与减速器用联轴器连接，再经减速器通过链子带动筛架中间的主轴。为了拉紧链子，可移动电动机的底座。机架是用槽钢和钢板制成的金属结构。

8.2.2.2 异形盘滚轴筛

异形盘滚轴筛如图 8－15 所示，筛架上有 9 根滚轴，由这些轴构成的平面成 12°倾斜角。为了在筛分过程中避免物料破碎，两邻轴上盘子间的距离应保持不变，因此，盘子应相对排列，同时各轴的速度应该相同。

此外，异形盘滚轴筛需要精密的制造和安装。

除去两端的轴以外，其余每根轴上均装有两个链轮，并顺序将运动从一轴传给另一轴。

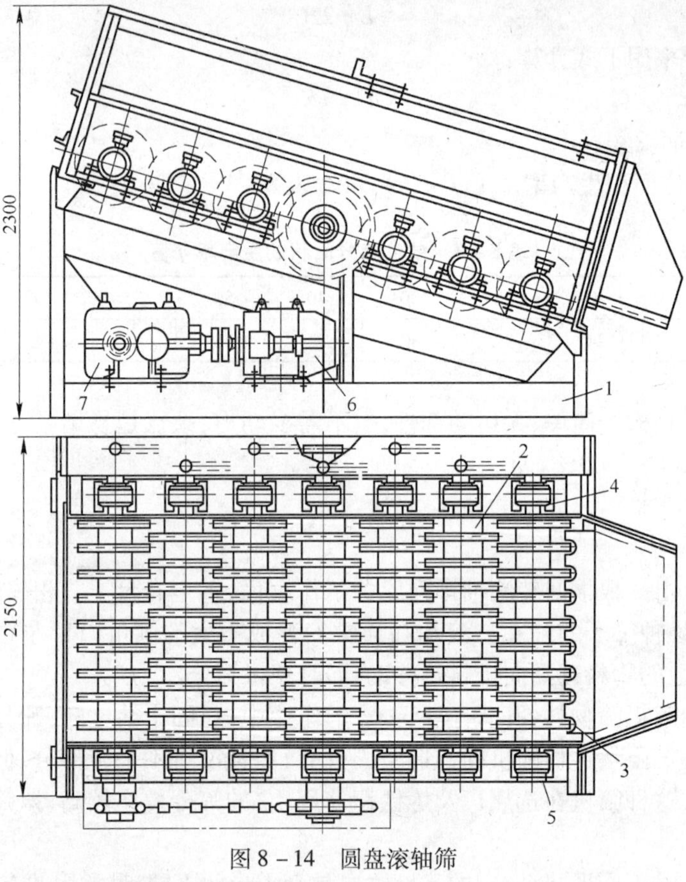

图 8－14　圆盘滚轴筛

1—筛架;2—滚轴;3—圆盘;4—滚珠轴承;5—链轮;6—电动机;7—减速器

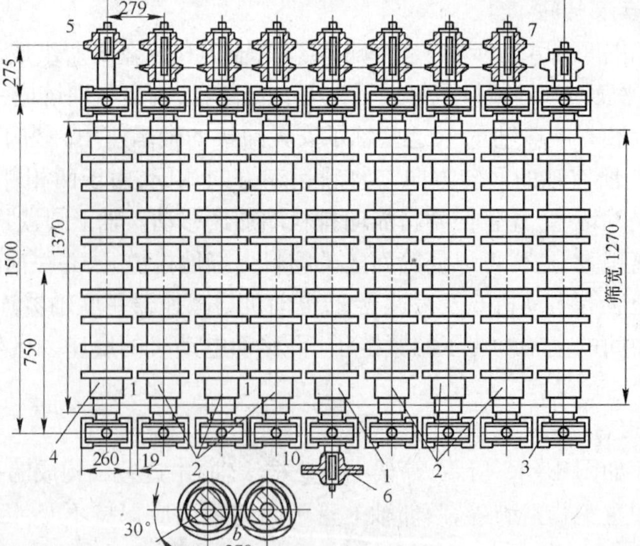

断面 1—1

图 8－15　异形盘滚轴筛

1—筛架;2—滚轴;3—轴承座;4—异形盘;5—轴头;6—传动链轮;7—链轮

这种筛机的缺点是:盘的突出部分磨损很快。但由于盘子回转时,其外缘半径不断变化,被筛物经常上下运动,这种运动能促使物料松散开,使筛分工作进行得更好。因此,在这种筛机上,物料层的厚度可适当增大。

滚轴筛的技术特征列于表8-4中。

表8-4 滚轴筛的技术特征

指标名称	圆盘滚轴筛	异形盘滚轴筛
筛机工作部分 长度×宽度/mm×mm	2280×1270	2232×1270
筛孔尺寸/mm×mm	100×100	100×100
轴数	7	9
盘的形状	圆盘	圆盘
盘的尺寸/mm	ϕ430	边长264
盘缘速度/$m \cdot s^{-1}$	0.5~1	0.76
电动机: 型号 容量/kW 转数/$r \cdot min^{-1}$	 MA143-1/4 11.4 1460	 MA143-1/4 11.4 1460
生产能力/$t \cdot h^{-1}$	近250	近400
外型尺寸(长×宽×高)/mm×mm×mm	3735×2160×2100	3675×2160×2100
筛机倾角	15°	12°
筛机重量(不包括电动机)/kg	6340	5242.5

滚轴筛的生产率(t/h)可按下式计算:

$$Q = \varepsilon A a \tag{8-8}$$

式中 A ——筛面面积,m^2;

a ——筛孔尺寸,mm;

ε ——比载荷,筛孔尺寸为1mm时单位筛面面积(m^2)之小时生产率,$t/(mm \cdot h \cdot m^2)$。

比载荷可按表8-5查出。

表8-5 滚轴筛的比载荷

指标名称	筛孔尺寸/mm			
	50	75	100	125
1mm筛孔上比载荷 $\varepsilon/t \cdot (mm \cdot h \cdot m^2)^{-1}$	0.8~0.9	0.8~0.85	0.75~0.85	0.8~0.9
比生产率 $q_0 = \varepsilon a / t \cdot (m \cdot h)^{-1}$	40~45	60~65	75~85	100~110

8.2.3 筒筛

筒筛很早就已在工业中获得了应用,比任何一种可动筛应用得都早,但由于构造简单的平面筛的出现,筒筛的应用受到了很大的限制。

筒筛有圆柱形、截圆锥形、角柱形和角锥形的工作表面,圆柱形和角柱形筒筛的回转轴线通常装成不大的倾角(4° ~7°),而锥形筒筛则安装成水平。被筛物料从筒体的一端装入筒内,由于筒体的回转,物料则沿筒体内壁滑动,细粒物料通过工作表面上的筛孔落到接收漏斗中,而粗粒物料则从筒体的另一端排出。

筒筛的转速很低,工作平稳,没有不平衡的工作部分,故可装在建筑物的上层。但也有很多缺点,如筛孔易被堵塞,筛分效率低,工作表面的面积仅为整个筛面面积的1/6 ~1/8。筒筛一般只用于中筛和细筛,筛孔尺寸通常为1 ~75mm。

筒体的支持方式有滚子支撑、轴承支撑和混合支撑(一端支持于轴承上,另一端支持在滚子上)等三种。筒筛是由齿轮和减速器传动,或由托辊传动。

(1)圆柱形筒筛(图8 -16)。两端支撑在轴承上的圆柱形筒筛有一贯通筛机中心线的主轴,轴上有两个或多个轮毂,毂上有4 ~6 根支杆,支杆的另一端安有圆形钢板条,在钢板条上装有筛网。这种筒筛的一端装有圆锥齿轮,它是由小齿轮带动回转的,小齿轮通过减速器或皮带传动与电动机连接在一起。

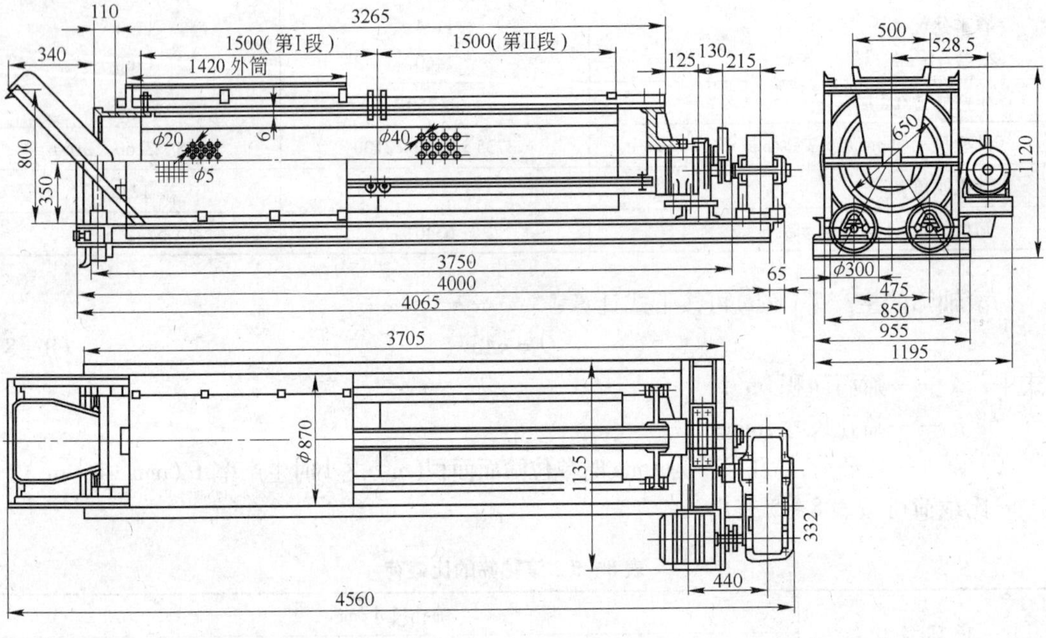

图8 -16　圆柱形筒筛

(2)角锥形筒筛。近几年来,我国许多工厂生产了多种形式的角锥形筒筛,制造厂称它为多边筛,其筒体是由电动机经减速器与齿轮带动回转的,它支持在两个轴承上。由于这种筛机工作时,物料能出现轻微的抖动,因而它比圆柱形筒筛有较高的筛分效率。这种筛机主要用来筛分或洗涤矿石。

角锥形筒筛的技术特征列于表8 -6 中。

筒筛的参数包括筒筛的直径和长度、筒子转数、筛机的生产率和功率等。

筒筛的直径 D 应大于最大矿块直径 d_{max} 的14 倍,即

表 8-6 角锥形筒筛的技术特征

筛机尺寸 /mm × mm	生产率 Q(当筛孔为 75mm 时)		功率/kW	转数/r · min^{-1}	筛机重量/kg
	粗筛/t · h^{-1}	精筛/t · h^{-1}			
600 × 1800	18	8	2.24	26	1360
800 × 2400	36	16	2.98	22	2540
1000 × 3000	60	27	5.96	18	3600
1200 × 3600	90	40	7.45	16	5900
1500 × 3600	110	50	8.94	14	9520
1800 × 4200	165	77	11.92	12	13600
2100 × 4200	230	115	14.9	10	18140

$$D \geqslant 14 d_{max} \quad (8-9)$$

筒体的长度通常按下式选取：

$$L = 3 \sim 5D \quad (8-10)$$

筒筛的转数通常在下列范围内选取：

$$n = \frac{8}{\sqrt{R}} \sim \frac{14}{\sqrt{R}} \quad (8-11)$$

式中 n——筒体的转数，r/min；

R——筒体半径，m。

筒体的圆周速度 $v = 0.6 \sim 1.25$m/s，最常用的是 0.7 ~ 1.0m/s。

筒筛的生产率可按下式计算：

$$Q = 0.72 \gamma \mu n \tan^2\alpha \cdot \sqrt{R^3 h^3} \quad (8-12)$$

式中 Q——筒体的生产率，t/h；

γ——物料的密度(重量)，kg/m^3；

μ——松散系数，0.6 ~ 0.8；

n——筛机每分钟转数，r/min；

α——筒体轴的倾角，(°)；

R——筛筒半径，m；

h——物料层的厚度，m。

对于用托辊传动的筒筛，其转动轴上的功率按下式计算：

$$N = \frac{Rn(G + 13G_0)}{29200} \quad (8-13)$$

式中 N——筛机的功率，kW；

G——回转筒体总重，kg；

G_0——筒体中被筛物料的重量，kg。

其他符号意义同前。

支撑在轴承上的筒筛的功率可按下式计算：

$$N = \frac{dn(G + G_0)}{17500} \quad (8-14)$$

式中　d——轴径直径,m;

其他符号意义同前。

8.3 圆振动筛

8.3.1 圆振动筛构造

圆振动筛是因筛箱的运动轨迹为圆形或椭圆形而得名,又因为振动筛只有一个轴,所以又称为单轴振动筛。

圆振动筛通常分为普通圆振动筛和自定中心振动筛,其横截面示意图见图8-17。装有筛网8的筛箱3由弹簧4悬挂(吊式)或支撑(座式),可以借激振力自由振动。主轴1的轴承2装在筛箱3上,主轴由带轮7驱动而旋转。带偏心装置的圆盘5装在主轴上并随其旋转。偏心重旋转时产生离心惯性力,驱使筛箱产生圆形轨迹的振动。图中振幅以A表示,γ则表示激振偏心距,即偏心重与轴承中心线之间的距离。

从图8-17可以看出,普通圆振动筛与自定中心圆振动筛的区别在于振动器的构造略为不同。前者的轴承中心与带轮的中心位于同一直线上,当振动筛运转时,带轮便随筛箱一起振动,因此引起三角带的反复伸缩而使之易于损坏,并且需采用较小的振幅(一般都小于3mm)。由于这些缺点,这种振动筛已很少使用。自定中心振动筛的带轮中心位于轴承中心与偏心块的中心之间,并使带轮的中心线位于偏心块与振动机体合成的质心上,因此,当振动筛工作时,带轮就不随筛箱一起振动,只做旋转运动,从而还可以采用较大的振幅,以提高筛分效率。因而自定中心振动筛发展很快,获得了广泛的应用。目前工业生产中采用的圆振动筛一般都属于自定中心振动筛这一类型。

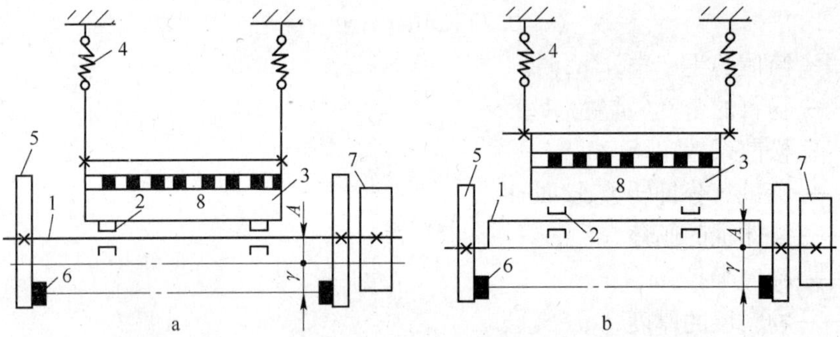

图8-17　圆振动筛

a—普通圆振动筛;b—自定中心振动筛

1—主轴;2—轴承;3—筛箱;4—吊杆弹簧;5—圆盘;6—偏心块;7—带轮;8—筛网

图8-18为1500mm×4000mm吊式自定中心振动筛的结构简图。筛框1用4根带弹簧的吊杆4悬挂在厂房的楼板或构架上。筛框与水平的倾角为15°~20°,其上装有筛网2和振动器3。振动器主轴的滚柱轴承座5(见图8-19)用螺栓固定在筛框侧壁。主轴7的两端装有带偏心块1的带轮和圆盘。主轴中部也有向一方突起的偏心块。这两种偏心块的合力产生激振力,而筛箱的振幅只能通过增减带轮和圆盘上的偏心块来调节。此振动筛的主轴中心与轴承中心在同一直线上,由于带轮与圆盘的轴孔中心相对于其圆周有一偏心距,

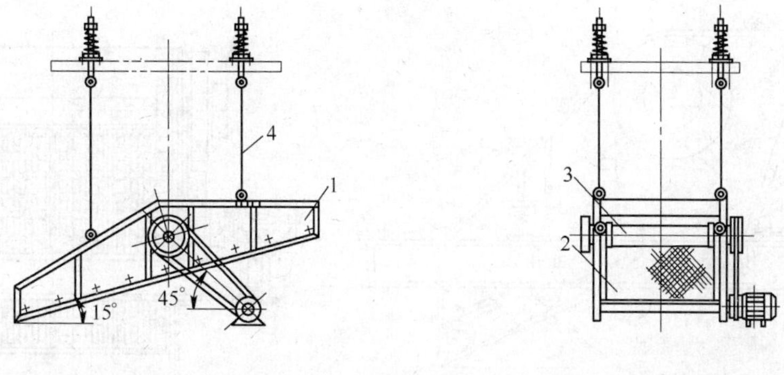

图 8－18 1500mm×4000mm 吊式自定中心振动筛

1—筛框；2—筛网；3—振动器；4—弹簧吊杆

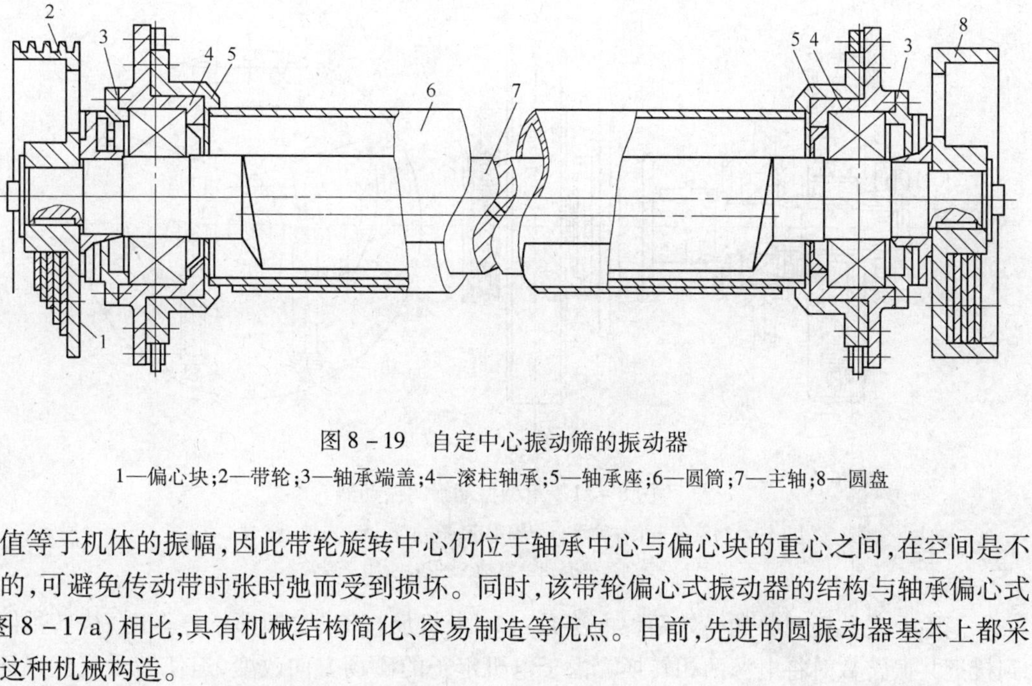

图 8－19 自定中心振动筛的振动器

1—偏心块；2—带轮；3—轴承端盖；4—滚柱轴承；5—轴承座；6—圆筒；7—主轴；8—圆盘

其值等于机体的振幅，因此带轮旋转中心仍位于轴承中心与偏心块的重心之间，在空间是不动的，可避免传动带时张时弛而受到损坏。同时，该带轮偏心式振动器的结构与轴承偏心式(图 8－17a)相比，具有机械结构简化、容易制造等优点。目前，先进的圆振动器基本上都采用这种机械构造。

图 8－20 是用于筛分粗粒度、大密度物料的自定中心座式重型振动筛，也采用带轮偏心式振动器，其特点是装有自移式偏心重的消振装置(图 8－21)。圆振动筛(特别是重型的)在启动和停车时，由于通过共振区，筛机的振幅将会急速增加，从而引起弹簧严重过载，使其寿命缩短，传动带易于损坏，厂房建筑易受剧烈振动的危害。此消振装置就是用来消除这种共振现象的。自移式偏心重装置的偏心块 6 利用铰链安装在销轴 8 上，在中部附近用弹簧拉紧。当主轴 5 的转速低于共振转速的两倍时，偏心块的离心力对销轴 8 产生的力矩低于弹簧力对销轴 8 的力矩，它便处于图示位置。这种位置对筛箱产生的激振力很小，即使振动器主轴有一定转速，但筛箱的振幅仍很小。当振动器的转速增加至共振转速的两倍左右时，偏心块便弹出，产生正常工作所需要的激振力和振幅。当停车时，情况则相反；当振动器转速降至共振转速两倍左右时，偏心块被弹簧拉回来，振动器基本上处于平衡位置，不产生任何激振力，而振动器经过共振转速附近时，筛箱的振幅也不会急剧增大。

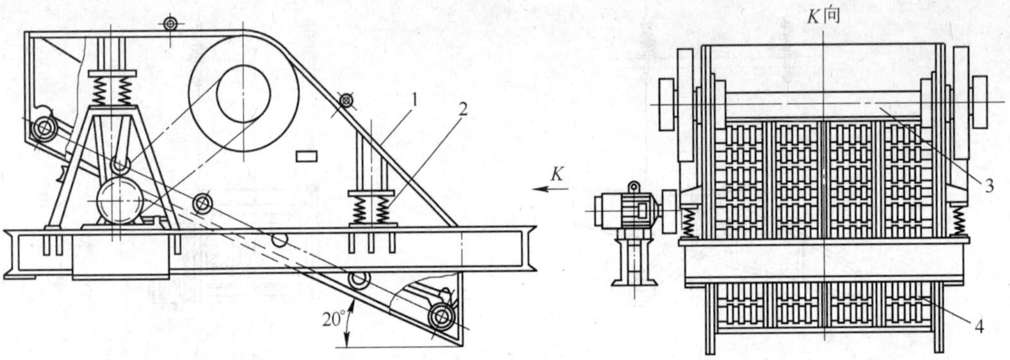

图 8－20　1750mm × 3500mm 重型振动筛

1—筛框；2—弹簧；3—振动器；4—算条筛面

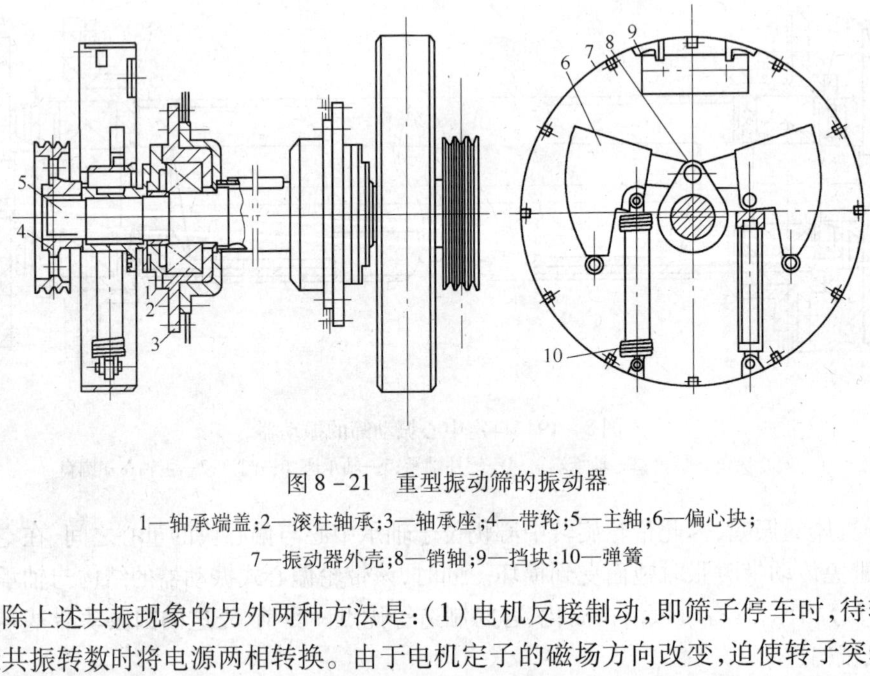

图 8－21　重型振动筛的振动器

1—轴承端盖；2—滚柱轴承；3—轴承座；4—带轮；5—主轴；6—偏心块；
7—振动器外壳；8—销轴；9—挡块；10—弹簧

消除上述共振现象的另外两种方法是：(1) 电机反接制动，即筛子停车时，待转数降低到接近共振转数时将电源两相转换。由于电机定子的磁场方向改变，迫使转子突然降速到零，此时筛子运转迅速越过共振区，使共振现象难以出现，可得到很好的消振效果。(2) 弹簧限位，即通过固定在刚性支架上的橡胶缓冲件，将振动筛在各个方向限位，使其不能出现大的跳动。

自定中心振动筛的筛面有单层和双层的，视用途不同可用不同形式的筛面，如筛分矿石时常用钢条焊接的条形筛面，筛分煤时常用编织筛网。安装方式有吊式和座式。

自定中心重型振动筛通常是座式的，有单层和双层的，还有三层的；筛箱由钢板和型钢焊接而成，筛面采用铸钢算条，结构坚固。

8.3.2　圆振动筛型号规格

目前我国生产的圆振动筛主要有：YA 型圆振动筛，SZZ 型自定中心振动筛，DD、ZD 型矿用单轴振动筛，DDM、ZDM 型煤用单轴振动筛，YK 型圆振动筛，DYS 型大型圆振动筛，SZ

型惯性座式圆振动筛，H、YH 和 YAH 型重型振动筛等，共有 100 多种规格。虽然其型号品种较多，但是实质上都属于自定中心振动筛这一类型（SZ 型除外）。

SZZ 型自定中心振动筛，DD、ZD 型矿用单轴振动筛是我国选矿厂 20 世纪 60 年代以来应用最广泛的筛分设备，DDM、ZDM 型煤用单轴振动筛则是我国选煤厂多年来应用最多的筛分设备之一，YA 型、YK 型和 DYS 型圆振动筛是我国 80 年代开始生产的先进筛分设备，现在已为许多矿山和煤矿所选用。

目前，我国生产的圆振动筛型号、规格较多，在选矿厂应用比较多的圆振动筛的技术性能，见表 8－7，型号、规格含义示例如下：

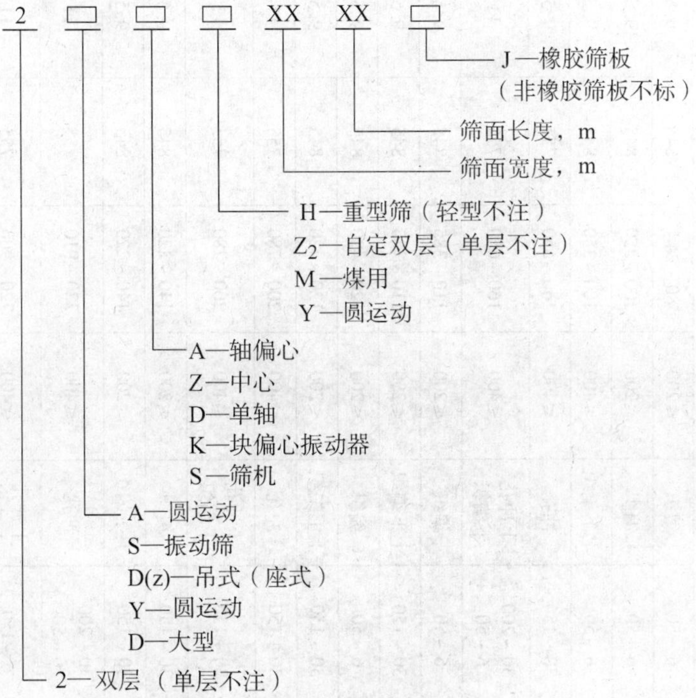

8.3.3 圆振动筛主要工作参数

8.3.3.1 振幅 A

一般按下列不同情况选用不同的振动振幅：

圆振动筛用做预先筛分 $A = 2.5 \sim 3.5$mm

圆振动筛用做最终筛分 $A = 3 \sim 4$mm

直线振动筛 $A = 3.5 \sim 5.5$mm

共振筛 $A = 6 \sim 15$mm

8.3.3.2 振动次数 n

不同振动筛的振动次数可大体选取如下：

圆振动筛 $n = 800 \sim 1200$r/min

直线振动筛 $n = 700 \sim 900$r/min

共振筛 $n = 400 \sim 800$r/min

表 8-7 YA 型圆振动筛技术性能及参数

型号		筛面					给料粒度	处理量	振次	双振幅	电动机		总重/kg
现用	原用	层数	面积/m^2	倾角/(°)	筛孔尺寸/mm	结构	/mm	/$t \cdot h^{-1}$	/$r \cdot min^{-1}$	/mm	型号	功率/kW	
YA1236	Ti412	1	4.3	20	6~50	编织	≤200	80~240	845	9.5	Y160M-4	11	4905
2YA1236	2Ti412	2	4.3	20	6~50	上下编织	≤200	80~240	845	9.5	Y160M-4	11	5311
YA1530	Ti510	1	4.5	20	6~50	编织	≤200	80~240	845	9.5	Y160M-4	11	4675
YA1536	Ti512	1	5.4	20	6~50	编织	≤200	100~350	845	9.5	Y160M-4	11	5137
2YA1536	2Ti512	2	5.4	20	6~50	上下编织	≤400	100~350	845	9.5	Y160L-4	15	5624
YAH1536	TiS512	1	5.4	20	30~150	冲孔	≤400	160~650	755	9.5	Y160M-4	11	5621
2YAH1536	2TiS512	2	5.4	20	30~200 6~50	上冲孔 下编织	≤400	160~650	755	11	Y160L-4	15	6045
YA1542	Ti514	1	6.5	20	6~50	编织	≤200	110~385	845	9.5	Y160M-4	11	5515
2YA1542	2Ti514	2	6.5	20	30~150	上下编织	≤200	110~385	845	9.5	Y160L-4	15	6098
YA1548	Ti516	1	7.2	20	6~50	编织	≤200	120~420	845	9.5	Y160L-4	15	5918
2YA1548	2Ti516	2	7.2	20	30~150	上下编织	≤200	120~420	845	9.5	Y160L-4	15	6321
YAH1548	TiS516	1	7.2	20	30~150	冲孔	≤400	200~780	755	11	Y160L-4	15	6842
2YAH1548	2TiS516	2	7.2	20	30~150	上冲孔 下编织	≤400	200~780	755	11	Y160L-4	15	7404
YA1836	Ti612	1	6.5	20	30~150	编织	≤200	140~220	845	9.5	Y160M-4	11	5205
2YA1836	2Ti612	2	6.5	20	30~150	上下编织	≤200	140~220	845	9.5	Y160L-4	15	5946
YAH1836	TiS612	1	6.5	20	30~200 6~50	冲孔	≤400	220~910	755	11	Y160M-4	11	5900
2YAH1836	2TiS612	2	6.5	20	6~150	上冲孔 下编织	≤400	220~900	755	11	Y160L-4	15	6353
YA1842	Ti614	1	7.6	20	6~150	编织	≤200	140~490	845	9.5	Y160L-4	15	5829
2YA1842	2Ti614	2	7.6	20	30~150	上下编织	≤200	140~490	845	9.5	Y160L-4	15	6437
YAH1842	TiS614	1	7.6	20	30~150	冲孔	≤400	450~800	755	11	Y160L-4	15	6352

续表 8－7

型号		筛面					给料粒度/mm	处理量/t·h^{-1}	振次/r·min^{-1}	双振幅/mm	电动机		总重/kg
现用	原用	层数	面积/m^2	倾角/(°)	筛孔尺寸/mm	结构					型号	功率/kW	
2YAH1842	2TiS614	2	7.6	20	6～50	上冲孔 下编织	≤400	450～800	755	11	Y160L－4	15	7037
YA1848	Ti616	1	8.6	20	6～50	编织	≤200	150～525	845	9.5	Y160L－4	15	6289
2YA1848	2Ti616	2	8.6	20	6～50	上下编织	≤200	150～525	845	9.5	Y160L－4	15	6624
YAH1848	TiS616	1	8.6	20	30～150	冲孔	≤200	250～1000	755	11	Y160L－4	15	7122
2YAH1848	2TiS616	2	8.6	20	30～150	上冲孔 下编织	≤400	250～1000	755	11	Y160M－4	15	7740
YA2148	Ti716	1	10	20	6～50	编织	≤210	180～630	748	9.5	Y160L－4	18.5	9033
2YA2148	2Ti716	2	10	20	6～50	上下编织	≤210	180～630	748	9.5	Y160M－4	22	10532
YAH2148	TiS716	1	10	20	13～200	冲孔	≤400	270～1200	708	11	Y160L－4	18.5	10430
2YAH2148	2TiS716	2	10	20	30～150	上冲孔 下编织	≤400	270～1200	708	11	Y160M－4	22	11190
YA2160	Ti720	1	12.6	20	3～80	编织	≤200	230～800	748	9.5	Y160L－4	18.5	9926
2YA2160	2Ti720	2	12.6	20	6～50	上下编织	≤200	230～800	748	9.5	Y160L－4	22	11249
YAH2160	TiS720	1	12.6	20	30～150	冲孔	≤400	350～1500	708	11	Y160L－4	30	11490
2YAH2160	2TiS720	2	12.6	20	30～150	上冲孔 下编织	≤400	350～450	708	11	Y160M－4	30	13858
YA2448	Ti816	1	11.5	20	6～50	编织	≤200	200～700	748	9.5	Y160L－4	18.5	9834
YAH2448	TiS816	1	11.5	20	6～50	冲孔	≤400	310～1300	708	11	Y160L－4	30	11830
2YAH2448	2TiS816	2	11.5	20	30～150	上冲孔 下编织	≤400	310～1300	708	11	Y160L－4	30	13012
YA2460	Ti820	1	14.4	20	6～50	编织	≤200	260～780	748	9.5	Y160L－4	30	12240
2YA2460	2Ti820	2	14.4	20	6～50	上下编织	≤200	260～780	748	9.5	Y160L－4	30	13583
YAH2460	TiS820	1	14.4	20	30～150	冲孔	≤400	400～1700	708	11	Y160L－4	30	13096
2YAH2460	2TiS820	2	14.4	20	30～150	上冲孔 下编织	≤400	400～1700	708	11	Y160L－4	30	14455

8.3.3.3　筛面倾斜角 α

筛面倾斜角关系到筛分能力和效率。倾斜角越大，筛分能力就越大，但筛分效率却越小，反之亦然。根据实践经验所选用的较合理的筛面倾斜角一般如下：

圆振动筛用做预先筛分　$\alpha = 15° \sim 25°$

圆振动筛用做最终筛分　$\alpha = 12.5° \sim 20°$

直线振动筛或共振筛用作筛分　$\alpha = 0° \sim 10°$

直线振动筛或共振筛用作脱水、脱介　$\alpha = -5° \sim 0°$

8.3.3.4　振动倾斜角 β

直线振动筛和共振筛大体上水平安装，只有给以一定的振动倾斜角，才能使被筛分物料向前移动。振动倾斜角大，物料抛掷高，筛分效率提高，适用于难筛物料。振动倾斜角小，物料运动速度快，筛分能力增大，适用于易筛物料。振动倾斜角的选取范围通常是 30° ~ 65°，目前常用的是 45°，对于难筛物料如碎石、焦炭、烧结矿等，可达 60°。

8.3.3.5　物料沿筛面运动速度和料层厚度

物料沿筛面的运动速度一般为 0.12 ~ 0.4m/s，最大可达 1.2m/s。对于圆振动筛，物料沿筛面的运动速度与筛面倾斜角有下列关系：

筛面倾斜角 /(°)	18	20	22	25
物料沿筛面运动速度/$m \cdot s^{-1}$	0.305	0.41	0.51	0.61

料层厚度与筛孔尺寸 α 的关系可按厚度不大于 $(3 \sim 4)\alpha$ 计算，料层厚度与筛上物料平均粒度 D_0 的关系可按厚度 $\approx (2 \sim 2.5) D_0$ 计算。

8.3.3.6　筛面长度和宽度

在料层厚度一定时，筛面的宽度直接影响筛子的生产率，其长度则直接影响筛分效率。通常，矿用振动筛的筛面长度一般为 4m，长宽比约为 2。用作最终分级、脱水和脱介的煤用振动筛筛面长度约为 6m，长宽比约为 1.5 ~ 2.5。由于受结构限制，筛面不宜太宽，最小宽度可为 1.25m。矿用振动筛按 0.3m 的间隔增加成筛面宽度系列，煤用振动筛按 0.25m 的间隔增加成筛面宽度系列。

8.3.3.7　生产率计算

振动筛的生产率一般按给料量计算，通常有下述两种计算方法：

(1) 流量法。

$$Q = 3600 B h v \gamma \tag{8-15}$$

式中　Q ——振动筛生产率，t/h；

B ——筛面宽度，m；

h ——筛面料层厚度，m；

v ——物料运动平均速度，m/s；

γ ——物料松散密度，t/m^3。

(2) 平均法。煤用振动筛的生产率计算公式：

$$Q = Fq \tag{8-16}$$

式中　Q——振动筛生产率，t/h；

F——筛面工作面积，m^2；

q——单位筛面面积生产率，t/(m²·h)，其值列于表8-8。

表8-8 单位筛面面积生产率

作业名称	分级					脱水		脱介	
筛孔尺寸/mm	100	80	50	25	13	末煤	煤泥	块煤	末煤
q/t·(m²·h)⁻¹	110	90	60	30	12~17	7	2	7~9	3.5~4.5

矿用振动筛的生产率计算公式：

$$Q = Fq\gamma KLMNOP \tag{8-17}$$

式中 Q——振动筛生产率，t/h；

F——筛面工作面积，m^2；

q——单位筛面面积生产率，$m^3/(m^2 \cdot h)$，其值列于表8-9；

γ——物料松散密度，t/m^3；

K,L,M,N,O,P——校正系数，列于表8-10。

表8-9 单位筛面面积生产率

筛孔尺寸/mm	q值/$m^3\cdot(m^2\cdot h)^{-1}$	筛孔尺寸/mm	q值/$m^3\cdot(m^2\cdot h)^{-1}$	筛孔尺寸/mm	q值/$m^3\cdot(m^2\cdot h)^{-1}$
0.16	1.9	2	5.5	25	31
0.2	2.2	3.15	7	31.5	34
0.3	2.5	5	11	40	38
0.4	2.8	8	17	50	42
0.6	3.2	10	19	80	56
0.8	3.7	16	25.5	100	63
1.17	4.4	20	28		

表8-10 系数K、L、M、N、O、P值

系数	考虑的因素	筛分条件及各系数值										
K	细粒的影响	物料中粒度小于筛孔之半的颗粒含量/%	0	10	20	30	40	50	60	70	80	90
		K值	0.2	0.4	0.6	0.8	1.0	1.2	1.4	1.6	1.8	2.0
L	粗粒的影响	给料中过大颗粒(大于筛孔)的含量/%	10	20	25	30	40	50	60	70	80	90
		L值	0.94	0.97	1.0	1.03	1.09	1.18	1.32	1.55	2.0	3.36
M	筛分效率	筛分效率/%	40	50	60	70	80	90	92	94	96	98
		M值	2.3	2.1	1.9	1.6	1.3	1.0	0.9	0.8	0.6	0.4
N	颗粒和物料的形状	颗粒形状	各种破碎后的物料(除煤外)			圆形颗粒(例如砾石)			煤			
		N值	1.0			1.25			1.5			

续表 8-10

系数	考虑的因素	筛分条件及各系数值				
O	湿度的影响	物料的湿度	筛孔小于25mm			筛孔大于25mm
			干的	湿的	成团	视湿度而定
		O 值	1.0	0.75~0.85	0.2~0.6	0.9~1.0
P	筛分方法	筛分方法	筛孔小于25mm			筛孔大于25mm
			干的	湿的		任何的
		P 值	1.0	1.25~1.4		1.0

8.3.3.8　筛分效率

在筛分时,由于各种原因,有一部分细粒级物料未能通过筛孔而夹杂与粗粒级并随筛上产品排出,因此,筛分效率是指实际得到的筛下产物重量与入筛物料中所含粒度小于筛孔尺寸的物料的重量之比。筛分效率一般用百分数表示,通常按下式计算:

$$E = \frac{100(\alpha - \beta)}{\alpha(100 - \beta)} \times 100\% \tag{8-18}$$

式中　α——给料中筛下产物含量;

β——筛上产物中筛下粒级含量。

通过对给料及筛上产物进行筛析,即可算出其中筛下粒级含量 α 和 β,从而可计算出筛分效率 E。

在筛分作业中,筛分效率是衡量筛分过程的质量指标,因此与表示筛分过程数量指标的生产率同等重要。在实际工业生产中,筛分效率与物料力度特性、湿度、筛孔形状、筛面倾斜角、筛面类型、筛面长度和宽度、筛网磨损状况、筛面运动特性、生产率以及给料是否均匀和给料量多少等许多因素有关。

8.3.4　圆振动筛的安装与试车

8.3.4.1　圆振动筛的安装

中、小型惯性式振动筛可以根据现场要求采取吊装或座装,而大型振动筛一般都采取座装。由于振动筛会把较大的动负荷传给基础,要求基础具有足够的刚度和强度。如果采取座装,大、中型振动筛与基础相连的弹簧座必须用底脚螺栓固定,而小型振动筛则可以不用底脚螺栓固定。如果减振弹簧分组安装,则应使给料端两组弹簧的平均高度和静压缩量接近相等,排料端的两组弹簧也应如此,而前后则可以有些差别。支承弹簧安装后,要求与弹簧支撑平面保持垂直。

为减小对筛面的冲击,要求受料端的给料落差不大于500mm,其给料方向要求与筛面上物料运动的方向一致。筛箱安装后,进料端和出料端的筛板平面要求左右方向保持水平,可用水平尺进行检查,若不水平可调整弹簧支座高度(座装)或者悬吊钢丝绳的长度(吊装)来达到。

振动筛出厂后,若时间超过6个月,则安装前必须将激振器各零件拆洗干净,轴承和迷宫槽内注入适量的润滑脂。激振器两端的偏心块之偏心质量距应相等。若激振器为振动电机,则应使振动电机两端的偏心块张开的角度相等且方向一致,否则筛机会出现摇摆,自同步振动筛两电机就会不同步。振动器安装完毕后，用手扳动偏心块，若有阻力过大或卡死等现象存在，必须找出原因加以调整。

当激振器由电动机通过挠性联轴节驱动时，要求电动机轴线与振动器轴线在同一垂直平面内。考虑到工作时筛面上物料重量的影响，电动机轴线应低于振动器轴线 3 ~ 5mm。对于自同步振动机，电机接线时应使两电机回转方向相反。

振动筛安装的允许偏差及检验方法应符合表 8 - 11 的规定。

表 8 - 11 振动筛安装的允许偏差

项次	项目			允许偏差	单位	检验方法
1	弹簧底座	纵、横向中心线		3.0	mm	拉线尺量检查
2	弹簧底座	底座顶面标高		±5.0	mm	用平尺、钢直尺或水准仪检查
3	弹簧底座	各底座相对标高差		2.0	mm	用平尺、钢直尺或水准仪检查
4	弹簧底座	底座顶面纵横水平度		1/1000	—	用水平仪测量
5	箱体	纵、横向中心线		3.0	mm	拉线尺量检查
6	箱体	横向水平度		1/1000	—	水平仪检查
7	箱体	吊式筛箱标高		±5.0	mm	水平仪检查
8	筛箱与给矿槽排矿口的工作间隙			≥40	mm	尺量检查
9	移动小车轨道	纵向中心线		5.0	mm	拉线尺量检查
10	移动小车轨道	轨道标高		≤2	mm	尺量检查
11	移动小车轨道	轨距	≤4m	+2.0 0	mm	尺量检查
11	移动小车轨道	轨距	>4m	+4.0 0	mm	尺量检查
12	移动小车轨道	接头错位		≤1	mm	尺量检查

8.3.4.2 圆振动筛的试车

振动筛各部件安装经检查符合安装要求后，即可进行试车。开车前应详细检查振动筛所有紧固螺栓是否拧紧，筛子周围是否有妨碍筛子运动的障碍物。

筛机空负荷试运转一般要求不少于 4h。试运转过程中应观察筛机运行情况，要求振动平稳，无横向摆动及不正常响声。若发现上述问题，应及时停车检查原因，排除故障。另外，在试运转时，应检查筛箱的振幅及振动方向角是否符合设计要求，检查振幅时可用振幅牌，测量直线振动筛振幅用的振幅牌如图 8 - 22 所示。振幅牌上有一测量三角形。振幅牌固定在筛箱侧板上，其底边与振动方向垂直。根据视觉暂留原理，当筛箱振动时，在振幅牌上将看到两组三角形，两组三角形相交点的读数，就是筛机的双振幅。

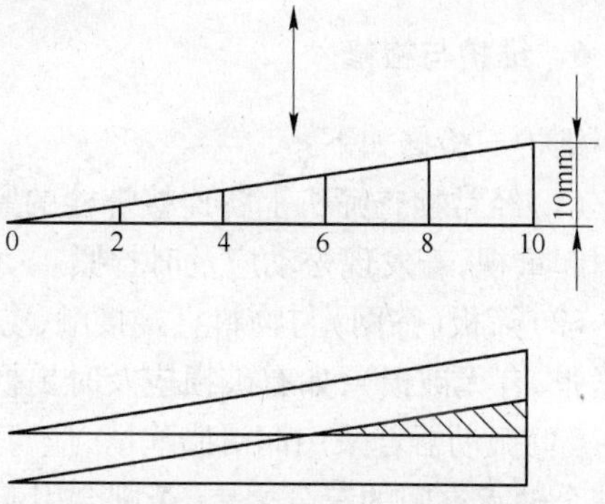

图 8 - 22 振幅牌

检查振动方向角时可用振动方向角牌，振动方向角牌如图 8 - 23 所示。振动方向角牌上有一个按角分成数个的直角，每格画出一组通过直角坐标原点的放射状直线。直角坐标

的 x 轴，应与筛面平行。根据视觉暂留原理，在筛箱振动时，各射线中最清晰的一条与 x 轴所成的角度即为振动方向角。

对于自同步振动筛还应注意检查两电机是否同步，如发现不同步，则应采取相应措施使其同步。

振动筛经 4h 试运转后，应检查下列项目：

(1)振动器轴承工作温度，滑动轴承温度不超过 70℃；滚动轴承温度不超过 80℃。

(2)检查各部螺栓有无松动，特别是要检查筛板和振动器紧固情况，发现松动应及时拧紧。

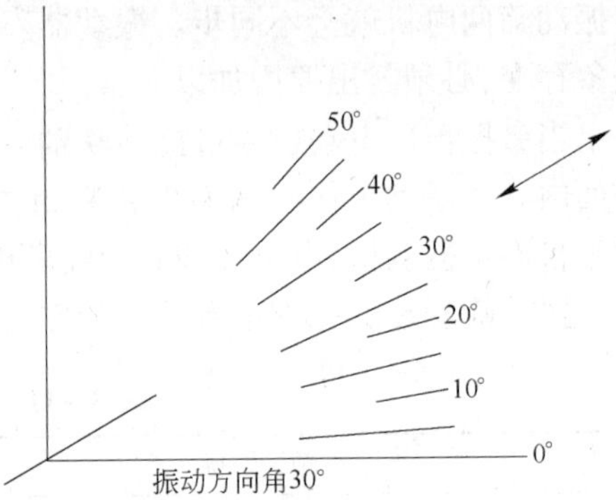

图 8－23　振动方向角牌

振动筛经空负荷试运转合格后，即可进行加负荷试生产。这时应检查物料有无跑偏和堵塞现象，密封防尘装置有无泄露。振动筛在第一次试车后应停车对筛板（筛网）和振动器的紧固螺栓再拧紧一次。

8.3.5　圆振动筛的使用

振动筛长期在振动状态下工作，工作条件是很恶劣的，所以对振动筛的操作、维护、保养等工作，必须给予充分的重视。防止由于操作、维护、保养不当而造成设备损坏事故。

(1)振动筛在开车前，应检查筛子周围是否有妨碍筛机运动的障碍物。

(2)振动筛应在没有负荷的情况下开车（尽量避免带负荷开车），待筛机运转平稳后才能给料。停车前，应先停止给料，待筛面上物料全部排出后才能停车。

(3)振动筛在工作过程中，应经常观察筛机运动是否平稳。若发现运动不正常或有物体撞击声，必须及时停车检查，找出原因，排除故障。

(4)应经常监视轴承温度，如发现轴承温度过高，必须立即停车检查。

(5)支撑筛箱的螺旋弹簧内，一般容易积聚矿粉，影响弹簧正常工作，应经常用压缩空气进行清理。

8.3.6　维护与检修

维护与检修如下：

(1)经常检查筛机上各连接螺栓的紧固情况。振动器与筛箱的连接螺栓的紧固情况更应引起重视，若发现松动应及时拧紧。

(2)筛板（筛网）与物料直接接触，易磨损，故应经常检查筛板有无松动、破损（或筛网是否紧张，有无破损），如有破损应及时更换。

(3)振动器若采用润滑脂润滑，应每月加注一次润滑油。油量不宜过多，加油量不应超过整个轴承空间的三分之二，否则会引起轴承温度过高。

(4)振动器使用 6 个月后，应检查油质情况，发现润滑脂变干或有硬块时，应立即清洗，换新脂，要求轴承每年清洗一次，发现损坏及时更换。

(5)筛箱侧板和横梁如出现裂缝应及时焊补，可先在裂纹发展端钻一小孔，然后用碳弧气刨将裂纹处刨一坡口，再进行焊补，焊补是应严格按焊接工艺进行。

(6)筛面的寿命随其结构形式而有所区别,筛格的寿命高于5~6个月,筛板一般不低于2~3个月,筛网则为3~4个星期甚至更短。为了提高筛网寿命,可在筛网金属丝上敷一层耐磨橡胶,或采用特制的橡胶筛面。近年来还采用新材料制作筛网,如用尼龙制作的筛网可以使用3~6个月,用不锈钢制作的筛网寿命可达1~3个月。

(7)筛机的轴承一般经8~12个月更换一次,传动皮带2~3个月更换一次,弹簧的寿命不低于3~6个月,筛框的寿命在两年以上。

在筛机中修及大修时,要更换筛机的成套部件,如激振器和筛框等。筛机一般在两年之内不进行大修,而只更换某些零部件。

为了减少筛机停歇修理的时间,在工作场所应储备有足够数量的易损件,如筛网、弹簧等。

8.4　直线振动筛

直线振动筛是因筛箱的运动轨迹为定向直线振动而得名,又因为振动器有两个轴,故又称为双轴振动筛。

直线振动筛的结构示意图8-24,振动器的两个主轴上都装有相同偏心距的相等偏心质量。两轴之间用一对速比为1的齿轮连接。由于两轴的旋转方向相反而速度相等,故两偏心质量产生的离心惯性力(激振力)在一个方向上相互抵消,而在与此相垂直的方向上的离心惯性力的合力使筛箱沿直线方向振动。因为振动方向线与水平面有一定倾角,所以筛箱通常为水平安装,有时为缓倾斜安装。

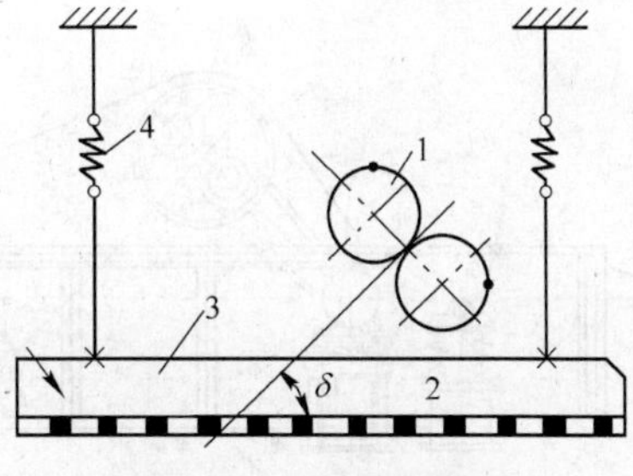

图8-24　直线振动筛

1—双轴振动器;2—筛面;
3—筛箱;4—吊杆弹簧

直线振动筛也有吊式和座式两种安装方式。图8-25为吊式直线振动筛的结构,它采用箱式振动器(图8-26)。振动器的4个偏心块成双地布置在箱体外,箱体内有2个齿轮,其作用一是做传递运动;二是保证两对偏心块旋转方向相反、转速相等以及两者的相位关系恰好相互对正,以便离心惯性力在一个方向相互抵消。箱式振动器的结构紧凑,便于吊式安装,但要有较大断面的支撑横梁,制造较复杂。

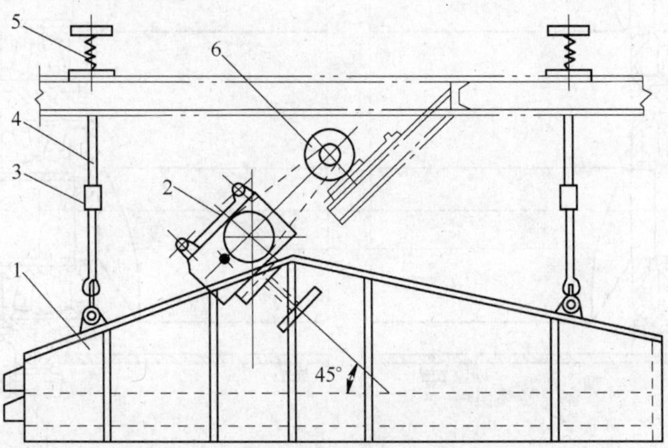

图8-25　吊式直线振动筛

1—箱体;2—箱式振动器;3—防摆配重;4—吊杆装置;5—隔振弹簧;6—电动机

图 8－27 为座式直线振动筛,它采用筒式振动器(图 8－28)。

该振动器的偏心块与轴制成一体,在轴的末端有一对相互啮合的齿轮,能保证互相之间的正确相位关系,并传递运动。筒式振动器具有高度小、重心低、便于座式安装等优点,但缺点是宽度较大,易漏油,轴承也易发热,增加了维护工作量。为此,制造出一种自同步双轴振动器(图 8－29),其双轴不用齿轮连接,而分别由两台电动机驱动,双轴依靠力学关系自动保持严格的反向同步旋转。

直线振动筛的电动机可以直接装在筛箱上,亦可单独安装。为防止停车时转速降至共振转

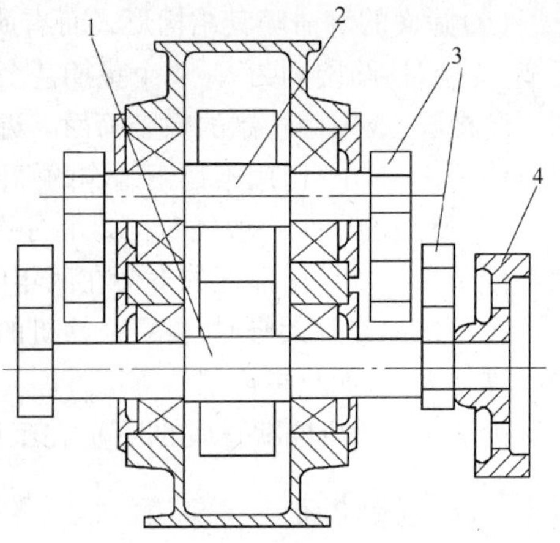

图 8－26　箱式振动器

1—主动轮;2—从动轮;3—偏心块;4—胶带轮

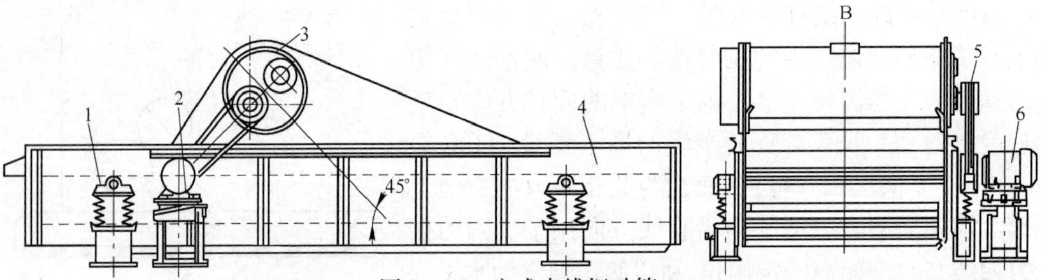

图 8－27　座式直线振动筛

1—弹簧及支撑装置;2—电动机座;3—筒式振动器;4—筛箱;5—三角带;6—电动机

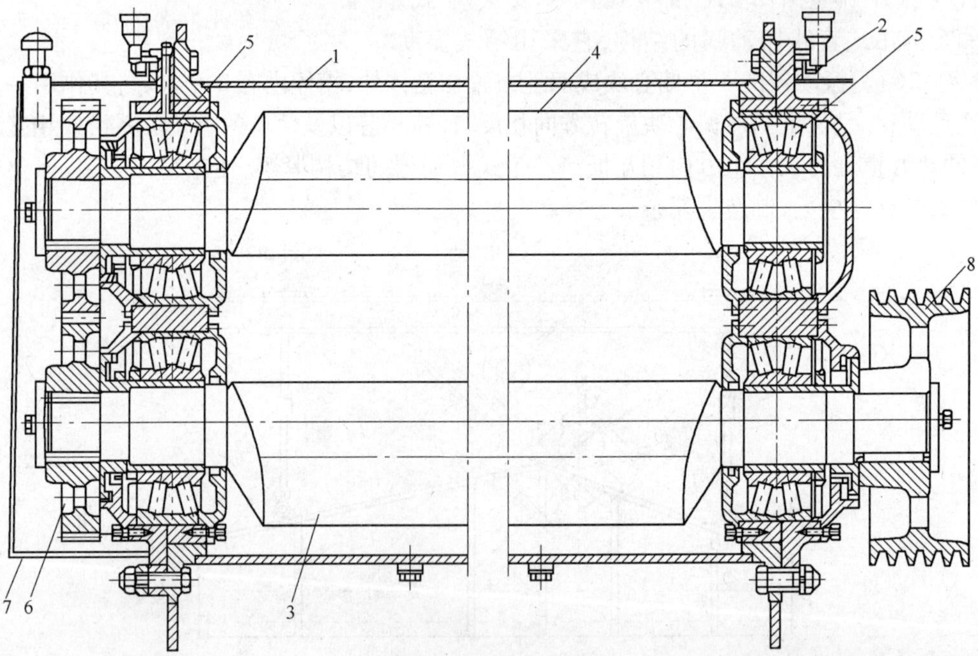

图 8－28　筒式振动器

1—外壳;2—轴承座;3—主动轮;4—从动轮;5—轴承;6—传动齿轮;7—金属罩壳;8—胶带轮

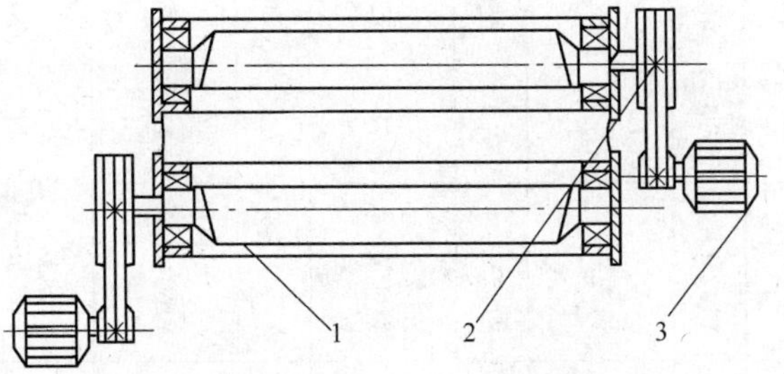

图 8－29　自同步双轴振动器

1—偏心块；2—带轮；3—电动机

速附近引起振幅剧增，可在此时对电动机加上一个反向转矩，待转速降至零时自动切断电源。

由于直线振动筛的筛面是直线往复运动，上面的料层在向前运动的同时，还在挑起和下落过程中受到压实作用，因而特别适合于脱水、脱泥、脱液以及重介质选矿时脱除重介质，在选煤厂应用较多。

现在我国生产的直线振动筛有多种型号，其中主要有 ZKX 型重型直线振动筛，ZK 型振动筛，DZS 型大型直线振动筛，ZKB 型自同步直线振动筛，DSM、ZSM 型煤用双轴振动筛，ZD 型直线等厚筛，LZS、SLZS 型冷矿振动筛，SZR 型热矿振动筛，SSZ 型双轴惯性振动筛等，共 100 余种规格。上述前 4 种型号振动筛和 ZD 型直线等厚筛都是吸收和消化国外先进技术，于 20 世纪 80 年代制造的新型筛分设备。DSM、ZSM 和 SSZ 型振动筛则是我国过去使用较多的、传统的老式设备，目前仍在煤炭系统广泛使用。我国冷矿和热矿振动筛只有上述 3 种型号，冷矿筛是 80 年代新产品，热矿筛近年来在结构上也有所改进，专供冶金部门用于冷、热烧结矿的分级。

目前，我国生产的主要直线振动筛技术性能及参数，见表 8－12，直线振动筛型号、规格含义示例如下：

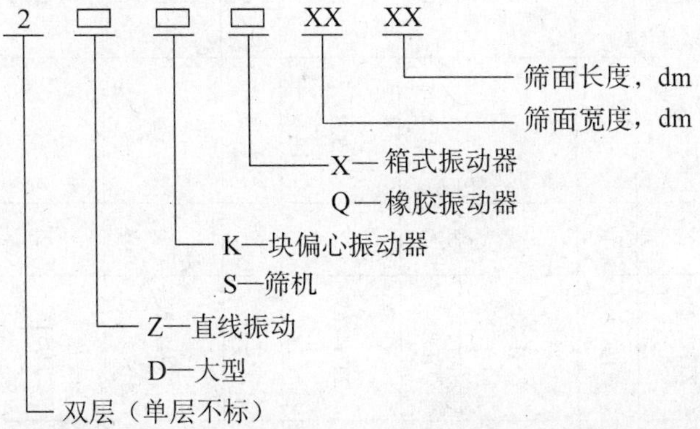

直线振动筛的主要工作参数、安装与试车、使用、维修，均与圆振动筛相似，详见 8.3 节圆振动筛。

表 8-12 ZKX 型直线振动筛技术性能及参数

型号		筛面					给料粒度	处理量	振次	双振幅	振动方向角	电动机		总重/kg
现用	原用	层数	面积/m^2	倾角/(°)	筛孔尺寸/mm	结构	/mm	/$t \cdot h^{-1}$	/$r \cdot min^{-1}$	/mm	/(°)	型号	功率/kW	
ZKX936	TH312	1	3	0	0.5~13	条	0~100	20~35	890	8.5~11	45	Y132M-4	7.5	4998
2ZKX936	2TH312	2	3	0	3~80 0.5~13	上编 下条	≤300	20~35	890	8.5~11	45	Y132M-4	7.5	5486
ZKX1236	TH412	1	4	0	0.5~13	条	0~100	30~50	890	8.5~11	45	Y132M-4	7.5	4843
2ZKX1236	2TH412	2	4	0	3~80 0.5~13	上编 下条	≤300	30~50	890	8.5~11	45	Y132M-4	7.5	5825
ZKX1248	TH416	1	5.8	0	0.5~13	条	≤300	33~53	890	8.5~11	45	Y132M-4	7.5	5580
2ZKX1248	2TH416	2	5.8	0	3~80 0.5~13	上编 下条	≤300	33~53	890	8.5~11	45	Y160M-4	11	7286
ZKX1536	TH512	1	5.4	0	0.5~13	条	≤300	35~55	890	8.5~11	45	Y132M-4	7.5	5307
2ZKX1536	2TH512	2	5.4	0	3~80 0.5~13	上编 下条	≤300	35~55	890	8.5~11	45	Y160M-4	11	7215
2ZKX1542	2TH514	2	6	0	3~80 0.5~13	上编 下条	≤300	40~55	890	8.5~14.5	45	Y160M-4	11	7070
ZKX1548	TH516	1	7	0	0.5~13	条	≤300	42~70	890	8.5~14.5	45	Y160M-4	11	6611
2ZKX1548	2TH516	2	7	0	3~80 0.5~13	上编 下条	≤300	42~70	890	8.5~14.5	45	Y160M-4	11	8026
ZKX1836	TH612	1	6.5	0	0.5~13	条	≤300	45~85	890	8.5~14.5	45	Y132M-4	7.5	5715

续表 8-12

型号		筛面					给料粒度/mm	处理量/t·h^{-1}	振次/r·min^{-1}	双振幅/mm	振动方向角/(°)	电动机		总重/kg
现用	原用	层数	面积/m^2	倾角/(°)	筛孔尺寸/mm	结构						型号	功率/kW	
2ZKX1836	2TH612	2	6.5	0	3~80 0.5~13	上编 下条	≤300	45~85	890	8.5~14.5	45	Y160M-4	11	7463
2ZKX1842	2TH614	2	7.6	0	3~80 0.5~13	上编 下条	≤300	50~90	890	8.5~14.5	45	Y160M-4	11	8816
ZKX1848	TH616	1	8.5	0	0.5~13	条	0~100	60~100	890	8.5~11	45	Y160M-4	11	6919
2ZKX1848	2TH616	2	8.5	0	3~80 0.5~13	上编 下条	0~150	60~100	890	10	45	Y160M-4	15	10074
ZKX2148	TH716	1	10	0	0.5~13	条	0~100	70~110	890	9~11	45	Y160L-4	11	8738
2ZKX2148	2TH716	2	10	0	3~80 0.5~13	上编 下条	0~150	70~110	890	10	45	Y160M-4	22	14085
2ZKX2160	2TH720	2	13	0	3~80 0.5~13	上编 下条	≤300	90~150	890	8~11	45	Y180L-4	30	13788
ZKX2160	TH720	1	12	0	30~150	条	≤300	90~150	890	8~11	45	Y200L-4	22	10439
ZKX2448	TH816	1	12	0	6~50	条	≤300	80~125	890	8.5~14.5	45	Y180L-4	15	9228
2ZKX2448	2TH806	2	12	0	3~18 0.5~13	上编 下条	≤300	80~120	890	8.5~14.5	45	Y180L-4	22	13755
ZKX2460	TH820	1	14	0	0.5~13	条	0~100	95~170	890	8.5~11	45	Y180L-4	22	13330
2ZKX2460	2TH820	2	14	0	3~80 0.5~13	上编 下条	≤300	95~170	890	9~14.5	45	Y200L-4	30	15246

8.5 共振筛

8.5.1 共振筛的构造

共振筛跟据传动机构的形式分为弹性连杆式和惯性式两种，目前我国主要生产采用双质量系统的弹性连杆式共振筛。共振筛分为单层和双层，筛网结构有冲孔筛板和条链筛板两种，筛孔尺寸按要求提供。

弹性连杆共振筛的结构示于图 8－30，其主要部件为驱动和传动机构、上下筛箱、板弹簧、橡胶弹簧、隔振弹簧、固定机架、张紧轮等。驱动机构包括电动机和三角带，传动机构包括偏心轴、连杆和弹簧。筛箱的结构大体上与惯性振动筛的相同，只是在筛箱侧板上增设了固定橡胶弹簧和板弹簧用的支座。有安装间隙的橡胶弹簧用做主振弹簧，可产生非线性的弹性力。板弹簧装于上、下筛箱之间，常用厚 10～12mm 的电木板制成，可使两个筛箱进行定向振动。两组隔振弹簧的上端分别与两个箱簧连接，下端支撑在固定机架上，除了起隔振作用外，还可支撑筛箱。

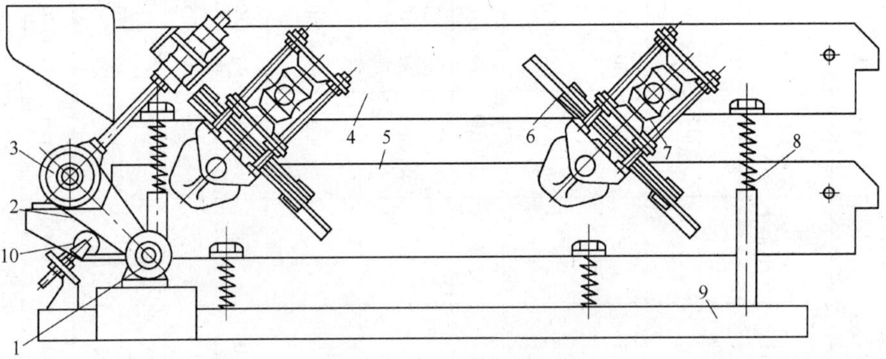

图 8－30　弹性连杆式共振筛

1—电动机；2—三角带；3—传动机构；4—上筛箱；5—下筛箱；6—板弹簧；
7—橡胶弹簧；8—隔振弹簧；9—固定机架；10—张紧轮

弹性连杆式共振筛的工作原理为：当电动机由三角带驱动装于下筛箱上的偏心轴转动时，轴的偏心使连杆往复运动，连杆通过装在其端部的弹簧把作用力传给上筛箱，同时下筛箱也受到方向相反的作用力，迫使上筛箱和下筛箱在 45°振动方向上做相对运动。筛箱的弹簧装置形成一个弹性系统并具有自身的振动频率，传动机构也有一定的强迫振动频率，当这两个频率接近相等时，就使筛子在接近共振状态下工作。

当筛箱运动且压缩弹簧时，弹簧便储存起位能；当筛箱向相反方向运动时，弹簧便放出所储的位能，转化成筛箱的动能。因此共振筛的工作过程是系统的位能和动能相互转化的过程，从而使其功率消耗减小。

共振筛的优点是生产率和筛分效率高、耗电少、振幅大、传给基础的动负荷小，因而曾一度得到迅速发展。但是，由于共振筛结构复杂、机器质量大、振幅不易稳定、调整比较复杂、筛箱构件因承受冲击载荷大而易损坏等缺点而使其应用受到限制，尤其是圆振动筛和直线振动筛等先进筛分设备的发展和推广，便逐渐取代了共振筛。例如，ZKX1536 和 2ZKX1536

直线振动筛可代替2GL1540共振筛,ZKX2460和2ZKX2460直线振动筛可代替GLM2075和2GLM2075共振筛。目前我国生产共振筛的技术性能及参数,见表8-13。

表8-13 GL型共振筛技术性能及参数

型号	筛面					给料粒度/mm	处理量/$t\cdot h^{-1}$	振次/$r\cdot min^{-1}$	双振幅/mm	振动方向角/(°)	电动机		总重/kg
	层数	面积/m^2	倾角/(°)	筛孔尺寸/mm	结构						型号	功率/kW	
2GL1540	2	6	0	上:13×13 下:0.5	上:冲孔 下:条缝	≤150	30~200	745	10~16	45	Y132M-4	7.5	5139
GLM2075	1	15	0	0.5	条缝	≤100	70~200	700	12	45	Y180M-4	18.5	18115
2GLM2075	2	14.8	0	上:13×13 下:0.5	上:冲孔 下:条缝	≤100	70~200	700	12	45	Y180M-4	18.5	18736
2GLM4075	2	30	0	上:10 下:1.5		≤300	400	600	14		$JQ_2$71-4	22	33700

8.5.2 共振筛的安装与调试

共振筛的种类繁多,形式各异,本节仅以双质体弹性连杆式振动筛为例,简要介绍共振筛的安装和调试顺序。

8.5.2.1 双质体弹性连杆式振动筛的安装

双质体弹性连杆式振动筛的安装可依下列顺序进行:

(1)测定各隔振弹簧支撑点的标高,或在附近墙壁画上水平线。

(2)将底架垫起并找平。

(3)将筛箱安装在底架上,用角钢架架到所需高度,再按筛箱底面找平。

(4)在底架下面安装隔振弹簧,弹簧刚度要选配好,两侧对应的两组弹簧平均高度要基本一致,弹簧的刚度要相等,但前后可以有些差别。

(5)将导向杆与主振弹簧焊接于筛箱和底架上。对于线性振动筛,剪切橡胶应用适当工具将它压入弹簧座中,每块弹簧的压缩量为4mm。这样可使剪切橡胶弹簧在工作时始终处于压缩状态,以保证剪切弹簧与硫化侧板之间的硫化层不致因受拉伸应力而损坏。

(6)安装传动轴组件和电动机,焊接激振板。将已装配好的传动轴部件搬到箱体或底架相应的安装位置上,找正后,把紧轴承座的连接螺栓。当用力搬动皮带轮时,偏心轴应能自由转动。试装连杆,将轴的偏心转至下死点,使连杆通过激振板孔的中心,观察连杆是否与激振板垂直,如误差很小,即可将激振板焊死。

(7)将筛箱和底架落下。对于非线性振动筛应将非线性弹簧的间隙调整到要求的数值。如果发现各个弹簧间隙不一样,可在间隙弹簧底下加垫板,以便使它们的间隙相等。

8.5.2.2 双质体弹性连杆式振动筛的调试

双质体弹性连杆式振动筛安装好之后即可试车。在试车过程中,要检查筛箱振幅的大小,要求筛箱两侧振幅接近相同,而前后可以有些差别。在调整振幅时,必须经过一段时间的运转,待橡胶弹簧的温度上升到某一稳定值之后,再测定其振幅。

如果所测振幅与设计值不符,可能是共振筛的工作频率 ω 与振动系统主自振频率 ω_0

的比值不正确,必须进行适当的调整,这是一项十分重要的工作,它关系到机器能否进行可靠而稳定的运行。

工作频率 ω 与自振频率 ω_0 之比 Z_0,即频率比,通常在 0.75 ~ 0.95 的范围内选取。对于线性共振筛,其频率比一般在 0.75 ~ 0.85 的范围内选取,对于某些非线性共振筛,其频率比 Z_0 可选为 0.85 ~ 0.95。

当实际的频率比与设计的频率比有差别时,筛机振幅就会发生变化,这时就需要调整它的动力学因素,使筛机恢复到所要求的动力学状态,并获得所需的振幅。

对于线性共振筛,在试车过程中如果发现频率比不正确,可能是由于设计计算上的错误或制造上的误差所造成的,可以通过增减剪切弹簧的数目来调整,但必须成对地增减,也就是说,如果某一侧减小一个,对应的另一侧也应减小一个。如果实际频率比与设计值相差较小,也可以通过改变三角皮带轮的直径来改变工作转数,从而改变频率。

对非线性共振筛,在试车过程中如果发现频率比不正确,可以通过改变间隙非线性弹簧的间隙来调整。

参考文献

[1] 中华人民共和国国家标准. GB 50377—2006,选矿机械设备工程安装验收规范[S]. 北京:中国计划出版社,2007:25,26.

[2]《选矿施工图设计手册》编委会. 选矿施工图手册(上册)[M]. 长沙:湖南科学技术出版社,1993:266 ~ 284.

[3]《选矿设计手册》编委会. 选矿设计手册[M]. 北京:冶金工业出版社,1998:128 ~ 134.

[4]《中国选矿设备手册》编委会. 中国选矿设备手册(上、下册)[M]. 北京:科学技术出版社,2006:147 ~ 155.

[5] 王运敏,田嘉印,王化军,等. 中国黑色金属矿选矿实践(上册)[M]. 北京科学技术出版社,2008:761 ~ 788.

[6]《选矿手册》编委会. 选矿手册(第二卷)(第一分册)[M]. 北京:冶金工业出版社,1993:84 ~ 146.

9 球磨机与棒磨机

磨矿机应用于许多工业部门，在选矿生产中，用于磨矿作业的磨矿设备主要是球磨机、棒磨机和自磨机，其中应用最多的是格子型和溢流型球磨机。在建材、化工、电力和陶瓷等工业部门，亦广泛使用各种形式的磨机，如水泥厂用管磨机细磨原料和熟料，发电厂用钢球磨煤机将煤细磨后作为锅炉的燃料。一些特殊类型的磨机各有特定的用途。

我国的磨矿设备制造工业近10年来发展很快，制造型号多，规格齐全，能满足国内外各种不同工业部门的需要，同时采用了国外已出现的新技术，如气动离合器、动静压轴承、喷射润滑、顶起装置、加铬耐磨钢衬板、自动控制装置等，并向大型化发展，目前，我国已制造出直径6.2m，筒长9.5m、有效容积$262m^3$、电动机功率6000kW的大型球磨机。

9.1 磨矿机分类及工作原理

9.1.1 磨矿机分类

磨矿机有若干种分类方法，其中最常用的分类方法是根据磨矿介质不同来划分的：介质是金属球的为球磨机，介质是钢棒的为棒磨机，以被磨矿石本身为介质的是自磨机，以矿石或砾石为介质的是砾磨机。

按筒体形状可将磨矿机分为圆筒形和圆锥形两种。目前国内已不再制造圆锥形磨机，所以实际上只有圆筒形磨机一种，其中又包括短筒形和管形。短筒形磨机的筒体长度与直径之比小于1，自磨机即属于这种类型；管形磨机（简称管磨机）的筒体长度与直径之比大于2，普通水泥磨机即属于这种类型。

按排矿方式可将磨矿机主要分为三种：(1)溢流型磨矿机，磨矿产品经排矿端的中空轴颈自由溢础；(2)格子型磨矿机。磨矿产品经位于排矿端的格子板的空隙排出后，再经中空轴颈流出；(3)周边型磨矿机，磨矿产品通过排矿端筒体周边的空隙排出。此外，还有棒磨机的开口型低水平方式以及干式磨矿时的风力排矿方式。

按筒体传动方式可分为周边齿轮传动、摩擦传动和中央传动三种（图9-1），其中周边齿轮传动方式应用最多，中央传动多用于管磨机。

按筒体支撑方式可分为轴承支撑、托滚支撑、轴承和托滚混合支撑三种（图9-2），其中轴承支撑方式应用最多，而后两种仅用于筒体较短的球磨机和砾磨机。

还可按磨矿方式将磨矿机分为干式和湿式两种，目前在选矿生产中一般使用湿式磨矿机，干式磨矿机极少使用。

上述常规磨矿机的分类示于表9-1。除此之外，还有多种特殊磨机近年来得到较大发展，如盘式磨机、振动磨机、胶体磨机、腕式磨煤机、立式水泥磨、塔式磨机等。

通常，棒磨机用于粗磨作业；球磨机用于细磨作业但也常用于粗磨作业；自磨机在我国选矿厂应用也较多，一般用于矿石粗碎后的粗磨作业，可省去中、细碎工序；砾磨机在我国选矿厂应用很少，一般用于细磨作业。

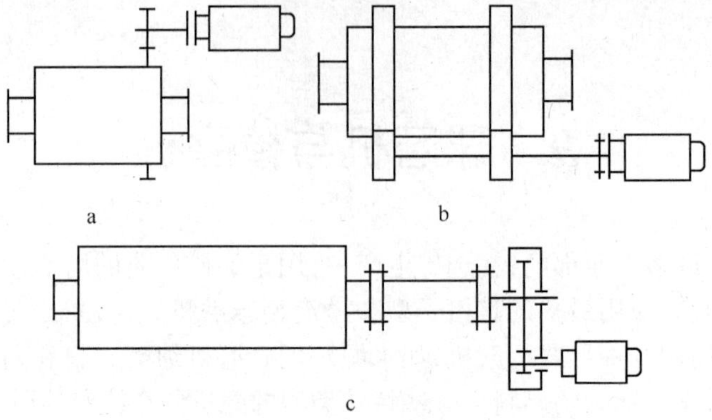

图 9 – 1　磨机筒体传动方式

a—周边齿轮传动；b—摩擦传动；c—中央传动

表 9 – 1　常规磨机分类

磨机名称	磨矿介质	筒体形式	筒体长度直径比（L/D）	排矿方式	传动方式	筒体支撑方式	用　途
球磨机	金属球	圆筒形	0.8～2	格子型溢流型周边型风力（干式）	1. 周边齿轮传动 2. 摩擦传动	1. 轴承支撑 2. 托滚支撑 3. 混合支撑	各工业部门（除钢铁材料外）
棒磨机	钢　棒	圆筒形	1.3～2.6	溢流型周边型开口型风力（干式）	1. 周边齿轮传动 2. 摩擦传动	轴撑支撑	选矿工业 化学工业
管磨机	粗磨室为金属球或钢棒，最后的细磨室用小球或钢段	中长筒形	2.0～3.5	格子型溢流型风力（干式）	1. 中央传动 2. 周边齿轮传动	轴承支撑	水泥工业
多室管磨机		长筒形	3.5～6	格子型溢流型风力（干式）			
自磨机（半自磨机）①	待磨矿石本身（最大块度一般为 300～400mm）	短筒形	0.2～0.3	格子型风力（干式）	周边齿轮传动	轴承支撑	选矿工业 建材工业 化学工业
砾磨机	矿石或砾石（块度为 50～100mm）	圆筒形	1.3～1.5	格子型溢流型	周边齿轮传动	1. 轴承支撑 2. 托滚支撑 3. 混合支撑	选矿工业 硅酸盐工业 化学工业

①半自磨机一般是在自磨机中加入占磨机容积 4%～10% 的大直径钢球；有的半自磨机是特制的。

9.1.2　磨矿机的工作原理

磨矿机工作原理如图 9 – 3 所示，原料通过空心轴颈 1 给入空心圆筒 3（其两端有端盖 2

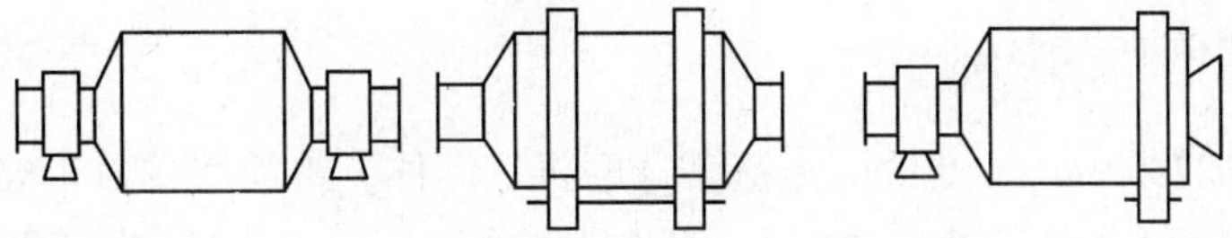

图 9－2　磨机筒体支撑方式

a—轴承支撑；b—托滚支撑；c—轴承和托滚混合支撑

和4）进行磨碎。圆筒内装有各种直径的磨矿介质（钢球、钢棒或砾等）。

当圆筒绕水平轴线以一定的转速回转时，装在筒内的介质和原料在离心力和摩擦力的作用下，随着筒体达到一定高度，当它们自身的重力大于离心力时，便脱离筒体内壁抛射下落或滚下，由于冲击力而击碎矿石。同时在磨机运转过程中，磨矿介质相互间的滑动运动对原料也产生研磨作用。磨碎后的物料通过空心轴颈5 排出。由于不断给入物料，其压力促使筒内物料由给料端向排料端移动。湿磨时，物料被水流带走；干磨时，物料被抽出筒外的气流带走。

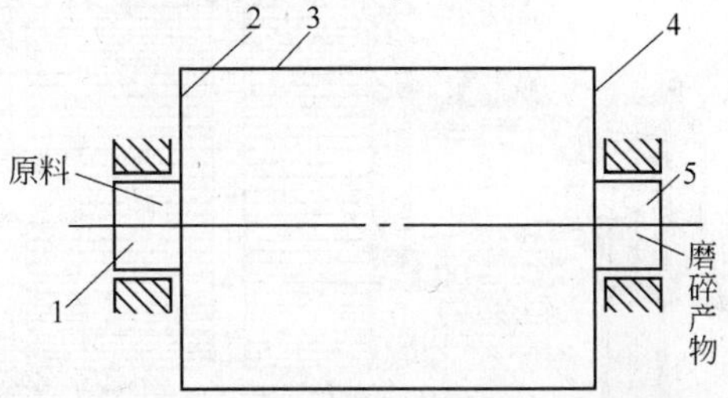

图 9－3　磨矿机工作原理

1，5—空心轴颈；2，4—端盖；3—空心圆筒

在磨矿机中，磨碎介质被提升的高度和下落的轨迹与筒体转速、介质数量及衬板形式有关。一般情况下，按磨矿机筒体转速由低到高可将介质运动状态分为三种（图 9－4）：

（1）泻落状态。磨机在低速运转时产生泻落式运动状态（9－4a），物料主要靠介质相互滑动时产生压碎和研磨作用而粉碎。棒磨机和管磨机一般在这种运动状态下工作。

（2）抛落状态。磨机在较高速度运转时产生抛落式运动状态（9－4b），此时磨碎过程以冲击为主，研磨次之。球磨机一般在这种运动状态下工作。

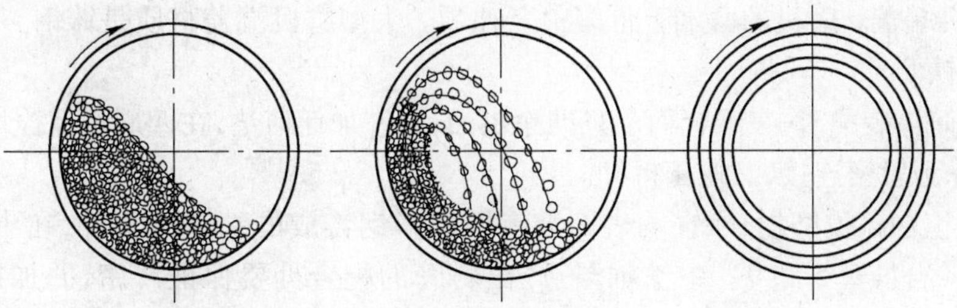

图 9－4　磨机在不同转速时的介质运动状态

a—泻落状态；b—抛落状态；c—离心状态

（3）离心状态。当筒体转速提高到某极限值时，即达到或超过临界转速时，所有介质都随筒体转动而不会下落，此时便称为介质的离心运动状态（图 9－4c）。在离心状态下，一般就不产生磨碎作用，因此，普通磨机不在这种运动状态下工作。

9.2　溢流型球磨机的构造

图 9－5 为 ϕ2700mm × 3600mm 溢流型球磨机。筒体 1 是利用端盖 3 被支撑在主轴承 7 上。筒体和端盖里面衬有高锰钢衬板 4。筒体内按配比装入不同尺寸（ϕ25 ~ 150mm）的钢球或铸铁球。电动机 8 通过安在传动轴上的小齿轮，带动筒体上的大齿轮 11，使磨机回转。

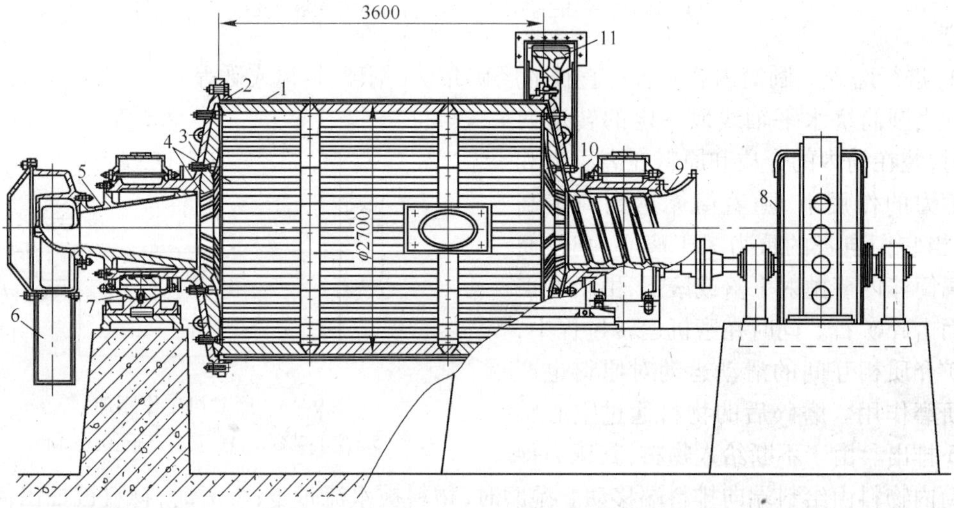

图 9－5　ϕ2700mm × 3600mm 溢流型球磨机
1—筒体；2—法兰盘；3—端盖；4—衬板；5—进料管；6—给料器；7—主轴承；8—电动机；
9—出料管；10—挡圈；11—大齿轮

物料由给料器 6，经过进料管 5 进入磨机。当筒体内的料浆面，高于出料管 9 内径的最低母线水平时，磨后的物料可从出料管随水排出机外。主要零部件简述如下。

（1）磨机筒体。磨机的筒体是用钢板焊接成的。在筒体的两端，还焊有固定端盖用的法兰盘 2。在筒体上开设 1 ~ 2 个人孔，以便用于安装筒体衬板和进行检修、倒球。

（2）磨机端盖。磨机的两端上带有中空轴颈。大型磨机端盖材质是铸钢。小型磨机端盖可采用铸铁。

端盖与筒体装配时，在配合面上只准涂铅油，不许加任何垫，在四周用螺栓均匀地拧紧。这样，既可保证紧密连接，又便于拆卸。

为了防止端盖被磨损，除在内表面装有用高锰钢铸成的端盖衬板外，在中空轴颈内，装有铸铁进、出料管 5 和 9。中空轴与进、出料管的配合处要保证严密，并加以必要的密封。

将排矿端盖中空轴颈内的出料管 9 末端做成喇叭形（呈漏斗状），通常还在中空轴的根部装一环形挡圈 10，以防由端盖螺栓孔漏出的矿浆流到轴承内。在出料管 9 中铸有螺旋线，螺旋的方向与磨机转向相反，从而起到阻止钢球和料块随料浆排出机外的作用。

（3）主轴承。湿磨主轴承的结构见图 9－6。磨机的主轴承基本上是由下轴承座中的轴承底盘 1、球面瓦座 2、带有自动调位的球面瓦 4（内浇轴承衬）和轴承盖 5 等组成。上述主轴承的各机件，除轴承衬是用巴氏合金浇铸外，其他都是用铸铁制成。

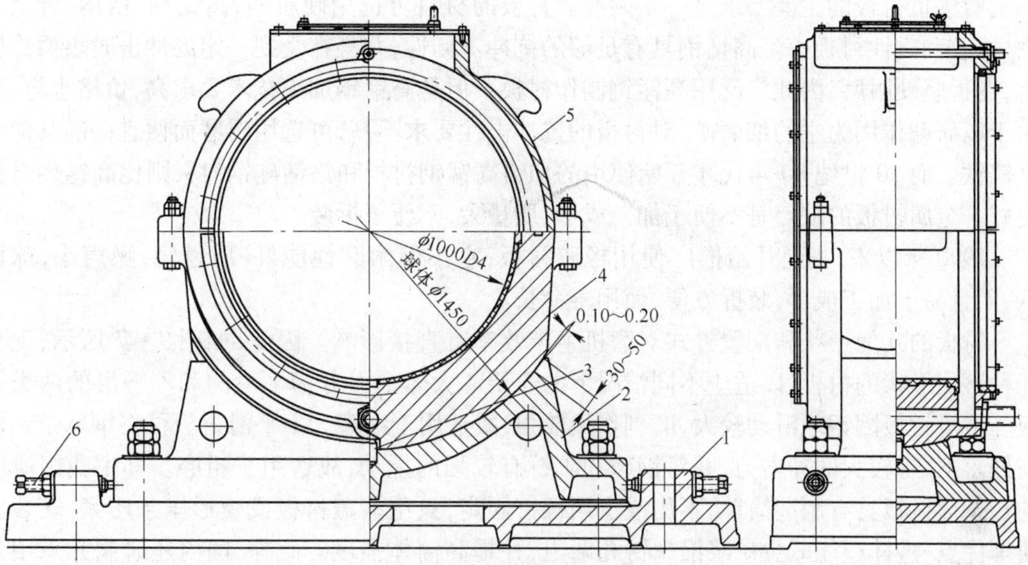

图9－6　湿磨磨机主轴承
1—轴承底盘；2—球面瓦座；3—定位销；4—球面瓦；5—轴承盖；6—螺钉

由于磨机两端轴承的间距较大，对磨机的制造和装配又有误差，很难保证准确的同心度。在受到较大负荷的情况下，就难免要产生下挠变形。为了避免上述原因引起的故障，在轴承结构上，采用调整能力较好的自动调位球面瓦，使作用在承压面上的载荷分布均匀。

为了防止球面瓦在磨机运转时产生大的移动，在球面瓦座2与球面瓦4之间，装有定位圆柱销3。为了便于轴承的安装对正，可用螺钉6调整球面瓦座2的位置。以前也有用斜楔调整的。

在轴颈与轴承衬间，一定要保证及时的润滑。润滑的方式很多，一般都采用稀油集中润滑、油杯滴油润滑或毛线润滑等方式。

最近有在磨机上采用双列滚子轴承代替滑动轴承的，其传动效率较高，简化了润滑用的辅助设备和维修内容，但制造成本很高。

（4）磨机的传动装置。它由大齿轮圈、小齿轮、传动轴和弹性联轴节等组成。磨机筒体通过齿轮传动装置由电动机经联轴节带动回转。齿轮传动装置由装在筒体排料端的齿圈和传动齿轮构成。传动齿轮装在传动轴上，传动轴支撑在轴承座中的两个双列同心滚动轴承上。齿轮用防尘罩完全罩住。

磨机筒体直径小于2100mm或电动机功率小于400kW者，采用高启动转矩的Y系列及JR型异步电动机驱动，中间通过一级减速机并用联轴器连接。大规格的球磨机或电动机功率大于400kW者，则采用专用的TDMK型低转速同步电动机，通过气动离合器与小齿轮连接，实现单级减速传动，驱动筒体转动。

大型磨机需备有慢速传动装置，使筒体以0.1r/min慢速回转，以实现盘车。

（5）磨机的衬板。磨机衬板有保护磨机主件不被磨损的作用。筒体内的衬板尚有提升介质（球、棒）的作用。为提高磨机的作业率和生产率，应对衬板的材质、固定方式、结构和尺寸大小进行不断地改进。

对磨机衬板的主要要求之一是耐磨。衬板的材料可选用硬质钢、高锰钢、铬钢、合金铸铁、橡胶和磁性衬板等。高锰钢具有足够的抗冲击韧性,并且在受到一定的冲击时表面冷硬化,变得坚硬耐磨,因此广泛用高锰钢制作衬板。但是高锰钢加工技术要求高,价格也较贵,对于以研磨作用为主的细磨矿,对衬板的抗冲击性要求不高,可选用耐磨而便宜些的其他合金铸铁。而20世纪80年代才开始使用的加铬高锰钢衬板和铬锰硅钢衬板则比高锰钢衬板更好。金属衬板的缺点是不便于加工成形,质量大,不便于拆装。

1990年以来,我国开始推广使用橡胶衬板,它不但耐磨性能好,质量轻,噪声小,球耗低,而且易于加工成形,装拆方便,使用寿命长。

衬板的几何形状和配置方式对磨机生产效率有直接影响。因此,如图9－7所示,现有几种不同形状的衬板,以适应不同情况下的需要。大体上可分为平滑的和不平滑的两类衬板。平滑衬板因钢球滑动较大,磨剥作用较强,故适用于细磨。不平滑衬板可将钢球带到较高处落下,有较大的冲击力,并对钢球和矿石有较强的搅动,故适用于粗磨。其中我国研制的长条形衬板具有制造简单,不用或少用螺钉固定,只用端盖衬板或楔形压条压紧,安装方便等优点,这样还能减少矿浆沿螺钉孔漏出,并提高筒体强度。此外,国内还研制并采用角螺旋衬板。

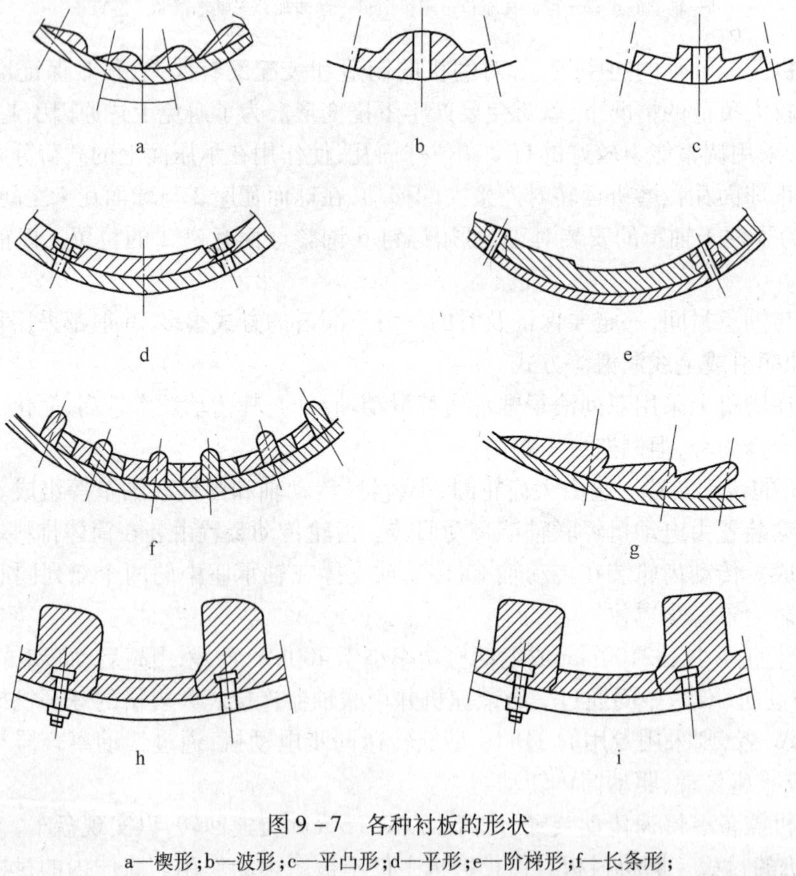

图9－7　各种衬板的形状

a—楔形;b—波形;c—平凸形;d—平形;e—阶梯形;f—长条形;
g—船舵形;h—K形橡胶衬板;i—B形橡胶衬板

我国制造的橡胶衬板一般为近似矩形的平凸形衬板,用筒体压条(即提升衬板)装配起来后，通常成为K形或B形。自20世纪80年代以来已在不少厂矿推广使用其橡胶衬板，使用效果也很好。

金属衬板的厚度一般为50～150mm，橡胶衬板的厚度一般为40～80mm，前者的使用寿命一般为半年至一年左右，后者可达3年左右。

近年来，磁性衬板的发展较快，性能不断提高，正在稳步推广应用。球磨机磁性衬板是用橡胶或钢包裹永磁材料制成的，因此分为金属磁性衬板和橡胶磁性衬板两种，目前前者应用较多。磁性衬板可借助磁力在其表面吸附一层铁磁性物质，使物料和介质在工作过程中不与衬板表面直接接触，以减轻衬板磨损。同时，它也可吸附于磨机筒壁上，不用螺栓固定。由于磁性衬板较锰钢衬板轻而薄，因此还具有节能和提高产量的效果。

磁性衬板的一般特点是：1）寿命长，为高锰钢衬板的4～6倍；2）衬板使用维护费用低，是高锰钢衬板的25%～40%；3）单块体积小，安装方便，不需维护提高磨机作业率3%～4%；4）重量轻，减轻磨机负荷，降低电耗4%～7%；5）厚度薄，可增大磨机容积，提高磨机处理量；6）衬板表面吸附碎的介质，可改善磨矿条件，降低介质消耗5%～7%；7）筒体不用螺栓，避免矿浆泄漏，可提高筒体、齿轮等零部件寿命。

由于一段球磨机的给矿粒度大，冲击力大，磨损严重，所以磁性衬板一般只适用于二段球磨机。金属磁性衬板技术参数列于表9－2。

表9－2 金属磁性衬板技术参数

序号	球磨机规格/mm×mm	磁性衬板型号	筒体衬板估重/kg	端盖衬板估重/kg	总估重/kg
1	MQY900×1800	GSQ－Ⅱ0.9	1500	400	1900
2	MQY1200×2400	GSQ－Ⅱ1.2	2650	550	3200
3	MQY1500×2000	GSQ－Ⅱ2.0	3300	810	4110
4	MQY1500×2000	GSQ－Ⅱ1.5A	4180	810	4990
5	MQY2100×3000	GSQ－Ⅱ2.1	6250	1580	7830
6	MQY2100×4500	GSQ－Ⅱ2.1	8820	1580	10400
7	MQY2700×2100	GSQ－Ⅱ2.7A	5860	2910	8870
8	MQY2700×3600	GSQ－Ⅱ2.7A	10050	2910	12980
9	MQY2700×4000	GSQ－Ⅱ2.7A	11070	2910	13980
10	MQY3200×4500	GSQ－Ⅱ3.2A	14444	3510	17945
11	MQY3200×5400	GSQ－Ⅱ3.2A	17332	3510	20842
12	MQY3600×4500	GSQ－Ⅱ3.6A	17973	4618	22591
13	MQY3600×4500	GSQ－Ⅱ3.6H	21112	4830	25942
14	MQY3600×6000	GSQ－Ⅱ3.6A	23964	4618	28582
15	MQY3600×6000	GSQ－Ⅱ3.6H	28149	4830	32979

（6）磨机给料器。磨机筒体内的物料（包括新给料和分级后的返砂），全靠给矿器向里输送。给矿器的形式有鼓形、蜗形及联合给料器。

1）鼓形给料器。这种给料器只能在给料位置高于磨机轴线水平的情况下使用，一般用在开路（或干法）的磨机上。它的结构如图9－8所示。它是由一个两端开口的圆锥形筒子

1、盖子2和隔板3组成。三者用螺钉共同连接在一起。

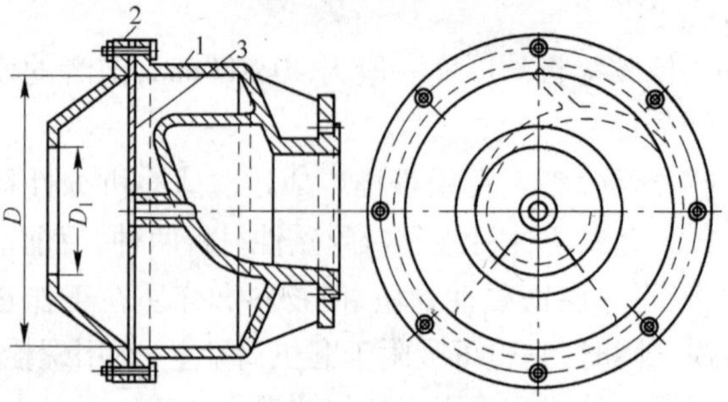

图9-8　鼓形给料器

1—筒子;2—盖子;3—隔板

图9-8中筒子1可用铸铁铸成,或用钢板焊成。在筒子内部带有螺旋形隔板。盖子2为一截圆锥形的短筒,较小的一端有一个给料圆孔。隔板3在筒子和盖子之间,用钢板制成。隔板上有一个使物料进入筒子螺旋的扇形孔。给料器用螺栓固定到磨机筒体的给料轴颈上。

当物料由盖子2的给料圆孔给入后,经过隔板3上的扇形孔,输送到筒子1内,然后由筒子内部的螺旋形隔板,将物料送入磨机中。给入物料的粒度可达70mm。在干式磨机中,尚可用漏斗给料器。

2)蜗形给料器(图9-9)。它是一个螺旋形的勺子。为了把舀起的物料送入磨机,在侧壁沿旋转轴方向上有一个圆孔。给料器用螺栓固定在磨机筒体的轴颈上,使轴颈与给料器的孔重合。给料器的外壳用钢板焊成。在给料器勺子的末端,有用锰钢或合金铸铁铸成的可更换的勺子2。给料器内表面衬以钢板。

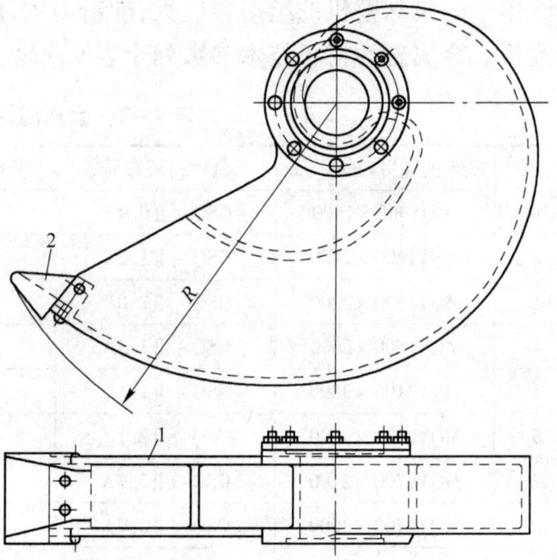

图9-9　蜗形给料器

1—勺子;2—勺子

蜗形给料器的特点是:能将料浆从低于磨机轴线的地方舀起,送入磨机中。所以,在磨机与分级机组成闭路第二段磨矿时,可选用这种给料器。

3)联合给料器(图9-10)。这种给料器可同时将原料和分级机返料同时给入磨机。联合给料器的最大优点是:大块物料可以不经蜗形勺子的给料槽而直接送入磨机。当球磨机直径大于3200mm时应用双勺联合给料器。

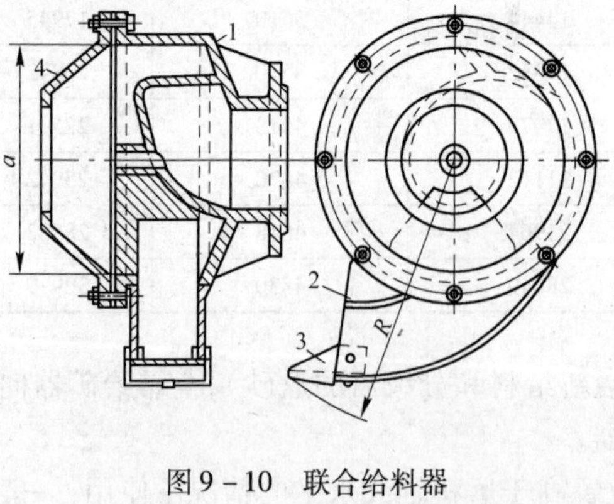

图9-10　联合给料器

1—筒子;2—勺子;3—勺子;4—盖子

球磨机的制造生产过去是按产品系列组织制造与生产,现在是根据用户需要,用户需要什么形式、什么规格,就生产什么,所以其型号规格各制造厂均不统一,目前我国生产的湿式溢流球磨机的技术性能,见表9-3,型号、规格含义示例如下:

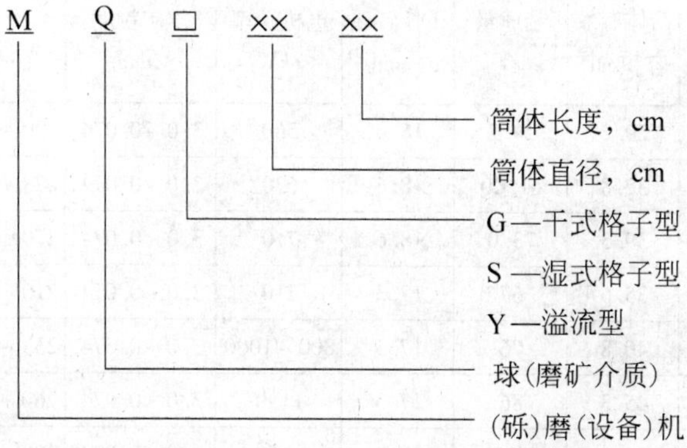

表9-3　湿式溢流型球磨机技术性能表

型　号	筒体尺寸（直径×长度）/mm×mm	筒体有效容积/m^3	装球量/t	工作转速/$r\cdot min^{-1}$	电机功率/kW	排矿粒度/mm	产量/$t\cdot h^{-1}$	参考重量/t	备注
MQY1513	1500×3000	4.0	8.4	27.6	75	0.8~0.074	11~2.6	15.1	380V
MQY1535	1500×3500	4.6	10	27.6	75~90	0.8~0.074	13.2~3.0	16.0	380V
MQY1830	1800×3000	6.5	12	25.3	110~132	0.8~0.074	20~4.5	27.8	380V
MQY1835	1800×3500	7.58	15	25.3	132~160	0.8~0.074	23~5.0	29.7	380V
MQY1840	1800×4000	8.65	16	25.3	160~185	0.8~0.074	25~6.0	32.6	380V
MQY1845	1800×4500	9.75	18	25.3	185~210	0.8~0.074	28~6.8	35.5	380V
MQY2122	2100×2200	6.7	14.7	23.8	160	0.8~0.074	22~5.0	42.9~46.5	380V
MQY2130	2100×3000	9.2	17	23.8	185	0.8~0.074	25~5.8	48.0	380V
MQY2136	2100×3600	11	19	23.8	210	0.8~0.074	28~6.0	49.9	380V
MQY2140	2100×4000	12.2	20.5	23.8	220	0.8~0.074	30~7.0	51.3	380V
MQY2145	2100×4500	13.8	22	23.8	250	0.8~0.074	34~8.0	54.0	380V
MQY2424	2400×2400	9.8	18.8	22.8	210	0.8~0.074	30~6.2	57.0	380V
MQY2430	2400×3000	12.2	23	22.8	250	0.8~0.074	34~6.6	59.68	380V
MQY2436	2400×3600	14.6	25	22.8	280	0.8~0.074	40.5~7.9	62.9	380V
MQY2440	2400×4000	16.2	28.	22.8	315	0.8~0.074	45~8.7	65.5	380V
MQY2445	2400×4500	18.2	31	22.8	355	0.8~0.074	50~9.8	63.5	380V
MQY2721	2700×2100	10.7	20	21.7	280	3.0~0.074	76~6.0	66.7	6~10kV
MQY2727	2700×2700	13.8	25.5	21.7	315	3.0~0.074	98~7.8	75.6	6~10kV
MQY2730	2700×3000	15.3	28.0	21.7	355	3.0~0.074	108~8.8	81.8	6~10kV
MQY2736	2700×3600	18.4	34	21.7	355~400	3.0~0.074	130~10.5	83.5	6~10kV
MQY2740	2700×4000	20.5	37	21.7	400~450	3.0~0.074	144~11.5	87.6	6~10kV
MQY2745	2700×4500	23.0	42.5	21.7	500	3.0~0.074	180~13	127	6~10kV
MQY3231	3200×3100	22.65	22.65	18.6	450	3.0~0.074	164~14.4	131.0	6~10kV
MQY3236	3200×3600	26.20	26.2	18.8	500	3.0~0.074	171~17.1	135.0	6~10kV

续表 9 – 3

型　号	筒体尺寸（直径×长度）/mm×mm	筒体有效容积/m^3	装球量/t	工作转速/$r \cdot min^{-1}$	电机功率/kW	排矿粒度/mm	产量/$t \cdot h^{-1}$	参考重量/t	备注
MQY3240	3200×4000	29.2	29.2	18.6	560	3.0～0.074	190～20	139.0	6～10kV
MQY3245	3200×4500	32.8	61.00	18.6	630	3.0～0.074	228～22	148.7	6～10kV
MQY3254	3200×5400	39.3	73.0	18.6	710	3.0～0.074	270～20	165	6～10kV
MQY3640	3600×4000	35.6	67	17.3	710	3.0～0.074	210～20	170	6～10kV
MQY3645	3600×4500	40.8	76	17.3	800～1000	3.0～0.074	233～26	180	6～10kV
MQY3650	3600×5000	45.3	86	17.3	1120	3.0～0.074	260～31.5	200	6～10kV
MQY3660	3600×6000	54.4	102	17.3	1250	3.0～0.074	280～34	240	6～10kV
MQY3685	3600×8500	79.0	131	17.3	1500	3.0～0.074	400～45	280	6～10kV
MQY4564	4500×6400	85	174	14.54	2000	3.0～0.074	158		
MQY4570	4500×7000	111	190	15.6	2500	3.0～0.074		350	
MQY5080	5030×8000	145	240	14.2	3500	3.0～0.074	250		
MQY6295	6200×9500	262		13.08	6000	3.0～0.074			

9.3　格子型球磨机构造

格子型球磨机与溢流型球磨机不同的地方，是在出料端多一个格板 1。在格板上有许多排料小孔（见图 9 – 11）。在出料端盖上有许多放射状的棱条（筋）2，将格板与端盖之间的空间分成若干个通向出料口的扇形室。在室内装有保护衬板（簸箕铁）。当球磨机旋转时，各扇形室就像提升斗一样，将从格板孔流过的矿浆（料粉），提升到高于出料口的水平。这样料浆（或料粉）就经出料口流到磨机外边。由于这种提升作用，就缩短了料浆（或料粉）在磨机中停留的时间，所以又把格子型球磨机称为强迫排料式球磨机。

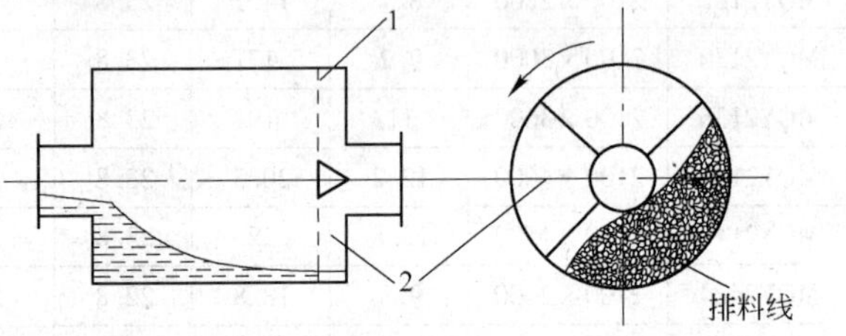

图 9 – 11　格子型球磨机示意图
1—格板；2—筋

在格子型球磨机中，分湿式格子型球磨机和干式格子型球磨机两种。图 9 – 12 所示为 ϕ2700mm×3600mm 湿式格子型球磨机的结构。它的出料部分，是由端盖 1、格子板 2、簸箕铁 3、出料口 4、中心衬板 5 和楔铁 6 等零件组成。簸箕铁 3 是通过螺钉紧固在端盖 4 上。铸在出料端盖上的筋条断面为“T”形。

格子型球磨机的格子板，一般是用高锰钢制造。格子孔的尺寸范围，可根据排除碎球或通风要求来定。一般情况下，小端尺寸 8～20mm，锥度 3°～6°

格子板的排列形式，直接影响着磨机的物料通过能力、格板孔的堵塞和磨损情况。格板孔的排列形式见图 9 – 13。

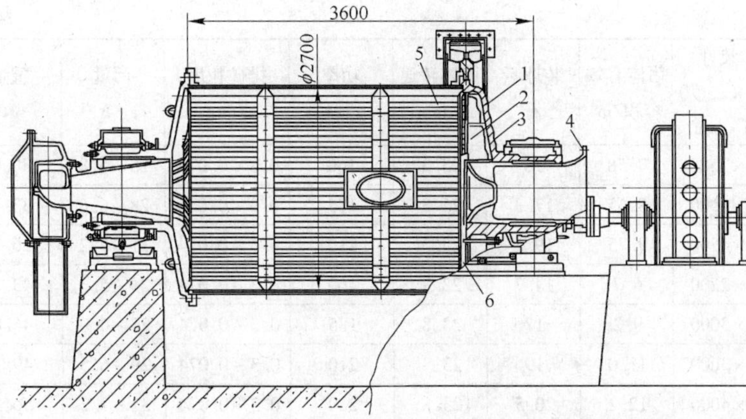

图9-12 湿式格子型球磨机

1—端盖;2—格子板;3—簸箕铁;4—出料口;5—中心衬板;6—楔铁

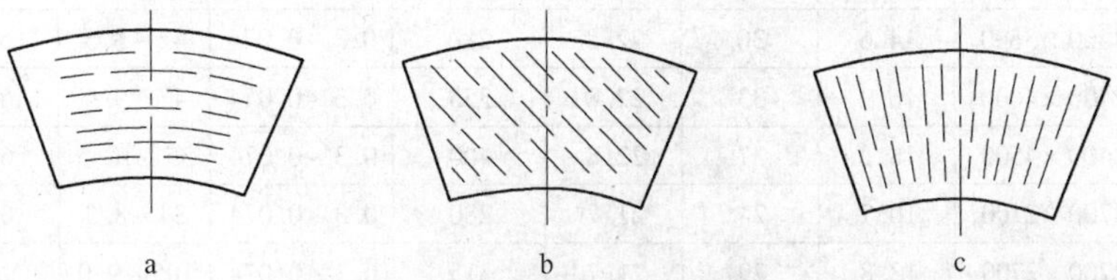

图9-13 格板孔的排列形式

a—同心排列;b—倾斜排列;c—辐射排列

从磨机中的介质和物料的运动过程知道,料浆(或料粉)在接触格子板时,对辐射状排列来说(图9-13c),是垂直移动的。流过格孔的料浆不易返回筒体,因此常发生堵塞现象。

对同心排列的格孔(图9-13a),料浆顺着格孔移动,格孔磨损较快,流过格孔的料浆有可能返回筒体,影响出料的能力,但有将格孔中的粗粒料块冲回的优点。

对倾斜排列的格孔(图9-13b),综合了前两种形式的优点,减弱了它们的缺点。所以,一般多用倾斜排列形式。格板的断面做成梯形。梯形的大端应指向出料端盖,这样可防止堵塞现象。

格子型球磨机出料管的作用是出料和保护中空轴颈。在湿法磨料时,可将出料管做成外端呈喇叭口形,从而适应出料要求;在干法磨矿时,则须在出料管内铸(或焊上)输料螺旋线,其螺旋方向应与磨机的旋转方向相同,从而保证料粉被及时从磨机内排出。目前,我国制造生产的球磨机型号、规格较多,现将其应用较多的湿式格子型球磨机的技术性能,列于表9-4。型号、规格示例同溢流型球磨机。

表9-4 湿式格子型球磨机技术性能表

规格型号	筒体尺寸(直径×长度)/mm×mm	筒体有效容积/m³	装球量/t	筒体转速/r·min⁻¹	功率/kW	排矿粒度/mm	产量/t·h⁻¹	重量/t	备注
MQG1530	1500×3000	4.0	8	27.6	75	0.8~0.074	12~2.8	15.5	380V
MQG1535	1500×3500	4.6	11	27.6	75~90	0.8~0.074	14~3.4	16.3	380V
MQG1830	1800×3000	6.5	13	25.3	132	0.8~0.074	21~4.8	28.2	380V

续表 9 - 4

规格型号	筒体尺寸（直径×长度）/mm×mm	筒体有效容积/m^3	装球量/t	筒体转速/$r \cdot min^{-1}$	功率/kW	排矿粒度/mm	产量/$t \cdot h^{-1}$	重量/t	备注
MQG1835	1800×3500	7.58	16	25.3	160	0.8～0.074	25～5.8	30.8	380V
MQG1840	1800×4000	8.65	17.3	25.3	185	0.3～0.074	28～6.6	33.4	6～10kV
MQG1845	1800×4500	9.75	19.5	25.3	210	0.3～0.074	31～7.2	36.2	6～10kV
MQG2122	2100×2200	6.7	14.7	23.8	160	0.3～0.074	24～5.3	43.2	6～10kV
MQG2130	2100×3000	9.2	17	23.8	185	0.3～0.074	26～6.0	46.8	6～10kV
MQG2136	2100×3600	11.0	19	23.8	210	0.3～0.074	29～6.5	49.1	6～10kV
MQG2140	2100×4000	12.2	20.5	23.8	220	0.3～0.074	32～7.2	50.2	6～10kV
MQG2145	2100×4500	13.8	22	23.8	250	0.3～0.074	36～8.1	51.8	6～10kV
MQG2424	2400×2400	9.8	20	22.8	220	0.3～0.074	32～6.6	54.8	6～10kV
MQG2430	2400×3000	12.2	25	22.8	250	0.3～0.074	38～7.5	57.8	6～10kV
MQG2436	2400×3600	14.6	30	22.8	280	0.3～0.074	42～8.5	60.8	6～10kV
MQG2440	2400×4000	16.2	33	22.8	355	0.3～0.074	47～9.5	63.8	6～10kV
MQG2445	2400×4500	18.2	37	22.8	400	0.3～0.074	55～10.5	66.3	6～10kV
MQG2721	2700×2100	10.7	24	21.7	280	0.3～0.074	84～8.5	66.4	6～10kV
MQG2727	2700×2700	13.8	29	21.7	315	0.3～0.074	105～9.0	71.7	6～10kV
MQG2730	2700×3000	15.3	32.5	21.7	355	0.3～0.074	120～10	77.3	6～10kV
MQG2736	2700×3600	18.4	39	21.7	400	0.3～0.074	145～12	82.4	6～10kV
MQG2740	2700×4000	20.5	43	21.7	450	0.3～0.074	159～13	84.73	6～10kV
MQG2745	2700×4500	23.0	50	21.7	500	0.3～0.074	180～15	89.1	6～10kV
MQG3231	3200×3100	22.65	46.9	18.6	500	0.3～0.074	182～16	139	6～10kV
MQG3236	3200×3600	26.20	52	18.6	560	0.3～0.074	190～19	143	6～10kV
MQG3240	3200×4000	29.2	57	18.6	630	0.3～0.074	210～22	147	6～10kV
MQG3245	3200×4500	32.8	65	18.6	710～800	0.3～0.074	235～29	151	6～10kV
MQG3254	3200×5400	39.2	81.6	18.6	800～1000	0.3～0.074	280～35	161	6～10kV
MQG3640	3600×4000	35.6	75	17.3	800	0.3～0.074	230～25	185	6～10kV
MQG3645	3600×4500	40.8	88	17.3	1000	0.3～0.074	259～29	190	6～10kV
MQG3650	3600×5000	45.3	96	17.3	1120	0.3～0.074	288～35	200	6～10kV
MQG3660	3600×6000	54.4	117	17.3	1250～1500	0.3～0.074	310～38	220	6～10kV
MQG3685	3600×8500	79.0	144	17.3	1800	0.3～0.074	450～50	260	6～10kV
MQG4040	4000×4000	45.0	82	16.4	1000		230	220	
MQG4050	4000×5000	57.0	161	16.4	1250		270	260	
MQG4560	4500×6000	85.0	162	15.42	2000		285	285	
MQG5264	5200×6400	123.0	229	14.3	2×1600		320	350	

9.4　棒磨机构造

湿式棒磨机按排料方式可分为溢流型、开口型和周边型三种，以溢流型为主。干式棒磨机则采用风力排料方法，但国内一般不生产这种磨机。

溢流型棒磨机的构造与溢流型球磨机基本相同(图9－14),区别是棒磨机的锥形端盖曲率较小,内侧面装有平滑衬板,而筒体上一般使用不平滑衬板;排矿中空轴直径较大。其目的是使钢棒在磨机内规则地运动不会发生歪斜,因而在下落时不致相互打击弯曲;排矿口直径较大是为了便于装棒以及进去检修和检查,同时也可降低矿浆水平,使矿浆能迅速排出。

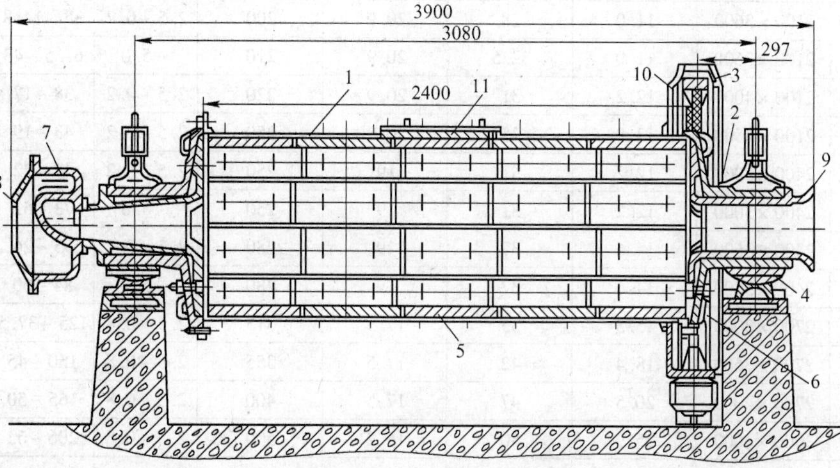

图9－14 溢流型棒磨机

1—筒体;2—端盖;3—传动齿轮;4—主轴承;5—筒体衬板;6—端盖衬板;7—给矿器;8—给矿口;9—排矿口;10—法兰盘;11—检查孔

棒磨机的转速较低,一般转速率为60%～70%;介质充填率也较低,约为35%～40%。给矿粒度一般为25～30mm,过大会使钢棒歪斜,运转时会造成钢棒弯曲和折断;同时,矿块过大会使棒与棒之间有较大间隙,不易磨到细粒,造成产量下降。矿石是由钢棒下落时的“线接触”被压碎和磨碎的,大块没碎之前,细粒很少受到棒的冲压,因而过粉碎现象少,产品粒度较均匀,一般为1～3mm。因此,棒磨机适合在第一段开路磨矿中用于矿石的细碎和粗磨,特别适于处理脆性物料。棒的长度一般比筒体长度短25～50mm左右。

目前我国基本上只生产湿式棒磨机,该机可用来粉磨各种硬度的矿石和其他原料,尤为适于处理各种脆性物料,现被广泛应用在黑色、有色金属和非金属矿选矿厂以及化工、建材等工业部门。

但是,与球磨机相比,棒磨机的适用范围就小多了,在许多场合,球磨机能代替棒磨机,因此,国内棒磨机的产量和实际使用台数都比球磨机少得多,而且只有20多种规格,故国内只有少数厂家生产棒磨机。

目前,我国生产的棒磨机技术性能,见表9－5。

表9－5 棒磨机技术性能

型号	筒体尺寸(直径×长度)/mm×mm	筒体有效容积/m^3	装球量/t	筒体转速/$r\cdot min^{-1}$	功率/kW	排矿粒度/mm	产量/$t\cdot h^{-1}$	重量/t
GMB1530	1500×300	5.0	8	23	75	2.5～0.2	12～5.5	16.71
GMB1830	1800×3000	6.5	17	22.8	132	2.5～0.2	20～9.5	29.8
GMB2122	2100×2200	6.7	18	20.9	160	2.5～0.2	27～12	42.5

续表 9－5

型　号	筒体尺寸（直径×长度）/mm×mm	筒体有效容积/m^3	装球量/t	筒体转速/$r \cdot min^{-1}$	功率/kW	排矿粒度/mm	产量/$t \cdot h^{-1}$	重量/t
GMB2130	2100×3000	9.2	25	20.9	160	2.5～0.2	30～13	43.9
GMB2136	2100×3600	11.0	28	20.9	200	2.5～0.2	35～14.8	49.4
GMBZ2136	2100×3600	11.0	32.5	20.9	210	－5.0	61.5～43	49.9
GMB2140	2100×4000	12.2	31	20.9	220	2.5～0.2	38～17	50.3
GMB2145	2100×4500	13.8	35	20.9	250	2.5～0.2	43～19	51.8
GMB2430	2400×3000	12.2	31	19	250	2.5～0.2	47～22	56.0
GMBZ2430	2400×3000	12.2	31	19	250	－5.0	73～52	58.3
GMB2436	2400×3600	14.6	37	19	280	2.5～0.2	55～26	61.0
GMBZ2436	2400×3600	14.6	37	19	280	－5.0	84～60	62.4
GMB2730	2700×3000	15.3	35	17.5	315	2.5～0.8	125～37.5	75.6
GMB2736	2700×3600	18.4	42	17.5	355	2.5～0.8	150～45	81.8
GMBZ2740	2700×4000	20.5	47	17.5	400	2.5～0.8	165～50	84.3
GMB3040	3000×4000	25.9	50	16.2	500	2.5～0.8	206～62	130
GMB3245	3200×4500	33	56	15.5	630	2.5～0.8	228～70	138
GMB3248	3200×4800	34	60	15.5	710	2.5～0.8	240～74	142
GMB3645	3600×4500	40.8	78	14.5	800	2.5～0.8	270～83	168
GMB3650	3600×5000			14.5	1000	2.5～0.8	100～250	
GMB3654	3600×5400	50	94	14.5	1000	2.5～0.8	340～103	192
GMB4361	4300×6100		195	12.0	1600		150～306	265

型号、规格含义示例如下：

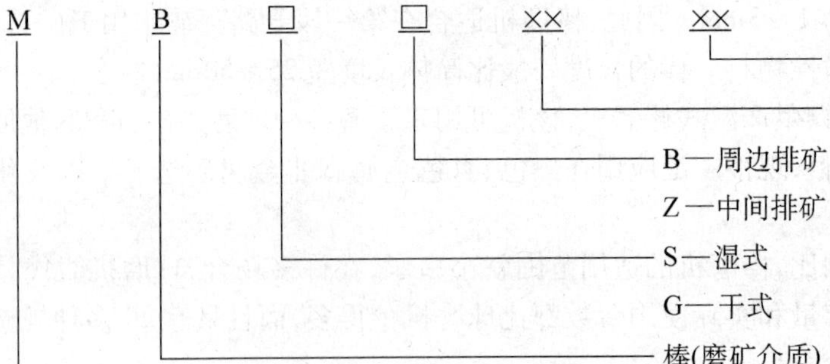

9.5　球磨机和棒磨机主要工作参数

9.5.1　磨矿机生产率

球磨机和棒磨机的生产能力与下列因素有关：矿石可磨性，给矿与最终产品的粒度大小，磨矿机的型式和尺寸，衬板的形状，磨矿介质的形状、尺寸、比例、硬度和密度，磨机工作转数，磨矿介质充填率，磨矿浓度，返砂量及分级设备的工作效率等。由于影响磨矿机生产能力的因素较多,而且变化大,目前还没有精确计算磨矿机生产能力的理论公式。所以磨矿机的生产能力一般是根据经验公式,采用近似方法进行计算。常用的计算方法有以下两种:磨矿机按给矿计的单位生产能力计算法(也称容积计算法)和磨矿功率计算法。我国目前常用的是容积计算法,这种方法计算比较方便。

9.5.1.1 容积计算法

容积计算法,是按新生成的计算级别计算的磨矿机单位生产能力。这种方法的要点是:采用类似企业磨矿机的先进和稳定的实际生产指标为标准,结合磨矿机形式、规格,矿石性质,给矿和最终产品粒度等主要因素加以修正,按新生成计算级别(国内一般采用 -0.074mm 作为计算级别)计算的磨矿机单位生产能力,然后根据设计能力计算出整个磨矿机的生产能力和需要的磨矿机台数。

设计磨矿机按新生成计算级别计算的单位生产能力,一般由试验确定,或选用矿石性质类似、设备及工作条件相同的选矿厂生产指标。如条件不同,可用下式计算:

$$q = q_0 K_1 K_2 K_3 K_4 \tag{9-1}$$

式中 q——设计磨矿机按新生成计算级别的单位生产能力,t/(m³ · h);

q_0——生产现厂磨矿机按新生成计算级别的单位生产能力,t/(m³ · h),按下式计算:

$$q_0 = \frac{Q'(\beta_2' - \beta_1')}{V'} \tag{9-2}$$

式中 Q'——生产现厂磨矿机按原矿计的生产能力,t/h;

β_1'——生产现厂磨矿机给矿中小于计算级别的含量,%;

β_2'——生产现厂磨矿机最终产品中小于计算级别的含量,%;

V'——生产现厂磨矿机的有效容积,m³;

K_1——矿石可磨性系数,一般通过磨矿试验来确定,无试验资料时,可取表 9-6 的数值;

K_2——磨矿机直径校正系数,见表 9-7。

表 9-6 矿石可磨性系数 K_1

矿石种类	普氏硬度系数 f 值	K_1 值
易碎性矿石	5 以下	1.25 ~ 1.4
中等可碎性矿石	5 ~ 10	1.00
难碎性矿石	10 以上	0.85 ~ 0.7

表 9-7 磨矿机直径校正系数 K_2

标准磨矿机直径/mm	计算磨矿机直径/mm								
	900	1200	1500	2100	2700	3200	3600	4000	4500
900	1.00	1.19	1.34	1.66	1.85	2.07	2.10	3.20	2.41
1200	0.84	1.00	1.14	1.40	1.63	1.74	1.76	1.91	2.04
1500	0.74	0.87	1.00	1.22	1.46	1.52	1.55	1.69	1.80
2100	0.60	0.71	0.81	1.00	1.71	1.25	1.30	1.41	1.49
2700	0.51	0.61	0.70	0.85	1.00	1.09	1.17	1.23	1.30

续表 9 - 7

标准磨矿机直径/mm	计算磨矿机直径/mm								
	900	1200	1500	2100	2700	3200	3600	4000	4500
3200	0.47	0.57	0.61	0.80	0.92	1.00	1.07	1.12	1.19
3600	0.46	0.55	0.62	0.76	0.86	0.94	1.00	1.06	1.12
4000	0.44	0.52	0.59	0.71	0.87	0.89	0.95	1.00	1.08
4500	0.42	0.49	0.56	0.67	0.77	0.84	0.89	0.93	1.00

表 9 - 7 的数值是按下式计算得来的：

$$K_2 = \left(\frac{D_1 - b_1}{D_2 - b_2}\right)^{0.5} \tag{9-3}$$

式中　D_1——设计磨矿机的直径，m；

D_2——生产现厂磨矿机的直径，m；

b_1——设计磨矿机衬板厚度，m，一般为 0.15m；

b_2——生产现厂磨矿机衬板厚度，m，一般为 0.15m；

K_3——设计和生产现厂磨矿机的给料粒度产品粒度差别系数，可近似地按下式计算：

$$K_3 = \frac{m_1}{m_2} \tag{9-4}$$

式中　m_1——设计的矿石在规定的给矿粒度和产品粒度的条件下，按新生成计算级别（-0.074mm）计算的磨矿机相对生产能力，查表 9 - 8；

m_2——生产现厂的矿石在一定的给矿粒度和产品粒度的条件下，按新生成计算级别（-0.074mm）计算的磨矿机相对生产能力，查表 9 - 8；

K_4——磨矿机形式校正系数，见表 9 - 9。

表 9 - 8　不同给矿粒度和产品粒度的相对生产能力 *m* 值

给矿粒度 /mm	磨矿产品粒度 -0.074mm 含量/%						
	30	40	48	60	72	85	95
	m 值						
40 ~ 0	0.68	0.77	0.81	0.83	0.81	0.80	0.78
30 ~ 0	0.71	0.83	0.86	0.87	0.85	0.83	0.80
20 ~ 0	0.81	0.89	0.92	0.92	0.88	0.86	0.82
10 ~ 0	0.93	1.02	1.03	1.00	0.93	0.90	0.85
5 ~ 0	1.11	1.15	1.13	1.05	0.95	0.91	0.85
3 ~ 0	1.17	1.19	1.16	1.06	0.95	0.91	0.85

注：1. 本表为处理中硬矿石（斑岩铜矿类型）在不同给矿粒度和排矿粒度按新生成 -0.074mm 级别计算的磨矿机相对生产能力。标准磨矿粒度：给矿粒度 10 ~ 0mm，产品粒度 0.2 ~ 0mm。

2. 磨矿产品粒度以 95% 的矿量通过筛孔尺寸表示。

表 9 - 9　磨矿机形式校正系数 K_4 值

磨矿机形式	格子型球磨机	溢流型球磨机	棒磨机
K_4	1.0	0.9 ~ 0.85	1.0 ~ 0.85

注：当磨矿产品粒度大于 0.3mm 时，取大值，反之取小值。

其他因素,如磨矿机转速、磨矿介质参数、循环负荷、分级效率等计算时一般不考虑。

根据求出的 q 值,可用下式计算按给矿量计的设计的磨矿机生产能力:

$$Q = \frac{qV}{\beta_2 - \beta_1} \tag{9-5}$$

式中 Q——计算磨矿机按给矿量计的生产能力,t/h;

q——待设计磨矿机按新生成计算级别(-0.074mm)计的单位生产能力,$t/(m^3 \cdot h)^{-1}$;

V——待计算磨矿机的有效容积,m^3;

β_1——待计算磨矿机给矿中小于计算级别(-0.074mm)的含量,%;

β_2——待计算磨矿机产品中小于计算级别(-0.074mm)的含量,%。

9.5.1.2 功耗计算法

功耗计算法,英美等国家倾向于此种方法,它的要点是:首先用实验的方法将需要磨矿的物料进行可磨性试验,来确定该物料的磨矿功指数 W(kW · h/短吨(1 短吨 = 907.18kg));按邦德公式计算单位物料的功耗,并根据给矿粒度和磨矿条件不同,引用八个效率系数对邦德公式进行修正;根据设计的生产能力 Q(t/h)计算磨矿机所需要的安装总功率 N(kW),最后按所选用的每台磨矿机需要的功率 N_0(kW/台),计算选用的磨矿机需要的台数。这种计算方法的优点是:计算结果接近实际情况;应用范围广,可在各种磨矿粒度条件下(包括产品粒度小于 0.074mm),进行磨矿机生产能力的计算;计算方法简单,应用方便。主要缺点是:要求有准确可靠的筛分分析资料,来确定功指数。

功耗计算法的计算步骤如下:

(1)确定设计矿石的功指数 W_i。功指数一般由试验测定。如没有试验资料,可用已知标准物料的功指数,通过实验室可磨性对比试验,用邦德比较公式,计算设计物料的功指数,见公式 9-6:

$$W_i = \frac{W}{10\left(\frac{1}{\sqrt{P}} - \frac{1}{\sqrt{F}}\right)} \tag{9-6}$$

式中 W_i——功指数,即将"理论上无限大"某一物料的粒度磨到 80% 可通过 100μm 筛孔(或 65% 通过 200 目筛孔)的产品时需要的功,kW · h/短吨;

W——将一短吨的物料由给矿粒度为 F 磨碎到产品粒度为 P 时所消耗的功,kW · h/短吨;

F——给矿粒度(80% 的给矿通过的筛孔宽),μm;

P——产品粒度(80% 的产品通过的筛孔宽),μm。

设计物料的功指数 W_i,一般由实验室按照邦德标准测定指数的方法测出。如有"标准"矿石的功指数时,可采用比较法测定,即在相同条件下磨矿(即在同一磨矿机中,用相同时间,磨碎相同的物料),则"标准"矿石和设计矿石的磨矿耗电量相等,可用邦德公式求未知设计物料的功指数,即 $W_{设计} = W_{标准}$。

$$W_i = \frac{W_{i标准}\left(\frac{1}{\sqrt{P_{标准}}} - \frac{1}{\sqrt{F_{标准}}}\right)}{\frac{1}{\sqrt{P_{设计}}} - \frac{1}{\sqrt{F_{设计}}}} \tag{9-7}$$

(2)计算设计磨矿物料从给矿粒度 F 磨碎到某一粒级 P 所需要的单位功耗 W。即

$$W = 10W_{i设计}\left(\frac{1}{\sqrt{P_{设计}}} - \frac{1}{\sqrt{F_{设计}}}\right) \tag{9-8}$$

(3)计算效率系数。在磨矿功率的实际计算中，考虑到磨矿条件和给矿粒度的变化，引用了如下八个效率系数：

K_1—干式磨矿系数，在相同的条件下，干式棒磨或球磨的功率为湿式棒磨或球磨功率的 1.3 倍；

K_2—开路球磨系数，开路球磨比闭路球磨需要的功率要大，其系数是产品控制程度的函数，见表 9-10；

表 9-10　开路球磨系数 K_2

控制产品粒度通过的百分比/%	50	60	70	80	90	92	95	98
K_2	1.035	1.05	1.10	1.20	1.40	1.46	1.57	1.70

K_3—磨矿机直径系数，是以磨矿机衬板内侧直径 2.44m(8ft)为基准，由公式 9-9 算出，或查表 9-11；

表 9-11　磨矿机系数 K_3

磨矿机筒体内侧直径		磨矿机衬板内侧直径		K_3
ft	m	ft	m	
3.0	0.914	2.6	0.79	1.25
3.281	1.0	2.88	0.88	1.23
4.0	1.22	3.60	1.10	1.17
5.0	1.52	4.6	1.40	1.12
6.0	1.83	5.6	1.71	1.075
6.562	2.0	5.96	1.82	1.06
7.0	2.13	6.5	1.98	1.012
8.0	2.44	7.5	2.29	1.014
8.5	2.59	8.0	2.44	1.00(以此为标准)
9.0	2.74	8.5	2.59	0.992
9.5	2.90	9.0	2.74	0.987
9.843	3.0	9.34	2.85	0.97
10.0	3.05	9.5	2.90	0.966
10.5	3.20	10.0	3.05	0.956
11.0	3.35	10.5	3.20	0.948
11.5	3.51	11.0	3.35	0.939
12.0	3.66	11.5	3.51	0.931
12.5	3.81	12.0	3.66	0.923
13.0	3.96	12.5	3.81	0.914
13.124	4.00	12.62	3.85	0.914
16.50	5.03	15.91	4.85	0.914

注：1. 磨矿机直径(衬板内侧)大于 3.81m 时，直径系数不变，仍为 0.914。

2. 在选择磨矿机时，当直径系数小于 1.0 时，有时可忽略不计。

当磨矿机直径用米制单位时,则用公式 9-9:

$$K_3 = \left(\frac{2.44}{D}\right)^{0.2} \qquad (9-9)$$

当磨矿机直径用英制单位时,则用公式 9-9a:

$$K_3 = \left(\frac{8}{D}\right)^{0.2} \qquad (9-9a)$$

式中 D——磨矿机内侧直径,m 或 ft。

K_4—给矿粒度过大系数。当给矿粒度大于适宜给矿粒度,引用此系数,可用公式9-10 计算:

$$K_4 = \frac{R_r + (W_i - 7)\left(\frac{F - F_0}{F_0}\right)}{R_r} \qquad (9-10)$$

式中 R_r——破碎比,$R_r = \frac{F}{P}$;

F——磨矿给矿 80% 通过的粒度,μm;

P——磨矿产品 80% 通过的粒度,μm;

F_0——适宜给矿粒度,μm;由公式 9-11 计算:

对于棒磨机 $$F_0 = 1600\sqrt{\frac{13}{W_i}} \qquad (9-11)$$

对于球磨机 $$F_0 = 4000\sqrt{\frac{13}{W_i}} \qquad (9-11a)$$

K_5—磨矿细度系数。当磨矿产品 80% 通过的粒度小于 75μm(200 目)时引用,由公式 9-12计算:

$$K_5 = \frac{P + 10.3}{1.145P} \qquad (9-12)$$

式中 P——磨矿产品 80% 通过的粒度,μm;

K_6—棒磨破碎比系数。当 $R_r - R_{r0} > \pm 2$ 时,引用此系数,由公式 9-13 计算:

$$K_6 = 1 + \frac{(R_r - R_{r0})^2}{150} \qquad (9-13)$$

式中 R_r——破碎比;

R_{r0}——已选择棒磨机最适宜的破碎比,由公式 9-14 计算:

$$R_{r0} = 8 + \frac{5L}{D} \qquad (9-14)$$

式中 L——棒磨机的棒长,m;

D——棒磨机内侧直径,m。

棒磨机破碎比系数通常用于低破碎比的情况,高破碎比很少用。一般当棒磨机可磨性试验得出的功指数 W 超过 7 时,可以选用此系数。

K_7—球磨低破碎比系数。此系数仅用于球磨破碎比小于 6 的情况下,如计算精矿或尾矿的再磨循环。可由公式 9-15 计算:

$$K_7 = \frac{2(R_r - 1.35) + 0.26}{2(R_r - 1.5)} \qquad (9-15)$$

K_8—棒磨回路系数。根据棒磨在流程中的位置而有不同的系数；

单一棒磨流程：当棒磨机给矿是开路破碎产品时，$K_8 = 1.4$；

当棒磨机给矿是闭路破碎产品时，$K_8 = 1.2$。

棒磨—球磨流程：当棒磨机给矿是开路破碎产品时，$K_8 = 1.2$；

当棒磨机给矿是闭路破碎产品时，$K_8 = 1.0$。

(4)用8个效率系数计算单位功耗 W_i：

$$W_i = K_1 \cdot K_2 \cdot K_3 \cdot K_4 \cdot K_5 \cdot K_6 \cdot K_7 \cdot K_8 \cdot W \tag{9-16}$$

(5)计算设计条件下，磨矿需要的总功率 N_0

$$N_0 = W_i \cdot Q_0 \tag{9-17}$$

式中　N_0——设计条件下，磨矿需要的总功率，kW；

Q_0——设计的磨矿生产能力，短吨/h；

W_i——修正了的将一短吨(907.18kg)粒度为 F 的给矿碎磨到产品粒度为 P 时所耗的功，kW · h/短吨。

(6)磨矿机规格和台数的确定

需要磨矿机台数，按公式9－18计算

$$n = \frac{Q_0}{Q} = \frac{N_0}{N} \tag{9-18}$$

式中　n——需要的磨矿机台数；

Q_0——设计选矿厂磨矿的生产能力，t/h；

Q——设计选矿厂所选用的磨矿机按原矿计的生产能力，t/h；

N_0——设计条件下磨碎矿石需要的总功率，kW；

N——设计选矿厂所选用的每台磨矿机需要的功率，kW/台。

9.5.2　磨机的转速

9.5.2.1　磨机的临界转速

假设球磨机内只有一个球(棒)，内球与筒壁不产生相对滑动和摩擦力的影响。在此条件下，当筒体转速达到一定值时，使球上升到筒体的最高点，此时球的离心力等于自重力，即从此点起，球再不随筒体回转，而抛落下来，这时的转速称为临界转速。

球磨机的临界转速可按下式求得：

$$n_{临界} = \frac{42.4}{\sqrt{D}} \tag{9-19}$$

式中　$n_{临界}$——球磨机的临界转速，r/min；

D——磨机内径，m。

从式9－19看出，D 越大，$n_{临界}$越小，所以可证明在磨机中，介质的离心状态是从磨机筒体的最外层逐步依次向中心方向减小。

9.5.2.2　磨机的工作转速

磨机工作时的实际转速即为磨机的工作转速。为了让介质有效地粉磨物料，磨机的工作转速应较临界转速低。根据实践得知：介质在磨机内被抛落的高度越大，粉磨作用越强。按理论推导，得出磨机最外层介质获得最大抛落高度时的工作转速为：

$$n_1 = \frac{32}{\sqrt{D}} \tag{9-20}$$

式中　n_1——磨机的工作转速，r/min。

由于磨机工作时，筒体内有许多层介质，当最外层介质处于最有利的工作条件时，其余各层介质还是处于不利的工作条件。为了使更多的介质层处于有利的工作条件，可设想所有不同回转半径的介质层，集中在某一"缩聚层"上，如果使该层处于最有利的工作转速，则可认为磨机中所有各层都处于有利的工作条件。按上述观点，从理论上又导出另一个工作转速的计算公式：

$$n_2 = \frac{37.2}{\sqrt{D}} \tag{9-21}$$

式中　n_2——磨机"缩聚层"的有利工作转速，r/min。

为了表示方便，一般多用磨机的工作转速与临界转速的比值百分数 ψ 来表示，称其为"转速比"，其求法如下：

$$\varphi = \frac{n_1}{n_{临界}} \times 100\% = \frac{\frac{32}{\sqrt{D}}}{\frac{42.4}{\sqrt{D}}} \times 100\% = 76\%$$

或

$$\varphi = \frac{n_2}{n_{临界}} \times 100\% = \frac{\frac{37.2}{\sqrt{D}}}{\frac{42.4}{\sqrt{D}}} \times 100\% = 88\%$$

所以，从理论上导出的合理工作转速 n 应为：

$$n = (0.76 \sim 0.88) n_{临界} \tag{9-22}$$

在棒磨机中的介质为钢棒，如果选择较高的工作转速，将会引起棒在筒体内的混乱，从而会影响磨机的磨矿效率，并将增加磨机中有关零件的磨损程度。为此，棒磨机转速比的范围是 $\psi = 55\% \sim 75\%$。一般选 $\psi = 65\%$ 左右。

对筒式钢球磨煤机和水泥磨机的转速比，可在 $\psi = 60\% \sim 76\%$ 的范围内选取，一般选用76%左右。

9.5.3　磨矿介质的装载量

9.5.3.1　装球量

装球量的多少对磨矿效率有一定的影响。装球少，磨矿效率低；装球过多，在运转时，内层球又易产生干涉，破坏了球的正常循环，磨矿效率也要降低。所以装球量须按实践要求进行选择。实践证明，合理的装球量可按下述关系确定。

对于湿式格子型球磨机：　　$\phi = 40\% \sim 45\%$

对于溢流型磨机：　　$\phi = 35\% \sim 40\%$

对于干式格子型磨机和管磨机：$\phi = 25\% \sim 35\%$

已知磨机的充填系数后，可按公式 9-23 求出磨机的装球总重量 $G_{球}$。

$$G_{球} = \gamma\varphi \frac{\pi D^2}{4} L \tag{9-23}$$

式中　$G_{球}$——磨机的装球总重量;t;

γ——介质的容积重,t/m^3,

对于钢球(段):$\gamma = 4.5 \sim 4.8$,

对于轧制钢棒:$\gamma = 6 \sim 6.5$,

对于铸铁球:$\gamma = 4.3 \sim 4.6$;

φ——钢球充填系数;

D——球磨机筒体内径,m;

L——球磨机筒体长度,m。

在球的容积重 $\gamma = 4.8t/m^3$ 时,则可将公式9-23写成公式9-24的形式:

$$G_{球} = 37.7\varphi D^2 L \tag{9-24}$$

在磨机中所加物料的重量,一般为装球量的0.14倍。这样可将磨机中粉磨体的总重量 G 按公式9-25求出:

$$G = G_{球} + 0.14G_{球} = 1.14G_{球} \tag{9-25}$$

9.5.3.2　装球的大小及配比

在球磨机中,球的大小和配比,对磨机的生产和工作效率影响很大。实践证明,有时因适当地选择了球,可使磨机的生产率和工作效率提高20%或更多。

粗粒和硬性的物料,应选用较大的球。对细粒松脆的物料,用较小直径的球。球在磨机中的冲击次数,随着球径的减小而增多,球与球间的研磨间隙,随球径的减小而密集。因之最好选用重量较大、直径较小(容积重大)的球为介质。球的大小主要是取决于待磨物料的块度,其次可适当考虑球磨机的直径和转速。公式9-26为球径与料块粒度间的经验公式:

$$d_{球} = 28\sqrt[3]{d_{料块}} \tag{9-26}$$

式中　$d_{球}$——钢球的最大直径,mm;

$d_{料块}$——给矿块的最大尺寸,mm。

在求出最大钢球直径之后,可参照图9-15来求出磨机中的钢球配比(适用水泥磨机,其他磨机可参考)。

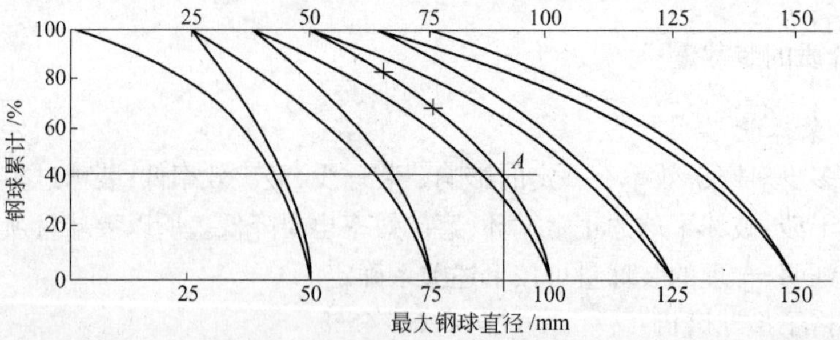

图9-15　磨机钢球配比曲线

在按照工艺要求、物料性质、磨机规格性能及各种参数,选定钢球最大直径和最小直径后，再按配比级别，运用曲线，查得装入磨机中各相应直径钢球的重量累计百分数，计算出实占重量百分数。最后按磨机装球量和重量百分数，求得各级球的装入重量。

例题

已知：如选定钢球的最大直径为 $d_{最大}=90$mm；钢球的最小直径为 $d_{最小}=50$mm；分四级配球，各级球径为 90mm、75mm、65mm 和 50mm；总装球重量 41t。

求：在此磨机中，各级球的装入重量。

解：按下述步骤计算：

（1）按 $d_{最大}=90$mm 和 $d_{最小}=50$mm，在图 9-15 中，找出相应的曲线。

（2）在曲线的横坐标处，找出 $d_{最大}=90$mm 的位置，然后作垂线，求出与相应曲线的交点 A。

（3）从 A 点作水平线，与纵坐标相交，求出对应的累计球重百分数 42%。

（4）用上述方法，分别找出球径为 75mm、65mm、50mm 所对应的累计百分数为 68%、84% 和 100%。

（5）按累计百分数求出各级球所占的实际百分数，分别为：42%、26%、16% 和 16%；

（6）按实际百分数及总装球量求出各级球的实重，分别为：17.22t、10.66t、6.5t 和 6.5t。

（7）将计算结果列表如下：

各级球径/mm	累计球重比/%	实际球重比/%	各级球实装重/t
90	42	42	17.22
75	68	26	10.66
65	84	16	6.5
50	100	16	6.5

9.5.3.3 装棒量

对棒的要求是具有足够的耐磨性和一定的刚性，否则钢棒将因弯曲而造成乱棒现象。棒在靠近磨机进料端的磨损比靠出料端的磨损快。因此，在重新装棒时，应将棒调头使用。

装棒量的计算方法与装球量的计算方法相同。

9.5.4 磨机的功率和电动机选择

磨机所需的功率与磨机的转速成比例的增长。因此转速大，球升得高，落差大，所需的功率也大。但是当转速超过一定的限度时，尤其达到临界转速时，球的落差反而减小，所以其所需功率也小了下来。可以这样理解，在正常的情况下磨机所需的功率为最大功率时，也就是磨机生产率达到最高的时刻。

目前，计算磨矿需要功率的公式比较多，并且有争论。综合上述情况，可用下面的公式近似地计算磨矿的需要功率：

$$N=0.75GC\sqrt{D} \tag{9-27}$$

式中 N——磨矿机需要功率，kW；

G——磨矿机装入介质量，t；

C——系数，查表 9-12；

D——磨矿机有效内直径，m。

表 9 - 12　C 值

钢　球	球荷充填率/%				
	10	20	30	40	50
大钢球	11.9	11.0	9.9	8.5	7.0
小钢球	11.5	10.6	9.5	8.2	6.8

注：一般把直径大于 50mm 的球叫大球。

棒磨机的需要功率也可以近似地用式 9 - 27 计算。

磨矿机配用电动机的选择，应注意以下特性，尽量选用启动力矩大、功率因数高、转速低、温度特性好和防尘性能好的电动机，所以可以选用转速为 180 ~ 150r/min、高启动力矩的同步电动机，或者选用减压启动的绕线式异步电动机。

9.6　磨矿机的安装与试车

9.6.1　磨矿机的安装

新设计的选矿厂必然要安装磨矿机。在生产的选矿厂，有时要进行工艺改造、大修或设备更新，也要重新安装磨矿机。

磨矿机除制造的精度以外，安装质量的好坏是磨矿机能否正常工作的关键，往往会发生由于安装质量差而返工，造成经济损失的情况。因此，在磨矿机安装过程中，必须严格按设计要求和技术规范进行，而且对整个安装程序要边安装边逐个详细查验，并有详细记录，要尽量消除系统误差。

各种不同类型磨矿机的安装方法和程序基本相同，一般按下列顺序进行。

9.6.1.1　*磨矿机基础*

磨矿机的基础，不仅要承受磨矿机的全重量，而且还要承受由于磨矿机运转而产生冲击、振动等所引起的动载荷。为了保证基础的承压能力和稳定性，保证在磨矿机运转时基础不下沉、不开裂等，基础必须打在坚实的地基上，钢筋混凝土的重量必须是磨矿机的 2.5 ~ 3 倍。基础不能与厂房的墙基或者柱子相联，它们之间应保持 1m 的距离，至少不能低于 40 ~ 50cm，较小时，它们之间要用石板充填，以免磨矿机运转时引起建筑物振动。

在安装磨矿机前必须认真检查基础与相邻建筑物、构筑物以及相邻机组之间的相对位置关系、尺寸，检查它们是否与设计图纸上的要求相符合。检查的方法比较多，比如以某基准点出发用测量仪器测量，用拉线法测量等。不论用什么方法都是为了找出它们之间的相互位置关系和确定主要尺寸，如确定磨矿机轴线、减速机齿轮轴线、电动机轴线等之间的水平距离、平行度、垂直度（角）、水平度及相对高差等，以及地脚螺栓预留孔的位置和尺寸是否符合设计图纸的要求，和与磨矿机底座的实际螺孔尺寸是否相符等。做完上述工作，定出各种位置尺寸后便可准备安装。

在安装前，对所有的机器设备要进行一次全面检查，检查它们是否齐全，有无缺陷，是否符合安装和工作要求等，并要进行清洗和注油。

9.6.1.2　*安装顺序*

安装顺序如下：

(1)底盘安装。磨矿机包括减速机、电动机在内，一般有四个底盘，即磨矿机前后瓦座底盘、电动机底盘和减速机底盘。安装底盘时，要用钢尺和水准仪（水平仪）检查底盘的水平标高和水平性，在发现有不平现象时，在底盘下部用钢制的调整楔进行找平。所有楔子的宽度为 50 ~ 100mm，长度至少要保证安装时在底盘内部超过地脚螺栓中心线，外部露出 10 ~ 50mm。楔子的坡度可取 1∶10 ~ 1∶20，调平后楔铁之间应焊接起来，防止移动。

（2）磨矿机主轴承的安装。当主轴承两底盘经调整后拧紧地脚螺钉，然后再进行检查，各项数据符合技术要求后可进行主轴承的安装工作。主轴承座的安装及检验方法应符合表 9 – 13 的要求。

表 9 – 13　磨矿机安装的允许偏差

项　次	项　目		允许偏差	单　位	检验方法
1	纵、横向中心线		1.0	mm	挂线、尺量
2	标　高		±0.5	mm	水准仪
3	两主轴承座中心线	≤5000	±1.0	mm	尺　量
		>5000 ~ 10000	±1.5	mm	尺　量
		>10000	±2.0	mm	尺　量
4	两主轴承座间轴度		1.0	mm	挂线、千分尺量
5	主轴承座水平度		0.1/1000	—	水平仪

主轴承与轴承底盘四周应均匀接触，局部间隙不应大于 0.1mm。

主轴承瓦与中空轴装配应符合设备文件的规定，无规定时，应符合下列规定：接触角应为 70° ~ 90°；接触面上的接触点数，在每 25mm × 25mm 面积内不应少于 2 点；轴承两侧间隙的总和应为轴径直径的 0.15% ~ 0.20%。

（3）磨矿机筒体、端盖和齿圈的安装。磨矿机在装入主轴承前，要先将筒体、端盖和大齿圈装配组合起来。筒体与端盖组装前，应对筒体进行检查，它的椭圆度不得大于筒体直径的千分之四，筒体法兰盘的椭圆度允许误差应符合设计规定。还要检查中空轴颈的表面光洁度和椭圆度，符合要求后在端盖止口和筒体法兰上涂上经过调和的铅丹和铅油，然后按标记对正。对正后将定位销全部装入，当位置调整合格后，均匀地拧紧螺栓。这样，筒体与端盖组装完毕。当大齿圈为两半拼合时，一般是将磨矿机回转体装在主轴承上以后再装大齿圈。

筒体和端盖装在轴承上，应符合下列规定：

1）两中空轴颈的轴肩与主轴承之间的间隙，应符合设计或设备技术文件的规定；

2）两中空轴颈的上母线应在同一水平上，相对标高允许误差不能大于 1mm，但倾斜方向应保证出料端低于进料端；

3）两中空轴颈的中心线应在同一直线上，可运用百分表测量轴承的球面摆动，如图 9 – 16 所示，由测量结果可间接地知道同心的程度。所测的球面摆动允许误差应符合表 9 – 14 的规定。

（4）大齿圈在装配时，应符合下述要求：

1）在装配前应将齿圈与回转体接触表面上的毛刺、防锈油漆和污物等清除干净；

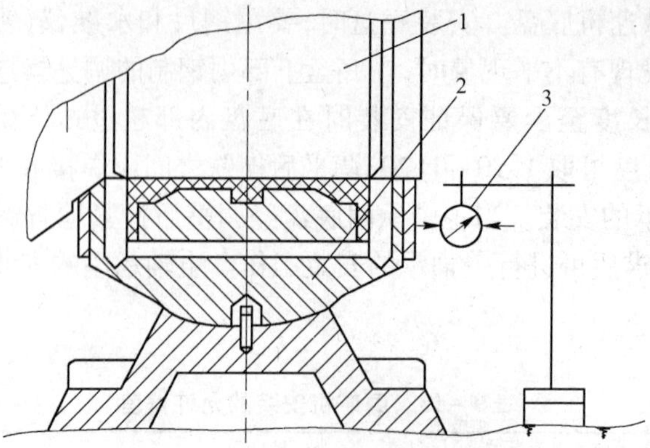

图 9－16　检查主轴承端面圆跳动
1—中空轴;2—主轴承;3—百分表

表 9－14　主轴承的端面圆跳动(mm)

两主轴承中心线的距离	筒体直径		
	900～1500	2100～2700	≥3200
	端面圆跳动不超过		
≤5000	0.6	0.8	1.0
5000～10000	0.7	0.9	1.1
>10000	0.8	1.0	1.2

2)齿圈端面与回转体装配面之间的所有局部间隙都应小于 0.15mm;

3)齿圈拼合的对接面间隙应小于 0.1mm;

4)拼合齿圈对接处的齿节距应符合设备技术文件中的规定,其允许误差为 ±0.005 模数;

5)齿圈的径向跳动,每米节径不得大于 0.25mm;

6)齿圈的端面跳动,每米节径不得大于 0.35mm。

(5)传动装置的安装。

1)传动轴轴线与磨矿机轴线平行度允许偏差为 0.15/1000。

2)齿轮啮合侧间隙应符合表 9－15 的规定。

表 9－15　齿轮啮合侧间隙(mm)

中心间距	齿轮啮合侧间隙
580～800	0.67～1.25
800～1250	0.85～1.42
1250～2000	1.06～1.80
2000～3150	1.40～2.18
3150～5000	1.70～2.45

3)齿轮啮合接触斑点,沿齿高不应小于 40%,沿齿长不应小于 50%,且应趋向中部。

4)齿轮罩组装后,不应有漏油及碰撞现象。

(6)衬板和隔板仓的安装。

1)装配具有方向性的衬板时,其方向和位置应符合设备文件的规定。

2)衬板在筒体内部的排列不应构成环形间隙,端衬板与筒体、衬板、中空轴套之间构成的环形间隙应用木楔(湿法作业)、铁楔或水泥(干法作业)等材料堵塞,衬板与衬板之间的间隙不应大于15mm。

3)固定衬板的螺栓应垫密封垫和垫圈,防止漏出矿浆和矿粉。

4)装配隔板仓时,应使筛孔的大端朝向出料端。

9.6.2 磨矿机的试车

无论是新安装的磨矿机还是经过大修后的磨矿机,安装完毕,经过测试调整、检查后,都要进行试车,经试车合格才能投入生产使用。试车的目的是进一步观察和调整磨矿机各个部分及部件的相互关系,检查和验证安装是否符合磨矿机设计性能要求和安装的质量技术标准,同时也起到使磨矿机相对运动部件间相互磨合的作用。

9.6.2.1 试车前的准备工作

准备工作如下:

(1)检查电动机干燥和绝缘情况,在不带磨矿机的情况下做空运转试车检查;

(2)详细检查所有安装设备的各紧固件的紧固情况;

(3)对所有的润滑部位进行清洗和注油;

(4)检查各密封处(如主轴的两端面与中空轴颈接触处等)的密封装置是否符合质量要求;

(5)安装和检查各种保护装置是否齐全、可靠。如油压继电器在油路断油时是否会动作;水银接触器断油时能否接通停车触点;电流表、电压表是否正常等;

(6)进行空磨(无介质、无物料)盘车,检查磨矿机和其他回转体有无与其他物体相接触或碰撞现象,有无异常声响等。

做完以上的检查工作,认为都合乎要求后可以进行试车。试车要分为空负荷、半负荷、满负荷等几个阶段进行。

9.6.2.2 空负荷试车

经过空磨盘车,确认磨矿机可以启动后,在不装磨矿介质和不给料的情况下,启动进行空负荷试车。空负荷试车要达到如下要求:

(1)无负荷试运转正反转不少于4h;

(2)运转时传动齿轮无不正常的响声,衬板无敲击声;

(3)轴承温度不超过70℃,双振幅不超过0.01mm;

(4)减速机双振幅不超过0.05mm;

(5)传动轴双振幅不超过0.08mm。

在空转时若有达不到上述要求,要及时进行检查处理,直至符合要求为止。空负荷试车达到规定时间后,停止磨矿机,详细测试、检查各部工作情况,消除存在的一切问题。

9.6.2.3 负荷试车

空负荷试车合格后,可以进行负荷试车。负荷试车要分两个阶段进行。先装入占正常充填率25% ~30%的磨矿介质和适当的物料(不能连续给料)及水,运转8 ~10h,在无故障的情况下停止磨矿机,检查各部运转情况。经检查确认一切正常时,增加磨矿介质到额定的充填率和适当增加物料量,在满负荷和正常给料的条件下,再运转10 ~20h。这样试车完毕。

负荷试车要达到下列要求:

(1)磨矿机工作平稳,无急剧的周期性振动和轻微的撞击声;

(2)主电机电流在允许范围内波动,温度在允许温升以下;

(3)各润滑点润滑正常,主轴承温度低于70℃;

(4)磨矿机和各密封处无漏水、漏浆、漏油等情况。

完成以上各项工作后,由使用单位和有关技术部门共同验收,认为合格以后,使用单位、安装单位和有关人员在移交书上签字,这样即可交付生产使用。

9.7 磨矿机的使用

磨矿作业包括给矿、给水、磨矿、分级、介质补加等各个环节,它们构成一个完整的系统,称之为物料粉磨系统工程。磨矿分级过程不是静止的,而是一个动平衡过程。动平衡完全是一个相对概念,把相对平衡时称作静态或稳态,相对不平衡时称作动态。

在磨矿、分级过程中,当原矿性质基本保持不变,给矿、给水、磨碎、分级返砂和溢流、介质补加等因素均能按给定的条件保持平衡时,就可获得理想的磨矿指标,如果某个因素发生较大扰动,平衡将受到破坏,不及时进行调整使之恢复新的平衡,磨矿指标将变坏,而且将波及选矿指标,所以磨矿分级过程的操作、管理主要指的就是通过各种手段和方法,用人工或自动装置及时把各个环节,如给矿量、浓度、细度、给水量、返砂量等主要工艺指标检测出来,与给定的条件对照分析,找出发生变化的原因,采取各种措施消除各种扰动因素,来保持整个磨矿过程的动平衡,使各个环节的工艺指标都符合给定的条件,从而获得最优异的磨矿指标。

磨矿分级设备的完好和正常运转是能够进行正常磨矿的前提,而正确的使用及合理的维护保养是磨矿过程能够稳定而较持久地进行下去的保证。因此,对磨矿分级过程的严格控制与对磨矿分级设备的合理维护及管理具有同等重要意义。

9.7.1 磨矿机组的启动

磨矿机包括分级设备在内是选矿厂的大型设备之一。在开车或停车时都必须严格按操作规程行事,否则会由于违章操作造成重大设备事故。

一个磨矿机组,开路磨矿时一般包括磨矿机、润滑设备、给矿机等,闭路磨矿时还有分级设备。磨矿机组的启动和停车,一般要遵循下面两条原则:

(1)全部设备启动完毕,运转稳定、正常后才能给矿;

(2)启动时按逆矿石流方向自下而上的逐个启动设备,即由润滑油泵→分级机→磨矿机→给矿机的顺序启动,严禁几台设备同时启动。停车时则相反,要顺矿石流的方向自上而下依次停车,即由给矿机→磨矿机→分级机→油泵的顺序停车。正常停车时,设备中的物料要尽量排干净,在空负荷的情况下停车。在两段闭路磨矿时,有的磨矿分级流程要一段磨工作一定的时间后矿石才能到达二段磨,在这种情况下,二段磨可以在二次分级机有返砂时再启动,否则往往会在一定时间内二段磨是空转,消耗磨矿介质和衬板,并经常引起筒体漏浆。

磨矿工接到开车指令后,在启动磨矿机组前,必须认真做好检查、准备工作,主要内容包括:

(1)详细检查磨矿机和所属设备(分级机、给矿机、电动机等)有无障碍物,如撬棍、铁棒、工具和其它物体,防止阻碍设备运转或者设备启动时将这些物体弹出、甩出伤人或击坏设备。有时这些物体会直接损坏被启动的设备。

(2)检查紧固件如齿轮、联轴器、减速机、地脚螺栓和皮带轮等的紧固情况,防止松动和结合不好,对于弹性联轴器应注意检查柱塞或胶圈的磨损情况。

(3)检查传动齿轮齿面的润滑情况和是否有矿砂进入或存有异物。

(4)对内循环润滑部位要检查油量是否充足,油质是否良好。对使用固体润滑剂的地方要检查固体润滑剂消耗情况和与润滑件接触情况,以及有无砂水进入。

(5)对于手动减压启动的设备,要检查油浸变阻器的手轮是否在零位,短路闸刀是否在打开位置。对于同步电机,要将直流操作手柄推到工作位置,检查滑环与转子的接触是否良好。

(6)检查各种保护装置如断油保护停车的水银接触器、油压继电器,连锁装置和音响讯号等是否完备、可靠。

(7)检查各种仪表,如电流表、电压表、油压表、测温仪、计时器和指示灯等是否齐全、正常,有自动监测装置的设备,如电耳、γ 浓度计、电磁流量计等,要检查它们是否灵活、可靠。

(8)检查磨矿机给矿计量器,如电子皮带秤等,是否可靠正常。可以在不给矿的情况下启动空皮带运输机,检查零点和传感器接触情况,若空皮带行走时计数器会动作,就必须进行调整或检查有关部件、元件,直到皮带空载时计数器不会动作为止。

(9)完成以上的检查、调整工作后,要准备启动油泵。油泵在启动前,要检查油箱的油位和油质,保证有充足、清洁的润滑油。然后打开冷却器的冷水开关,检查冷却水是否畅通。夏天气温比较高,启动油泵前应先打开冷却水,冬季气温低,可先开动油泵进行循环,待油温上升到一定数值后再开冷却水,不然油的流动性太差,润滑效果不好。采用电炉加热时,应开动油泵循环以保证油温均匀上升。油泵启动后,要认真检查它的工作情况和整个供油润滑系统的情况:油压是否正常,进油、回油管路是否畅通,有无跑、冒、滴、漏情况,中空轴颈上油量分布是否均匀。

(10)油泵工作正常后启动磨矿机。若磨矿机已经停止的时间比较长(一般在4h以上),要盘车2~3转,盘车时主要是检查磨矿机有无和其他物体如安全罩、给料槽等相碰撞的情况,磨矿介质是否黏结、转动是否自如等。盘车时如果听不到介质滚动的声音,证明已黏结,在这种情况下要多盘车,直到介质会运动为止。如果盘车无法使介质运动,可以从进料端或出料端射入高压水,边射边盘车。如果还无法使介质运动,只好打开人孔盖进行处理,否则磨矿机偏心严重,强行启动会损坏电机、电器或设备。停车在4h以下时,一般不用盘车可直接启动。

(11)检查分级机。如果分级机是筛子,要检查筛网和传动皮带是否完好,筛面上有无矿石,当矿石较多时应清除。如果是螺旋分级机,螺旋下端应在升起位置,若不在这个位置,应开动升降机,将螺旋提起。

在做完检查和准备工作后,确认没有任何问题时,按规定发出开车讯号,如打铃等。大多数设备在开关柜内都有隐蔽开关,启动前要将隐蔽开关先推到"合"的位置。然后启动分级机,再启动磨矿机。待磨矿机运转2~3min后,启动皮带运输机和给矿机。给矿后要立即打开磨矿补加水(一般叫后水)和排矿补加水(一般叫前水),也可以在磨矿机启动前先打开前后补加水。这样将分级机(指螺旋分级机)慢慢下降到正常位置,整个启动过程完毕。

启动完毕进入正常运转阶段后,要对全部设备的运转情况作一次全面检查,发现有不符合运转要求的设备要立即处理,必要时应停车处理。同时要按规定检查和调整给矿量和前后补加水,以保证适合的处理量和浓度、细度。

启动设备时要注意以下事项:

(1)用手动减压启动的磨矿机,按下启动按钮后,油浸变阻器手轮要慢慢地转到运转位置,否则磨矿机突然加速会引起跳闸或其他事故;

(2)用频敏变阻器减压启动的磨矿机,启动过程不能超过规定的启动时间,启动时间一般是15~20s,如果从按下启动按钮磨矿机开始转动起到规定时间磨矿机还达不到额定转速,要立即停止启动,否则频敏变阻器会烧毁。停止启动后,要检查机械和电器,找出启动不了的原因。第一次与第二次启动的间隔时间要在15min以上。如果频敏变阻器的温度比较高,可用风机强制冷却;

(3)磨矿机连续启动不能超过两次,第三次启动必须经电工、钳工配合检查后才能启动;

(4)无论启动什么设备,在启动时操作人员眼睛必须看着被启动的设备,以便在有异常情况时立即停止启动或采取紧急措施。

9.7.2 磨矿机组的停车

9.7.2.1 正常停车

正常停车指的是在磨矿机正常运行下有计划的停车,如选矿厂已完成生产计划需要进行设备检修,或者选矿、脱水有问题需要停车等。当接到停车指令后,先停止给矿机,皮带已无矿时停止皮带,这样磨矿机中断给矿。停止给矿后磨矿机还要运转10~20min,将磨矿机内的物料排空后才能停车,以避免下次磨矿机在重负荷的条件下启动。矿机内的物料排空后停止磨矿机,关闭前后水,停止油泵,再停止分级机。如果是螺旋分级机,停止后应把下部提起来,防止分级机下一次在重负荷条件下启动而扭坏主轴、螺旋或损坏电机等。如果磨矿机轴承是水冷式的,还必须关闭冷却水。最后要关闭润滑油冷却器的冷却水。对于用手动减压启动的磨矿机,磨矿机停转后,将油浸变阻器的手轮回到零位。如果设备停置的时间比较长,应将开关柜内的隐蔽开关拉到"分"的位置,不要使柜内的控制元件长期处于触发状态。

9.7.2.2 事故停车

由于设备有了毛病或者油路、电路有故障,又不能在运转条件下排除,必须立即使磨矿机或其他设备停止运转,这种情况叫做事故停车。

有下列情况之一者要立即事故停车:

(1)给矿器勺头掉落;

(2)给料器与给料槽相碰撞发出巨响;

(3)齿轮因打牙掉齿而发出周期性较大响声;

(4)电机、减速机轴承急剧升温,温度高于80℃;

(5)地脚螺栓拉断,磨矿机发出振动;

(6)磨矿机衬板脱落,筒内发出巨大响声;

(7)螺旋分级机主轴扭断或因传动机构有毛病,轴承磨坏卡死主轴;

(8)电机、电器发生火花、冒烟或发出异常声响较长时间不能自行消失;

(9)突然断油,但轴承还未过热;

(10)油箱有油但循环量很小,一时又查不出毛病,等等。

事故停车要立即停止给矿,停止分级机,并把所有的电器开关都打在停止位置。关闭补加水,把螺旋分级机升起(分级机本身无故障时)。若是因停电造成突然停车,要检查磁力启动器等是否自动脱开,闸刀开关必须拉开,防止来电时自行启动。

事故停车后,再启动时一般都是在重负荷情况下启动,启动时对电机、电器和设备都要特别注意。

事故处理完毕后,为了把设备顺利地启动起来,应做好以下工作:

(1)检查给矿器下边的给矿箱是否存有矿石,若存矿比较多,应打开箱底排料口,把矿石排出,否则箱内有大量矿石存在,对给矿器的阻力太大,将造成启动困难;

(2)启动前应盘车,使筒内的矿石和介质充分活动起来,减少偏心;

(3)启动前要对机械和电器进行全面检查。必要时,应用摇表测量电机的绝缘情况;

(4)若机械、电机、电器正常而启动不起来,说明负荷重,只好打开人孔盖倒出一部分矿石或球,启动完毕正常运转时又将矿石或球给入磨矿机。

9.7.3 磨矿机组运转中的检查与维护

在磨矿工作进行的过程中,磨矿机的操作者要对设备和生产指标负责。因此要对磨矿机及所属设备以及磨矿流程的各个环节经常进行检查和调整,及时消除故障,防止事故发生,保证磨矿过程的正常进行。

9.7.3.1 润滑系统的检查

润滑系统在采用稀油外循环强制润滑时包括油泵、油路(管路)、润滑点或润滑部位。检查的主要内容是:

(1)察看油压表,正常的油压应保持在0.05~0.15MPa。

(2)检查油温,油温不应超过60℃。检查方法是,有的磨矿机在油路上装有油温表,有的在开关柜上装有测温器,对前者直接观察温度计,对后者观察指针与若干个测温点如磨矿机的前轴承、后轴承、减速箱等相接通情况,开关柜上的键钮不按下时指针在零位,当要检查某润滑点的温度时,按编号按下键钮,指针立刻指示出该点的温度,这是一个由热电偶将温度讯号转换成电讯号的过程。有的通过一些装置把电讯号再转变成音响讯号,当油温超过规定值时由电笛或电铃发出声响。如果没有什么测温手段,可用手摸回油管,回油管烫手时,证明油温过高,回油温度一般在35~45℃以内。

(3)检查油流量,检查的地方有:1)管路上的油流指示器;2)中空轴瓦盖上的观察孔;3)油箱中的油位指示器;4)油压表,因为在管路畅通的时候油的流量与压力(流速)成正比关系,油压表压力下降时流量可能减少。油流量多少才合适,大多凭经验,一般以润滑正常为合适,也可以在润滑正常时用量筒测量流量,以后以此作参照。

(4)检查中空轴颈上油流是否均匀分布。对内循环润滑的磨矿机要用油标尺检查油位和用手摸试油温，并注意检查油环是否转动。使用固体润滑剂的磨矿机，要检查润滑剂与润滑部位的接触情况和润滑剂的消耗情况，以及是否有矿砂或水渗入到润滑剂中。

(5)检查油泵、油路、各润滑点的密封部位有无漏油和进砂、进水等情况。

(6)从油路指示器或主轴承上盖观察孔观察油的黏度和清洁度，如果流动性差证明黏度高或温度低，油变色证明不清洁。

9.7.3.2 磨矿机回转体的检查

磨矿机回转体主要包括筒体、端盖和给矿器。对这三部分主要检查内容为：

(1)注意螺钉松动、拉断而漏浆的情况。筒体和端盖固定衬板的螺钉因松动或者拉断，都会引起磨矿机漏浆、漏水。两端盖和靠两端盖的筒体上的螺孔漏浆，都会使矿浆进入主轴承和大小齿轮，结果使齿轮和轴承受损坏。当矿浆进入润滑系统后，使整个润滑情况都变坏。有时因筒体螺钉拉断后衬板脱落而打坏筒体，所以要注意漏浆，一经发现漏浆应停止磨矿机进行处理。有的操作工，筒体螺钉拉断不进行更换，而用木楔塞住就开车，这是不对的，特别是刚换上的新衬板，螺钉断后最容易脱落，更不允许这样做。漏浆处理方法，螺钉未断则增加或更换垫圈拧紧螺母，螺钉已断则更换螺钉。实践证明，使用麻绳垫圈效果较好。

(2)注意磨矿机排料跑粗活吐球。

(3)由安全罩观察孔观察勺头磨损情况。

9.7.3.3 紧固情况的检查

磨矿机组一切设备，由于振动会引起地脚螺栓松动，一旦松动会加剧设备的振动甚至发生位移，使水平度、平行度和同心度发生变化，损坏设备，所以要注意检查，检查可用扳手。至于运动部件的紧固情况，运转时只能观察，停车后可用小榔头轻轻敲打或用扳手检查。

9.7.3.4 电机、电器的检查

在运转过程中，电机、电器的检查内容主要是温度。电机的温度实质上是指绕组温度，其次是轴承温度。轴承温度在环境温度为40℃时，滑动轴承允许80℃，滚动轴承允许95℃。在电机铭牌上一般都注有温升允许温度，电机的绝缘级数不同，温升限度也不同。电机的温升是指在规定的环境温度的基础上再允许升高的温度，环境温度有的为35℃，有的温度为40℃。环境温度达到规定的标准时，电机温度为环境温度加上温升。如某电机铭牌上标有温升60℃，如果环境温度为35℃，那么这台电机最高温度可达60℃ + 35℃ = 95℃。

如果环境温度达不到或超过了规定温度，那么电机的温度就不等于环境温度加温升了，而应进行修正。

电机的温度一般用工业温度计测试。有自动测温装置时，要注意观察仪表。在无其他测温手段时可以用手背靠在电机上摸试，根据一般经验，手靠拢电机时虽然感到热，但手可以长时间不离开电机，则电机温度没有超过允许温度。如果手摸不得，则温度已超过允许范围。

9.7.3.5 分级机的检查

对螺旋分级机要注意观察螺旋叶片是否脱落，叶片脱落后容易把螺旋磨坏。还要观察整个螺旋体运动是否平稳，如果发现螺旋运转不同心，那么下轴头轴承可能已磨坏。

对水力旋流器要检查给矿压力是否平稳，器壁和排砂嘴有无磨穿，管路有无磨穿和漏浆现象等。

对于筛子，要注意电压、电流有无异常，振动有无突变，弹簧有无断裂，筛网是否完好，负荷是否合适等。

9.7.3.6 负荷变化的观察

由于新给矿量和粒度的变化,以及返砂量的变化,或介质加入量的变化都会使磨矿机的负荷发生变化,要注意检查。检查的方法有:

(1)察看原矿计量器上计数表读数。

(2)观察电流表指针的摆动。在正常负荷下,指针在很小范围内摆动,当负荷很大时,开始指针略有增加,但当负荷很大胀肚开始时指针下降,磨矿机"胀死"时,指针下降得比较大。

(3)注意监听磨矿机声响的变化。磨矿机负荷不同,球或棒打击发出的声响不同,负荷低时,介质与介质、介质与衬板间的撞击声很强,随着负荷的提高这种撞击减弱,当胀肚时,几乎听不到撞击声,只听得到筒体与空气摩擦的嗡嗡声。

(4)要注意观察分级机返砂量的变化。

总之,要从各方面来监视磨矿机负荷的变化,保证负荷均匀,防止胀肚或空磨。

9.7.3.7 给矿量的检查

保持稳定而均衡的给矿量,是保证磨矿工艺指标(浓度、细度、磨矿效率等)的重要前提,也是保证选别作业能有良好指标的条件。一般选矿厂在给矿皮带上都装有计量器,既可以量度瞬时给矿量,又可以记录累计给矿量,所以应注意计数器码的走动情况,数码走动得忽快忽慢,证明给矿不均匀。可以根据数码的走动数目换算给矿量,然后进行调整,使给矿量保持规定的标准。有的选矿厂不是磨矿工自己给矿,设有专职给矿工,这就要注意观察,发现矿量变化,要及时与给矿工联系进行调整。有的选矿厂没有给矿计量设施,用人工取样称量然后查表确定给矿量。

9.7.3.8 磨矿产品质量检查

磨矿产品的质量,主要是指磨矿机排矿的浓度和细度,或者是分级机最终产品的浓度和细度。这两项指标的检查方法有多种,有的用浓度壶检查,有的装有自动检测装置,如 γ 浓度计、粒度计等。除用测量工具和自动检测仪来检查浓度、细度外,还应注意用肉眼观察和用手摸试,凭直观感觉来判断浓度和细度。只要肯观察、多摸试,不断积累经验,估计的误差与实测结果出入不会太大。

9.7.3.9 返砂量的观察

在闭路磨矿中,不管使用什么分级设备都有返砂给磨矿机再磨的粗砂,返回量的大小直接影响磨矿指标,所以要注意观察。对于螺旋分级机要从上头观察返砂量的大小和补加水的情况,从而保证新给矿、返砂量和溢流量的平衡。

9.7.3.10 给水量的稳定

湿式磨矿要注意检查给水量的稳定,没有计量装置时,应把闸阀打开的转数固定下来,以保持给水量的稳定。

9.8 磨矿机的维修

磨矿机的维修,其目的是为了恢复它们的力学性能,延长检修周期和使用寿命。所以,应当把设备的检修、操作和维护、保养紧密地结合起来。作为磨矿设备,为了缩短停转时间,提高作业率,必须及时检查和有计划地更换已磨损过度或有缺陷的机械零部件。因此要按照零部件的磨损和消耗规律、更换周期,制定出检修计划,以便按照生产计划和检修计划,根据零部件储备定额,储备足够量的易损备件,达到计划检修和状态监测维修。

9.8.1　维修内容

设备维修工作，一般都分为小修、中修和大修。检修的周期，大、中、小修的内容，在划分上不完全相同。随着设备使用年限的增长，检修工作量也会增加。磨矿机的检修划分为：

(1)小修。小修周期一般为一月，同时也包括了随坏随修。小修的内容主要包括油泵、滤油器、润滑管路的检查、清洗和换油；各部紧固件的检查、更换或拧紧；对磨矿机大小齿轮的检查、记录磨损情况、啮合间隙测量、对磨损的齿轮进行修复；检查联轴器的同心度是否发生变化，弹性胶垫和柱塞的磨损情况，并根据磨损情况进行更换；打开人孔盖进入磨矿机，检查筒体衬板、格子板、楔铁、端盖衬板的磨损情况并酌情更换；测量磨矿介质充填率；检查和修补进、出料管；检查给料器，更换勺头或固定螺钉；检查电机的轴瓦、油圈；检查或更换螺旋分级机的衬铁、下轴头以及各部的传动皮带及润滑情况等。

(2)中修。中修除包括全部小修内容外，主要是对设备各部件做较大的清理和调整，更换大量的易损部件。具体着重检查的对象除小修应进行的以外，还要检查和更换进、出料管衬套、给料管和大小齿轮的修复工作等。中修周期为4～6个月，有的为一年。

(3)大修。大修除包括小修、中修的全部内容外，着重修理和更换磨矿机的各主要部件，如更换大齿轮、主轴承；检查筒体的磨损情况、变形情况、修理或更换筒体；检查、修复或更换进、出料端盖；更换分级机主轴；磨矿机基础的修整、找正和重新进行浇灌等。检修周期有的2～4年，有的更长一些，主要决定于平时的维护保养、部件的材质和制造质量等。

磨矿机主要零部件的平均使用寿命和最低储备量见表9－16。

表9－16　磨矿机易损部件的使用寿命和最低储备量

零件名称		材　料	使用期限/月	每台磨矿机的最低储备量
衬板	筒体衬板	高锰钢	6～12	2套
	端盖衬板	锰　钢	8～10	2套
	进、出料管衬套	碳钢或白口铁	12～18	1套
	格子板	锰钢或铬钢	6～18	2套
给矿器勺体		碳钢或白口铁	8	2套
给矿器体壳		碳钢或白口铁	24	1套
给矿器勺头		高锰钢	2	2个
主轴承瓦		巴氏合金	48～60	1套
传动轴承轴瓦		轴承合金	18	2套
小齿轮		40Cr	6～12	2套
大齿轮		碳　钢	36～48	1套
衬板螺钉		碳　钢	3～8	需要量的50%

9.8.2　维修方法

无论是小修、中修还是大修，都必须具有所需要的工具，如量具、仪表、顶具、拉具和常用工具；材料，如钢板材、圆材，电焊、氧焊、气割材料；备件，如螺钉、螺帽、轴承、垫圈、润滑剂和清洗剂等等。

维修时,应注意以下程序和基本操作:

(1)磨矿机的拆卸程序应与装配程序相反,所以要熟悉磨矿机的结构、构造和装配情况。使用吊具(如天车、葫芦)、顶具和拉具时,应先对它们进行检查,如钢丝绳有无断丝、刹车和锁紧装置是否可靠,承载能力是否适应等。

(2)为了保证再装时的精度、拆卸前,对于重要组合件,应先打印定位,然后按正规方法拆卸,不允许随意乱打乱敲或随意切割而损坏零部件。

(3)在需要用锤打击时,不能用锤直接打击部件,必须垫有软质垫块如木材等,或用铜棒间接打击,防止将零件打膨、打毛,甚至损坏。

(4)零件在更换前,工作表面必须洗净,用棉纱或面团擦(粘)净后涂上油脂才能装配。

(5)紧固连接表面(如端盖与筒体、中空轴与端盖等)不能有间隙和松动。拧紧螺栓时,各方向的螺栓受力要均匀,不能有的松,有的紧,否则由于受力不均匀,受力大的会拉断,或由于松动而不能保持连接件的同心使设备损坏。

(6)旋转部件的连接、固定螺栓,必须配有弹簧垫圈和背紧螺母,防止在旋转时螺母自动回松,引起部件松动。

(7)滑动轴承的轴瓦如巴氏合金,在瓦背内不允许有任何离壳或转动现象,否则由于轴瓦活动引起与轴配合不好而发热甚至烧坏。

(8)减速机、齿轮和轴承,一定要按技术规范标准装配。有的属于过盈配合,在装配时应该用压力机压入,再无压力机而用热膨胀方法装配时,要掌握好加热温度和装配速度,加热件不能加温到发红,不然会出现要么加热膨胀不够,要么过热而引起零件退火,或者因装配速度过慢,非加热件也受热膨胀,无法装到位。

(9)安装连接机件时,必须按技术标准进行,轴向和径向找正,保证同心度。

(10)在安装机座(如泵、小齿轮和主轴承座)时,必须进行有调整垫板的安装。

(11)检修安装完毕,必须进行试车和检查验收,保证检修质量。

9.8.3 维修的组织形式

设备检修组织有多种形式,有的国家,设有专门的检修公司,选矿厂自己不检修,只做日常维护。我国的选矿厂基本上都有检修队伍,通常有以下几种组织形式:

(1)集中式。把检修人员、设备、工具及备品、备件全部集中起来形成检修队伍。这种形式只适合规模小,设备简单的选矿厂。

(2)分散式。把检修人员、设备、工具及备品、备件等,按实际需要分散到各车间、工段,形成检修组。这种形式,工作范围小,专业性强,有利于提高检修质量。

(3)混合式。选矿厂有专业性的大修队伍,同时各车间、工段配有一定的检修人员、设备及工具。专业大修队负责主要设备的检修或大的设备更新和技术改造工作,各车间、工段的检修人员负责小修、中修等。

我国目前大多数选矿厂,都是检修与操作分开,检修的人员负责修理,操作的人员负责开车。但有少数选矿厂搞"运检结合",检修与操作合为一体。这种形式可以减少选矿厂定员,也可促进操作和设备的维护保养,可以提高设备的作业率和延长检修周期。但是,这种形式要在工人技术熟练程度比较高的选矿厂才能办到。

9.8.4　主要零部件维修

9.8.4.1　主轴承维修

磨矿机大修或事故烧瓦时，主轴承（中空轴瓦）需要修理或更换。按拆卸顺序为：拆卸小齿轮罩、吊出小齿轮轴、拆卸给矿部、大齿轮罩后。将磨矿机筒体部分顶起一定高度后，检察主轴承的磨损情况，如不太严重（局部烧损熔化、裂纹、掉块等），应采取焊补巴氏合金修理；如磨损或损坏严重时，应重新浇注巴氏合金，合金层要留有4～6mm的加工余量，浇注后的主轴承加工表面不应有砂眼、气孔和裂纹等缺陷，如砂眼和气孔深度不大于4mm，面积不大于$2cm^2$或微小裂纹，可以进行补焊后加工使用，如缺陷较大，应重新浇注。浇注好后，要进行刮研，在已合好的轴成面上涂好显示剂，转动研点，显示斑点后，用刮刀刮去，反复显示反复刮研，使主轴承工作面的接触面积逐渐扩大，直到在接触面上显示出均匀的点子为止。刮研时用力不要过大，以免刮削过深，刀的痕迹要细，并交错进行，接触点不少于1～2个点/cm^2。

9.8.4.2　大齿圈维修

大齿圈工作时，径向跳动偏差超过0.25mm/（直径）m；轴向跳动（端面跳动）超过0.23mm/（直径）m；齿面严重磨损；断齿和齿圈边缘或筋部裂纹，应及时进行维修。

径向和轴向跳动偏差产生的原因是加工质量和安装不当或运转过程中配合部位松动。安装不当或松动可以通过调整大齿圈与筒体上的齿轮连接法兰间的径向和轴向相对位置来解决。经检查如属加工不良引起的跳动偏差过大，则应进行处理，修理办法可根据具体情况而定，一般在大型车床或现场自制端面车床进行切割加工处理。

齿面严重磨损和断齿，一般是更换新齿轮，但也有部分齿轮虽磨损严重或损坏，仍有修复的可能，其修复方法视损坏情况而定，主要有以下几种方法：一次堆焊法、堆焊加工法、更换齿圈法、嵌齿法、更换齿圈法、变位切削法。

齿圈边缘或筋部裂纹的修复方法，大多数是采用焊接或焊补钢板来进行修复。

9.8.4.3　筒体部分的维修

磨矿机筒体因有衬板的保护，一般正常的情况下，筒体是不容易磨损的，但在两端盖处，由于设备长期运转，连接螺栓松动，造成漏砂、磨损，此时就要进行维修。将端盖和筒体接触处打上标记后进行拆卸，清洗，刮削，刮平后垫上0.5mm厚的红钢纸，并涂上铅油，按拆卸时打上的标记为止进行重新组装，先将定位的螺栓导入，均匀的拧紧紧固螺栓，最后装上稳定螺栓。个别情况下，由于衬板安装不当或间隙过大也有把筒体磨漏的情况，此时应用焊补钢板来进行修复。

9.8.4.4　中空轴颈的修复

磨矿机中空轴颈在经过长期工作后或短期的维护保养不良，会出现中空轴颈内套磨损，使矿浆进入中空轴颈里孔中，引起中空轴颈严重磨损或破坏。当中空轴颈出现裂纹时，应先补焊后加工；出现漏洞时，应补焊钢板厚再加工。对于裂纹、漏洞或隐蔽大凹坑，必须认真仔细检查、处理。当轴颈磨损局部过薄或裂纹，漏洞严重，有引起轴颈折断可能时，应在轴颈里孔磨损过甚处，在不影响内套装配间隙条件下，补焊钢板立筋，增加轴颈的抗弯抗剪强度。

参考文献

[1] 中华人民共和国国家标准. GB 50377—2006. 选矿机械设备工程安装验收规范[S]. 北京：中国计划出版社，2007：22～25.

[2] 洛阳大华重型机械有限公司产品目录[S].洛阳,2008.
[3] 中信重工机械有限公司.近几年矿用磨机业绩表.洛阳:2008.
[4] 沈阳重型机械集团有限责任公司.产品简明手册(第三册).第十二分册:粉磨类[S].沈阳,2005:2~33.
[5]《破碎粉磨机械》编写组.破碎粉磨机械[M].北京:机械工业出版社,1978:118~161.
[6]《中国选矿设备手册》编委会.选矿施工图设计手册(上册)[M].北京:科学出版社,2006:225~258.
[7]《选矿施工图设计手册》编委会.选矿施工图设计手册(上册)[M].长沙:湖南科学技术出版社,1993:266~284.
[8] 刀正超.选矿磨矿工[M].北京:冶金工业出版社,1987:70~78,92~95.
[9]《选矿设计手册》编委会.选矿设计手册[M].北京:冶金工业出版社,1988:134~141.
[10] 周忠尚.选矿厂设计[M].北京:冶金工业出版社,1984:77~81.

10 自磨机与砾磨机

自磨机不需要添加任何介质,仅依靠物料自身进行磨碎,因此又称为无介质磨机。自磨机最初以干式为主,其筒体直径较小,易于制造,于1904年率先在南非金矿应用。为了满足工业生产和选矿厂大型化的需要,克服干式自磨机所存在的缺点,如自磨工作系统不易控制、能耗大;由于有粉尘污染,还需增设除尘设备,致使设备费用增加等,因此湿式自磨机发展很快,首台湿式自磨机于1940年在美国制造成功。目前国内和国外已很少使用干式自磨机,原来使用的干式自磨机大部分都已改为湿式自磨机,只在某些特殊情况下(如缺水)才使用干式自磨机。湿式自磨机的优点是能耗较低、无粉尘污染、辅助设备少、易实现生产自动化、产品粒度较稳定等。湿磨机和干磨机的共同缺点是衬板磨损较快且更换困难、硬度大的矿石不易处理。其共同优点是可以处理粗碎矿石,省去中、细碎作业,不消耗金属介质,有选择性粉碎作用,粉碎比大,达3000~4000(给料粒度300~400mm,产品在0.1mm以下)。

为了提高处理能力,磨碎难磨矿石,有时在自磨机中加入少量钢球(占磨机容积的6%左右),因此又往往称为"半自磨"。

湿式自磨机可用于黑色和有色金属矿以及非金属矿选厂,也可用于水泥厂、耐火材料厂、化肥厂和冶炼厂等厂矿处理各种可磨性物料。

砾磨机与普通球磨机的构造和工作原理基本相同,因此国内很少专门生产砾磨机,一般可将球磨机直接用作砾磨机,但是处理能力下降。目前,我国选矿厂很少使用砾磨机。

我国自20世纪50年代末开始研究干式自磨机,至20世纪70年代初的十几年间有较大的发展。到1982年以后,由于诸多因素,致使很少生产和应用自磨机。但最近几年,我国湿式自磨机生产制造技术发展很快,能够根据各种不同类型矿石和不同规模的生产需要,生产制造出不同型号和规格的湿式自磨机,不但能够满足国内需要,还大量出口。同时采用了气动离合器、动静压轴承、喷射润滑、加铬耐磨钢衬板、自动化控制等新技术,已赶上国外先进水平。目前,已生产制造出直径12.2m、筒长11m、采用28000kW滑环电动机的大型湿式自磨机,出口澳大利亚西部铁矿,该矿是世界最大的铁矿,年处理原矿石8400万吨。

10.1 自磨机工作原理

自磨机工作原理即自磨机的磨矿过程示意于图10-1a(以干式自磨机为例):

矿石由给矿端给入后,小颗粒沿A面的波形衬板均匀地落到筒体底部中心并分散至两侧;给矿中的大块动能较大,趋向于到达较远的一侧,但是一部分要碰到A、B处的衬板而返回到另一侧,因此也使大块得以均匀分布。此处波峰衬板的A—A和B—B面的作用是避免给矿产生偏析现象。从排矿端沿机壁下端返回的中等颗粒,也均匀地落到磨机筒体底部中心,随后向两边衬板扩散。大块和细粒在筒体底部都沿轴向运动,而方向正相反,结果产生磨碎作用。

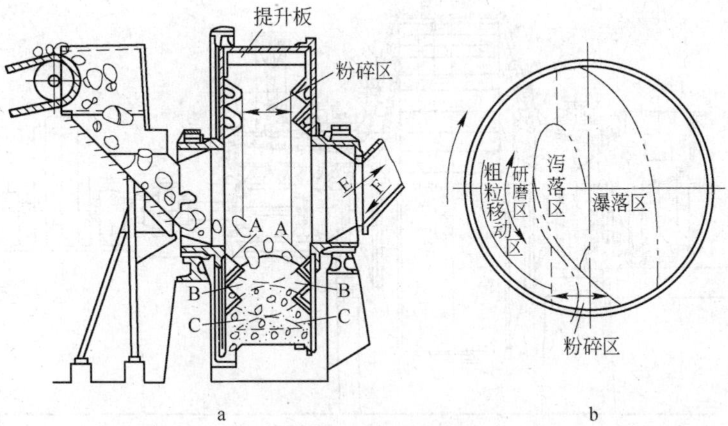

图 10－1　自磨机的磨矿过程与物料运动状况
a—自磨机的磨矿过程；b—物料运动状况

提升板 C—C 和波形板 B—B 有楔住矿石的作用，矿石在 C—C 处首先被楔住，沿轴向挤成“拱形”，并逐渐向上扩展，在 B—B 之间也形成“拱形”，于是在“拱形”区内所有矿石都处于受压状态。

矿石随筒体转动，位置迅速提高，很快从受压状态转为张力状态。当矿石的重力克服离心力时，矿石就脱离筒体而落下，但各种粒级矿石下落的路径是不同的(图 10－1b)。大块矿石由于重力大，上升到较低的高度时就首先滑落下来，同时对小颗粒产生磨碎作用，随后移动到筒体中心内层。中等块度的矿石随筒体到达较高的位置后按泻落状态滚落下来，矿石相互磨剥而形成泻落区。小块矿石随筒体到达更高位置后沿抛物线轨迹落下，形成矿石瀑落区，此时的冲击力使矿石粉碎成细粒；而粒度更小的矿石浮落于表层。总之，随着筒体的转动，在不断循环过程中，矿石在冲击、磨剥和压碎的反复作用下遭到粉碎，合乎产品粒度要求的颗粒被通入自磨机的循环空气流带出，在湿式自磨时则随水排出。

10.2　湿式自磨机构造

湿式自磨机构造与球磨机构造大体相同，都有筒体、端盖、衬板、排矿部、给矿部、轴承部、传动部、润滑系统等组成。以 $\phi5.5\mathrm{mm}\times1.8\mathrm{mm}$ 湿式自磨机（自 1985 年至今鲁中冶金矿业集团公司选矿厂应用效果很好）为例，其结构见图 10－2。

给矿小车 1 是接受运输机送来的矿石，并转向送入磨机内的给矿装置，上端是钢板焊接的斗体，下端支承在四个轮的小车上。斗体的形状，既要能够承受大块矿石的冲击，又要能够使矿石畅通无阻地送到磨机内。在此，斗体承受矿石直接冲击的底部制成平底。矿石给入后，在平底部位堆积成一个自然的矿石衬垫，可以完全避免矿石的直接冲击。这样，在此部位上，就无需铺设坚硬耐磨的衬板，也无需坚固的斗底。在平底的下段制成倾斜 40°左右的溜槽，保证矿石顺利的送入磨机之内。

筒体 4 与进、出料端盖 2、8 结合后，构成磨矿空间。在其内部镶有进料端衬板 3、筒体衬板 5、格子板 6、簸箕板 7 等衬板。衬板是与矿石直接接触，要求衬板既耐磨、又要有利于提高磨矿效率。因此，衬板材质的好坏和几何形状合理与否都是很重要的。

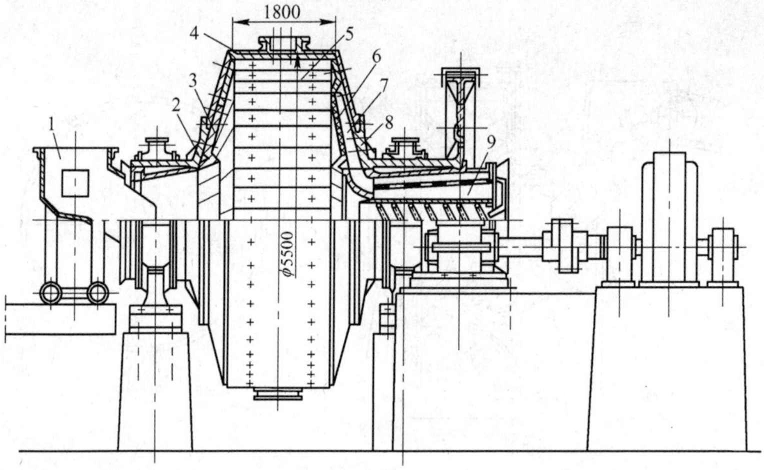

图 10－2　φ5500mm×1800mm 湿式自磨机结构

1—给矿小车；2—进料端盖；3—进料端衬板；4—筒体；5—筒体衬板；6—格子板；7—簸箕板；8—出料端盖；9—自返装置

进料端衬板（图 10－3）是直接受到刚入磨机的大块矿石的冲击，同时又受回转运动矿石的磨损，因此，它的损耗是很快的。为了避免矿石冲击板面，则在衬板靠近中心的一端，设有 250mm 高的波峰。为了避免矿石环向运动的磨损，则在外圈衬板上设有 80mm×80mm 截面的护筋。实践证明，波峰高增加到 330mm，并在内圈上也增加了护筋，其寿命可延长 2～2.5 倍。

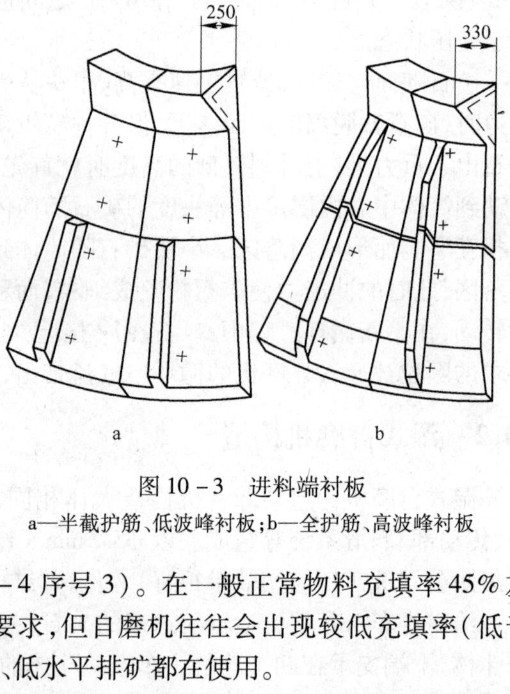

图 10－3　进料端衬板

a—半截护筋、低波峰衬板；b—全护筋、高波峰衬板

格子板（图 10－4）在自磨机中不单是起排矿的作用，同时还起到筛分作用。因此，格孔所处的位置和孔隙大小都要选择适当。格子板孔所处的矿浆可排出的溢面位置不同，可分为高水平排矿（不常用）、中水平排矿（图 10－4 序号 1）、低水平排矿（图 10－4 序号 3）。在一般正常物料充填率 45% 左右情况下，用中水平排矿位置，即可满足排矿要求，但自磨机往往会出现较低充填率（低于 20%）时，就有排不出料的可能。因此，目前中、低水平排矿都在使用。

护筋和波峰板在格子板有同样的作用。实践证明，带有 80mm×80mm 截面的护筋格板，比不带护筋的平板，寿命可延长 2 倍。波峰高度由 250mm 增加到 350mm，寿命可提高 1 倍。

在筒体内镶有一般的平面衬板和丁字形衬板（见图 10－5）。丁字形衬板主要是提升物料，故又叫提升板。提升板的高度及间距，对物料的运动轨迹有很大影响，当提升板高度由 80mm 增加到 100mm，其寿命延长一半，产量有明显的提高，产品粒度有所变粗。所以，提升板的高度和高度与间距的比值都必须适宜，才能获得最高的生产能力和最低的能量消耗。

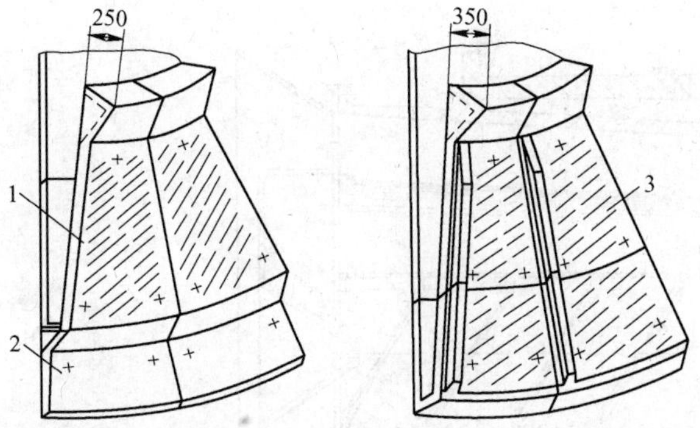

图 10-4 格子板

1—中水平排矿、低波峰、无护筋格子板;2—盲板;

3—低水平排矿、高波峰、带护筋格子板

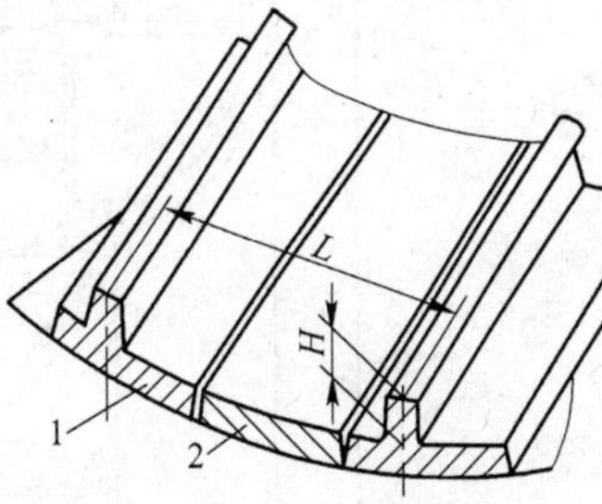

图 10-5 筒体衬板

1—提升板;2—平衬板

其适宜高度 $H=90\sim110$mm,适宜的比值为 $L/H=4\sim5$。

目前国内常用的衬板材料为高锰钢和硬质钢,在同一制造厂、同一材料,只是采用制造工艺方法不同,其质量好的比质量坏的衬板寿命可差一倍半。

从上述实践表明,衬板结构形状和制造质量的好坏,对使用寿命的影响特别显著。在衬板表面上设置适当高度的护筋,是减少矿石与板面相对滑动、减少磨损,延长使用寿命的有效方法。当护筋(包括筒体上的提升板)被磨平之后,平面部分将迅速地被磨损掉。因此,衬板不宜过厚。波峰板的峰高要适当,波峰太高时,会被大块矿石冲击,容易松动。其高度以板面不受矿石直接冲击为适宜。

排矿与自返装置中,湿式自磨机排出的产品是矿浆,所以它具有干式自磨机所没有的格子排矿装置,其结构与格子型球磨机相同。

自磨机在排矿端有物料"自返装置"(图 10-6),实际上是分级装置。它由圆筒筛 1、返砂管 2 和返砂勺 3 组成。

矿浆通过格子板孔之后,被格子板后面的簸箕板送进自返装置的筛上,大块物料在筛上运动到另一端的返砂勺内。在返砂勺回转运动中,送入返砂管内。返砂管内的螺旋片,将大块物料推送到磨机之内再磨。筛下物料沿着出料衬套排出于机外,进行下道工序处理。

这种分级装置结构简单、好用。一层筛面,可将 20~30mm 以下的物料分离出 3~5mm 以下的产品。装设这种装置,可以放大格子板的孔隙(或者无需制造困难的小孔),增加物料的流动速度(通过能力),进而提高磨矿效率。当然这种闭路循环,看起来只是在排矿端,没有经过全筒体长度的磨矿过程。但是自磨机直径大、长度小,又有波峰板的作用,因此自磨机的物料不像球磨机那样,自进料端逐步地有次序地向排料端运动和逐步地被磨细,而是两端的物料互有交叉或抛落于磨机的中间。因此,自磨从排矿返砂和从进料端返砂的磨矿效果虽有差别,但不会显著。用自返筛控制粒度和用格子板孔隙控制粒度的磨矿效果差别程度,还需要进一步实验研究。

这种闭路分级装置,还可以改装成开路分级装置。即将返砂勺的倒料方向,改为向外排矿方向或者不装返砂勺,将筛上物料收集起来,直接送到二次磨矿或另行处理。筛下物料可以进行选别。

传动装置中,以前生产的湿式自磨机的大齿轮固定在排矿端的中空轴颈上;现在由于制

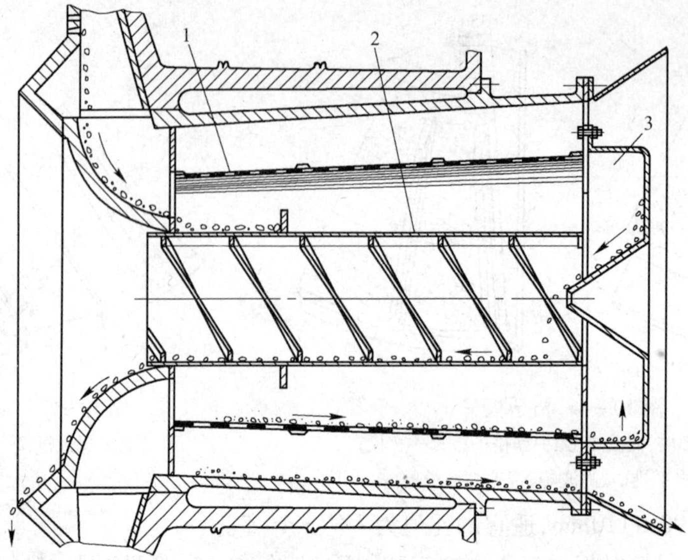

图 10-6　自返装置

1—圆筒筛;2—返砂管;3—返砂勺

造技术的进步,大齿轮均固定在自磨机筒体上。

润滑系统中,湿式自磨机均采用稀油集中循环润滑系统,大型湿式自磨机还采用喷射润滑新技术。

最近几年,我国湿式自磨机生产制造技术发展很快,能根据各种不同类型矿石和不同生产规模的需要,生产制造出各种不同类型和规格的湿式自磨机,并出口到国外。目前,我国生产的湿式自磨机技术性能见表 10-1,型号、规格含义示例如下:

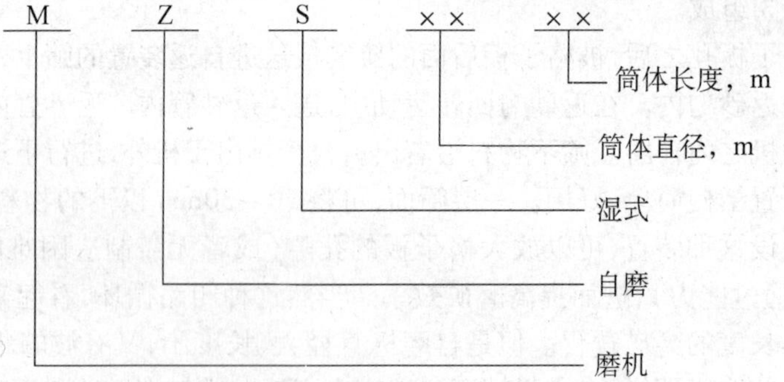

表 10-1　自磨机技术性能表

型　号	筒体尺寸/mm		给料粒度 /mm	排料粒度 /mm	生产能力 $/t \cdot h^{-1}$	筒体转速 $/r \cdot min^{-1}$	功率 /kW	重量 /t
	直径	长度						
MZS2.4×1.0	2400	1000	<250	3~0.074	10~3.5	16~22	75	18.5
MZS2.4×1.2	2400	1200	<250	3~0.074	12~4.0	16~22	90	19.1
MZS3.0×1.0	3000	1000	<300	3~0.074	18~5.0	19.5	132	28.6

续表 10-1

型号	筒体尺寸/mm		给料粒度/mm	排料粒度/mm	生产能力/$t\cdot h^{-1}$	筒体转速/$r\cdot min^{-1}$	功率/kW	重量/t
	直径	长度						
MZS3.2×1.2	3200	1200	< 300	3~0.074	20~8.0	19.0	160	37.4
MZS4.0×1.4	4000	1400	< 350	3~0.074	70~25	18.0	250	66.0
MZS5.5×1.8	5500	1800	< 400	3~0.074	130~55	15.0	800	179.0
MZS6.0×3.0	6000	3000	< 400	3~0.074			1250	
MZS6.4×3.3	6400	3300	< 400	3~0.074	290~90	12.8	2000	306.0
MZS7.5×2.5	7500	2500	< 400	3~0.074	300~100	11.4	2000	455.0
MZS7.5×2.8	7500	2800	< 400	3~0.074	380~125	11.4	2000	464.0
MZS8.0×2.8	8000	2800	< 400	3~0.074	282	12.4	3000	510.0
MZS8.53×3.96	8530	3960	< 400				4850	
MZS8.53×4.27	8530	4270	< 400				5000	
MZS8.8×4.8	8800	4800	< 400				6000	
MZS9.75×4.27	9750	4270	< 400				4250×2	
MZS10.37×5.11	10370	5110	< 400				5600×2	
MZS12.2×11	12200	11000	< 400				28000 滑环	

10.3 砾磨机构造

在一些工业部门,例如化工、陶瓷或矿石的加工处理过程中,不应混入铁这样的金属,因而不能采用金属介质,需以砾石作为介质,故这种磨机称为砾磨机。在金属矿选矿工业中,则为了节约金属介质而采用砾磨机,在此情况下,一般用粒度为 40~80mm 的矿块作为介质。砾磨机一般在棒磨机或自磨机之后作为第二段磨机。

砾磨机在结构上基本与球磨机相同,只是由于所用介质密度比金属球小,所以其单位容积的产量较低。再者,砾磨机都采用格子型而不采用溢流型,其原因是格子排矿时矿浆面低,可较充分地发挥介质的冲击作用;排矿快,可减少过磨现象;矿量及介质量有变化时,排矿亦较均衡而不会涌出大块矿石。

砾磨机的介质充填率比球磨机略高,耗量也较大,而磨矿浓度应比球磨机低一些,磨机转速则较高,转速率为 80%~90%。

通常,格子型球磨机也可用作砾磨机,加之砾磨机在选矿工业中应用很少,因此,制造砾磨机的厂家也少,目前我国生产的砾磨机只有两个规格。其技术性能列于表 10-2。

表 10-2 砾磨机技术性能①

规格(直径×长度)/mm×mm	有效容积/m^3	筒体转速/$r\cdot min^{-1}$	装砾量/t	给料粒度/mm	生产能力/$t\cdot h^{-1}$	配套电动机				设备重量/t
						型号	功率/kW	转速/$r\cdot min^{-1}$	电压/V	
3600×5500	51	16.4	30	100~150	按条件同上	JS1510-6	650	985	6000	240
4600×6000	83	14.6	55	100~150		TDMK 1600-40	1600	150	6000	345

①采用集中润滑方式。

10.4　自磨机主要工作参数

10.4.1　径长比的选择

自磨机的规格是以筒体直径和长度来表示。为了增强物料在磨机内运动的冲击作用和防止物料产生“偏析”现象，把自磨机设计成筒体直径较大、长度较小的机型，两者应有合适的比例关系，即

$$K = D/L \quad (10-1)$$

式中　K——比例系数；

D——筒体有效内径，m；

L——筒体有效长度，m。

据试验资料表明，$K \approx 3$ 时，磨矿效率较高。现在国内外使用的磨机规格，$K = 2 \sim 4$。大规格的磨机 K 值偏大，小规格的磨机 K 值偏小。大多数的磨机规格 K 值约为3。目前国内外新设计的磨机规格的 K 值向小的趋势发展，即向增大筒体长度方向发展。这样，可以减少单位磨矿容积的设备重量。同时大值的磨机在制造、起重、运输等方面困难多，费用高。因此，一定直径的磨机，在保证不产生“偏析”现象，或者磨机的产量保持与磨机长度成正比增加的情况下，应尽量增大其筒体长度，总的说来是经济的。

10.4.2　工作转速的选择

自磨机内的物料运动状态与转速关系，和球磨机相似，只是衬板形式、给矿块度和产品粒度大小、充填率多少等因素，对其适宜工作转速的影响较为显著，则所应用转速范围也较大。要想准确选择适宜的工作转速，则需要在一定的磨机形式和生产条件下做转速试验，根据产品产量、质量和机件、衬板、动力消耗等项技术经济指标合适的条件来确定。

现在应用的磨机工作转速为：

$$n_g = 65\% n_1 \sim 90\% n_1 \quad (10-2)$$

常用的适应工作转速为：

$$n_g = 70\% n_1 \sim 85\% n_1 \quad (10-3)$$

式中　n_g——磨机工作转速，r/min；

n_1——磨机临界转速（含义见9.5.2.1）。

在选择时，干式自磨机和规格较大的磨机应偏小选取；湿式自磨机和规格较小的磨机应偏大选取。

在磨机转速一定的条件下，在实际使用中，可以调整提升板的高度、给矿块度和充填率等条件，创造较好的生产指标。

10.4.3　自磨机处理能力

自磨机处理能力与所处理的矿石性质、给矿粒度组成、产品粒度及磨矿操作条件等因素有关。其处理能力一般是根据小型自磨机进行的半工业试验数据推算出来的。

10.4.3.1　相似法

相似法是根据小型自磨机的试验结果过渡到大型自磨机的一种计算方法，是我国常用的自磨机单台处理能力的计算方法，具体见公式10－4：

$$Q_1 = Q_2\left(\frac{D_1}{D_2}\right)^n \frac{L_1}{L_2} \tag{10-4}$$

式中 Q_1——设计拟选用自磨机的处理量,t/h;

Q_2——试验用的自磨机的处理量,t/h;

D_1,L_1——设计拟选用自磨机的筒体直径及长度,m;

D_2,L_2——试验用的自磨机的筒体直径及长度,m;

n——放大系数,湿磨时 $n=2.6$,干磨时 $n=2.5\sim3.1$,一般粗磨时取大值,细磨时取小值。

10.4.3.2 类比法

类比法是根据类似矿山自磨机的处理能力,类比不同条件,计算出设计拟选用的自磨机的处理能力,这一方法是原苏联选矿研究设计院的计算方法。

在设计拟选用的自磨机与试验用的自磨机之间,保持相似的磨矿条件(给矿粒度、产品粒度、矿石密度、水分、磨机转数、充填率等)的情况下,设计拟选用的自磨机的处理能力。按公式 10-5 计算:

$$Q_1 = Q_2\left(\frac{D_1}{D_2}\right)^{2.6}\left(\frac{L_1}{L_2}\right)^{0.85} \tag{10-5}$$

式中 Q_1——设计拟选用自磨机的处理量,t/h;

Q_2——试验用的自磨机的处理量,t/h;

D_1,L_1——设计拟选用自磨机的有效直径和长度,m;

D_2,L_2——试验用的自磨机的有效直径和长度,m。

设计拟选用的自磨机与试验用的自磨机若没有相似的磨矿条件时,设计拟选用自磨机处理量的计算结果,应乘以相应的修正系数,按公式 10-6 计算:

$$Q_1 = K_1K_2K_3K_4K_5Q_2\left(\frac{D_1}{D_2}\right)^{2.6}\left(\frac{L_1}{L_2}\right)^{0.85} \tag{10-6}$$

式中 K_1——给矿粒度变化系数。当试验使用的自磨机给矿粒度为 d_2,设计拟选用的自磨机给矿粒度为 d_1 时,K_1 值按公式 10-7 计算:

$$K_1 = \left(\frac{d_1}{d_2}\right)^{0.2} \tag{10-7}$$

K_2——产品粒度变化系数,按公式 10-8 计算:

$$K_2 = \frac{\sum\frac{r_{1p}}{\sqrt{d_{1p}}} - \sum\frac{r_{1a}}{\sqrt{d_{1a}}}}{\sum\frac{r_{2p}}{\sqrt{d_{2p}}} - \sum\frac{r_{2a}}{\sqrt{d_{2a}}}} \tag{10-8}$$

式中 r_{1p},r_{1a}——分别为设计拟选用的自磨机产品和给矿粒度中直径为 d_1 的粒级产率,%;

r_{2p},r_{2a}——分别为试验用自磨机产品和给矿中直径为 d_2 的粒级产率,%;

d_{1p},d_{1a}——分别为设计拟选用的自磨机产品和给矿中某一窄粒级的平均粒径,mm;

d_{2p},d_{2a}——分别为试验用自磨机的产品和给矿中某一窄粒级的平均粒径,mm;

K_3——装球量修正系数,当采用半自磨装球量所占容积小于自磨机容积的 5% 时,按公式 10-9 计算:

$$K_3 = 1 + \frac{\delta_2 - \delta_1}{\delta_1} \cdot \frac{\psi_2}{\psi_1} \qquad (10-9)$$

式中　δ_1——矿石的松散密度，t/m^3；

δ_2——钢球的松散密度，t/m^3；

ψ_1——矿石对自磨机容积占有率，%；

ψ_2——钢球对自磨机容积占有率，%；

K_4——自磨机引出“难磨粒子”的修正系数，见图10－7；

K_5——矿石硬度修正系数，见表10－3。

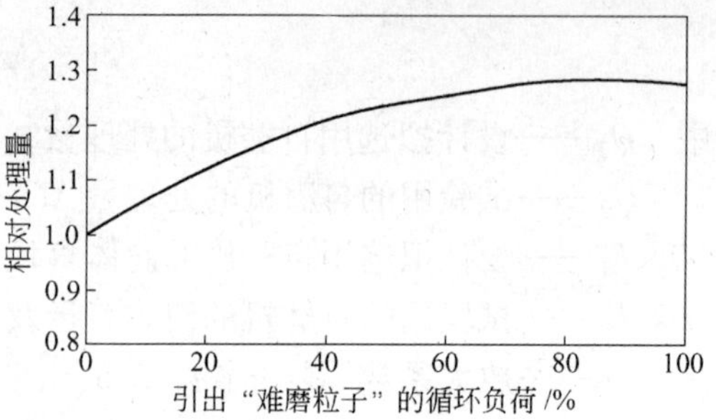

图10－7　“难磨粒子”与相对处理量的关系

表10－3　矿石硬度修正系数 K_4

普氏硬度	8	12	16	19
K_4 值	1.3	1.0	0.85	0.55

10.4.3.3　功耗法

功耗法是在自磨机半工业性试验提供的必要生产能力、给矿粒度、产品粒度等工艺参数外，还必须求出自磨机生产每吨磨矿产品的净功耗。净功耗是指在直接带动自磨机的齿轮轴上测得的满负荷与空转的功耗之差，以 kW · h/t 表示。净功耗与原始给矿量之乘积，即为磨成全部产品所需要的总净功率 W_J。该总功率加上拟选用的自磨机总台数的空转功率，即为选用自磨机的总功率 N_t。则选用自磨机的单台轴功率，用公式10－10计算：

$$N = \frac{N_t}{n} = W_k + \frac{W_J}{n} \qquad (10-10)$$

式中　N——单台自磨机所需要的轴功率，kW；

N_t——按原始给矿量计算的自磨机所需的总功率，kW；

n——设计拟选用自磨机的台数，台；

W_k——设计拟选用的自磨机单台空转轴功率，kW；

W_J——把全部原始给矿量磨成合格产品所需要的总功率，kW。

10.4.4　功率计算

影响自磨机功率变化的因素多而复杂，目前还没有完善而准确的公式进行计算。一般可采用如下两种方法。

（1）比较法。即是在影响磨机功率消耗的条件相同情况下，预设计的磨机功率与实际应用或试验型磨机功率相比较。如果条件不同，则不能比较或者按不同条件加以修正。其推算公式为10－11：

$$N_1 = \frac{D_1^m L_1}{D_2^m L_2} N_2 \qquad (10-11)$$

式中　N_1，N_2——分别为预设计和试验型磨机的功率，kW；

D_1，L_1，D_2，L_2——分别为预设计和试验型磨机的筒径和筒长，m；

m——指数，一般常用 $m = 2.5 \sim 2.6$。

(2)近似公式法。在一定的生产条件下,对磨机的电动机功率进行实测,然后再根据影响功率消耗的主要因素,即物料的充填率和磨机有效内径的关系进行分析比较,推导出比例系数和列出功率计算公式。

实测功率数据列于图10-8。近似电机功率见公式10-12:

$$N = CG\sqrt{D} \quad (10-12)$$

式中 N——电动机功率,kW;

G——被磨物料重量,t;

D——磨机有效内径,m;

C——充填率系数,示于图10-8。

自磨机的充填率,随着给矿速度和磨矿速度的不平衡经常在变化,特别是无自控条件下,这种变化更为突出,总会有从少到多以至达到胀肚程度的可能。在此,应选取消耗功率最大时的充填率作为计算数据。实测表明,自磨机功率最大时的充填率为45%左右,其相应的系数 $C=8.1$。

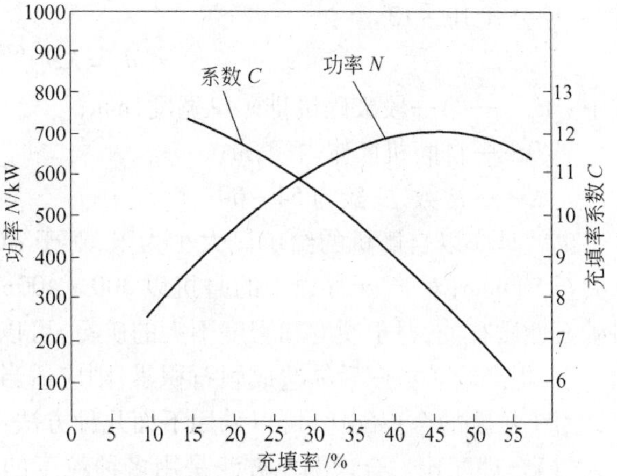

图10-8 功率与充填率系数曲线

(实测磨机为 ϕ5500mm×1800mm 湿式自磨机;工作转速为临界转速的81%;矿石体积质量为2.1t/m^3)

该式计算干式自磨机功率时也可应用。

10.5 自磨机的使用

自磨机的安装、试车、启动、运转和维修等,均与球磨机相似,见第9章球磨机与棒磨机。

自磨机的使用问题,主要是创造适应自磨机特点的生产条件,充分发挥自磨机效能,保证高效率地正常生产。为此目的,要合理处理好下列因素的影响:属于原矿性质方面的因素有原矿的粒度特性、矿块的几何形状、水分的含量、矿石的物理机械性质、密度、硬度等;属于自磨机结构方面的主要因素有自磨机的形式、筒体的长径比、提升衬板的高度与间距、波峰衬板的高度与位置、排矿的形式等;属于操作方面的因素有给料的速度、最终磨矿产品的粒度、磨机的转速率与装填率。上述因素中有些和球磨具有共性,故本节只讨论自磨的几个特殊而又较重要的工艺参数。

10.5.1 原矿粒度与组成

在自磨工艺中,原矿既是磨碎介质,又是被磨碎物料。由于前一特点,当原矿粒度组成发生变化时,就如同球磨机中的球荷粒度组成改变一样,磨机的生产率和产品细度相应变化。由于后一特点,当原矿粒度组成发生变化时,就如同球磨机的给矿粒度组成改变,球磨机的生产率和产品细度也随之波动。原矿粒度大、大粒级多,则冲击动能大,有利于破碎中等粒度的矿块,磨机产量高,比功耗低。但原矿粒度太大、大粒级过多,则矿石磨到指定粒级所需的时间延长,不利于获得又细又均匀的产物,磨矿效率也低。不少实践表明,原矿中粗粒级少时,易在磨机中形成40mm左右粒级的块矿(也称临界颗粒)逐渐增多的现象,即所谓的"顽石积累"。顽石积累将造成自磨机产量降低,比功耗增加和产生过粉碎现象。这就要求合理确定给入自磨机的最大粒度以及各粒级的配比。自磨机给料粒度的合理配比(又叫块粉比),是一项重要工作,要兼顾产量和粒度的要求。一般块粉比应为1∶1～1∶2,块矿和粉矿的分界限可以考虑为70～100mm之间。自磨机最适当的给矿粒度与自磨机的规格有关,见公式10－13。

$$d_e = KD^{0.67} \tag{10-13}$$

式中　d_e——第一段破碎机排矿口宽度,mm;

D——自磨机筒体内径,m;

K——常数,一般为54～60。

也就是应以自磨机的给矿口大小为限,对于ϕ6m以上的大型磨机,原矿中最大粒度可以大至500mm;对于ϕ6m以下的磨机以300～400mm为宜。其次,原矿中最大粒度的确定与矿石性质有关,对于硬度和密度不大的矿石,可以适当提高给矿粒度,对于密度和硬度大的矿石,提高给矿粒度后易造成顽石积累,则应适当降低给矿粒度。

给矿粒度的合理配比,可以采用下面几种方法:

(1)合理配比。合理配比方法是用多种粒度的配比做磨矿试验,然后选定磨矿效果最好的粒度配比作为生产的依据。这种方法虽然最合理,但往往与矿石的自然情况相矛盾,要达到这个要求,矿石在入磨前的分级工作量相当大,而且会出现各级别的供矿量难以平衡的情况。

(2)机械配比。用机械分级的方法,如用格筛、振动筛等,将原料分成2～3个级别,各级别按一定的比例给入磨矿机。

(3)偏析配比。粗碎后的矿石,利用堆积时的偏析作用(大块向边角跑,细粒在中间),自然地分成块粉两部分,再经适当搭配给入磨矿机。这种方法不需要更多的分级设备,比较容易办到,但分级的精确性比较差。

(4)自然配比。矿石在采、装、运、破碎和储存等各个环节都严格控制和认真管理,保证块矿和粉矿尽可能均匀。这是自磨机配料的最低要求。

10.5.2　充填率的选择

充填率是指磨机中物料容积占磨机有效容积的百分数。有时也用料位表示,是指磨机中料层的高度。测知料位后便可换算出充填率的大小。

充填率的大小反映了磨机的给料速度、磨料速度及排料速度三者相对平衡的结果。如果给料速度不变,当排料速度大于磨料速度时,则料位逐渐降低,为维持相对平衡,就应增加给料速度,否则造成产量降低。反之,当排料速度小于磨料速度时,应及时降低给料速度(必要时停止给料),以保持适当料位,否则将发生“胀肚”现象,甚至堵死。故控制充填率是自磨机操作中的关键问题之一。

在两种速度的相对平衡中,磨料速度的大小对磨机产量起主导作用。在原矿性质、磨机结构既定的条件下,料位的高低是影响磨料速度的主要因素。

充填率对自磨机的生产率及功率消耗的影响关系如图10－9、图10－10所示。

随着磨机内料位的增高,功率消耗也增加,磨机的产量也相应提高。当充填率增加到某一值(一般为36%～40%)时,功率消耗达到一极限值,此时磨机的产量最高。当充填率再增加时,功率消耗急剧下降,产量也降低。说明此时磨机的工作已失常,即出现了“胀肚”现

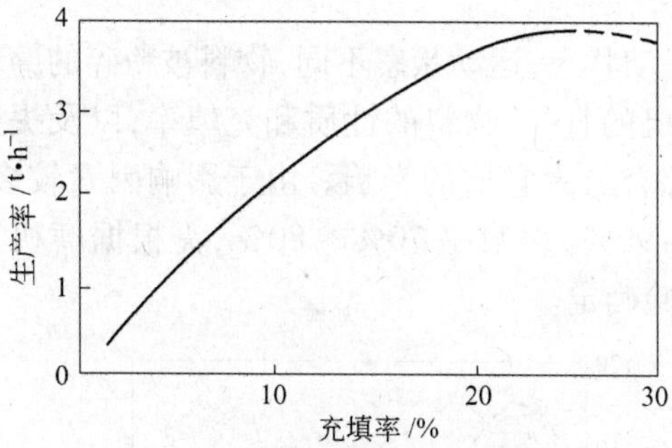

图 10 - 9　充填率与生产率关系

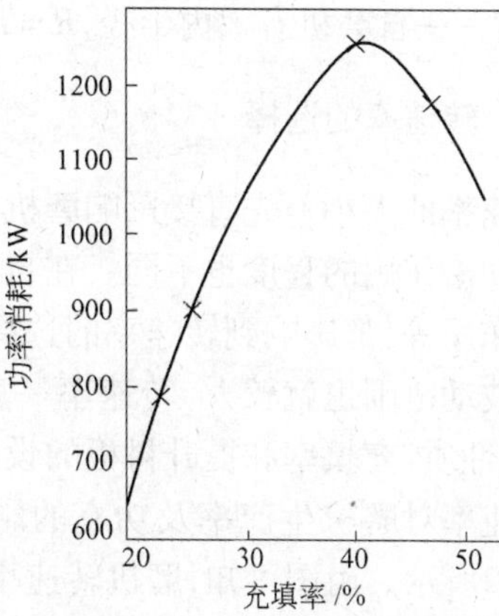

图 10 - 10　充填率与功率关系

象。故对任何一磨机均存在一最佳料位值,最佳料位值接近磨机“胀肚”之前,磨机消耗功率最大之时。物料性质不同,最佳料位值会有所不同,一般为 30% ~36%,个别可能达 40%。

由于磨机的功率消耗与磨机的料位有密切关系,所以磨机料位变化的第一迹象是可通过磨机消耗功率的变化灵敏地反映出来。

料位变化的第二个迹象是可根据磨机的音响变化反映出来。试验发现,当磨机的充填率小于 30% 时,音强随充填率的增加而增加,两者成正比。当充填率超过 30% 后,音强随充填率的增加而降低。试验还证实,音强的下降不仅取决于充填率,还与给矿的粒度组成有关。原矿中细粒级越多,音强减小就越快,原矿中粗级别和细级别的比例一定时,如充填率增加,音强可能不变;而且当粗粒含量相当多时,音强甚至增大。

料位变化的第三个迹象是磨机对主轴承的压力,料位愈高,磨机的主轴承的压力便愈大,通过压力传感器可发出信号。

自磨机的物料充填率,可以用式 10 - 14 进行近似计算:

$$\varphi = 50 - 127\frac{h}{D} \tag{10-14}$$

式中 φ——物料充填率,%;

h——料面距磨矿机水平轴线距离,mm;

D——磨矿机有效内径,mm。

各参数如图 10 - 11 所示。

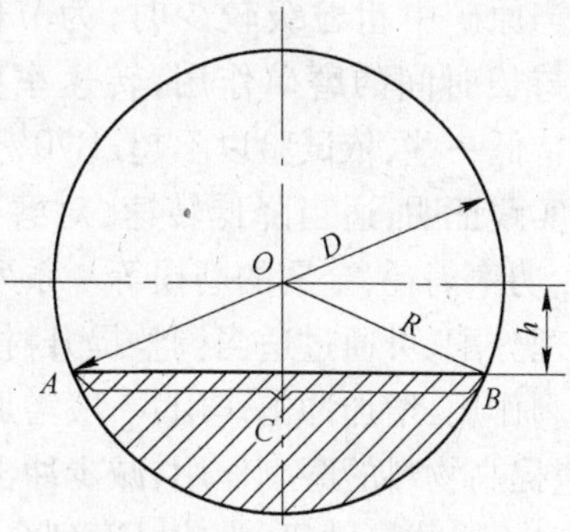

图 10 - 11　料位测量示意图

在式 10 - 14 中,h 不好测量,而料面上两筒壁间的距离 $AB = a$ 便于测量。由图 10 - 11 可以看出,

$$h = R - \sqrt{R^2 - \left(\frac{a}{2}\right)^2} \tag{10-15}$$

将它代入式 10 - 14 中,得出自磨机物料充填率:

$$\varphi = 50 - 127\left(\frac{R - \sqrt{R^2 - \left(\frac{a}{2}\right)^2}}{D}\right) \tag{10-16}$$

式中　R——自磨机有效内半径，$R = D/2$。

10.5.3　转速率的选择

转速率的大小首先直接影响磨机内料位的运动状态，运动状态不同，物料被粉碎的磨剥作用和冲击作用的程度也不同。在自磨机中，磨机的直径、物料的性质和充填率，以及提升衬板的作用等，都影响到转速率的选择，所以应综合考虑它们的影响。由于影响因素较多，转速的波动范围也就较大，转速率一般为 65% ~90%，多数是 70% ~80%，需根据磨机直径、物料性质、充填率和提升衬板的设计等，由试验确定。

转速率对磨机生产率及功率的影响如图10－12所示。由图可知，磨机转速率介于 71% ~75% 范围内磨机的处理能力最高，转速率低于或高于这个范围时处理能力便趋于降低。磨机输入功率与转速率的关系和生产率与转速率的关系相似，按磨碎每吨产品的动力消耗计，则一般随转速率降低而减少。

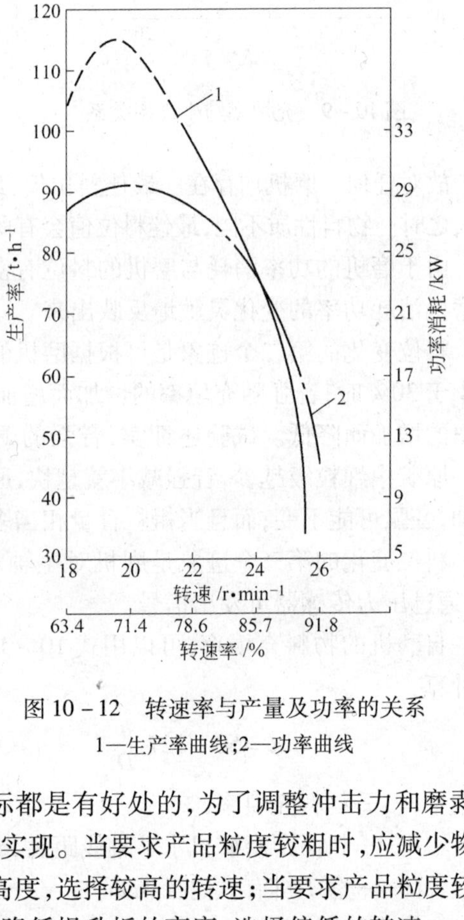

图 10－12　转速率与产量及功率的关系

1—生产率曲线；2—功率曲线

应当指出，转速率的选择除了考虑上述因素外，还需考虑磨机充填率、原矿粒度特性、矿石硬度、磨矿浓度及产品细度的要求等影响。

充填率选择愈大，则转速率应降低，否则容易出现离心现象，形成“矿石自衬层”，使磨机有效容积减小，处理能力下降。

当原矿中粗粒级较少时，为节储粗粒级维持长时间的磨矿作用，转速率应尽可能保持低一些，依试验以不超过 70% 为宜。

实践证明，适当降低转速，对磨机的生产率、功率消耗、金属的磨损等一系列的生产指标都是有好处的，为了调整冲击力和磨剥力的合理分配，可通过适当调整提升衬板的高度来实现。当要求产品粒度较粗时，应减少物料的磨剥作用，增加冲击作用，一般增加提升板的高度，选择较高的转速；当要求产品粒度较细时，应提高物料的磨剥作用，减少冲击作用，一般降低提升板的高度，选择偏低的转速。

对于干式自磨机，为使已磨到合乎要求粒度的物料及时地最大限度地排出磨机，应使细粒物料的运动轨迹便于通过中空轴中心，经试验，此时转速率应为 75%。

此外，对于坚硬的矿石，提高装矿量选择偏低的转速率，效果较好。

由此可见，影响磨机转速率选择的因素是复杂的，对于具体的矿石，应通过试验才能确定。

10.5.4　加球半自磨

在半自磨中，一般加入占磨机容积 2% ~8% 的钢球，作为强化自磨的措施之一。用于调整矿石自磨介质所补加的钢球起双重作用:弥补矿石中粗粒级(大块矿石)的不足和用以研磨难磨的“临界颗粒”。有时还从中得到高强度的音响信号,以正确控制给矿量。其结果能大大提高自磨机的生产能力(在个别情况下可以提高3倍),降低了处理每吨合格产品所需的电耗,改善了产品的粒度特性和减少了泥化现象。所加钢球的直径应大于100~150mm,小于则不起作用。

添加钢球对自磨机处理能力及比功率消耗的影响试验结果如图10-13所示。随着磨机中钢球添加量的增加,磨机的处理能力显著提高,虽然功率消耗增加,但比功率消耗却明显下降。

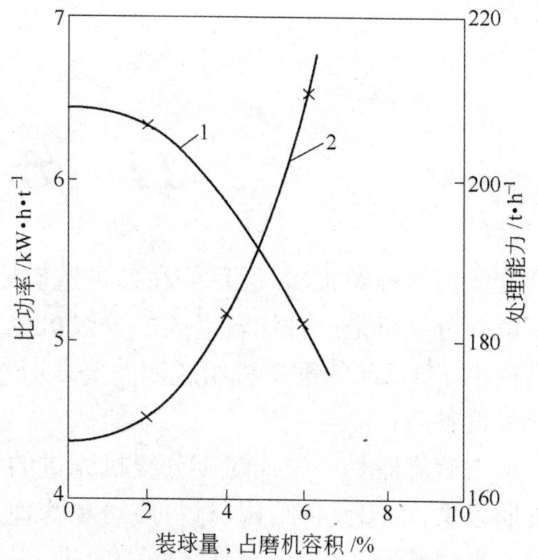

图10-13 加球对自磨机处理能力和比功耗的影响
1—比功率曲线;2—处理能力曲线

虽然目前有不少采用半自磨的实例,能使处理量增加、比功率降低,但同时使得衬板的磨损提高,加上钢球本身的消耗,使生产费用增加,因而半自磨不如全自磨经济。故除了处理松散易碎的矿石和为了研磨其他方法难处理的难磨粒级以外,一般不宜采用。

参考文献

[1] 中华人民共和国国家标准. GB 50377—2006 选矿机械设备工程安装验收规范[S]. 北京:中国计划出版社,2007.

[2] 中信重工机械有限公司. 近几年矿用磨机业绩表. 洛阳,2008(内部资料).

[3] 沈阳重型机械集团有限责任公司. 产品简明手册(第三册)(第十二分册):粉磨设备类[S]. 沈阳,2005:34~37(内部资料).

[4]《破碎粉磨机械》编写组. 破碎粉磨机[M]. 北京:机械工业出版社,1978:170~185.

[5] 毛国胜,孙长泉. 自磨技术在我国选矿厂中的应用[G]. 2008年中国矿业循环经济论坛(论文资料). 中国矿业联合会. 南宁,2008:120~128.

[6]《选矿设计手册》编委会. 选矿设计手册[M]. 北京:冶金工业出版社,1988:142,143.

[7] 陈炳辰. 磨矿原理[M]. 北京:冶金工业出版社,1989:498,508,509.

11 分级机械

分级机械种类很多,但目前在各类选矿厂广泛应用的主要有螺旋分级机和水力旋流器。

螺旋分级机是一种比较老式的分级机械,由于其构造简单、工作稳定可靠、操作方便、易与直径小于3.2m的磨矿机组成闭路磨矿分级作业,所以,目前仍是我国各类选矿厂中的主要分级设备。

水力旋流器是一种比螺旋分级机先进的分级设备,虽在国外已应用了60多年,但在我国长期以来,由于设备结构、材料质量和管理上存在的一些问题,没能在我国得到很好推广应用。直到最近几年,由于其结构的改进,采用了橡胶、聚氨酯、高铝陶瓷等耐磨材料,配上了自动控制装置,加强了管理,才使其在有关选矿厂得到应用,有技术比较先进的选矿厂用其取代了一段闭路磨矿的分级作业的螺旋分级机,有的选矿厂用其与湿式自磨机成功地组成了一致闭路磨矿分级作业,取得了很好的分级技术指标和效果,从而开创了磨矿分级的新途径,根据其发展前景,水力旋流器是一种很有发展前途的分级机械。

11.1 螺旋分级机

11.1.1 螺旋分级机工作原理

磨矿机排出的矿浆经溜槽从位于沉降区中部的进料口给入水槽,倾斜安装的水槽下部是矿浆分级沉降区,螺旋低速转动,对矿浆起搅拌作用,使轻而细的颗粒悬浮到上面,流到溢流堰处溢出,进入下一道工序处理,粗重颗粒则沉降至槽底,由螺旋输送到排料口作为返砂排出。一般将粗砂返回磨机再磨,即螺旋分级机与磨矿机组成闭路。工作原理如图11-1所示。

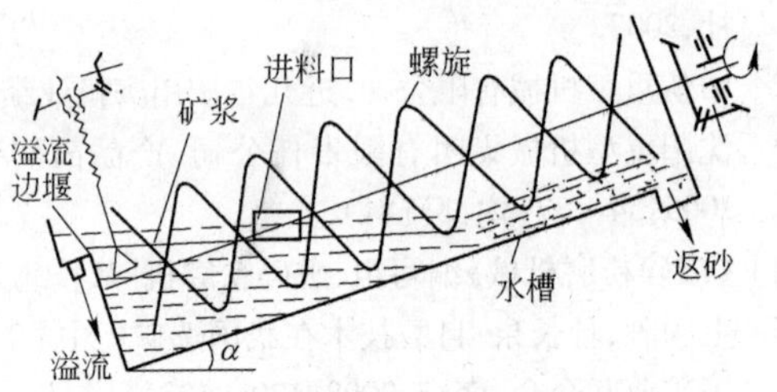

图11-1 螺旋分级机工作原理

11.1.2 螺旋分级机类型

螺旋分级机按螺旋轴的数目可分为单螺旋和双螺旋分级机两种,按溢流堰的高度可分为高堰式、低堰式、沉没式三种,具体界定为溢流堰位置高于螺旋轴下端的轴承中心,但低于溢流端螺旋的上缘的为高堰式螺旋分级机,它具有一定的沉降区域,适用于粗粒分级,可以获得大于0.83~0.15mm的溢流粒度;溢流堰低于溢流端轴承中心的为低堰式螺旋分级机,它沉降区面积小,溢流生产能力低,通常不用于分级作业,而用来冲洗矿砂进行脱泥;溢流端的整个螺旋都浸没在沉降区的液面下的为沉没式螺旋分级机,其沉降区具有较大的面积和深度,适用于细粒分级,可以获得小于0.15~0.07mm的溢流粒度。

目前,我国螺旋分级机已发展成为完善的产品系列,广泛用于各类选矿厂的磨矿分级作业。其技术参数列于表11-1。

螺旋分级机型号、规格示例如下：

2FG－15 2—双螺旋（单螺旋不标）；F—分级机（少数厂家写成 FL）；G（C）—高堰式（沉没式）；15—螺旋直径，dm（少数厂家写成 1500mm）。

表 11－1 螺旋分级机技术参数

类型	规格型号	螺旋直径/mm	水槽长度/mm	螺旋转速/$r \cdot min^{-1}$	生产能力/$t \cdot h^{-1}$		水槽坡度/(°)	螺旋重量/t	功率/kW		重量/kg
					返砂	溢流			传动电机	提升电机	
高堰式螺旋分级机	FG300	300		8.3～22	30～80	10～30	14～18		1.1		668
	FG500	500	4500	8～12.5	135～210	32	14～18.5	0.75	1.5		1980
	FG750	750	5500	6.0～10.0	340～570	65	14～18.5	1.1	3.0		3005
	FG－1000	1000	6500	5.0～8.0	675～1080	110	14～18.5	1.9	7.5		5310
	FG－1200	1200	6500	5.0～8.0	1170～1870	155	14～18.5	3.7	7.5	0.4	8000
	FG－1500	1500	8300	4.0～6.0	1830～2740	235	14～18.5	5.1	11	0.4	9800
	FG－2000	2000	8400	3.0～3.5	3240～5400	400	14～18.5	7.1	11	2.8	20500
	FG－2400	2400	9200	2.5～4.0	4650～7450	580	14～18.5	10.2	11～15	2.8	25700
	2FG－1200	1200	6500	5.0～8.0	2340～3740	310	14～18.5	3.7×2	5.5×2	0.4×2	13300
	2FG－1500	1500	8300	4.0～6.0	3660～5480	470	14～18.5	5.1×2	7.5×2	0.4×2	22100
	2FG－2000	2000	8400	3.0～5.5	6480～10800	800	14～18.5	7.1×2	11×2	2.8×2	36500
	2FG－2400	2400	9200	2.5～4.0	9300～14900	1160	14～18.5	10.2×2	15×2	2.8×2	45800
	2FG－3000	3000	12500	2.0～3.2	14600～23400	1785	14～18.5	20×2	18.5×2	4×2	73000
沉没式螺旋分级机	FC－1000	1000	7600	5.0～8.0	675～1080	85	14～18.5	2.4	7.5	0.4	6000
	FC－1200	1200	8400	5.0～8.0	1170～1870	120	14～18.5	4.8	7.5	0.4	9280
	FC－1500	1500	10500	4.0～6.0	1830～2740	185	14～18.5	6.4	11	0.8	12570
	FC－2000	2000	12900	3.0～3.5	3240～5940	320	14～18.5	8.6	11～15	2.8	29100
	FC－2400	2400	14200	2.5～4.0	4650～7450	455	14～18.5	12.8	11～18.5	4.0	41000
	2FC－1200	1200	8400	5.0～8.0	2340～3740	240	14～18.5	4.8×2	7.5×2	0.4×2	19600
	2FC－1500	1500	10500	4.0～6.0	3660～5480	370	14～18.5	6.4×2	7.5×2	0.8×2	30700
	2FC－2000	2000	12900	3.0～5.5	6480～11800	640	14～18.5	8.6×2	15×2	2.8×2	50000
	2FC－2400	2400	14200	2.5～4.0	9300～14900	910	14～18.5	12.8×2	18.5×2	4×2	67900
	2FC－3000	3000	14300	2.0～3.2	14600～23400	1410	14～18.5	24.1×2	22×2	4×2	84900

11.1.3 螺旋分级机构造

以高堰式双螺旋分级机为例，其结构如图 11－2 所示，半圆形水槽 2 由钢板和型钢焊成，槽体中部侧壁上有进料口，槽体上端的下部有返砂口。槽体下端的底部有放水阀，此阀在正常工作时关闭，在检修需要排空槽体内矿浆时打开。槽内装有纵向空心轴，轴上以卡箍

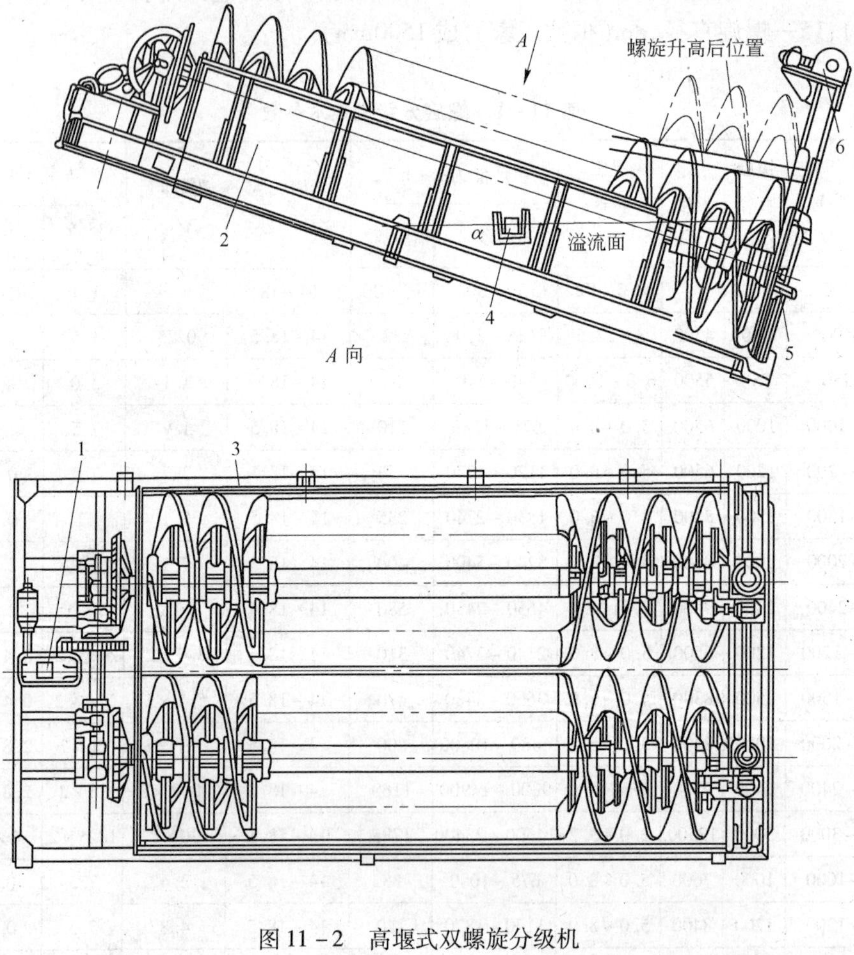

图 11－2　高堰式双螺旋分级机

1—传动装置;2—水槽;3—左、右螺旋轴;4—进料口;5—下部支座;6—提升装置

方式装有螺旋导角相对应的左右支架,上面固定左右螺旋大叶片,其螺旋机构多采用双头等螺距螺旋,并在大叶片边缘装有耐磨的小叶片。空心轴通常用厚壁无缝钢管,大直径空心轴用长钢板卷成形后焊接而成。空心轴上、下两端均焊有轴颈,上端支撑在十字头轴套内,下端支撑在下部轴承支座中,十字头形轴套支座见图 11－3,支座的轴头支撑在传动架上,以此为支撑转轴可升降螺旋,亦可支撑螺旋轴旋转。

下部的轴承支座浸没于矿浆中,支撑螺旋轴转动,其密封要求相对较高,现在常用的有两种密封装置:盘根迷宫式和高压干油联合密封滚动轴承支座(图 11－4)和压力水封橡胶轴承支座。滚动轴承支座平时注意及时加油维护,寿命可达一年以上,压力水封橡胶轴承支座成本较低,寿命为三个月左右。

螺旋轴通过电动机、减速机、圆柱齿轮和圆锥齿轮副传动,传动装置装在设备上端,由于设备停车后,沉砂会将下部叶片淤埋而造成启动困难,因而在尾部设有螺旋轴升降机构,由一台电动机、减速器、圆锥齿轮副带动丝杆使轴升降。

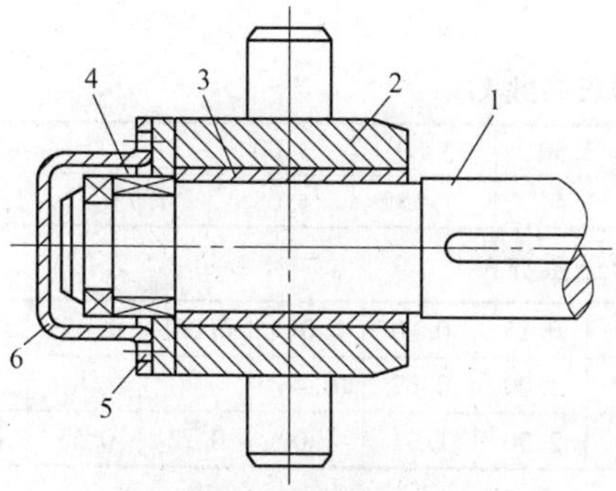

图 11-3 十字形轴套支座
1—轴;2—支座;3—轴衬;4—止推轴承;
5—压盖;6—端盖

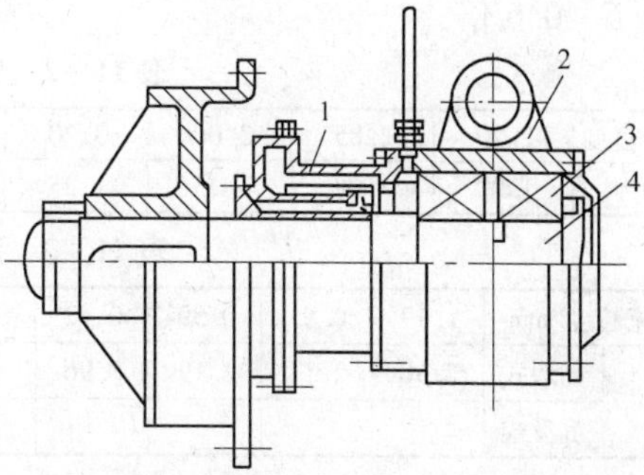

图 11-4 盘根迷宫式高压干油联合密封滚动轴承支座
1—盘根迷宫;2—支撑座;
3—滚动轴承;4—轴

11.1.4 螺旋分级机主要工作参数

11.1.4.1 水槽倾角

该倾角根据工艺要求确定,一般在 12°~18°30′之间,溢流细度高时取小值,反之取大值。

11.1.4.2 溢流堰高度

高堰式螺旋分级机的溢流堰高度 H 为螺旋直径 D 的 1/4~3/8,沉没式螺旋分级机的溢流堰高度 H 为螺旋直径 D 的 3/4~1。溢流细度高时 H 取小值,反之取大值。

11.1.4.3 螺旋轴长度

该长度的确定与溢流堰高度 H,水槽倾角 α 和返砂脱水区长度 L 有关(图 11-5)。L 取决于配套磨机所要求的返砂含水量及磨机尺寸位置,一般 $L=1.5\sim2$m。

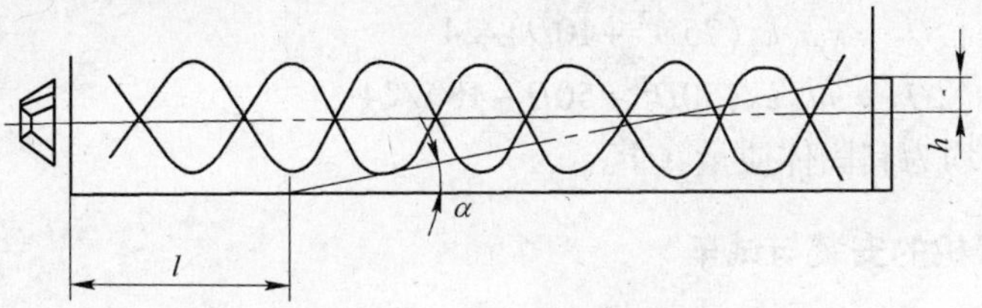

图 11-5 螺旋轴长度的确定

11.1.4.4 螺旋直径

螺旋直径 D 是按照单或双螺旋和溢流量用下列经验公式计算的。

对于高堰式螺旋分级机:$D=0.103\sqrt{\dfrac{24Q_2}{mk_1k_2}}-0.08$ (11-1)

式中 D——螺旋直径,m;

Q_2——溢流量,t/h;

m——螺旋个数;

k_1——物料密度修正系数(表 11-2);

k_2——溢流粒度修正系数(表 11-3)。

11.1.4.5 螺旋导程

螺旋导程与返砂量多少、螺旋直径和转速等因素有关,实践经验表明,一般为螺旋直径的0.5~0.6倍。

表11-2 物料密度修正系数 k_1

物料密度	2.70	2.85	3.00	3.20	3.30	3.50	3.80	4.00	4.2	4.5
k_1	1.00	1.08	1.15	1.25	1.30	1.40	1.55	1.65	1.75	1.90

表11-3 溢流粒度修正系数 k_2

溢流粒度/mm		1.17	0.83	0.59	0.42	0.30	0.20	0.15	0.10	0.074	0.061	0.053	0.044
k_2	高堰式	2.50	2.37	2.19	1.96	1.7	1.41	1.00	0.67	0.46			
	沉没式						3.00	2.30	1.61	1.00	0.72	0.55	0.36

11.1.4.6 螺旋轴转速

其转速应能保证及时返回沉砂,又不致产生强烈搅拌作用,保证达到工艺要求的溢流细度。螺旋轴的转速通常为3~12r/min,大型螺旋分级机取较小值,反之取大值。工艺上要求溢流细度较粗时,螺旋轴转速相对高些,反之低些。

11.1.4.7 生产率

螺旋分级机的生产率可按下列经验公式来计算。以返砂量 Q_1 计算生产率的经验公式为:

$$Q_1 = 5.625mk_1D^3n \tag{11-2}$$

式中 n——每分钟螺旋转速;

其余符号同前。

以溢流量 Q_2 计算处理量时,对于高堰式螺旋分级机:

当 $D<1.2\text{m}$ 时,$Q_2 = mk_1k_2(94D^2+16D)/24$ (11-3)

当 $D>1.2\text{m}$ 时,$Q_2 = mk_1k_2(65D^2+74D-27.5)/24$ (11-4)

对于沉没式螺旋分级机:

当 $D<1.2\text{m}$ 时,$Q_2 = mk_1k_2(75D^2+10D)/24$ (11-5)

当 $D>1.2\text{m}$ 时,$Q_2 = mk_1k_2(50D^2+50D-18)/24$ (11-6)

式中 Q_1,Q_2——均为其固体质量,t/h。

11.1.5 螺旋分级机的安装与试车

11.1.5.1 螺旋分级机安装

具体如下:

(1)安装前必须将机器零部件清洗干净,各润滑管路要畅通清洁。

(2)检查各零部件是否齐全,有无损伤,以及安装工具准备情况,然后才能进行安装工作。

(3)根据设备安装图、基础设计图,检查位置,尺寸及斜支座与地脚螺栓或预埋钢板连接紧固情况。

(4)ϕ1500mm以下的单、双螺旋分级机,水槽已在制造厂总装焊接成一体,可直接安装在基础上,核证其倾斜角、尺寸无误后,就可焊接。

(5)ϕ2000mm以上的单、双螺旋分级机,水槽在安装现场进行总装焊接,其安装顺序如下:

1)先将水槽纵梁(工字钢)和斜支座点焊上,横梁和纵梁用螺栓固定好,校正位置、尺寸、倾斜角度,然后进行焊接。

2)水槽左右侧壁安装在纵梁上,两端与端壁相连接,用螺栓固定好,校正其倾斜角及尺寸后进行焊接,水槽组装接口错位应不大于壁厚的10%。

3)将升降架的立柱(工字钢)按图纸尺寸位置用螺栓固定好,再与侧壁、纵梁、横梁焊接,同时将升降机架(升降装置可先安装在机架上)与水立柱固定焊接。

(6)将传动机架(传动装置已安装在机架上)与水槽纵梁按图纸要求校正位置用螺栓固定后进行焊接。

(7)ϕ2000mm 以上的单、双螺旋分级机应安装上大油槽,小油槽找正位置后固定。

(8)将螺旋(左、右)和下部支座安装在机座和水槽内。

(9)将手动集中润滑装置安装上。

(10)将下部支座与升降装置连接安装好。

(11)螺旋分级机安装各部位允许偏差及检验方法应符合表 11-4 的规定。

表 11-4 螺旋分级机安装的允许偏差

项次	项目			允许偏差	单位	检验方法
1	水槽支座	中心线	纵向	3.0	mm	拉线尺量检查
			横向	5.0	mm	
2		标高	支座标高	±5.0	mm	用平尺、钢直尺或水准仪检查
			各支座相对标高差	≤2	mm	
3	水槽	上表面横向水平度		1/1000	mm	用水平仪检查
4		纵、横向中心线		3.0	mm	拉线、尺量检查
5		溢流堰水平度		1/1000	—	用水平仪检查
6		尾部提升装置、支架与槽底垂直度		1/1000	—	用水平仪检查
7	传动机构(见图 11-6)	传动中心线对水槽横向中心线		2.0	mm	尺量检查
8		圆锥齿轮轴水平度		0.1/1000	—	用水平仪检查
9		圆锥齿轮轴与分级机构纵向中心线垂直度		0.2/1000	—	摇臂旋转检测
10		传动中心线上各轴承同轴度		0.2	mm	拉钢丝检测
11		十字头瓦座至分级机构纵向中心之距离 a、a'		±0.1	mm	拉线尺量检查
12		升降装置螺杆至分级机构纵向中心线距离 b、b'		±3.0	mm	拉线尺量检查
13	螺旋尾部轴承端盖与槽壁间隙			≥5	mm	尺量检查

11.1.5.2 螺旋分级机试车

螺旋分级机试车应遵守下列规定:

(1)无负荷试运转时间为 4h。

(2)升降装置全行程升降 6 次以上。

(3)在螺旋分级机负荷试运转之前应装水试验,不得渗漏。

(4)在分级机负荷试运转时,应先启动螺旋,而后给矿。停止运转时,先停止给矿,而后停止螺旋运转。

(5)分级机负荷试运转时,如遇有故障需紧急停车,应开动升降装置,将螺旋升至矿物沉淀层以上,再停止运转。当再次启动时,应先开动螺旋,而后缓慢下降螺旋,直至尾部轴承座与底梁座接触为止。严禁螺旋埋在沉淀层中强行启动。

(6)负荷试运转时间为24h。

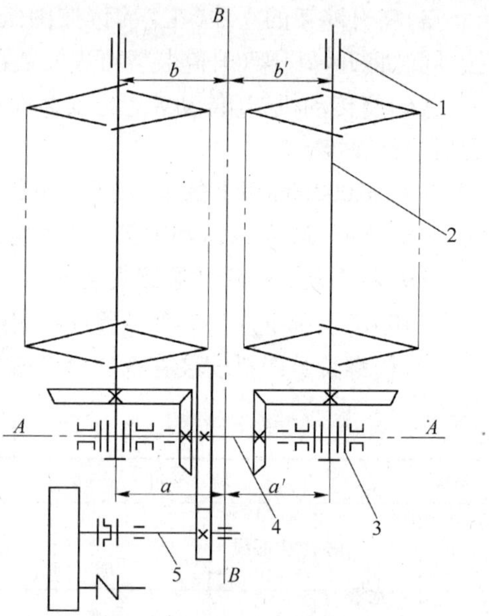

图11－6　双螺旋分级机传动机构
1—尾部轴承;2—螺旋轴;3—十字头;
4—圆锥齿轮轴;5—主传动轴

11.1.6　螺旋分级机的使用

11.1.6.1　开车、停车

具体如下:

(1)开车前的检查。

1)检查联轴器、皮带、开式齿轮防护装置是否牢固可靠。

2)检查减速机油量及开式齿轮润滑脂是否充足。

3)检查各轴承加油装置的给油情况。

4)检查各部件螺栓及键是否松动。

5)检查皮带松紧是否合适。

6)检查螺旋大、小叶片是否松动、脱落、磨损过大。

7)检查电器开关及限位开关是否完好,灵敏可靠。

(2)开车。检查无误并与前后工序联系后方可启动。顺序如下:

1)严禁螺旋叶片被矿砂埋没时启动。如被埋没可利用提升装置将螺旋部分提起,启动后可再慢慢放到规定位置。

2)合上电源,按下启动按钮。

3)注意各处有无异常变化。

4)打开并调整水开关。

(3)停车。接到停车通知后,按下列停车顺序进行:

1)停止上道工序给矿。

2)停止给水。

3)待槽内矿砂全部排完后,按下停车按钮停车。

4)停车后将螺旋部分提出矿砂面,防止淤死。

无通知停电或发生故障时,立即按下停止按钮,并停止给水,待供电正常后,清理矿砂,将螺旋提起。

11.1.6.2　运转

运行中应经常检查以下部分,并将结果详细记入设备运转记录中。

(1)检查各部轴承温度不得超过70°C。

(2)检查各加油点是否清洁,给油情况是否正常。

(3)检查各部螺栓有无松动。

(4)检查各部有否异常振动及响声。

(5)检查电压、电流等仪表显示有无异常变化,是否在正常值范围内。

(6)随时观察返砂量,及时调整,防止返砂口堵塞。

(7)电动机温升不得超过60°C,有否异常振动、声响、气味。

11.1.6.3 运转中的故障及处理方法

螺旋分级机运转中的故障及处理方法见表11-5。

表11-5 运转中的故障及处理方法

故障现象	故障原因	消除方法
负荷过大有异常振动和声响	1. 返砂量过大; 2. 叶片松动; 3. 槽内掉进硬杂物等; 4. 各部轴承润滑不良或损坏; 5. 机架松动或偏斜; 6. 螺旋主轴弯曲或断裂	1. 调整矿量和给水; 2. 紧固或更换; 3. 停车清理; 4. 加强润滑或更换; 5. 紧固或调整; 6. 修复或更换
齿轮响声过大	1. 齿轮间隙大或磨损严重; 2. 齿轮磨损严重或加工质量差; 3. 齿轮键松动	1. 调整或更换; 2. 更换; 3. 紧固或更换
轴承温度过高、减速箱发热	1. 缺油或油质不良; 2. 轴承间隙不对或已损坏; 3. 轴承安装偏差; 4. 皮带过紧; 5. 齿轮啮合间隙过小或过大	1. 加油或换油; 2. 调整或更换; 3. 重新装配; 4. 调整; 5. 修整或更换

11.1.7 螺旋分级机的维修

11.1.7.1 维修内容

维修根据其内容和工作量可分为:小修、中修和大修。

(1)小修。主要工作内容有:

1)检查紧固各部螺栓。

2)检查各处磨损情况。

3)检查更换联轴器磨损件、传动三角带。

4)清洗检查各部滚动轴承,损坏者更换。

5)更换磨损严重的大、小叶片。

6)清洗减速机机体,更换变质的润滑油。

7)检查下部支座总成密封状况,出现异常及时处理。

8)检查焊补返砂槽、溢流槽、更换溢流筛网。

9)检查各供水管路及阀门,处理漏水或更换阀门。

10)清扫电机,检查绝缘及接地情况,电机轴承换加油。

11)小修每3~6个月一次,每次需12h。

(2)中修。主要工作内容有:

1)包括小修全部内容。

2)更换下部支座总成。

3)更换各处滚动轴承(包括电机轴承)。

4）清洗检查主轴套。

5）更换磨损严重的螺旋支架。

6）中修每 6 ~ 12 个月一次，每次需 1d。

（3）大修。主要工作内容有：

1）包括中修的全部内容。

2）更换螺旋主轴或焊接修复主轴。

3）更换槽体。

4）更换主减速机。

5）更换传动大、小齿轮（直齿、伞齿）。

6）更换主轴套。

7）大修每 3 ~ 5 年一次，每次需 2d。

11.1.7.2　维修方法

具体如下：

（1）断轴的维修。螺旋轴一般使用三年或更长一段时间，受疲劳、扭曲、振动、腐蚀等多种原因的共同作用，以及焊接应力的影响，轴易发生断裂。对断裂主轴进行修复，修复方法根据断口情况进行确定，如主轴完全断裂；断口脱开变形，最好采用内套芯管，外包弧板的修复方法，具体操作步骤如下：

1）用吊车和手动葫芦配合，将断开两段主轴吊直成一直线，然后用 2 个支撑架把两段轴支撑起来，并确保安全牢靠。

2）拆除断口处前后各 600mm 范围内的大叶片、支架，清理主轴外表结钙和内壁锈蚀并打磨光亮，使用气割将断口处变形部分割除，并将割口清理干净。

3）测量断裂处 1m 范围内内径尺寸和外径尺寸，根据测得的具体尺寸加工内芯管和外部包扎弧板。芯管的外径比主轴的内径略小一点，既保证能较顺利插入，又要保证结合紧密，外部包扎弧板也应与主轴外圆贴合紧密，一般情况下，内芯管长度为 800 ~ 1000mm，外部包扎弧板长度约 1000 ~ 1200mm，外部弧板比内芯管略长 200mm 左右，以错开内外焊缝并避开断裂部位。

4）内芯管装配时先将其长度的一半插进主轴断口的一端，在内部沿圆周角焊，在主轴断口的另一端距端口约 100mm 处，沿主轴圆周方向每隔 120°开设一个焊接窗口，窗口尺寸约为 300mm × 50mm，窗头两头圆弧过渡，以减小焊接应力，并清理打磨干净，然后将此端套入内芯管，开始找正。

5）用两把 1m 长钢直尺沿圆周对称测量 8 个点，反复校正，以保证主轴同轴度，确保达到最佳效果时，点焊固定主轴位置。

6）在开设的窗口部位焊好芯管角焊缝，焊缝高度同主轴壁厚，焊接时应防止主轴移动变形，保证找正时的同轴度不发生变化。

7）断口焊接要保证焊接质量，焊后打磨使焊缝高度不高于母材表面。

8）外包扎弧板焊接时，要求焊缝与母材平滑过渡，焊缝高度同弧板壁厚。

9）将拆除的支架加大连接尺寸后与大叶片、小叶片依次原位安装恢复，保证要求的尺寸，并符合螺旋分级机安装规范的要求。

10）修复质量要求：主轴弯曲度不大于 0.5mm/m，总的长度上的弯曲度不大于 1.5mm；

主轴中心应与支架、螺旋叶片中心一致,因中心偏差和轴弯曲引起的主轴径向跳动不大于8mm,轴向摆动不大于5mm;螺旋外径应尽可能保证在同一直线上,其凹凸值不大于8mm。

(2)未完全断裂轴的维修。如主轴未完全断裂,发现及时,只产生不环绕圆周的裂纹,则可采用一种快速的修复方法,以尽可能缩短停车时间,减少停产损失,具体步骤如下:

1)人工盘车将主轴圆周表面产生裂纹处朝上,此时裂纹由于主轴自重作用而愈合。

2)用吊车和手拉葫芦配合将裂纹两端主轴吊平约束住,用2个支撑架把裂纹两端主轴支撑起来,确保牢固可靠。

3)拆除裂纹前后各600mm范围内的支架、叶片,并清理主轴外表锈蚀和结钙,打磨光亮。

4)用两把钢直尺找正,确保主轴同轴度,同时调整吊车起吊力度和支撑架支撑,保证找正时效果。

5)用气割将主轴两侧裂纹开45°坡口,深达轴腔,用角磨机将坡口打磨干净,并用电焊焊平。焊接不平高于主轴表面可用角磨机磨平。

6)切割长约500~600mm,宽约50mm,厚同主轴厚度的钢板条,将割口打磨干净,以裂纹为中线,沿圆周每间隔50mm焊一钢板条,作为外包扎板,钢板条长度方向与主轴焊接,宽度方向不焊,焊缝与母材平滑过渡,焊缝高度同主材厚。

7)焊接完毕后,将拆除支架加大连接尺寸后与大叶片、小叶片复位安装,达到安装规范要求尺寸。

8)修复质量要求同上。

上述这种修复方法可在现场直接操作,修复时间视螺旋分级机规格大小而定,一般需4~12h,方便快速,比第一种方法要节省时间一半以上,缺点是修复后寿命较短,一般为9~15个月,使用厂家可根据自己的生产任务完成情况和分级机主轴的断裂程度决定采用何种方法修复,或者彻底更换。

(3)下部轴承的维修。分级机下部轴承一般有两种结构形式:一是滚动轴承支座;二是橡胶轴承支座。滚动轴承支座损坏的原因主要是密封泄露进矿导致滚动轴承损坏,密封泄露的主要原因主要是填料磨损松动和高压润滑脂加注不及时,维修时更换滚动轴承,并将油浸石棉盘根反复多次压紧压实,将支座内部所有空腔填满润滑脂,使用时应经常加注润滑脂,以保持支座内有一定的外压力,避免矿浆侵入,对操作维护工人责任心要求较高。正常情况下下支座总成使用寿命可达一年,但因装配质量问题或加油不及时,有时使用寿命不足一个月。为此不少使用单位将支座密封做了改进,比较成功的是将油浸石棉盘根更换为橡胶或聚氨酯材质的V形密封圈,多层密封圈叠加在一起代替了石棉盘根,由于橡胶和聚氨酯自身的良好的弹性和耐磨性,其密封性能相比石棉盘根显著提高,稳定并提高了滚动轴承支座使用寿命。

影响滚动轴承支座使用寿命的因素较多,使用周期难以掌握,一般在月计划检修时拆开检查,进浆造成轴承损坏则更换,而且维修成本较高。有的使用厂家就将滚动轴承支座改成了橡胶或聚氨酯轴承支座,将下部支座短轴加上钢衬套,支座使用寿命可达3~6个月,钢衬套使用寿命可达8~12个月,使用周期比较容易控制,掌握其寿命周期规律后,可有效地控制其计划检修,定期更换支座和钢衬套,对操作维护工人责任心要求较低,而且维修成本较低。

还有一种更为简捷的维修改造方法,将滚动轴承支座总成拆卸,与中空轴连接的法兰、短轴保留不动，支座内滚动轴承、密封套、填料、前后压盖拆除，只保留支座外壳，利用旧输送皮带卷制一个宽度与外壳轴向宽度相同，外径略小于外壳内径，内径略大于支撑短轴外径的橡胶皮带卷，装入外壳内，套入短轴，就制成了一个简易的橡胶皮带下部轴承，卷制皮带时注意卷制方向与支撑短轴转向相逆，以保证螺旋轴转动时，皮带与支座外壳内孔表面挤紧。皮带卷寿命可达3个月以上，该方法简便易行，不须另外制作加工零件，投资少，利用废运输带，成本低，而且稳定可靠，可长期应用。

(4)传动部的维修。单螺旋分级机的传动部一般由电动机、一对皮带轮、减速器、圆柱齿轮副传动。双螺旋分级机的传动部一般由电动机、联轴器、减速器、一对圆柱齿轮副、两对圆锥齿轮副传动。传动部的主要运行故障有以下几个方面：一是联轴器棒销磨损后间隙较大或折断，造成减速机运转不平稳，而影响圆柱齿轮正常啮合，进而影响圆锥齿轮副传动不平稳，应定期检查棒销磨损情况，并掌握其更换周期，做到更换及时，避免影响整个传动系统平稳运行。二是圆柱齿轮或圆锥齿轮磨损较为严重，产生振动，影响整个传动机构平稳，应根据齿轮磨损更换标准及时更换。三是主轴套磨损较为严重，主轴下沉，圆柱齿轮或圆锥齿轮副啮合间隙不符合规范要求，造成传动不平稳，这时应及时修复或更换主轴套，并调整各齿轮啮合间隙达到规定要求。

(5)金属槽体的维修。金属槽体包括水槽、返砂槽、溢流槽。在长期运行过程中，槽体很容易磨损变形和局部磨漏，其中衬板、溢流箅子等都是易磨损件。检修时，除上述严重磨损件，需要更换或焊补外，同时还应注意检查槽体下部桁架、基础，看是否有变形和裂纹等现象。桁架变形要及时加固，基础裂纹要及时处理。水槽是螺旋分级机的主要部件，在各阶段检修过程中，要注意检查磨损和变形情况，并及时予以处理。返砂槽，溢流槽一般都是用10～12mm钢板做成的，由于矿浆的流动、腐蚀，使其磨损很快，一般使用寿命仅为4～6个月，为延长其使用寿命，应在槽底、槽帮铺以耐磨衬板，衬板材料可铸石或废运输橡胶带。

11.2 水力旋流器

水力旋流器是一种利用离心力将矿浆分级的设备，我国最早由云南锡业公司制造和使用水力旋流器，至20世纪60年代初开始试用于铁矿石选厂，但是由于它磨损快、使用寿命短、工艺参数不易控制，因此长期没能推广。只是在近几年，随着水力旋流器的结构和制造材质的改进以及自动控制装置的使用，使其优点进一步突出，才逐渐得到推广应用。早在30年前，国外就已经在铁矿石选厂普遍使用水力旋流器，基本上取代了螺旋分级机，而我国在最近几年，才在一些比较先进的铁矿石选矿厂，开始用水力旋流器取代第一级磨矿分级作业的螺旋分级机，这是技术上的一大进步。

11.2.1 水力旋流器的构造和工作原理

水力旋流器的构造示于图11－7，其上部是一个中空的圆柱体，下部是一个与圆柱体相通的倒锥体，两者组成水力旋流器的工作筒体。圆柱形筒体上端切向装有给矿管，顶部装有溢流管及溢流导管。在圆锥形筒体底部有沉砂口。各部分之间用法兰盘及螺钉连接。给矿口、筒体和沉砂口通常衬有橡胶、聚氨酯、高铝陶瓷等，以便减少磨损并在磨损后更换。沉砂口还可以制成可调的，根据需要调节其大小。小型水力旋流器还可完全由聚氨酯制成。

矿浆以0.05～0.25MPa的压力、5～12m/s的高速，从给矿管按切线方向进入圆柱形筒体,随即绕轴线高速旋转,产生很大的离心力。矿浆中粒度和密度不同的颗粒,由于受到的离心力不同,所以它们在旋流器中的运动速度、加速度及方向也各不相同,粗而重的颗粒受的离心力大,被抛向筒壁,按螺旋线轨迹下旋到底部,作为沉砂从沉砂口排出。细而轻的颗粒受的离心力小,被带到中心,在锥形筒体中心形成内螺旋矿流向上运动,作为溢流从溢流管排出。水力旋流器的分离粒度范围一般为0.3~0.01mm。

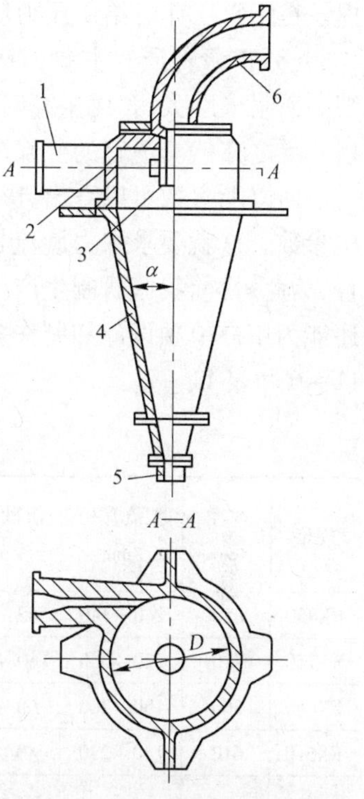

图11-7 水力旋流器

1—给矿管;2—圆柱形筒体;3—溢流管;4—圆锥形筒体;5—沉砂口;6—溢流导管

11.2.2 水力旋流器参数选择

与水力旋流器有关的参数很多,有结构方面的、工艺操作方面的和给料性质方面的,而且往往相互关联,相互制约,不易调整和控制,现将其有关的主要参数简述如下。

(1)圆柱形筒体直径和高度。该直径是旋流器的主要规格尺寸,它与其它各部件尺寸都有一定关系。此直径增大,可提高处理能力,但溢流粒度变粗,反之亦然。为了进行微细粒物料分级并增大处理量,通常采用由许多小型旋流器并联成组的办法。

圆柱形筒体的高度对矿浆在旋流器中的停留时间及分级效率有影响,但过高或过低都不好,一般为直径的0.6~1.0。

(2)给矿口直径。此直径通常为旋流器直径的0.08~0.25,大于此值可提高处理量,但分级效率低,给矿口还往往制成矩形的。

(3)溢流管直径。一般为旋流器直径的0.1~0.4,可用来调节溢流和沉砂的相对产率。溢流管直径增大,溢流量增加,溢流粒度变粗,沉砂中细粒减少而浓度提高。

(4)沉砂口直径。沉砂口直径增大,溢流量减少,溢流粒度变细,而沉砂量增加、浓度变低、细粒增多,但对处理量无明显影响。沉砂口直径变小,沉砂排出量减少,溢流中会出现"跑粗"现象,若过小,会使粗粒在锥顶越积越多,以致出现堵塞现象。合适的沉砂口直径应使沉砂呈微伞状排出,其夹角为40°~70°。沉砂口直径与溢流管直径之比一般为0.4~0.8。

(5)溢流管的插入深度。插入过浅会使粗粒来不及在离心力场中分级就进入溢流,插入过深会使底部粗粒进入溢流,这都会降低分级效率。溢流管插入深度一般应为圆柱筒体高度的0.7~0.8。

(6)圆锥形筒体的锥角。此锥角增大会减小设备高度,而增加矿浆的平均径向流速。同时,由于锥体的阻流作用增大,使矿浆向上流速增大,致使溢流粒度变粗。因此分离粒度粗时采用大锥角旋流器(30°~60°),分离粒度细时采用小锥角旋流器(15°~30°),脱泥时采用锥角更小的旋流器(10°~15°)。

(7)给矿压力。常用的给矿压力是0.05~0.16MPa。给矿压力与处理量和分离粒度有直接关系。给矿压力增大可降低分级粒度,提高处理量,但会显著增加动力消耗和设备磨损。在正常工作时给矿压力应保持稳定。

(8)矿浆性质。主要指矿石的密度、粒度和矿浆浓度。矿石的密度越大,分级粒度越细。矿浆浓度大、含泥量高时,其黏度和密度增大,增加了颗粒的运动阻力,使分级粒度变粗。反之亦然。适宜的矿浆浓度通常是根据具体情况由试验确定的。

由以上参数可以看出,影响水力旋流器性能指标的主要因素,还是水力旋流器本身的结构参数。这就要求水力旋流器结构的多样化,以适应不同的工作情况,不同要求的使用场合,为此,目前我国研制生产出根据不同用户要求的多种系列的水力旋流器,有的生产厂家还能为用户单独设计和制作多种不同用途的旋流器,其应用较多的旋流器及旋流器组,见表 11－6 和表 11－7。

表 11－6　旋流器技术参数表

规格	内径 /mm	汇流管径 /mm	沉砂口径 /mm	锥角 /(°)	前方给矿粒度 /mm	入口压力 /MPa	处理能力 /$m^3 \cdot h^{-1}$	分离强度 /mm	总量 /kg
FX850	850	260～340	80～200	20	22	0.03～0.4	600～850	100～350	2600
FX710	710	220～300	60～180	20	16	0.03～0.4	400～550	74～250	1245
FX660	660	150～260	60～160	20	16	0.03～0.4	250～420	74～220	950
FX610	610	140～220	40～120	20	12	0.03～0.4	200～260	74～200	670
FX500	500	100～200	35～115	25 20 15	10	0.03～0.4	140～220	74～200	416 490 556
FX350	350	70～135	30～85	20 15 7	6	0.03～0.4	85～150	50～150	135 155 230
FX300	300	65～135	16～60	20 15	5	0.05～0.4	45～90	40～150	88 169
FX250	250	45～120	15～60	20 15 10	3	0.05～0.4	40～80	30～100	63 120 123
FX200	200	40～85	15～40	20 15	2	0.05～0.4	25～40	30～100	36 64
FX150	150	25～50	8～30	20 15 8	1.5	0.05～0.4	15～30	20～74	22 20 60
FX125	125	25～40	8～26	17 8	1	0.05～0.4	8～15	20～100	10 12
FX100	100	20～40	6～22	20 15 8	1	0.05～0.4	8～15	10～100	8 5 6
FX75	75	15～20	3～13	15 7	0.6	0.1～0.5	3～7	5～74	4 7
FX50	50	11～18	3～12	15 6	0.3	0.1～0.5	1.5～3	5～74	2 2.5

续表 11 - 6

规格	内径 /mm	汇流管径 /mm	沉砂口径 /mm	锥角 /(°)	前方给矿粒度 /mm	入口压力 /MPa	处理能力 /m³ · h⁻¹	分离强度 /mm	总量 /kg
FX25	25	5 ~ 8	2 ~ 5	5 3	0.2	0.1 ~ 0.5	0.3 ~ 1	2 ~ 10	0.8 1.4
FX10	10	2 ~ 4	1 ~ 2	4	0.1	0.1 ~ 0.6	0.05 ~ 0.1	1 ~ 5	0.5

表 11 - 7 旋流器组技术参数表

规 格	给矿总管径 /mm	汇流总管径 /mm	沉砂总管径 /mm	入料压力 /MPa	最大给料粒度 /mm	分离程度 /mm	处理能力 /m³ · h⁻¹
FX710 × 10	DN850	DN950	DN700	0.03 ~ 0.15	16	74 ~ 250	2000 ~ 5500
FX710 × 2	DN300	DN400	DN360	0.03 ~ 0.15	16	74 ~ 250	400 ~ 1100
FX660 × 16	DN800	DN1100	DN700	0.03 ~ 0.15	16	74 ~ 220	2000 ~ 6720
FX660 × 4	DN350	DN400	DN350	0.03 ~ 0.15	16	74 ~ 220	500 ~ 1680
FX610 × 6	DN300	DN450	DN300	0.03 ~ 0.15	12	74 ~ 200	600 ~ 1560
FX500 × 8	DN400	DN500	DN350	0.03 ~ 0.15	10	74 ~ 200	560 ~ 1760
FX350 × 18	DN350	DN450	DN350	0.08 ~ 0.20	6	50 ~ 150	340 ~ 1200
FX350 × 8	DN250	DN350	DN300	0.08 ~ 0.20	6	50 ~ 150	340 ~ 1200
FX300 × 16	DN300	DN350	DN300	0.08 ~ 0.20	5	40 ~ 150	90 ~ 360
FX300 × 4	DN150	DN250	DN250	0.08 ~ 0.20	5	40 ~ 150	90 ~ 360
FX250 × 12	DN250	DN300	DN300	0.08 ~ 0.20	3	30 ~ 100	240 ~ 960
FX150 × 24	DN300	DN350	DN300	0.10 ~ 0.30	1.5	20 ~ 74	180 ~ 720
FX100 × 16	DN200	DN300	DN200	0.10 ~ 0.30	1.0	20 ~ 74	64 ~ 240
FX75 × 25	DN150	DN250	DN150	0.10 ~ 0.30	0.6	20 ~ 74	36 ~ 175

11.2.3 水力旋流器选型原则与计算步骤

11.2.3.1 选型原则

水力旋流器选型计算方法很多,也很复杂,至今还没有统一的规范和确定的标准程序。目前常用的计算方法可归纳为通用法和 Krebs 法两种。通用法是根据理论推导公式及经验或半经验模型进行旋流器的选型计算;Krebs 法是根据 Krebs 公司的标准旋流器在标准条件下试验得到的标准模型,结合矿石性质和工艺条件进行修正,供选矿厂设计使用。我国采用前种方法,西方国家多采用后者。

水力旋流器应用于选矿厂,其选型的基本要求是:根据原矿性质,工艺流程、作业性质、操作要求等原始资料,选择旋流器的合理形式、规格、参数及台数。原始资料包括:给矿量、矿石密度、溢流浓度及细度、沉沙浓度及细度等;对于闭路磨矿中的旋流器,还应知其磨矿机的处理能力及合理的循环负荷。

11.2.3.2 计算步骤

应用水力旋流器的选矿工艺流程,分为开路和闭路两种。开路流程中旋流器的选型计算较闭路流程简单，现以闭路磨矿流程中的检查分级为例，介绍旋流器选型计算的基本步骤。

(1)物料平衡计算。对于确定的一段闭路磨矿工艺流程的已知条件为：磨矿处理能力Q、循环负荷S、溢流细度B、溢流浓度C_0和沉砂浓度C_u。计算给矿浓度C_i、矿浆密度P_m、给矿体积流量Q_m等，其中Q_m是选择旋流器的基本数据之一，见公式11－7：

$$Q_m = Q(1+S)\left(R_i + \frac{1}{\delta}\right) \tag{11-7}$$

式中 Q_m——旋流器总给矿矿浆体积流量，m^3/h；

Q——磨矿机处理能力，t/h；

S——循环负荷，%；

R_i——给矿矿浆液固比；

δ——矿石体积质量，t/m^3。

(2)旋流器直径及结构参数。旋流器直径的选择，根据处理能力和溢流细度确定，符合设计处理能力和溢流细度的旋流器直径可能有几种，需要根据工艺条件及经验，选择最佳的旋流器直径。旋流器直径确定后，就可以根据生产厂家的旋流器技术性能表，选配适宜的结构参数。

旋流器直径计算公式见式11－8：

$$D = 0.24 d_{50c}^{1.52} \cdot \Delta p^{0.43} \cdot (\delta - \rho)^{0.76} \cdot (1 - 0.019 c_{ir})^{2.17} \tag{11-8}$$

式中 D——旋流器直径，cm；

d_{50c}——校正分离粒度，μm；

Δp——进口压力，kPa；

δ——矿石体积质量，t/m^3；

ρ——矿浆体积质量，g/cm^3；

c_{ir}——给矿矿浆体积分数，%。

(3)旋流器生产能力及台数。单台旋流器的生产能力，可按公式11－9计算：

$$q_m = 0.3 K_D K_\theta d_i d_0 \sqrt{p_0} \tag{11-9}$$

式中 q_m——单台旋流器生产能力，m^3/h；

K_D——直径修正系数，

$$K_D = 0.8 + \frac{1.2}{1+0.1D} \tag{11-10}$$

K_θ——锥角修正系数，

$$K_\theta = 0.79 + \frac{0.044}{0.0379 + \tan\frac{\theta}{2}} \tag{11-11}$$

θ——锥角，(°)；

d_i——给矿口直径，cm；

d_0——溢流口直径，cm；

p_0——旋流器入口压力，MPa。

旋流器实用台数

$$n = \frac{Q_m}{q_m} \tag{11-12}$$

式中 Q_m——旋流器总给矿矿浆体积流量，m^3/h。

(4)校核沉砂口负荷：

$$q_s = 1.27 \frac{Q_s}{d_s^2} \tag{11-13}$$

式中 q_s——沉砂口负荷，t/h；

Q_s——沉砂口质量流量，t/h；

d_s——沉砂口直径，cm。

校核值 q_s 在 0.5～2.5t/(cm^2 · h)范围内时，沉砂口直径符合设计要求。

(5)验证分级粒度

$$d_m = 1.5\sqrt{\frac{d_0 \cdot D \cdot c_{iw}}{d_s \cdot K_D \cdot p_0^{0.5}(\delta - p)}} \tag{11-14}$$

式中 d_m——分级粒度，μm；

c_{iw}——给矿矿浆质量分数，%；

其他符号意义同前式 11－8 及式 11－9。

计算分级粒度 d_m 不大于工艺要求分级粒度时，即符合设计要求。

11.2.4 水力旋流器安装与试车

11.2.4.1 水力旋流器安装

水力旋流器安装各部允许偏差及检验方法，应符合表 11－8 的规定。

表 11－8 旋流器安装的允许偏差

项 次	项 目	允许偏差	单 位	检验方法
1	纵、横向中心线	5.0	mm	拉线尺量检查
2	给矿管中心标高	±10.0	mm	水准仪
3	垂直度	1/1000	—	吊线尺量检查

安装完后应进行水压试验，试验压力为工作压力的 1.2 倍，不漏为合格。

11.2.4.2 水力旋流器试车

水力旋流器无负荷试车需与配套设备同步进行，无负荷试运转不少于 4h，试运转过程中各紧固件，连接件不得有松动。

11.2.5 水力旋流器的使用与维修

矿浆在给入水力旋流器之前，应用筛网将其中的过大矿粒、木渣、草根等杂质除去，对于小直径的旋流器和与磨矿机闭路工作的旋流器，尤为重要。

给入旋流器的矿浆必须有一定的压力，并保持稳定不变，才能取得好的分级效果，在实际生产过程中，一般均用砂泵直接给矿，由于受砂泵本身运行状态的影响，经常会出现给矿压力的波动，由此造成给矿量的波动，为减少波动，需要安装变频器，以随时根据情况的变化来调整砂泵转数，以此来稳定给矿压力。如选矿厂区在地形和高度允许的条件下，最好设置恒压箱，实现恒压给矿。

给矿浓度、给矿粒度和粒度组成,对分级效果也有较大的影响,生产过程中要尽可能保持稳定,或者变化不要太大。

旋流器的给矿浓度不能超过 70% ,在此值时将无法分级,所以与磨矿机闭路工作的旋流器,应特别注意其给矿浓度。

生产过程中要严格控制旋流器溢流的细度,与此同时要经常注意观察沉砂嘴排出沉砂的形状,其形状为伞状和绳状之间的状态为最好。如其形状像腊肠一样,则要引起注意,防止避免沉砂口堵塞。

水力旋流器的磨损是最重要的使用指标之一。排砂嘴和与其相接的下锥体磨损最大,为了防止磨损,旋流器体加衬里并装置用耐磨材料制造的可换零件,随时可以更换。这些耐磨材有:橡胶、聚氨酯、高铝陶瓷、碳化硅等。

参 考 文 献

[1] 中华人民共和国国家标准. 选矿机械设备工程安装验收规范[S]. GB50377—2006,北京:中国计划出版社,2006:29,30,43.

[2] 孙长泉,毛国胜,贾增良,等. 湿式自磨机与水力旋流器闭路流程的应用实践[J]. 化工矿物与加工,2004:9.

[3] 沈阳矿山机器厂. 螺旋分级机产品说明书.

[4] 波瓦罗夫 A N. 选矿厂水力旋流器[M]. 北京:冶金工业出版社,1982:73 ~ 82,88,144,146.

[5] 王运敏,田嘉印,王化军,等. 中国黑色金属矿选矿实践(上册)[M]. 北京:科学出版社,2008:811 ~ 819.

[6]《选矿手册》编委会. 选矿手册(第二卷)(第二分册)[M]. 北京:冶金工业出版社,1993:66,67.

[7] 孙长泉,宋建鹏. 湿式自磨机与水力旋流器一段闭路磨矿流程的成功应用[C]. 见:矿业快报论文集,2006:83 ~ 85.

12 浮选机械

自浮选机问世以来,约有100年的历史,我国1949年前仅使用过法格葛伦型和法连瓦尔德型浮选机,20世纪50年代中期,才开始研制仿苏米哈诺布尔的XJ型(即A型、XJK型)浮选机,在此后较长时间里我国仅生产这种单一系列的浮选机。直到20世纪70年代后期,我国的浮选机研制技术才得到迅速发展,出现了几种先进的浮选机机型,如XJQ型、BS－M型和JJF浮选机,XJZ型浮选机,SF型浮选机,棒型浮选机,XJC型、CHF－X型和BS－X型浮选机,KYF型和BS－K型浮选机等,并且逐步向大型化发展,从槽体容积$8m^3$发展到$38m^3$,近年来,槽体容积已达到$160m^3$、$200m^3$、$260m^3$、$320m^3$。

由于我国的浮选设备不断发展,现在已赶上国外先进水平。我国已具备制造世界上最大浮选机($320m^3$)的能力。

12.1 浮选机分类

根据浮选机的充气和搅拌方式,可将目前我国生产的浮选机分为三类,见表12－1。

表12－1 我国生产浮选机分类表

充气方式	浮选机型号
机械搅拌式	XJ型(又称A型)、XJK型(XJ型改进型)、XJZ(XJ型改进型)、XJQ型、JJF型、BS－M型(XJQ、JJF和BS－M型这三种为参照美国威姆科型)、SF型、BF型、SF和JJF联合机组、GF型、XJB型(棒型)
充气搅拌式	XJC型、CHF－X型、JS－X型、KYF(XCF)型、BS－K型、CLF－4型(粗粒浮选机)、LCH－X型、XHP型、BSP型、YX型(闪速浮选机)
充气式	KYZ－B型浮选柱

12.1.1 机械搅拌式浮选机

矿浆的充气和搅拌都是由叶轮和定子组成的机械搅拌装置完成的,属于外气自吸式浮选机,一般是上部气体吸入式,即在浮选槽下部的机械搅拌装置附近吸入空气。根据机械搅拌装置的形式,可将这类浮选机分为不同的型号,如XJ型、XJQ型、GF型、SF型、棒型等。这类浮选机的优点是:可以自吸空气和矿浆,中矿返回时易实现自流,辅助设备少,设置配置整齐,操作维护简单等,其缺点是充气量较小、电耗高、磨损较大等。

12.1.2 充气搅拌式浮选机

它既装有机械搅拌装置,又利用外部特设的风机强制吹入空气。但是,机械搅拌装置一般只起搅拌矿浆和分布气流的作用,空气主要靠外部风机压入,矿浆充气与搅拌是分开的。

因此,这类浮选机与一般机械搅拌式浮选机相比有下述特点:(1)充气量可根据需要增减,并易于调节,保持恒定,因而有利于提高浮选机的处理能力和选别指标;(2)叶轮不起吸气作用,故转速低、功率消耗少、磨损小,且脆性矿物不易产生泥化现象;(3)由于处理能力大、槽子浅等原因,单位处理量的电耗较低。其缺点是需要外加一套压气系统,中间产品返回时要用砂泵扬送。这类浮选机有 CHF - X 型、XJC 型、BS - X 型、KYF 型、BS - K 型、LCH - X 型、CLF 型等。

12.1.3 充气式浮选机

其特点是没有机械搅拌器,也没有传动部件,由专门设置的压风机提供充气用的空气。浮选柱即属于此种类型的浮选机。其优点是结构简单,容易制造;缺点是没有搅拌器,使浮选效果受到一定影响,充气器容易结钙,不利于空气弥散。我国在 20 世纪 70 年代前后曾研制并应用了几种浮选柱,但由于存在较多缺点而基本被淘汰。近年随着国外浮选柱的重新兴起和成功应用,我国又研制了几种浮选柱,正在推广用于工业生产。

12.2 浮选机械的选择原则

浮选机械的类型、规格、数量的选择和确定,应与原矿石性质(矿石密度、粒度、品位、可浮性、含泥量等)、浮选机性能、选矿厂规模、流程结构、系列划分等因素有关。在实际工作和设计中应注意以下几个方面的问题。

12.2.1 矿石性质及选别作业要求

对粒度粗或密度大的矿石,一般采用高浓度浮选方法来降低颗粒的沉降速度,减少矿粒沉积。为适应这一特点和要求,应选用高效的机械搅拌式浮选机。高效机械搅拌式浮选机,搅拌力强、充气量大、传送矿浆速度快、停机后易于再行启动。对低品位硫化矿的浮选,低速充气对选别效果较为有利,应选用充气机械搅拌式浮选机。对在浮选过程中易产生黏性泡沫的矿石,则应选用充气量较大的浮选机。对精选作业的要求,主要在于提高精矿品位,浮选泡沫层应该薄一些,为实现与脉石更好地分离创造有利条件,不需要更大充气量的浮选机,因此,精选作业的浮选机与粗、扫选作业的浮选机应有所区别。

12.2.2 根据矿浆流量合理确定浮选机系列

为了保证取得好的浮选效果,必须满足浮选时间的要求,保证每个浮选槽内矿浆有一定的停留时间,时间过短或过长都会造成有用矿物的流失,降低回收率,因此,浮选机规格必须与选矿厂的规模相适应。为发挥大型浮选机的优越性,选别系列应尽量减少,在条件允许的情况下,可考虑单系列生产。目前,国产浮选机系列,每个生产系列可达 5000t/d 以上。采用大型浮选机有很多优越性,如省电、占地面积小、安装和维修费用省、自动化水平高、作业回收率高等。

12.2.3 经技术经济比较确定浮选机的规格和数量

必须经技术经济比较,合理确定浮选机的规格和数量,应在基建投资、经营费、维修费、劳动生产率、选别技术指标等方面进行全面比较。

12.2.4 注意设备制造质量和诚信程度

目前我国选矿机械设备制造厂家上千家，产品质量和诚信程度相差很大，所以，必须择优选择设备制造质量好、备品备件有来源、供应价格合理、社会诚信好的厂家。

12.3 机械搅拌式浮选机

12.3.1 XJ 型（又称 A 型、XJK 型）浮选机

该机是 20 世纪 50 年代从苏联引进的，形式较老，虽经改进，但基本结构没变，且早已定型，形成系列。由于历史的原因，这种浮选机在我国应用最广，近年来虽说已被一些新型浮选机所取代，但仍在广泛应用。

（1）结构及工作原理。XJ 型浮选机的基本结构示于图 12－1。它由两个浮选槽构成一个机组，第一槽（带有进浆管）为吸入槽，第二槽为直流槽，此二槽之间有中间室。叶轮安装在主轴下端，主轴上端有皮带轮，用电动机带动旋转。空气由进气管吸入。每组浮选槽的矿浆水平面由闸门调节。叶轮上方装有盖板和空气筒（又称竖管）。空气筒上开有孔，用来安装进浆管、中矿返回管或用作矿浆循环，孔的大小可通过拉杆调节。

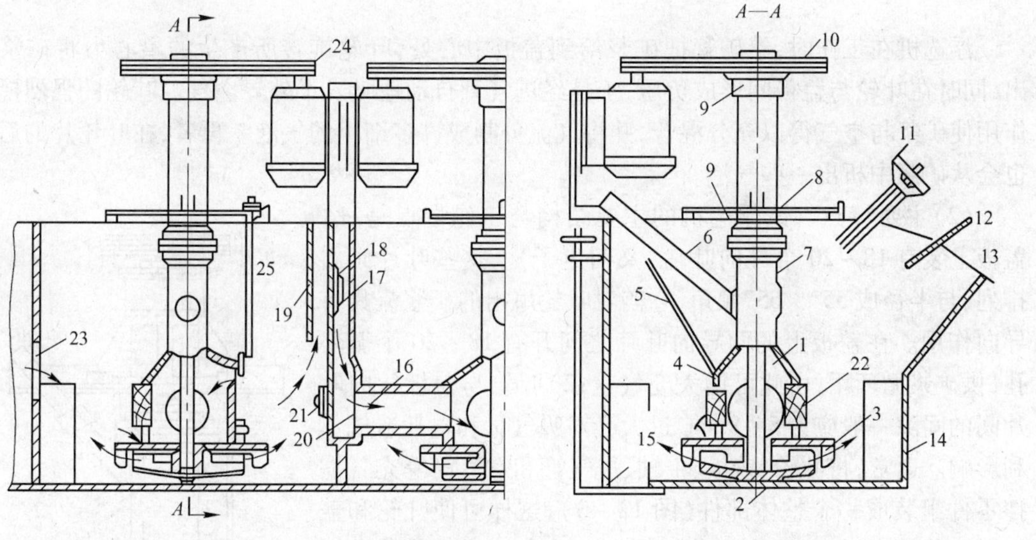

图 12－1 XJ 型浮选机结构

1—主轴；2—叶轮；3—盖板；4—连接管；5—砂孔闸门丝杆；6—进气管；7—空气管；8—座板；9—轴承；10—皮带轮；11—溢流闸门手轮及丝杆；12—刮板；13—泡沫溢流唇；14—槽体；15—放砂闸门；16—给矿管（吸浆管）；17—溢流堰；18—溢流闸门；19—闸门壳（中间室外壁）；20—砂孔；21—砂孔闸门；22—中矿返回孔；23—直流槽前溢流堰；24—电动机及皮带轮；25—循环孔调节杆

叶轮一般是用生铁铸成的圆盘，圆盘上有 6 个辐射状叶片，在叶轮上方 5～6mm 处装有盖板，其结构示于图 12－2。

叶轮盖板的作用是：1）当矿浆被叶轮甩出时，在盖板下形成负压吸气；2）调节进入叶轮的矿浆量；3）可避免矿砂在停机时压住叶轮而难以启动；4）起到一些稳流作用。

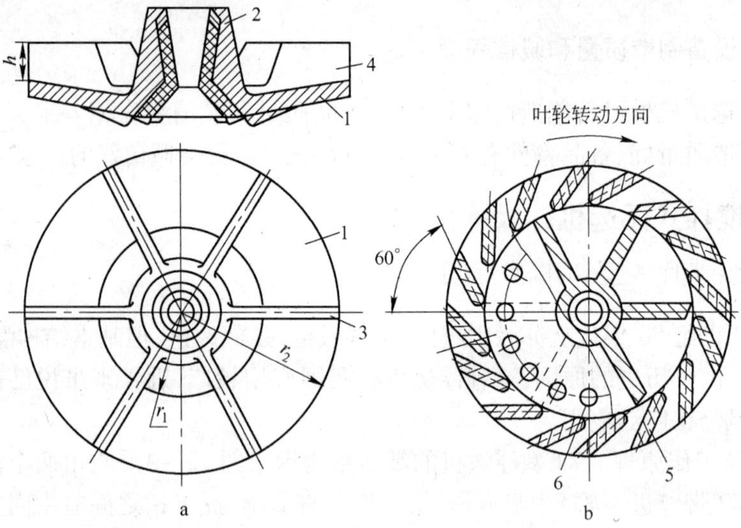

图 12－2　XJ 型浮选机

a—叶轮；b—盖板

1—叶轮锥形底盘；2—轮壳；3—辐射叶片；4—盖板；5—导向叶片（定子叶片）；6—循环孔；

r_1—矿浆入口半径；r_2—矿浆出口半径；h—叶片外端高

浮选机在工作时，给矿管把矿浆给到盖板中心处，叶轮旋转所产生的离心力将矿浆甩出，同时在叶轮与盖板间形成负压，于是经进气管自动地吸入了外界空气。叶轮的强烈搅拌作用使矿浆与空气得以充分混合，并将气流分割成许多细小的气泡。再者，在叶轮片的后方也会从矿浆中析出一些气泡。

（2）主要特点。该浮选机的主要结构与工作特点是：1）盖板上装有 18 ~20 个导向叶片（又叫定子）。这些叶片倾斜排列，与半径成 55° ~65°倾角，它们对叶轮甩出的矿浆流具有导向作用。在盖板上的两导向叶片之间开有 18 ~20 个循环孔，供矿浆循环用，由此可增大充气量；2）叶轮与盖板导向叶片间的间隙一般应为 5 ~8mm，过大会对吸气量和电耗造成不利影响。通常，将叶轮、盖板、主轴、进气管和空气筒等充气搅拌零件组装成一个整体部件（图 12－3），这样可使叶轮和盖板同心装配，以保证叶轮与盖板导向叶片之间的间隙符合要求，而且便于检修和更换；3）在空气筒下部，有一个调节矿浆循环量的循环孔，并且用闸板控制循环量。因此，通过叶轮中心的矿浆量，可随外界给矿量的变化加以调节。在直流槽中，也可使用内部矿浆循环，以满足在最大充气量时所需要的叶轮中心给矿量。

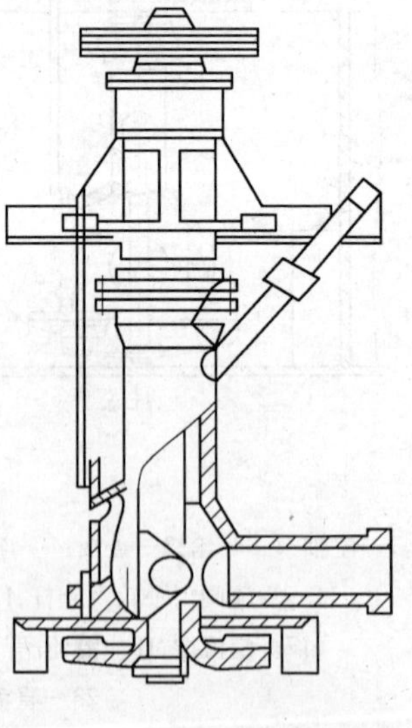

图 12－3　整体装配的充气器

由于 XJ 型浮选机形式较老，故存在下述若干缺点：1）空气弥散不佳，泡沫不够稳定，易产生“翻花”现象，不易实现液面自动控制；2）浮选槽为间隔式，矿浆流速受闸门限制，致使流通压力降低，浮选速度减慢，粗而重的矿粒容易沉淀；3）叶轮盖板磨损较快，造成充气量减少且不易调节，难以适应矿石性质的变化，分选指标不稳定。

XJ 型机械搅拌式浮选机可广泛用于铁等黑色金属矿物，铜、铅、锌、镍、钼、金等有色金属和非金属矿物的粗选、精选、扫选和反浮选作业，但是不适用于大型浮选厂的粗选和扫选作业。

由于该浮选机 20 世纪 50 年代以来便形成系列，并一直在广泛应用，所以制造厂家较多。其技术性质见表 12-2。

表 12-2 XJ、XJK 型浮选机技术性能

型 号	XJK-0.13	XJK-0.35	XJK-0.62	XJK-1.1	XJK-2.8	XJK-5.8
单槽有效容积/m^3	0.13	0.35	0.62	1.1	2.8	5.8
槽体长度/mm	500	700	900	1100	1750	2200
槽体宽度/mm	500	700	900	1100	1600	2200
槽体高度/mm	550	700	850	1000	1100	1200
生产能力（按矿浆计）/$m^3 \cdot min^{-1}$	0.05~0.16	0.18~0.40	0.3~0.9	0.6~1.6	1.5~3.5	3.0~7.0
叶轮直径/ mm	200	300	350	500	600	750
叶轮转速/$r \cdot min^{-1}$	593	483	400	330	280	240
叶轮主轴电动机功率/kW	1.5（两槽）	1.5	3.0	5.5	10	22
刮板传动电动机功率/kW	0.6	0.6	1.1	1.1	1.1	1.5
刮板转速/$r \cdot min^{-1}$	17.5	20	16	26	16	17

型号及规格含义示例如下：

XJ-11 X—浮选机（选）；J—机械搅拌、叶轮式；11—单槽容积 1.1m^3。

12.3.2 XJQ 型、JJF 型和 BS-M 型浮选机

这三种浮选机基本相同，是参考美国威姆科型浮选机研制的。

（1）结构和工作原理。XJQ 型浮选机和 JJF 型浮选机的结构示于图 12-4，主要由槽体、叶轮、定子、分散罩、假底、导流管、竖筒、调节环等组成。

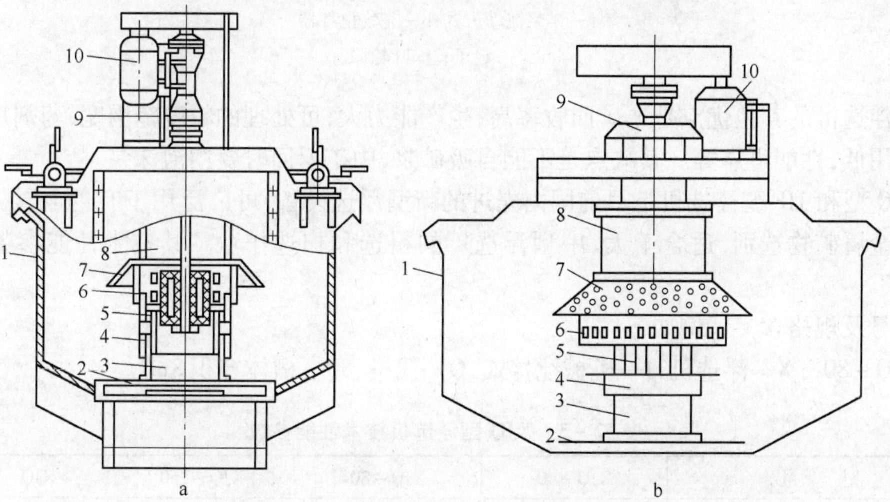

图 12-4 XJQ 型浮选机和 JJF 型浮选机结构

a—XJQ 型；b—JJF 型

1—槽体；2—假底；3—导流管；4—调节环；5—叶轮；6—定子；7—分散罩；8—竖筒；9—轴承体；10—电动机

叶轮旋转时，便在竖筒和导流管内产生涡流，此涡流形成负压，将空气从进气管吸入，在叶轮和定子区内与经导流管吸进的矿浆混合。该浆气混合流由叶轮形成切线方向运动，再经定子的作用转换成径向运动，并均匀地分布在浮选槽中。矿化气泡上升至泡沫层，单边或双边刮出即为泡沫产品。

（2）主要特点。这两种浮选机的结构和工作特点是：1）叶轮直径小，转速低，安装深度浅，电耗较低；2）叶轮与定子（图12－5）之间有较大间隙，矿粒对两者的磨损减小。定子为带有椭圆孔的圆筒，可使空气与矿浆混合和分散，故又称为分散器；3）定子的高度比叶轮低，叶轮在定子下露出一段，这有利于矿浆的搅拌和循环；4）定子的伞形带孔分散罩用作稳定器，可使叶轮产生的涡流与泡沫层隔开，以便矿浆面保持平稳，并有利于实行自动控制；5）吸气量较大，并可在0.1～1$m^3/(m^2 \cdot min)$范围内调整充气量；6）在槽底上方有一假底，矿浆可在两者之间流过，并通过导流管进行循环，因此可使矿浆以固定的路线进行下部大循环（图12－5），亦可使叶轮浸入矿浆的深度减小，并增大充气量，使气泡得以充分弥散；7）搅拌程度适中，固体颗粒悬浮良好，不沉槽，停车不用放矿。

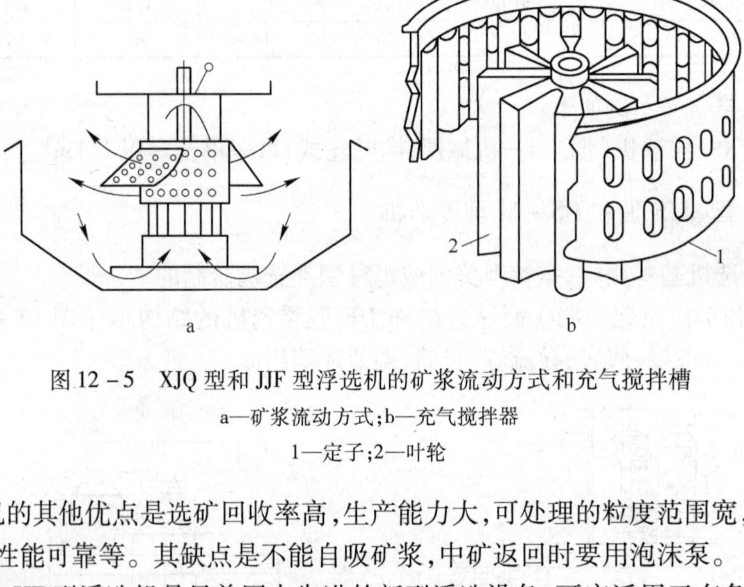

图12－5 XJQ型和JJF型浮选机的矿浆流动方式和充气搅拌槽

a—矿浆流动方式；b—充气搅拌器

1—定子；2—叶轮

该浮选机的其他优点是选矿回收率高，生产能力大，可处理的粒度范围宽，药剂用量少，维修费用低，性能可靠等。其缺点是不能自吸矿浆，中矿返回时要用泡沫泵。

XJQ型和JJF型浮选机是目前国内先进的新型浮选设备，可广泛用于有色金属、黑色金属和非金属矿物选别，适合于大、中型浮选厂的粗选和扫选作业。其技术性能参数，见表12－3。

型号及规格含义示例如下：

XJQ－80 X—浮选机；J—机械搅拌式；Q—浅槽；80—槽体容积8m^3。

表12－3 XJQ型浮选机技术性能参数

型 号	XJQ－40	XJQ－80	XJQ－160	XJQ－280
规格/m^3	4	8	16	28
槽体内壁尺寸/mm×mm×mm	1600×2100×1350	2200×3000×1400	2800×3800×1700	3000×4150×2400
单槽有效容积/m^3	4	8	16	28

续表 12-3

型号			XJQ-40	XJQ-80	XJQ-160	XJQ-280
叶轮	直径/ mm		400	560	700	760
	转速/r·min^{-1}		290;315	205;225	170;180	166;185
	圆周速度/m·s^{-1}		6.1;6.6	6;6.6	6.2;6.6	—
叶轮与定子径向间隙/mm			110	160	185	—
刮板转速/r·min^{-1}			16	20	16	—
吸气量/m^3·min^{-1}			0.1~1			0.1~1
处理能力/m^3·min^{-1}			2~5	4.2~10	8~20	14~35
外形尺寸/mm		宽	2640	3180	4040	—
		高	2803	3090	3528	—
总重,长度			见表 12-4			
减速器型号			HWT-100		HWT-100	
电动机	主传动	型号	Y160L-6	Y200L$_2$-6	Y250M-8,Y280S-8	
		功率/kW	11	22	每槽1台30或37	55
	刮板	型号	Y90L-6	BWD1.1-2-71	Y100L-6	
		功率/kW	1.1	1.1	每槽1台1.5	
	电动闸门	型号	Y801-4,数量用户定	Y801-4,数量用户定	Y801-4,数量用户定	
		功率/kW	0.55	0.55	0.55	
总图号			B24AP	B23P	B24P	

JJF-Ⅱ型浮选机,最初有 JJF-1Ⅱ、2Ⅱ、3Ⅱ、4Ⅱ共 4 种规格,近几年规格不断增加,已有 14 种规格,容积达 42~160m^3,可与同规格的 JJF 型浮选机组成联合机组,同样可使作业间水平配置,不需泡沫泵,而且操作维修更方便。JJF-Ⅱ型浮选机还可单独使用,且效果相当好。JJF-Ⅱ型浮选机的特性如下:吸气量大;能量消耗少;空气分散好;磨损轻,维护保养费用低;带负荷启动;药剂消耗少;结构简单,维修容易;先进的矿浆面控制系统,操作管理方便;该浮选机设计有吸浆槽,使浮选作业水平配置,省去了泡沫泵。其技术参数列于表 12-4。

表 12-4 JJF-Ⅱ型浮选机技术参数

型号	有效容积/m^3	槽体尺寸(长×宽×高)/m×m×m	安装功率/kW	吸气量/m^3·m^{-2}·min^{-1}	刮板电动机传速/r·min^{-1}	处理能力/m^3·min^{-1}	单槽重量/kg
吸入槽-1	1	1.10×1.10×1.00	5.5	1.0	18	0.3~1	1270
直流槽-1			5.5				1480
吸入槽-2	3	1.40×1.40×1.15	7.5	1.0	18	0.5~2	1750
直流槽-2			7.5				1960
吸入槽-3	3	1.50×1.85×1.20	11	1.0	18	1~3	2150
直流槽-3			11				2430

续表 12-4

型　号	有效容积/m^3	槽体尺寸（长×宽×高）/m×m×m	安装功率/kW	吸气量 /$m^3 \cdot m^{-2} \cdot min^{-1}$	刮板电动机传速 /$r \cdot min^{-1}$	处理能力 /$m^3 \cdot min^{-1}$	单槽重量 /kg
吸入槽-4	4	1.60×2.15×1.25	15	1.0	16	2~4	2585
直流槽-4			11				2790
吸入槽-8	8	2.20×2.90×1.40	30	1.0	16	4~8	4130
直流槽-8			22				4420
吸入槽-10	10	2.20×2.90×1.70	30	1.0	16	4~10	4500
直流槽-10			22				4830
吸入槽-16	16	2.85×3.80×1.70	45	1.0	16	5~16	8320
直流槽-16			37				8610
吸入槽-20	20	2.85×3.80×2.00	45	1.0	16	5~20	8670
直流槽-20			37				8950
吸入槽-24	24	3.15×4.15×2.00	55	1.0	16	7~24	8970
直流槽-24			45				9180
吸入槽-28	28	3.15×4.15×2.30	55	1.0	16	7~28	9480
直流槽-28			45				9800
吸入槽-42	42	3.60×4.80×2.65	90/100	1.0	16	12~42	19400
直流槽-42			75/90				21000
直流槽-85	85	由于浮选机槽体结构形式与以上诸规格区别较大，这里不再给出参数					
直流槽-130	130						
直流槽-160	160						

12.3.3 SF型、BF型浮选机及SF型、JJF型浮选机联合机组

最初，SF型与JJF型浮选机组成联合机组。用SF型浮选机做每个作业的首槽，起自吸矿浆作用，以便不用阶梯配置、不用泡沫泵返回中矿；用JJF型浮选机做首槽的直流槽，以便获得高选别指标，由此发挥各自的优势。后来，SF型浮选机单独使用，效果也比较好。

（1）结构与工作原理。SF型浮选机的结构示于图12-6，主要由槽体、装有叶轮的主轴部件、电动机、刮板及其传动装置等组成，容积大于10m^3的设有导流管和假底。

SF型浮选机在工作时，电动机通过V带驱动主轴，使其下部的叶轮旋转。此浮选机的主要特点即表现在叶轮上。叶轮带有后倾式双面叶片，可实现槽内矿浆双循环。叶轮旋转时，上、下叶轮腔内的矿浆在上、下叶片（即主、辅叶片）的作用下产生离心力而被甩向四周，使上、下叶轮腔内形成负压区。同时，盖板上部的矿浆经盖板上的循环孔被吸入到上叶轮腔

内,形成矿浆上循环。而下叶轮腔内被甩出的矿浆比上叶片甩出的三相混合物密度大,因而离心力较大,运动速度衰减较慢,且对上叶片甩出的三相混合物产生了附加的推动力,使其离心力增大,从而提高了上叶轮腔内的真空度,起到了辅助吸气作用。下叶片向四周甩出矿浆时,其下部矿浆向中心补充,这样就形成了矿浆的下循环。而空气经吸气管、中心筒被吸入到上叶轮腔,与被吸入的矿浆相混合,形成大量细小气泡,通过盖板稳流后,均匀地弥散在槽内,形成矿化气泡。矿化气泡上浮至泡沫层,由刮板刮出即为泡沫产品。

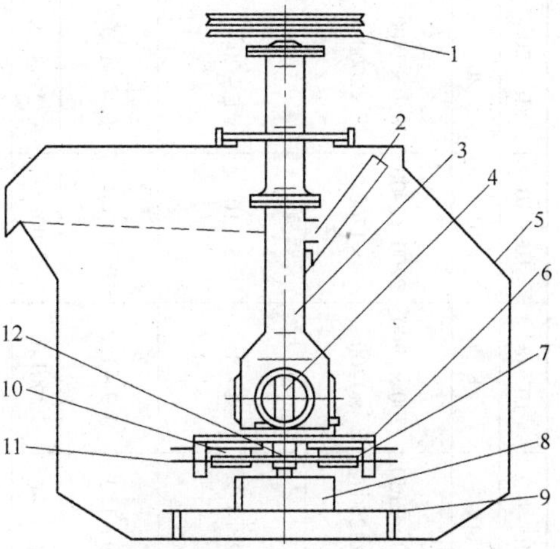

图 12-6 SF 型浮选机
1—带轮;2—吸气管;3—中心筒;4—主轴;5—槽体;6—盖板;7—叶轮;8—导流管;9—假底;10—上叶片;11—下叶片;12—叶轮盘

(2)主要特点。1)吸气量大,能耗小;2)有自吸空气、自吸矿浆能力,水平配置,不需要泡沫泵;3)叶轮圆周速度低,易磨损件使用寿命长,叶轮与盖板之间的间隙较大,叶轮与盖板因磨损而增大间隙对吸气量影响较小;4)槽内矿浆按固定的流动方式进行上、下双循环,有利于粗粒矿物的悬浮。

根据工艺要求,作业机组可按实际需要配置,4 型浮选机每组最多为 8 槽,8 型、10 型浮选机每组最多为 6 槽,20 型浮选机每组最多为 5 槽。

用户需持浮选机流程配置图订货。在该配置图中应注明:1)浮选槽的数量与配置方案;2)刮板传动装置的数量(左式或右式);3)给矿箱、中间箱和尾矿箱的数量;4)中间箱和尾矿箱溢流闸板采用手动、电动或自动控制;5)用户如有特殊要求,应在订货时提出。

SF 型和 JJF 型浮选机及其技术性能列于表 12-5。

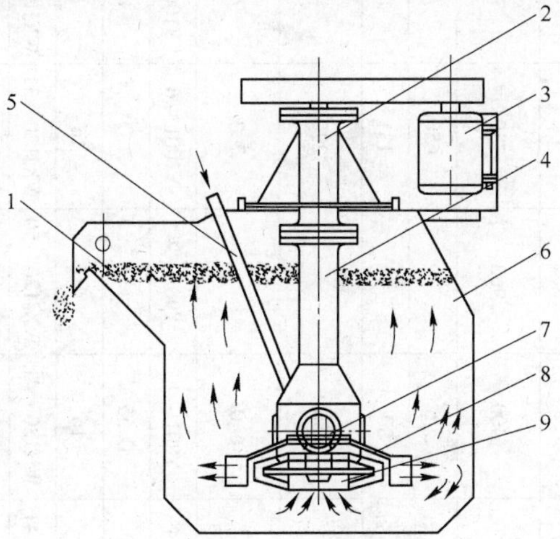

图 12-7 BF 型浮选机
1—刮板;2—轴承体;3—电动机;4—中心筒;5—吸气管;6—槽体;7—主轴;8—定子;9—叶轮

BF 型浮选机是对 SF 型浮选机的改进型(图 12-7),1994 年被推荐为优秀节能产品,1999 年获国家发明专利。其特点为:1)叶轮由闭式双截锥体组成,可产生强的矿浆下循环;2)吸气量大,功耗低;3)每槽兼有吸气、吸浆和浮选三重功能,自成浮选回路,不需任何辅助设备,水平配置,便于流程的变更;4)矿浆循环合理,能最大限度地减少粗砂沉淀;5)设有矿浆液面自控和电控装置,调节方便。

BF 型浮选机的技术参数列于表 12-6。

表 12 – 5　SF 型和 JJF 型浮选机技术性能

型　号		SF – 0.15	SF – 0.37	SF – 1.2	SF – 4	SF – 8	SF – 10	SF – 20	JJF – 4	JJF – 8	JJF – 10	JJF – 20
槽有效容积/m^3		0.15	0.37	1.2	4	8	10	20	4	8	10	20
槽体尺寸（长×宽×高）/mm×mm×mm		500×500×600	700×700×750	1100×1100×1100	1850×2050×1200	2200×2900×1400	2200×2900×1700	2850×3800×2000	1600×2150×1250	2200×2900×1400	2200×2900×1700	2850×3800×2000
生产能力（按矿浆体积计）/$m^3 \cdot min^{-1}$		0.06～0.18	0.2～0.4	0.6～1.2	2～4	4～8	5～10	5～20	2～4	4～8	5～10	5～20
吸气量/$m^3 \cdot m^{-2} \cdot min^{-1}$		0.8～1.0	0.8～1.0		1～1.2	0.9～1.0	0.9～1.0	0.9～1.0	0.9～1.0	0.9～1.0	0.9～1.0	0.9～1.0
主轴电动机	型号	Y100L – 6	Y90L – 4	$Y132M_2-6$	Y200L – 8	Y250M – 8	Y250M – 8	Y250M – 8	Y160L – 6	$Y200L_2 6$	$Y200L_2$	6Y280S – 8
	功率/kW	1.5	1.5	5.5	15	30	30	30×2	11	22	22	37
	转速/$r \cdot min^{-1}$	940	1400	960	730	730	730	730	970	970	970	730
叶轮	直径/mm	200	296		650	760	760	760	410	540	540	700
	高度/mm	57	80		131	186	186	186	410	540	540	700
	转速/$r \cdot min^{-1}$	536	386		220	191	191	191	305	233	233	180
	圆周速度/$m \cdot s^{-1}$	5.6	6.0		7.3	7.5	7.5	7.5	6.55	6.6	6.6	6.6
刮板电动机	型号	Y801 – 4	Y801 – 4	Y90S – 4	Y100L – 6	Y100L – 6	Y100L – 6	Y100L – 6	Y100L – 6	Y100L – 6	Y100L – 6	Y100L – 6
	功率/kW	0.55	0.55	1.1	1.5	1.5	1.5	1.5	1.5	1.5	1.5	1.5
刮板转速/$r \cdot min^{-1}$		16	16	16	16	16	16	16	16	16	16	16
减速机型号		WHT80 – 41	WHT80 – 41	WXJ120 – 50	WXJ120 – 31	WXJ120 – 31	WXJ120 – 31	WXJ120 – 31	WXJ120 – 31	WXJ120 – 31	WXJ120 – 31	WXJ120 – 31
设备重量/kg		538（双槽）	936（双槽）	2745（双槽）	5165（双槽）	4129	4486	9823	4605（双槽）	4500	4820	8500

表 12-6 BF 型浮选机技术参数

型号	槽容积 /m^3	内部尺寸 (长×宽×高) /m×m×m	空气吸入量 /$m^3 \cdot m^{-2} \cdot min^{-1}$	安装功率 /kW	电动机型号	生产能力 /$m^3 \cdot min^{-1}$	单槽重量 /kg
BF-0.15	0.15	0.55×0.55×0.6	0.9~1.05	2.2	Y112M-6	0.06~0.16	270
BF-0.25	0.25	0.65×0.6×0.7	0.9~1.05	1.5	Y100L-6	0.12~0.28	370
BF-0.37	0.37	0.74×0.74×0.75	0.9~1.05	1.5	Y90L-4	0.2~0.4	470
BF-0.65	0.65	0.85×0.95×0.9	0.9~1.10	3.0	Y132S-6	0.3~0.7	932
BF-1.2	1.2	1.05×1.15×1.10	1.0~1.10	5.5 4.0	$Y132M_2-6$ $Y132M_1-6$	0.6~1.2	1370
BF-2.0	2.0	1.40×1.45×1.12	1.0~1.10	7.5	Y160M-6	1.0~2.0	1750
BF-2.8	2.8	1.65×1.65×1.15	0.9~1.10	11	Y180L-8	1.4~3.0	2130
BF-4.0	4.0	1.9×2.0×1.2	0.9~1.10	15	Y200L-8	2~4	2585
BF-6.0	6.0	2.2×2.35×1.3	0.9~1.10	18.5	Y225S-8	3~6	3300
BF-8.0	8.0	225×2.85×1.4	0.9~1.10	22 30	Y225M-8 Y250M-8	4~8	4130
BF-10	10	2.25×2.85×1.7	0.9~1.10	22 30	Y225M-8 Y250M-8	5~10	4660
BF-16	16	2.85×3.8×1.7	0.9~1.10	37 45	Y280S-8 Y280M-8	8~16	8320
BF-20	20	2.85×3.8×2.0	0.9~1.10	37 45	Y280S-8 Y280M-8	10~20	8670
BF-24	24	3.15×4.15×2.0	0.9~1.10	45	Y280M-8	12~24	8970

12.3.4 GF 型浮选机

该浮选机是粗颗粒浮选机，适用于选别有色、黑色、贵金属和非金属矿物的中、小型企业，所处理的粒度范围为 0.074mm 的物料占 45% ~98%，矿浆浓度小于 45%。其特点是：(1) 自吸空气，自吸空气量可达 $1.2m^3 \cdot m^{-2} \cdot min^{-1}$；(2) 自吸矿浆，能从机外自吸给矿和泡沫中矿，浮选机作业间可平面配置；(3) 槽内矿浆循环好，液面平稳，槽内矿浆无旋转现象，无翻花；(4) 分选效率高，提高粗粒和细粒矿物的回收率；(5) 功耗低，比同规格的同类浮选机节省功耗 15% ~20%，同时又能吸入足量的空气和矿浆；(6) 易损件寿命长，特别是叶轮、定子的寿命比同类浮选机延长一倍以上。

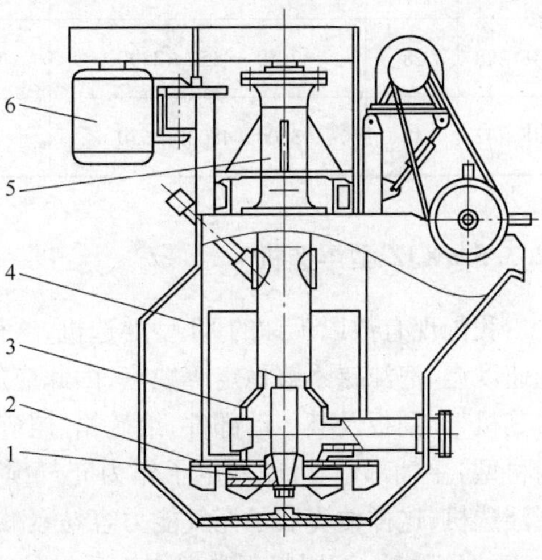

图 12-8 GF 型机械搅拌式浮选机结构简图
1—叶轮；2—盖板；3—中心筒；
4—槽体；5—轴承体；6—电动机

GF 型浮选机示于图 12-8，技术参数列于

表 12 - 7。

表 12 - 7　GF 型浮选机技术参数

型　号	容积 /m^3	槽体尺寸 (长×宽×深)/mm×mm×mm	安装功率 /kW	生产能力 /$m^3 \cdot min^{-1}$	吸气量 /$m^3 \cdot m^{-2} \cdot min^{-1}$	刮板电动机功率/kW	重量 /kg
GF - 0.35	0.35	700×700×730	1.5	0.1 ~ 0.2	1.2	0.75	470
GF - 0.7	0.7	900×900×900	3	0.1 ~ 0.4	1.2	1.1	932
GF - 1.1	1.1	1100×1100×1100	5	0.2 ~ 0.5	1.2	1.1	1370
GF - 2	2	1400×1400×1150	7.5	0.3 ~ 1.0	1.2	1.5	1750
GF - 3	3	1500×1850×1200	11	0.5 ~ 1.5	1.2	1.5	2230
GF - 4	4	1600×2150×1250	15	0.5 ~ 2.0	1.2	1.5	2585
GF - 6	6	2000×2500×1300	22	1.0 ~ 3.0	1.2	1.5	3300
GF - 8	8	2200×2900×1400	30	1.0 ~ 4.0	1.2	1.5	4130
GF - 10	10	2200×2900×1700	30	2.0 ~ 6.0	1.2	1.5	4500
GF - 16	16	2850×3800×1700	45	3.0 ~ 8.0	1.2	2.2	8320
GF - 20	20	2850×3800×2000	45	4.0 ~ 10.0	1.2	2.2	8670
GF - 24	24	3150×4150×2000	55	5.0 ~ 12.0	1.2	2.2	8970
GF - 28	28	2150×4150×2300	55	5.0 ~ 14.0	1.2	2.2	9480
GF - 42	42	3600×4800×2650	75	8.0 ~ 12.0	1.2	3	19400

12.3.5　XJZ 型浮选机

我国现有数以千计的 XJ 型浮选机，这种老式浮选机具有吸气能力低、空气弥散不佳、浮选速度慢、泡沫层不够稳定等缺点，因此应加以改造。利用 XJ 型浮选机原有的槽体、电动机及其机架、刮板及其传动部件、给矿箱、尾矿箱及泡沫溜槽等零部件，采用了新式的(参考威姆科型)主轴部件、叶轮和定子作为充气搅拌器，并有分散罩、调节环、假底等，研制出改进型浮选机，这样便克服了充气能力容易衰减而影响选别指标等缺点。仍用 XJ 型浮选机作为首槽(吸入槽)，而用其改进型作为后继的直流槽，由此便构成了 XJZ 型浮选机。它特别适合于国内中小型选厂对现有 XJ 型浮选机进行更新改造。改造后的结构见图 12 - 9，其技术参数列于表 12 - 8。

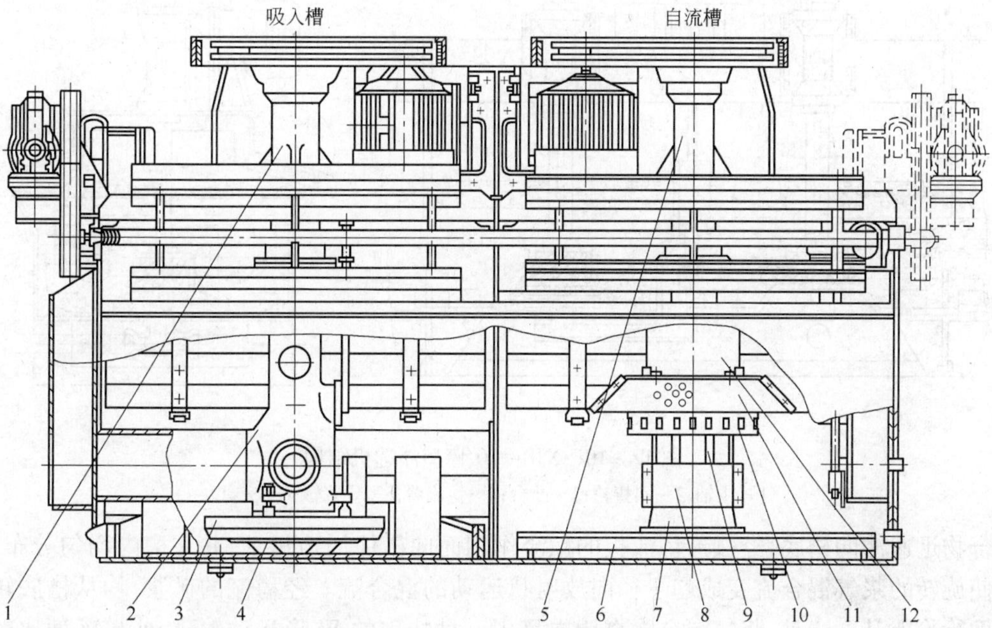

图 12－9 XJZ 型浮选机结构

1—轴承体；2—中心筒；3—盖板；4—叶轮；5—轴承体；6—假底；7—导流管；8—调节环；9—叶轮；10—定子；11—分散罩；12—竖筒

表 12－8 XJZ 型浮选机技术性能

型号规格	机槽容积 /m^3	叶轮直径 /mm		生产能力 /$m^3 \cdot min^{-1}$	叶轮转速 /$r \cdot min^{-1}$		泡沫刮板转速 /$r \cdot min^{-1}$	叶轮电动机		泡沫刮板电动机		质量 /$t \cdot 槽^{-1}$
		吸入槽	直流槽		吸入槽	直流槽		型号	功率 /kW	型号	功率 /kW	
XJZ－11	1.1	500	300	0.6～1.6	330	454	20	Y132M_2－6	5.5	Y90S－4	1.1	1.24
XJZ－28	2.8	600	350	1.5～3.5	280	360	16.8	Y160L－6	11	Y90L－6	1.1	2.43

12.3.6 XJB 棒型浮选机

XJB 棒型浮选机与澳大利亚瓦曼型浮选机类似。

（1）XJB 棒型浮选机的结构和工作原理。其搅拌充气器由 12 根倾斜圆棒组成，故称为棒型浮选机。该机结构示于图 12－10。

棒型浮选机有直流槽和吸入槽两种。在直流槽内装有中空轴（主轴）、棒型轮、凸台和弧形稳流板等主要部件。直流槽不能从底部抽吸矿浆，只起浮选作用，又称浮选槽。吸入槽是在棒型轮的下部装有一个吸浆轮，能像离心泵一样从底部吸入矿浆。在粗选、精选和扫选等各作业的进浆点，都要装吸入槽。

直流槽工作时，借助于中空轴下方的斜棒轮的旋转，使矿浆沿一定锥角强烈地向槽底四周冲射，于是在斜棒轮下部形成负压，外界空气便经由中空轴而被吸入。在斜棒轮的作用下，使矿浆与空气充分混合，同时，气流被切割弥散成细小的气泡。凸台起导向作用，使浆气

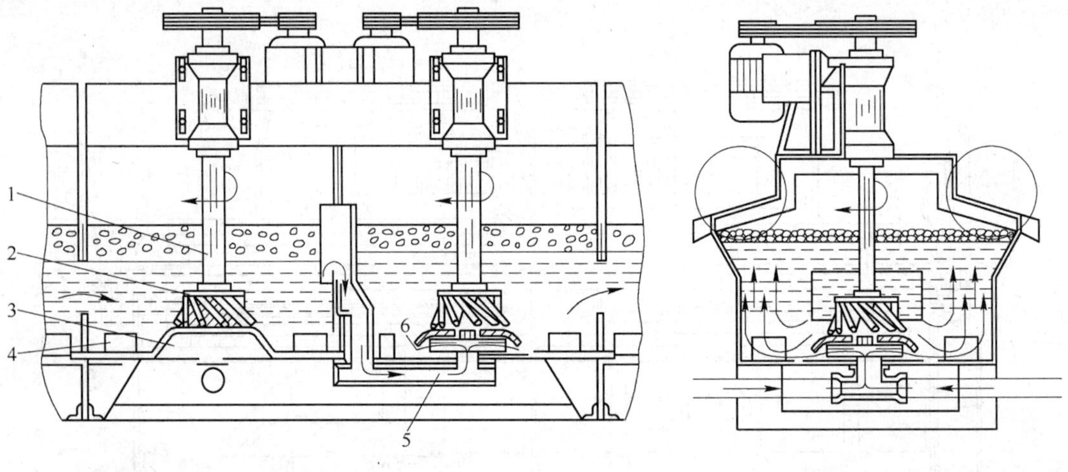

图 12 - 10　XJB - 10 棒型浮选机结构
1—主轴;2—斜棒轮;3—凸台;4—稳流器;5—导浆管;6—底盘

混合物迅速冲向槽底,经弧形稳流板的稳流作用而向槽体周边运动,并在槽内均匀分布,同时使旋转的浆气混合流变成趋于径向放射状运动的混合流。经稳流的矿浆,均从槽底转向液面徐徐上升。于是,浆气混合物在槽内呈现一种特殊的 W 形运动轨迹,使矿液面比较平稳。矿化气泡上浮至泡沫区,刮出便得泡沫产品。

(2)主要特点。棒型浮选机的主要特点是用斜棒轮、凸台和弧形稳流板构成充气搅拌器组。

1)斜棒轮。它由铸铁铸合在一起的圆盘和 12 根均匀分布的圆锥形棒条构成(图 12 - 11a),可以衬胶,以增加耐磨性。每根棒条均与棒轮旋转相反的方向后倾 45°角,且自上而下又向外扩张成 15°的锥角。这种结构使其在旋转时,斜棒的线速度越往下越大,从而造成很强的搅拌作用,并形成倾斜向下的充气矿浆冲射向槽底四周,所以能避免密度较大、粒度较粗的矿物沉在槽底。

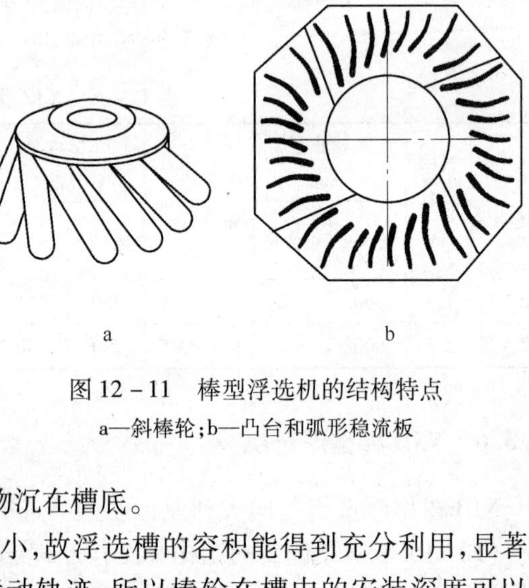

图 12 - 11　棒型浮选机的结构特点
a—斜棒轮;b—凸台和弧形稳流板

由于这种搅拌器能防止槽底沉砂,死角很小,故浮选槽的容积能得到充分利用,显著地提高了容积利用率。由于充气矿浆呈 W 形运动轨迹,所以棒轮在槽中的安装深度可以减少,这样既可在长时间停车后易于启动,又有利于提高充气量,减少电耗,提高浮选机的技术性能。

2)凸台和弧形稳流板。其结构示于图 12 - 11b,它们的作用已如前所述。

3)吸浆轮。又名提升轮,由高 50mm 的 4 片弧形叶片与上下两个圆盘构成,并通过短轴与主轴连接,装在吸入槽棒轮的下部,用来吸入矿浆。这是国产棒型浮选机特有的部件。

4)槽体浅。棒型浮选机的槽深仅为 XJ 型浮选机的 2/3,使棒轮所受的矿浆静压力较小,棒轮旋转时充气矿浆被甩射的出口速度较大,因此浮选机的吸气能力相应提高,电耗降低。

同时,该浮选机还具有结构简单、操作维护方便,以及气泡分散度高、浆气接触机会多、混合均匀、浮选速度快等优点。

XJB 棒型浮选机适用于中、小型选矿厂处理密度大、粒度粗的金属矿石,在各种浮选作业中均可采用,尤其是对铅、锌、铜、钼、硫和硅砂的选别效果最好。其技术性能见表 12-9。

型号及规格含义示例如下:

XJB-10D X—浮选机;J—机械搅拌式;B—棒型;10—单槽容积 1m^3;D—单边刮泡(双边刮泡不注)。

表 12-9 XJB 棒型浮选机技术性能

型号		XJB-10(XJB-10D)①		XJB-20(XJB-20D)①		XJB-40(XJB-40D)①	
规格/m^3		1		2		4	
槽体组合		浮选槽	吸入槽	浮选槽	吸入槽	浮选槽	吸入槽
槽内壁尺寸(长×宽×高)/mm×mm×mm		1300×1300×680		1750×1750×700		2200×2200×800	
轮直径/mm	浮选轮	410	—	540	—	700	—
	吸浆轮	—	400	—	450	—	510
间隙/mm	浮选机与凸台间	25~30	20~25	35~45	30~40	—	—
	吸浆轮与底盘间	—	5~10	—	8~18	—	—
转速/r·min^{-1}	主轴	410	440	360	280		
	刮板	17;22		12.5(16)		—	
处理能力(矿浆流量)/m^3·min^{-1}		1.5~1.7		1.5~4		2~4	
外形尺寸/mm	长					—	
	宽	1684		2173		—	
	高	1906		2142		—	
主轴用电动机	型号	Y132M$_1$-6	Y132S-4	Y160L-6	Y180L-6	—	
	功率/kW	4	5.5	11	15	18.5	
	台数	每槽1台	每槽1台	每槽1台	每槽1台	—	
刮板用电动机	型号	Y90S-4	Y90S-4	Y90L-6		—	
	功率/kW	1.1	1.1	1.1		—	
	台数	每列1台		每列1台		—	
总图号		A199P(A117P)		A106P(A127P)		—	
说明		本设备分单边刮泡(XJB-10D,A117P)和双边刮泡(XJB-10,A99P)		本设备分单边刮泡(XJB-20D,A127P)和双边刮泡(XJB-20,A106P)		—	

①( )内为单边刮泡数据;每两槽中有一个浮选槽和吸入槽。

12.4　充气机械搅拌式浮选机

12.4.1　XJC 型、CHF－X 型、BS－X 型浮选机

这种浮选机是于 20 世纪 70 年代后期研制成功的，它们的结构和工作原理基本相同，均类似美国丹弗 D－R 型浮选机。

XJC 型浮选机示于图 12－12，BS－X 型浮选机示于图 12－13，CHF－X 型浮选机示于图 12－14。

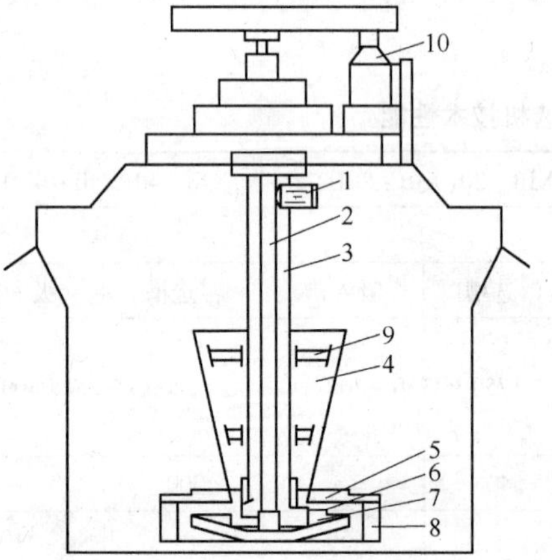

图 12－12　XJC 型浮选机

1—风管；2—主轴；3—套筒；4—循环筒；5—调整垫；6—导向器；7—叶轮；8—盖板；9—连接筋板；10—电动机

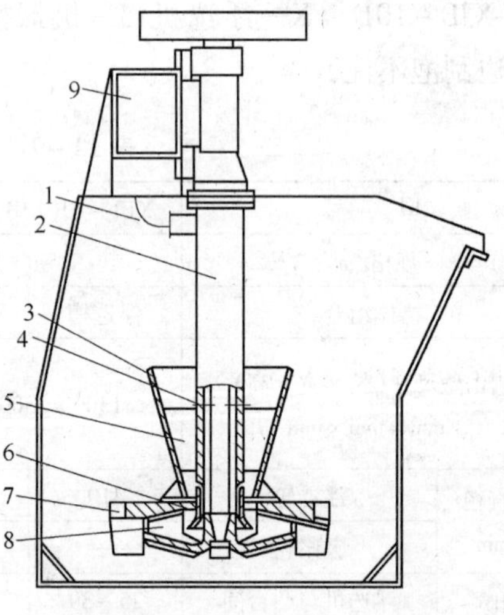

图 12－13　BS－X 型浮选机

1—风管；2—套筒；3—循环筒；4—主轴；5—筋板；6—导向器；7—盖板；8—叶轮；9—梁兼风筒

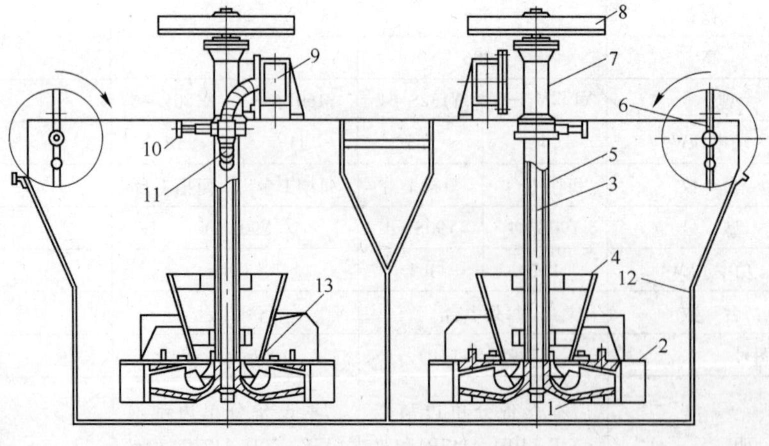

图 12－14　CHF－X 型充气机械搅拌式浮选机

1—叶轮；2—盖板；3—主轴；4—循环筒；5—中心筒；6—刮泡装置；7—轴承座；8—带轮；9—总风筒；10—调节阀；11—充气管；12—槽体；13—钟形物

图 12 – 14 所示的 CHF – X 型浮选机由两槽组成一个机组，每槽容积 7m³，两槽体背靠背相连，组成 14m³ 双机构浮选机。

(1)结构及工作原理。该浮选机的主要部件如图 12 – 14 所示，整个竖轴部件安装在总风筒(兼作横梁)上。

叶轮为带有 8 个径向叶片的圆盘。盖板为 4 块组装成的圆盘，其周边均布有 24 块径向叶片。叶轮与盖板的轴向间隙为 15 ~ 20mm，径向间隙为 20 ~ 40mm。中心筒上部的充气管与总风筒相连，中心筒下部与循环筒相连。钟形物安装在中心筒下端。盖板与循环筒相连，循环筒与钟形物之间的环形空间供循环矿浆用，钟形物具有导流作用。

该浮选机的主要特点是利用矿浆的垂直大循环和由低压鼓风机压入空气来提高浮选效率。矿浆运动状态示于图 12 – 15。矿浆通过锥形循环筒和叶轮形成的垂直循环所产生的上升流，把粗粒矿物和密度较大的矿物提升到浮选槽的中上部，可避免矿浆在槽内出现分层和沉砂现象。鼓风机所压入的低压空气经叶轮和盖板叶片而被均匀地弥散在整个浮选槽中。矿化气泡随垂直循环流上升，进入浮选槽上部的平静分离区，于是同不可浮的脉石分离。矿化气泡上升到泡沫层的路程较短，也是该浮选机的一个特点。

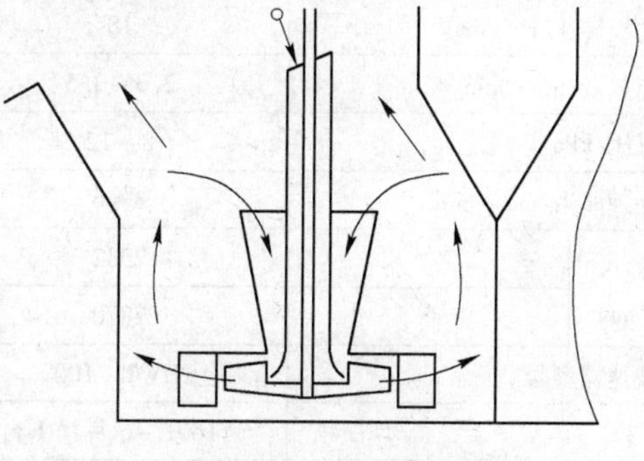

图 12 – 15　矿浆垂直循环状态

(2)主要特点。1)设计为直流槽形式，矿浆通过能力大，浮选速度快；2)采用外部特设的鼓风机供气，可根据工艺要求调节充气量，且调节范围较大；3)占地面积小，单位体积质量轻；4)采用锥形循环筒，使矿浆垂直向上进行大循环，增大了浮选槽下部的搅拌能力，可有效地保证矿粒悬浮而不易沉槽，适合于要求充气量大，矿石性质较复杂的粗重难选矿物的选别；5)叶轮只用于循环矿浆和弥散空气，深槽浮选机的叶轮仍可在低转速下工作，故搅拌器磨损较轻，矿浆液面亦比较平稳；6)叶轮与盖板间的轴向和径向间隙都比 A 型浮选机大，且没有严格要求，故易于安装和调整；7)药剂和动力消耗明显降低，选别指标有所提高。

该浮选机的缺点是：需采用阶梯配置，无自吸气和自吸矿浆能力，需设置低压风机，中矿返回需设砂泵，不利于复杂流程的配置。该浮选机适用于大、中型浮选厂的粗、扫选作业。

XJC 型充气机械搅拌式浮选机，可广泛应用于金属矿物和非金属矿物的粗选、扫选和精选作业，对铜、镍、钼、铅、锌、金、银、磷酸盐、煤等矿物可进行有效的选别。其技术性能见表 12 – 10。

型号及规格含义示例如下：

XJC – 80　X—浮选机；J—机械搅拌式；C—充气式；80—槽体容积 8m³。

表 12 – 10　XJC 型充气搅拌式浮选机技术性能

型　　号	XJC – 40	XJC – 80	XJC – 160
规格/m³	4	8	16
槽体内壁尺寸(长×宽×高)/mm×mm×mm	1700×1700×1600	2200×2200×1800	2800×2800×2200

续表 12－10

型　号			XJC－40	XJC－80	XJC－160
槽有效容积/m^3			4	8	16
叶轮	直径/mm		700	900	1000
	转速/$r \cdot min^{-1}$		190	170	160
	周速/$m \cdot s^{-1}$		7	7～8	8.4
叶轮与定子轴向间隙/mm			12	12	15
叶轮与定子径向间隙/mm			20	20	24
刮板转速/$r \cdot min^{-1}$			18	18	25.4
充气量/$m^3 \cdot min^{-1}$			2.3～3.5	6～8	6.3～9.5
风压/kPa			8～12	10～15	12～18
处理能力/$m^3 \cdot min^{-1}$			3～6	4～8	8～20
外形尺寸/mm	宽		2332	2740	3250
	高		2870	3283	3942
减速器型号			HWT－100	HWT－100	—
电动机	主传动	型　号	Y160L－6 每槽 1 台	Y200L2－6 每槽 1 台	Y250M－8 每槽 1 台
		功率/kW	11	22	30
	刮板	型　号	Y90L－6 每列 1 台	Y90L－6 每列 1 台	BWD1.1－2－59 每列 1 台
		功率/ kW	1.1	1.1	1.1
	电动闸门	型　号	—	Y801－4 数量用户定	Y801－4 数量用户定
		功率/ kW	—	0.55	0.55
总图号			B13BP	A135P	B15P

注:1. 该浮选机需阶段配置;

2. XJC－80 至少 2 槽,并按 2 槽递增;

3. XJC－160 如不注明,一般默认电动调节阀。

BS－X 型充气机械搅拌式浮选机,适用于有色、黑色金属矿物及非金属矿物的选别。

该浮选机现有两种规格,制成成对双槽的,由 2、4、6 或 8 槽组成一列,每列最多 8 槽。每列配有一套刮板传动装置以及给矿槽、排矿槽或中间槽。它具有左、右给矿和排矿两种形式;也可以背靠背形式配置,在两列之间设有检查平台,以减少占地面积。

该浮选机不能靠自吸返回泡沫和矿浆,需用长轴泵辅助完成。当一列与另一列需要阶梯配置时,阶梯高度差为 300mm。

BS－X 型浮选机的技术性能列于表 12－11。其中 BS－X8 型浮选机的背靠背配置方式允许连通或不连通,连通方式矿浆呈曲线运动,不连通方式矿浆呈直线运动,按用户要求确定。矿浆呈直线运动时每隔 6 槽设一阶梯。

表 12－11　BS－X 型充气搅拌式浮选机技术性能

型 号 规 格	BS－X4	BS－X8
槽体尺寸(长×宽×高)/mm×mm×mm	1700×1700×1600	2200×2200×1800
槽体有效容积/m^3	4	8

续表 12-11

型号规格	BS-X4	BS-X8
生产能力(矿浆)/$m^3 \cdot min^{-1}$	0.8~4	2~8
主轴电动机功率/kW	11	22
主轴电动机型号及转速/$r \cdot min^{-1}$	Y160L-6,970	$Y200L_2$-6,970
叶轮直径/mm	700	900
叶轮转速/$r \cdot min^{-1}$	190	170
叶轮周速/$m \cdot s^{-1}$	7	8①
叶轮与定子轴向间隙/mm	10~12	12
叶轮与定子径向间隙/mm	约 18	20
刮板电动机功率/kW	1.5	1.1
刮板电动机型号及转速/$r \cdot min^{-1}$	JTC502A,980	Y90L-6,910
刮板转速/$r \cdot min^{-1}$	18	18
刮板减速器型号	—	HWT-100-8-31.5
电动闸门电动机 功率/kW	—	0.55
电动闸门电动机 转速/$r \cdot min^{-1}$	—	1390
电动闸门电动机型号	—	Y801.4
充气量/$m^3 \cdot (min \cdot 槽)^{-1}$	3.0~3.5	6~7
风压/MPa	0.08~0.12	0.1~0.15

①根据浓度和粒度的不同,周速可降到 7.5m/s。

CHF-X 型浮选机,其规格和技术参数列于表 12-12。

表 12-12 CHF-X 型浮选机技术参数

型号	槽容/m^3	槽体尺寸(长×宽×高)/m×m×m	生产能力/$m^3 \cdot min^{-1}$	矿浆循环量/$m^3 \cdot min^{-1}$	叶轮			主轴电动机			最大充气量/$m^3 \cdot m^{-2} \cdot min^{-1}$	充气压力/kPa
					直径/mm	转速/$r \cdot min^{-1}$	周速/$m \cdot s^{-1}$	型号	功率/kW	转速/$r \cdot min^{-1}$		
CHF-X3.5	3.5	1.7×1.7×1.3	2~7	12	750	180	7	Y180L-8	11	730	1.5~1.8	13
CHF-X7	7	2.0×2.0×1.8	3~10	30	150	900	7	Y225S-8	18.5	730	1.5~1.8	24.5
CHF-X14	14	2.0×4.0×1.8	6~15	60	150	900	7	Y225S-8	18.5	730	1.5~1.8	24.5

12.4.2 KYF(XCF)型和 BS-K 型浮选机

这两种浮选机分别于 20 世纪 80 年代中期研制成功,均与芬兰奥托昆普 OK 型浮选机类似,同时吸收了美国道尔奥利弗型浮选机的优点。它们分别示于图 12-16、图 12-17。XCF 型浮选机是与 KYF 型浮选机配套使用,两者的结构特点相似,外形尺寸相同。

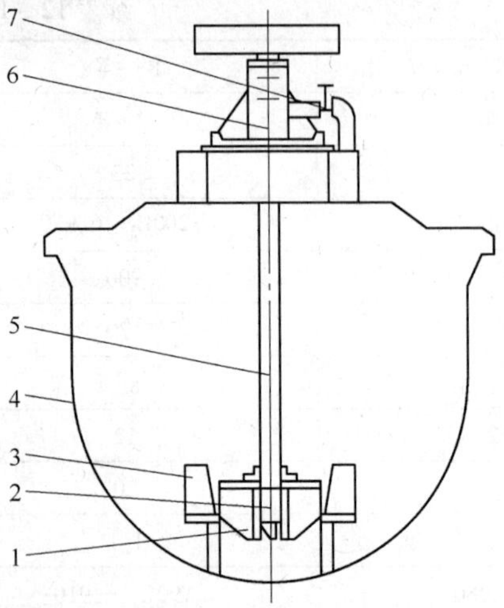

图 12-16　KYF 型浮选机

1—叶轮;2—空气分配器;3—定子;4—槽体;
5—主轴;6—轴承体;7—空气调节阀

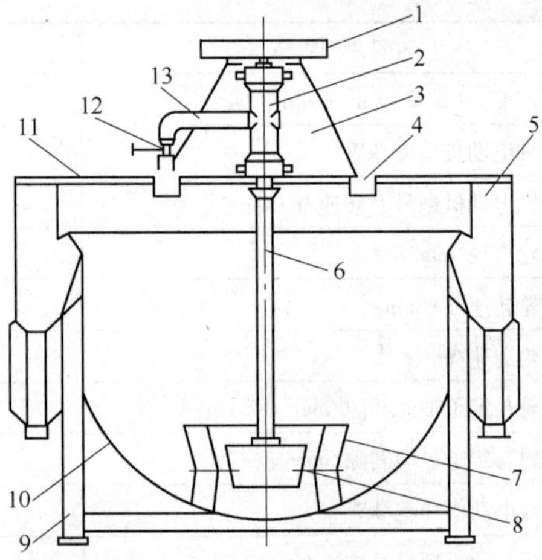

图 12-17　BS-K 型浮选机

1—带轮;2—轴承体;3—支座;4—风管;5—泡沫槽;
6—空心轴;7—定子;8—叶轮;9—槽体支架;
10—槽体;11—操作台;12—风阀;13—进风管

KYF 浮选机采用 U 形槽体、空心轴充气和悬挂定子,尤其是采用了一种新式叶轮。这是一种叶片后倾一个角度的锥形叶轮,类似于高比转速的离心泵轮,扬送矿浆量大、压头小、功耗低且结构简单。在叶轮腔中还装置了多孔圆筒形空气分配器,使空气能预先均匀地分散在叶轮叶片的大部分区域,提供了较大的矿浆-空气接触界面。

在浮选机工作时,随着叶轮的旋转,槽内矿浆从四周经槽底由叶轮下端吸到叶轮叶片之间,同时,由鼓风机给入的低压空气经空心轴和叶轮的空气分配器,也进入其中。矿浆与空气在叶片之间充分混合后,从叶轮上半部周边向斜上推出,由定子稳流和定向后进入整个槽子中。气泡上升到泡沫稳定区,经过富集过程,泡沫从溢流堰自流溢出,进入泡沫槽。还有一部分矿浆向叶轮下部流去,再经叶轮搅拌,重新混合形成矿化气泡,剩余的矿浆流向下一槽,直到最终成为尾矿。

近年来,在原有的基础上,又进一步开发 KYF 型和 XCF 型浮选机,规格增加,容积扩大,最大已达 $320m^3$,已达到世界先进水平。其特点是:(1)能量消耗少;(2)空气分散好;(3)叶轮起离心泵作用,使固体在槽内保持悬浮状态;(4)磨损轻,维护保养费用低;(5)带负荷启动;(6)药剂消耗少;(7)结构简单,维修容易;(8)U 形槽体,减少短路循环;(9)先进的矿浆液面控制系统,操作管理方便。该浮选机设计有吸浆槽,使浮选作业间水平配置,省去了泡沫泵。其技术性能列于表 12-13。

BS-K 型浮选机,其结构及特点如下:

(1)主轴部件侧挂在机架上,轴承体结构轻巧,安装方便,传动部件为可调式,便于维护调整和检修。

(2)叶轮呈截圆锥形,定子为放射状,结构简单,容易制造,搅拌力强。

(3)一般不设泡沫刮板装置,亦可保证精矿品位,且操作可靠,从而减少了维修工作量,在泡沫层薄的作业区也可安装刮板。

(4)排矿采用两种形式锥形塞,一种是自动调整,合理地配合自动化;另一种是手动调节,工作安全可靠,上下动作灵活。此外,还有一个手动调节闸板,配置合理,操作方便。

表 12-13 XCFⅡ/KYFⅡ浮选机技术参数

型 号	有效容积 /m^3	槽体尺寸 (长×宽×高) /m×m×m	叶轮直径/m	安装功率 /kW	最小进口风压 /kPa	充气量调节范围 /$m^3 \cdot m^{-2} \cdot min^{-1}$	生产能力 /$m^3 \cdot min^{-1}$	单槽重量 /kg
XCFⅡ/KYFⅡ-1	1	1.00×1.00×1.00	0.40/0.34	4/3	>11	0.05~1.4	0.2~0.5/0.2~1	920/1056
XCFⅡ/KYFⅡ-2	2	1.30×1.30×1.25	0.47/0.41	5.5/4	>12	0.05~1.4	0.5~1/0.5~2	1158/1346
XCFⅡ/KYFⅡ-3	3	1.60×1.60×1.40	0.54/0.48	7.5/5.5	>14	0.05~1.4	0.7~1.5/0.7~3	2172/2074
XCFⅡ/KYFⅡ-4	4	1.80×1.80×1.50	0.62/0.55	11/7.5	>15	0.05~1.4	1~2/1~4	2375/2100
XCFⅡ/KYFⅡ-6	6	2.05×2.05×1.75	0.62/0.55	18.5/11	>17	0.05~1.4	1~3/1~6	3545/3278
XCFⅡ/KYFⅡ-8	8	2.20×2.20×1.95	0.72/0.63	22/15	>19	0.05~1.4	2~4/2~8	4142/3857
XCFⅡ/KYFⅡ-10	10	2.40×2.40×2.10	0.76/0.66	30/22	>20	0.05~1.4	3~5/3~10	4894/4334
XCFⅡ/KYFⅡ-16	16	2.80×2.80×2.40	0.86/0.74	37/22	>23	0.05~1.4	4~8/4~16	6928/7545
XCFⅡ/KYFⅡ-20	20	3.00×3.00×2.70	0.91/0.78	45/37	>25	0.05~1.4	5~10/5~20	9200/8240
XCFⅡ/KYFⅡ-24	24	3.10×3.10×2.90	0.93/0.80	55/37	>27	0.05~1.4	6~12/6~24	10819/9820
XCFⅡ/KYFⅡ-30	30	3.50×3.50×3025	0.88/0.90	55/45	>31	0.05~1.4	7~15/7~30	14810/13820
XCFⅡ/KYFⅡ-40	40	3.80×3.80×3.40	1.05	75/55	>32	0.05~1.4	8~19/8~38	18790/17097
XCFⅡ/KYFⅡ-50	50	4.40×4.40×3.50	1.20/1.03	90/75	>33	0.05~1.4	10~25/10~40	22000
XCFⅡ/KYFⅡ-70	70	φ4.30×4.10	1.12	90	>35	0.05~1.4	13~50	26200
XCFⅡ/KYFⅡ-100	100	φ5.80×4.56	1.26	132	>40	0.05~1.4	20~60	33500
XCFⅡ/KYFⅡ-130	130	φ6.50×4.90	1.30	160	>45	0.05~1.4	20~60	36200
XCFⅡ/KYFⅡ-160	160	φ7.00×5.20	1.35	160	>48	0.05~1.4	20~60	42500
XCFⅡ/KYFⅡ-200	200	φ7.50×5.60						
XCFⅡ/KYFⅡ-260	260	φ8.00×6.20						
XCFⅡ/KYFⅡ-320	320	φ8.60×6.40						

(5)操作台在槽体上面,维护操作简便,安全感强,设备紧凑,占地面积小。U形槽体减少了槽底积矿现象,槽体支撑合理,支座之间跨度大,设备稳定性好。

(6)能耗低。单位容积总功耗(包括风机)为 0.95~0.97kW/m^3,BS-K38 浮选机比 JJF-16 浮选机、BS-K8 浮选机比 6A 浮选机均可节电 50%左右。

(7)空气弥散好,气泡分散均匀,泡沫稳定。

(8)矿粒悬浮好。叶轮搅拌力强,使矿浆得到充分搅拌。通过不同区域与分层取样测定,大于 0.175mm 及其他各粒级在整个浮选机内分布均匀,保持了良好的悬浮状态,不沉槽。

(9)负荷启动容易。

(10)选别效果好。经生产证明,在浮选时间短或相同情况下,均达到或超过原浮选指标。

(11)BS-K38、BS-K24、BS-K16、BS-K8 浮选机操作台在槽体上,占地面积小,可大量节省基建投资。

该浮选机分为单槽、双槽、三槽、四槽、五槽、六槽几种单元，BS－K38、BS－K24 最多为四槽，BS－K16 最多为五槽，BS－K8 最多为六槽，BS－K4 最多为八槽，由几个单元组成一列。首部装有给矿箱，尾部装有排矿箱，单元之间装有中间箱。设备还带有操作台、泡沫槽、栏杆及铺设电缆支架等。

此外，该浮选机不能靠自吸返回泡沫和矿浆，因此需用泵协助返回泡沫，使浮选机充分发挥浮选作用。这样可以节省电能，从而降低生产成本。每单元之间需阶梯配置。在每列浮选机之间还可用操作台板连接起来，形成一个大的操作台面，便于行走和操作。

为了延长槽体、泡沫槽及叶轮、定子的使用寿命，槽内及叶轮、定子衬有耐磨材料。栏杆、泡沫溜槽的具体形式可由用户提出选择，考虑到 BS－K4 型号小，槽体上面不设操作平台，也不带泡沫溜槽，其他规格全带。对泡沫溜槽有特殊要求时在订货时提出即可。

BS－K 型浮选机及其技术性能列于表 12－14。

表 12－14　BS－K 型浮选机技术性能

型号规格		BS－K38	BS－K24	BS－K16	BS－K8	BS－K6	BS－K4	BS－K2.2
槽体尺寸/mm	长	3600	3200	2950	2250	2100	1850	1500
	宽	3600	3200	2720	2250	2100	1850	1500
	高	3400	2800	2380	1700	1680	1550	1300
有效容积/m^3		38	24	16	8	6	4	2.2
处理矿浆量/$m^3 \cdot min^{-1}$		10～30	7～20	2～15	1～8	1～6	0.5～4	0.5～3
主轴电动机	型　号	Y280M－8	Y280S－8	Y225－6	Y180L－6	Y200L－6	Y160L－8	$Y160M_2-8$
	功率/kW	45	37	30	15	18.5	7.5	5.5
	转速/$r \cdot min^{-1}$	740	740	980	970	970	720	720
叶轮	直径/mm	910	830	750	650	650	500	420
	转速/$r \cdot min^{-1}$	141	154　159	160　170	180　190	197	230　220	260
	周速/$m \cdot s^{-1}$	6.72	6.7　6.9	6.28　6.68	6.12　6.46	6.7	5.54　5.3	5.57
充气量/$m^3 \cdot min^{-1}$		10～20	8～18	6～15	4～10	4～10	3～6	2～3
风压	大气压/MPa	0.034	0.029	0.027	0.021	0.027	0.017	0.015
	水柱/m	3.5	3.0	2.8	2.2	2.8	1.8	1.6
刮板电动机	型　号	Y90L－6	Y90L－6	Y90L－6	Y90L－6	Y90L－6	Y90L－6	Y90L－6
	功率/kW	1.1	1.1	1.1	1.1	1.1	1.1	1.1
	转速/$r \cdot min^{-1}$	910	910	910	910	910	910	910
刮板转速/$r \cdot min^{-1}$		16～18	16～18	16～18	16～18	16～18	16～18	16～18

12.4.3　CLF－4 型粗粒浮选机

该浮选机于 1989 年研制成功，其结构示于图 12－18。

CLF－4 型粗粒浮选机有直流槽和吸浆槽两种形式，其主要区别在于叶轮结构（图 12－19）。直流槽采用了单一叶片叶轮，它与槽体相配合可产生槽内矿浆大循环，分散空气效果良好。吸浆槽采用了双向叶片叶轮，它是在直流槽叶轮的基础上增加了起吸浆作用的上叶片。这两种叶轮的叶片都后倾一定角度，但吸浆式叶轮的下叶片高度比直流式的小。实践证明，这种结构叶轮搅拌力弱，而矿浆循环量较大，功耗低，与槽体和格子板联合作用，充分保证了粗粒矿物的悬浮及空气分散。

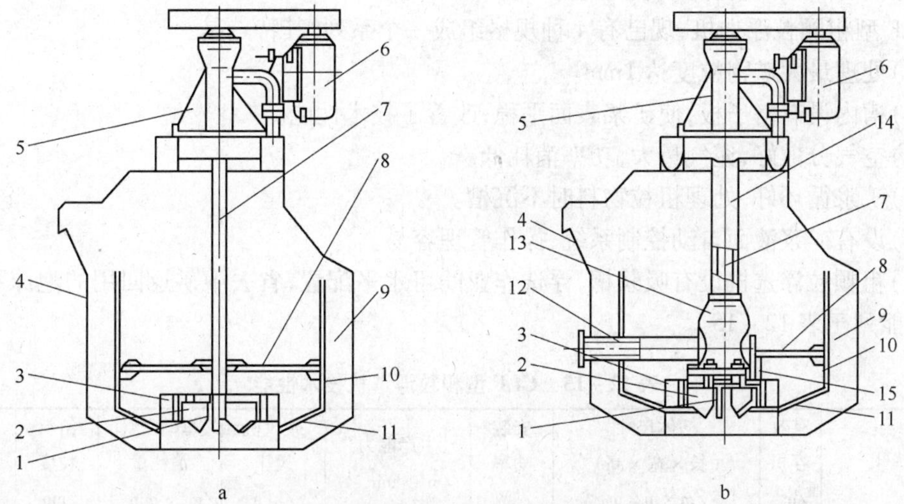

图 12-18　CLF-4 型粗粒浮选机

a—直流槽；b—吸浆槽

1—空气分配器；2—转子；3—定子；4—槽体；5—轴承体；6—电动机；7—空心主轴；8—格子板；9—循环通道；10—隔板；11—假底；12—中矿返回管；13—中心筒；14—接管；15—盖板

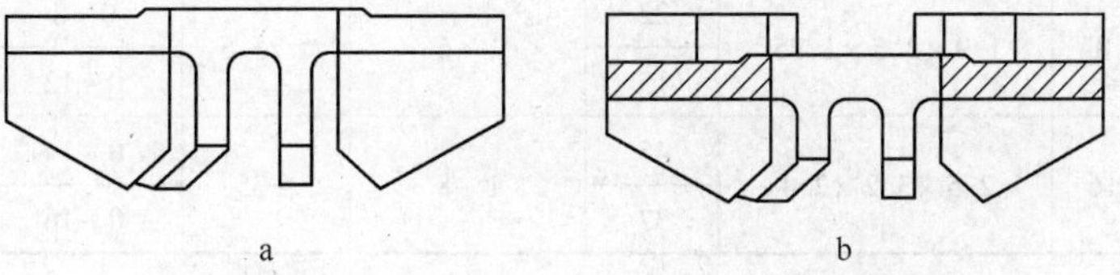

图 12-19　CLF-4 型粗粒浮选机叶轮结构

a—直流式叶轮；b—吸浆式叶轮

CLF-4 型粗粒浮选机的特点如下：

（1）采用了新式的叶轮、定子系统及全新的矿浆循环方式，在较低叶轮周速下，粗粒矿物可悬浮在槽子中部区，而返回叶轮的循环矿浆浓度低，矿粒粒度细，这不仅有利于粗粒浮选，也有利于细粒浮选。

（2）槽内产生上升矿浆，有助于附着有粗粒矿物的矿化气泡上浮，减少了粗粒矿物与气泡之间的脱离力。

（3）叶轮周速低，返回叶轮的循环矿浆浓度低，粒度细，因此叶轮和定子磨损大大减轻，功耗低。

（4）叶轮与定子间的间隙大，随着叶轮和定子的磨损，充气和空气分散情况变化不大，可保证选别指标的稳定性。

（5）格子板造成粗颗粒悬浮层，并可减少槽上部区的紊流，有利于粗粒浮选。

(6)采用外加充气方式,充气量大,气泡分散均匀,矿液面稳定,有利于粗粒上浮。

(7)设计了吸浆槽,可使浮选机配置在同一水平上而不需要泡沫泵,且兼顾了细粒矿物的选别。

(8)可处理粒度达 1mm 的粗矿粒而不会出现沉槽现象。

(9)具有矿液而自动控制系统,易于操作和调整。

CLF 型粗颗粒浮选机,现已有 4 种规格组成一个系列,其特点是:

(1)处理最大矿物粒度达 1mm。

(2)槽内设有格子板,使矿浆表面平稳,改善了技术性能。

(3)空气分散好,充气量大,功率消耗低。

(4)矿浆循环好,处理粗粒物料时不沉槽。

(5)设有矿浆液面自动控制系统,操作管理容易。

(6)粗颗粒浮选机设有吸浆槽,浮选作业间可水平配置,省去中矿返回用的泡沫泵。其技术性能列于表 12 - 15。

表 12 - 15　CLF 型粗粒浮选机技术性能

型　号		有效容积 /m^3	槽体尺寸 (长×宽×高) /m×m×m	安装功率 /kW	生产能力 /$m^3 \cdot min^{-1}$	鼓风机风压 /kPa	每槽空气消耗量 /$m^3 \cdot min^{-1}$	给料粒度 /mm	单槽重量 /kg
CLF - 2	吸浆槽	2	1.2×1.6×1.25	7.5	0.5 ~ 2	≥14.7	0 ~ 3	<1.0	1591
	直流槽			5.5			0 ~ 5		1418
CLF - 4	吸浆槽	4	1.6×2.1×1.5	15	1 ~ 4	≥19.6	0 ~ 5	<1.0	3002
	直流槽			11			0 ~ 7		2702
CLF - 8	吸浆槽	8	1.9×2.5×1.95	22	1 ~ 6	≥23.5	0 ~ 8	<1.0	5168
	直流槽			15			0 ~ 12		4654
CLF - 16	吸浆槽	16	2.5×3.2×2.4	45	1 ~ 8	≥35	0 ~ 14	<1.0	9230
	直流槽			37			0 ~ 16		8970

12.4.4　LCH - X 型浮选机

该浮选机是于 20 世纪 80 年代上半期研制成功的,其结构示于图 12 - 20。

该浮选机具有一个新型双面叶轮(图 12 - 21),叶轮和其他主轴零件构成上下两个叶轮腔。从主轴和中心筒之间充入空气,一部分空气充入上叶轮腔,另一部分空气通过梯形孔充入下叶轮腔,上下叶轮腔同时双向吸入循环矿浆,所以,此叶轮能同时完成双向充气和双向循环。定子叶片由两段组成,一段顺叶轮转向与径向成 4°角,另一段呈径向排列,两段之间用圆弧过渡。这种断面形状的定子叶片,使被湍流分散了的气泡与矿浆一同流出定子后,沿接近径向进入浮选槽的湍流区,克服了矿浆的打旋现象。

该浮选机主要有一种规格,其技术性能是:槽体有效容积 5.18m^3,槽体长×宽×高 = 1.8m×1.8m×1.6m,按矿浆计的生产能力 2 ~ 10m^3/min,主轴转速 191、208r/min,叶轮圆周速度 5.5、6m/s,主轴电动机型号 JO_2 - 71 - 8,功率 13kW,最大充气量 2.08m^3/(m^2 · min),充气压力 16kPa。

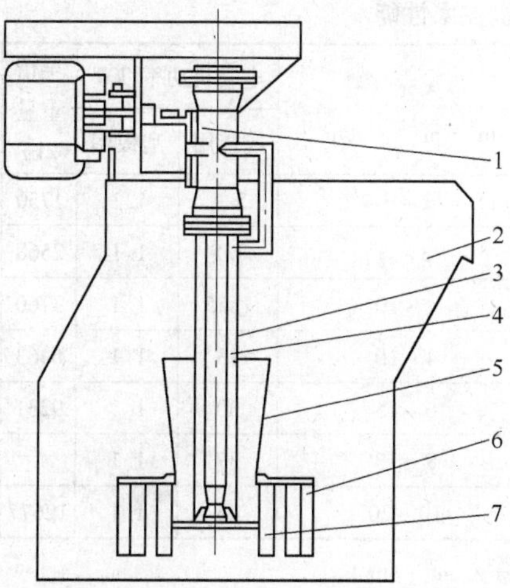

图 12-20 LCH-X 型浮选机

1—主风管;2—槽体;3—中心筒;4—主轴;
5—循环筒;6—定子;7—叶轮

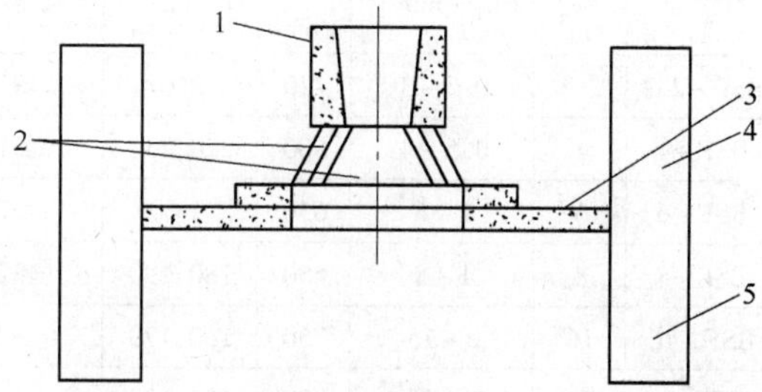

图 12-21 双面叶轮

1—累毂;2—梯形孔;3—圆盘;
4—上叶片;5—下叶片

12.4.5 XHF 型和 BSF 型浮选机

XHF 型和 BSF 型两种浮选机均为充气机械搅拌浮选机,两种浮选机都属深槽型浮选机。XHF 型浮选机有自吸矿浆能力,水平配置,不需泡沫泵,其叶轮直径大,主轴转速高。BSF 型浮选机单独使用可形成阶梯布置的浮选系统;与 XHF 型浮选机联合使用可形成水平布置的浮选系统;叶轮只起搅拌矿浆、循环矿浆和分散空气的作用;叶轮直径小,圆周速度低,叶轮与定子之间的间隙大,减轻了叶轮与定子的磨损。该机叶轮结构及叶片间隙流道设计合理,叶轮磨损较均匀,叶轮、定子使用寿命长。

XHF 型和 BSF 型浮选机的技术参数分别列于表 12-16、表 12-17。

表 12-16 XHF 型浮选机技术性能

型号	有效容积 /m^3	处理能力 /$m^3 \cdot min^{-1}$	叶轮直径 /mm	叶轮转速 /$r \cdot min^{-1}$	鼓风机风压/kPa	最大充气量 /$m^3 \cdot m^{-2} \cdot min^{-1}$	电动机功率/kW		单槽重量 /kg
							搅拌用	刮板用	
XHF-1	1	0.2~1	400	358	≥12.6	2	5.5	1.1	1154
XHF-2	2	0.4~2	460	331	≥14.7	2	7.5	1.1	1659
XHF-3	3	0.6~3	540	266	≥19.8	2	11	1.5	2259
XHF-4	4	1.2~4	620	215	≥19.8	2	15	1.5	2669
XHF-8	8	3~8	720	185	≥21.6	2	22	1.5	3868
XHF-16	16	4~16	860	160	≥25.5	2	37	1.5	6520
XHF-24	24	4~24	950	153	≥30.4	2	37	1.5	8000
XHF-38	38	10~38	—	—	≥34.3	2	45	1.5	11000

表 12 - 17　BSF 型浮选机技术性能

型号	有效容积/m^3	处理能力/$m^3 \cdot min^{-1}$	叶轮直径/mm	叶轮转速/$r \cdot min^{-1}$	鼓风机风压/kPa	最大充气量/$m^3 \cdot m^{-2} \cdot min^{-1}$	电动机功率/kW		单槽重量/kg	备注
							搅拌用	刮板用		
BSF - 2.2	2.2	0.5 ~ 3	420	260	≥15	2 ~ 3	5.5	1.1	1750	
BSF - 4	4	0.5 ~ 4	500	220,230	≥17	3 ~ 6	7.5	1.1	2568	
BSF - 6	6	1 ~ 6	650	197	≥21	4 ~ 10	18.5	1.1	3760	需阶梯配置
BSF - 8	8	1 ~ 8	650	180,190	≥27	4 ~ 10	15	1.1	6463	
BSF - 16	16	2 ~ 15	750	160,170	≥27	6 ~ 15	30	1.1	9231	
BSF - 24	24	7 ~ 20	830	154,159	≥29	8 ~ 18	37	1.1		
BSF - 38	38	10 ~ 30	910	141	≥34	10 ~ 20	45	1.1	12677	

注：充气浮选机最大充气量供选风机时参考，生产时一般为 $1.0m^3/(m^2 \cdot min)$。

12.4.6　YX 型闪速浮选机

这是一种比较特殊的浮选机，适用于在磨矿分级回路中处理分级设备的返砂，提前拿出部分已单位体解离的粗粒有价矿物或含有价矿物较多、较大的连生体，直接获得最终精矿产品或粗精矿进入下段再选，既可降低循环负荷，改善磨矿分级条件，提高磨矿机处理能力，又可减少矿物过磨，避免有价矿物细化和中间环节的损失，提高有价矿物特别是金、银等贵重金属的回收率。其主要技术参数列于表 12 - 18。

表 12 - 18　YX 型闪速浮选机主要技术参数

型号	槽容积/m^3	安装功率/kW	处理能力/$t \cdot h^{-1}$
YX - 2	2	15	40 ~ 80
YX - 4	4	18.5	80 ~ 120
YX - 6	6	22	120 ~ 160
YX - 8	8	22	160 ~ 200

12.5　浮选柱

图 12 - 22 为国产 KYZ - B 型浮选柱示意图，它是一个高 12m 的圆柱体，底部装有喷射气泡发生器，利用超音速的气流制造气泡，喷嘴采用耐磨陶瓷衬里，使用寿命长，微孔充气器产生静态气泡，适用酸性矿浆，再生方便。两种充气器都可以在线检修和更换。给矿分散装置和气泡稳流装置保证矿浆和气泡均匀的分布于浮选柱的截面上，最大限度地提高气泡矿化概率。泡沫槽设有推泡锥装置，缩短泡沫的输送距离，加速泡沫的溢出。独特的尾矿阀门，保证尾矿管不堵塞，运行平稳，使用寿命长。矿浆液面自动控制系统技术性能稳定可靠，液位计采用先进的非接触式激光传感器，无

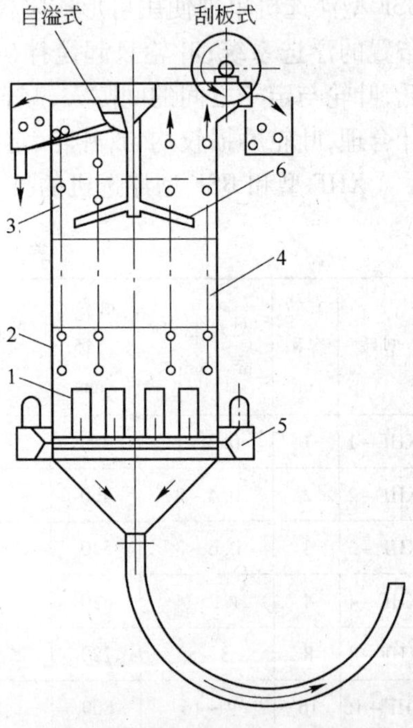

图 12 - 22　浮选柱结构示意图
1—竖管充气器；2—下体；3—上体；4—中间圆筒；5—风室；6—给矿器

磨损测量,测量精度高。

浮选柱在我国的应用已有20多年的历史。实践表明,充气器堵塞是影响浮选柱推广的主要障碍。多金属硫化矿浮选作业往往是在碱性介质中进行的,微孔充气器结垢是经常出现的故障。

近年来,国内外对浮选柱进行了深入研究,新型充气器已用于工业生产。在众多的研究成果中最引人注目的有静态浮选柱和微泡浮选柱。国产KYZ－B型浮选柱技术参数见表12－19。

表12－19 KYZ－B型浮选柱技术参数

型　号	浮选柱直径 /mm	浮选柱高度 /mm	所需气量 /$m^3 \cdot min^{-1}$	气源压力 /kPa	生产能力 /$m^3 \cdot h^{-1}$
KYZ－B 0612	600	12000	0.2～0.4	500～600	4～8
KYZ－B 0812	800	12000	0.4～0.8	500～600	6～14
KYZ－B 0912	900	12000	0.5～1.0	500～600	8～18
KYZ－B 1012	1000	12000	0.6～1.2	500～600	10～22
KYZ－B 1212	1200	12000	0.9～1.7	500～600	14～32
KYZ－B 1512	1500	12000	1.4～2.7	500～600	22～50
KYZ－B 1812	1800	12000	2.0～3.8	500～600	32～72
KYZ－B 2012	2000	12000	2.5～4.7	500～600	40～90
KYZ－B 2512	2500	12000	3.9～7.4	500～600	60～140
KYZ－B 3012	3000	12000	5.7～10.6	500～600	90～200
KYZ－B 4012	4000	12000	10.1～18.8	500～600	160～360
KYZ－B 4312	4300	12000	11.6～21.8	500～600	180～420

12.6 浮选机主要工作参数

12.6.1 浮选时间

浮选时间的长短对浮选槽容积的大小和浮选指标的好坏影响很大,必须慎重选取。通常根据选矿试验结果并参照类似矿石选矿厂生产实践确定浮选时间。选矿试验浮选时间比工业生产的时间要短,故在设计计算浮选槽容积时,应将选矿试验浮选时间加长,国外通常增长2倍,国内增长1.5倍。对新设计的选矿厂或更新浮选机的充气量与选矿试验浮选机充气量不同,应按下式加以调整。

$$t = t_0 \sqrt{\frac{q_0}{q}} + \Delta t \qquad (12-1)$$

式中 t——设计浮选时间,min;

t_0——选矿试验浮选机的浮选时间,min;

q_0——选矿试验浮选机的充气量,m^3/m^2;

q——生产用浮选机的充气量,m^3/m^2;

Δt——根据生产实践增加的浮选时间,或 $\Delta t = 0.5kt_0$,min;

k——浮选时间调整系数，一般取 $k = 1.5 \sim 2$。

12.6.2　浮选机叶轮转数

浮选机叶轮转数直接影响浮选机的充气量，叶轮直径为浮选机槽子宽度和高度有一定的比例关系，一般机械搅拌式浮选机槽子宽度与叶轮直径之比为 2 ~ 3 范围内，叶轮转数与叶轮直径至槽面的矿浆深度有直接关系，其叶轮转数按下式计算：

$$n = \frac{189}{D}\sqrt{H} \tag{12-2}$$

式中　n——叶轮转数，r/min；

D——叶轮直径，m；

H——叶轮至槽面的矿浆深度，m。

目前，大多数浮选机的叶轮圆周速度在 8 ~ 10m/s 的范围内。

12.6.3　浮选矿浆体积

浮选矿浆体积是选择浮选机的重要条件之一，按下式进行计算。

$$W = \frac{K_1 Q\left(R + \frac{1}{\gamma}\right)}{60} \tag{12-3}$$

式中　W——计算矿浆体积，m^3/min；

Q——进入作业矿石量（包括返砂量），t/h；

R——作业矿浆的液体与固体重量之比；

γ——矿石的密度，t/m^3。

K_1——处理量不均衡系数，当浮选前为球磨时，$K_1 = 1.0$，当浮选前为湿式自磨时，$K_1 = 1.3$。

12.6.4　浮选机槽数

浮选机槽数，按下式计算：

$$n = \frac{Wt}{VK_2} \tag{12-4}$$

式中　n——浮选机计算槽数；

W——计算矿浆体积，m^3/min；

t——浮选时间，min；

V——选用浮选机的几何容积，m^3；

K_2——浮选槽有效容积与几何容积之比，选别有色金属矿石时，$K_2 = 0.8 \sim 0.85$；选别铁矿石时，$K_2 = 0.65 \sim 0.75$；泡沫层厚时，取小值，反之取大值。

12.6.5　浮选机的功率

浮选机叶轮的传动功率是根据流经叶轮的矿浆上升到槽面所做的功来决定，按下式计算：

$$N = \frac{(Q_1 + Q_2) H\gamma}{102\eta} \tag{12-5}$$

式中 N——浮选机的功率，kW；

Q_1——吸入矿浆量，m^3/s；

Q_2——循环矿浆量，m^3/s；

H——叶轮至槽面的矿浆深度，m；

γ——矿浆密度，kg/m^3；

η——叶轮的效率，$\eta = 0.6 \sim 0.8$。

12.6.6 浮选柱的计算

浮选柱断面为矩形时，

$$F = \frac{K_1 Q\left(R + \frac{1}{\gamma}\right)t}{60H(1 - K_0)} \tag{12-6}$$

浮选柱断面为圆形时，

$$D = \sqrt{\frac{K_1 Q\left(R + \frac{1}{\gamma}\right)t}{15\pi H(1 - K_0)}} \tag{12-7}$$

式中 F——浮选柱断面积，m^2；

D——浮选柱直径，m；

H——浮选柱高度，m；

K_0——浮选柱充气率，

粗选 $K_0 = 0.25 \sim 0.35$；

扫选 $K_0 = 0.20 \sim 0.25$；

精选 $K_0 = 0.35 \sim 0.45$；

泡沫层厚时取大值，反之取小值；

K_1——不均衡系数，浮选柱之前为球磨机时，$K_1 = 1.0$，浮选柱之前为湿式自磨机时，$K_1 = 1.3$；

Q——进入作业矿石量，t/h；

R——作业矿浆的液体与固体重量之比；

γ——矿石的密度，t/m^3；

t——浮选时间，min。

12.7 浮选机的安装与试车

12.7.1 浮选机安装

浮选机安装要求具体如下：

(1)浮选机安装及槽体组合，必须满足选矿工艺配置要求。

(2)浮选机搅拌机构的转子与定子之间的间隙应符合设计文件的规定。

(3)浮选机安装的允许偏差及检验方法应符合表 12－20 的规定。

表 12－20 浮选机安装的允许偏差

项次	项 目	允许偏差	单位	检验方法
1	纵横向中心线	3.0	mm	拉线尺量检查
2	标 高	±5.0	mm	钢直尺或水准仪检查
3	纵、横向水平度	0.3/1000	—	水平仪在立轴皮带轮上测量
4	溢流堰高差	≤5	mm	水准仪测量
5	各槽体连成后相对位置差	±5.0	mm	尺量检查
6	刮板轴与溢流堰平行度	3.0	mm	尺量检查
7	刮板轴各轴承同轴度	2.0	mm	拉线尺量检查

12.7.2 浮选机试车

浮选机试车应符合下列规定：

(1)槽体装满清水，连续运转不少于2h，转动灵活无卡碰。

(2)滚动轴承温度不得超过80℃。

(3)皮带传动不得啃边、打滑。

(4)链传动不得有啃卡和异常噪声。

(5)齿轮传动不得有异常噪声和振动。

(6)各紧固件、连接件不得有松动。

按上述试车规定，试车没问题后，方可给入矿浆进行负荷试车。

12.8 浮选机的使用

12.8.1 开车、停车

具体如下：

(1)开车。开车前必须对设备进行详细检查，按生产工艺流程的要求，检查各管道闸门的关闭情况是否正确，各水管及矿浆管是否畅通，各部位减速器、油箱、油量要充足，油质良好，油路畅通，泡沫刮板良好，根据矿石性质，做好合理添加药剂的准备，然后逐台盘车，根据矿浆流向顺序从尾部逐项向前开车，先开清水管，然后再给矿。

(2)停车。正常停车时，必须保持浮选机无负荷，为了避免给矿管堵塞，先把清水管打开，排出矿浆，然后停车。突然事故停车，短时间内可不必排出矿浆，但事故影响时间较长，应将槽内矿浆放出。

12.8.2 运转

浮选机开车运转正常后，要注意保持矿浆面的稳定，适当控制泡沫刮出量，以保证有效地刮出泡沫，注意防止矿浆管路堵塞，防止跑槽和泡沫层翻花，经常检查设备运行情况，注意检查以下内容：

（1）电动机和竖轴滚动轴承的发热情况，轴承升温一般不得超过80℃，电动机升温一般不得超过70℃，电动机工作电流不得超过额定电流。

（2）传动皮带拉紧程度要合适，不允许打滑，以免影响浮选机的吸气量从而使矿浆充气过程恶化，若发现皮带有严重磨损时，应及时选择长度一致的皮带成组更换。

（3）检查油封橡胶圈的密封性，要特别注意轴承体中的润滑脂不要漏到矿浆中，以免影响浮选过程的正常运行。

（4）各润滑点要有足够的润滑脂。

（5）浮选机槽体中不得有其他杂物。

（6）检查充气管是否畅通。

12.8.3 运转中故障的处理

浮选机由于长期运转，正常磨损，机体本身疲劳，是产生故障的重要原因，处理不及时会造成事故，在不同程度上影响生产正常运行，常见故障有：

（1）浮选机在运行中有时因机器本身的冲击和振动，造成盖板或定子螺钉的脱落，影响浮选机正常作业。因此，在维修安装时，一定要保持机体的稳固，开车前要注意检查。

（2）槽底护板对槽底起保护作用，有时由于叶轮的强烈搅拌，加速了矿浆的内循环，把护板撬起，突然增大电机负荷，严重会造成事故。所以，在开车时，注意调节闸门，保持矿浆面稳定，使浮选机正常运转。

（3）浮选机的叶轮由于长期运转的磨损和腐蚀，叶轮和盖板的间隙增大，减少吸气量。其处理方法是定期维修或更换，生产运转过程中出现异常状况，如泡沫层局部翻花，泡沫层不稳时，要进行检查调整，使其间隙尺寸在允许范围内。

12.9 浮选机的维修

12.9.1 维修内容

浮选机的维修主要内容是：叶轮和盖板（也称转子和定子）的更换，轴承的调整和更换，竖轴保护套管的更换，其维修阶段，大、中型浮选厂由于浮选机台数较多，大、中、小修阶段的维修内容划分较为清楚，小修主要是检查浮选机运转情况，紧固或更换有关螺栓，检查调整轴承油封；中修主要是更换叶轮和盖板。竖轴保护套管及有关闸门等。

大修主要是更换全部易磨损的零部件，补修槽体，更换磨损矿浆管和闸门等。

12.9.2 维修方法

维修方法如下：

（1）叶轮和盖板。叶轮和盖板是浮选机的核心部件，也是易磨损件，它关系着浮选过程矿浆充气和搅拌程度，由于长期运转磨损和腐蚀，使其失去生产效能，此时将叶轮竖轴整个组合件从浮选机槽内吊出，换上装配好的新组合件。在更换磨损的叶轮和盖板时，应用垫片调整好叶轮和盖板之间的轴向间隙，使其保持在规定的范围内，同时要保持叶轮和盖板的同心度，以保证径向间隙，使其四周均等。

（2）竖轴。在安装叶轮之前，要检查保护竖轴用的胶管是否磨损，如磨损应更换新的胶管。

(3)轴承间隙。竖轴轴承因磨损,使轴间间隙过大时,只要调整里外垫圈的压紧程度即可,轴承体下盖油封漏油时,应及时更换新油封,并注意不要压得太紧。

(4)槽体和槽体护板。浮选机长期运转,由于矿浆的强烈转动,造成磨损和腐蚀,槽体护板变形磨损,槽体变薄和坏漏,应及时进行补焊,损坏严重时要整体更换。

12.10　浮选柱安装、使用与维修

12.10.1　浮选柱安装

浮选柱为立置的圆柱体或方柱体,高达12m,故安装时要求找正水平,并用螺栓将下体牢固地连接在基础上,然后再连接中间圆筒和上部以及其他部件。

12.10.2　浮选柱使用与维修

浮选柱开车时,先向充气管通风,经检查没问题后,向柱中加清水,待清水盖住充气管后,打开尾矿连接管的闸门,见到清水能够流出即可给入矿浆,同时停止给水。微开尾矿闸门形成尾矿流,随着浮选柱内矿浆液面的升高,尾矿闸门也随着逐步打开,当有精矿泡沫产出时,调整尾矿闸门,达到尾矿排出量为进矿量平衡的程度,以保持矿浆液面恒定,才能进入正常生产。

为了保证浮选柱正常运转,要求严格控制给矿量、风量和风压,并及时观察是否有下列情况出现:

(1)翻花。翻花的主要原因是空气管破裂和给入空气压力太大,此时应调整风压,如果仍有翻花,则应停车,检查充气管是否破裂或存在未压紧现象,故障排除后方可开车。

(2)尾矿管堵塞。这是生产操作过程中最容易发生的事故,其原因多数是由于矿浆中的矿石粒度太粗,给矿量突然增大,尾矿闸门开的太小或柱中掉入其他杂物等。解决办法为:事先在排矿管的最下端的适当位置安装高压水管或高压风管,一旦发生堵塞,可用高压水或高压风来疏通。同时检查给矿粒度与给矿量,调整至正常为止。我国研制和生产的KYZ－B型浮选柱有独特的尾矿闸门设计,保证尾矿管不堵塞。

(3)泡沫少。其主要原因是空气量不足或药剂制度有问题,应及时进行调整。

浮选柱停车,先停止给矿,同时将尾矿管闸门适当的关闭并注入清水,依靠补加清水将矿化泡沫除去后,停止给药和注水,将尾矿闸门全部打开,放完矿浆,并用清水冲洗干净,最后停风。

在突然事故停车时,应将尾矿闸门全部打开,并关闭给矿管停止给矿,使柱中矿浆迅速放完,避免淤塞,并用清水冲洗空气管。

浮选柱使用的喷射气泡发生器和微孔充气器,均可在线检修和更换。

参考文献

[1] 中华人民共和国国家标准.选矿机械设备工程安装验收规范[S]GB 50377—2006.北京:中国计划出版社,2006:37～44.

[2] 北京矿冶研究总院机械研究所. 产品样本[S]. 北京:2008.

[3]《中国选矿设备手册》编委会.中国选矿设备手册(上册)[M].北京:科学出版社,2006:492～547.

[4]《选矿施工图设计手册》编委会.选矿施工图设计手册(上册)[M].长沙:湖南科学技术出版社,1993:266~284.

[5] 周恩浦,等,矿山机械(选矿机械部分)[M].北京:冶金工业出版社,1997:190,191.

[6]《选矿设计手册》编委会.选矿设计手册[M].北京:冶金工业出版社,1988:218,224,226.

[7] 沈阳选矿机械研究所.选矿机械[M].北京:机械工业出版社,1974:103~123.

13 磁选机械

13.1 磁选机械的分类

磁选机械是利用各种矿物比磁化系数的不同，并借助于磁力各机械力将磁性矿物和非磁性矿物分离开来的机械。

目前，我国磁选机械制造厂家很多，至使产品种类繁多、规格复杂，其分类方法也各不相同。尽管各种磁选机械有着不同程度的差别，但根据其磁场强度、产生磁场的方法、结构形式、选别作用的不同，将磁选机械分成很多种，见图 13－1。

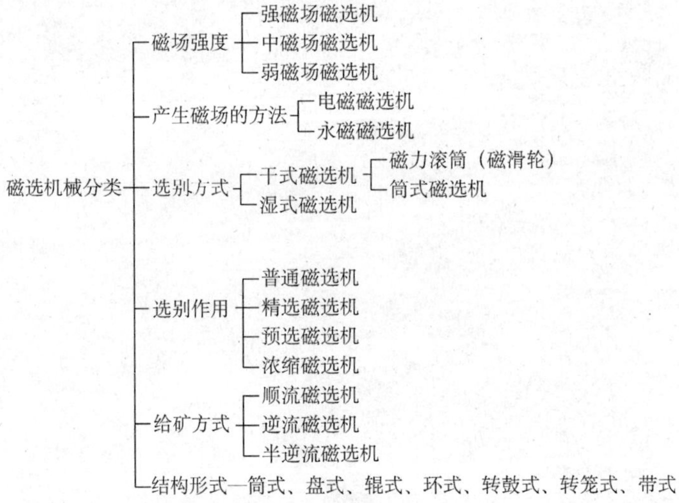

图 13－1　磁选机分类

我国在 20 世纪 50 年代只有弱磁场带式磁选机和筒式电磁磁选机。直到 1965 年，才从瑞典萨拉公司引进了永磁筒式磁选机，并进行仿造，由于它省电、磁感应强度高、构造简单、造价低、容易操作维护、机器质量较轻、占地面积小、处理能力大，因此在我国迅速推广应用，全部取代了电磁磁选机。目前，我国磁铁矿选矿厂用的湿式弱磁场磁选机都是永磁筒式磁选机，所用的磁滑轮和磁力脱水槽，也是永磁的，实现了弱磁场磁选设备的永磁化。到 20 世纪 80 年代，永磁筒式磁选机又得到了很快的发展，不但规格品种多，而且向大型化发展，直径已达 1500mm，筒长已达 4000mm，在结构上也做改进。与此同时，开始采用新型的高性能稀土永磁材料——钕铁硼磁性材料，显著地提高了磁感应强度，改善了设备性能，扩大了应用范围，近年来，其应用进一步得到推广，不但用它制造出中磁场磁选机，而且研制成功几种强磁场磁选机，在应用中得到良好效果。

上述磁选设备的技术水平已接近国际先进水平，有些已达到或超过国际先进水平，总之在世界上也是比较先进的。目前除超导磁选设备外,我国研制、生产的磁选设备已处于世界领先地位。

在选用磁选设备时,主要是根据矿物磁性和给矿粒度来确定,如强磁性矿物:粒度为10~360mm,选用磁滑轮;粒度为6~0mm,选用永磁式磁选机;弱磁性矿物:粒度为7~14mm,选用辊式强磁选机;粒度为-5mm,可根据矿石性质选用环式、辊式或盘式强磁选机;粒度为-0.15mm,可选用高梯度磁选机。

本章介绍在铁矿石选矿厂广泛应用的永磁筒式磁选机永磁磁力脱水槽、永磁磁滑轮和高梯度磁选机。

13.2 永磁筒式磁选机

13.2.1 永磁筒式磁选机构造

永磁筒式磁选机根据其磁场强度、磁系排列、筒体结构的不同,广泛用于磁铁矿分选、粗粒预选抛尾、过滤前浓缩、磁性加重剂回收、湿式强磁选给矿预选以及石英砂等非金属矿物除铁提纯等。

永磁筒式磁选机由磁系、圆筒、分选槽、传动装置以及给料、排料各溢流装置组成。磁系排列和磁极数量对分选结果有决定性影响。根据筒径大小,磁极一般为4~7极,极性沿周边方向交替。圆筒用来吸附和运送磁性颗粒并防止矿浆浸入磁系。圆筒及其端盖用非磁性、高电阻率和耐腐蚀材料制造。分选槽一般用奥氏体不锈钢制造,用橡胶或合成材料作内衬,以防止磨损。一般用齿轮电动机或Y系列电动机通过减速机驱动圆筒旋转。

通常采用锶铁氧体和钡铁氧体永磁材料制成磁块,近几年已开始采用稀土永磁材料如钕铁硼磁钢制成磁块,虽然后者价格较高,但是磁性能极佳,用量可减少。目前常用铁氧体永磁块和稀土永磁块组成复合磁系,这样便显著提高了磁选机性能(如磁场强度提高一倍以上),扩大了磁选机的适用范围。近年来,又采用稀土永磁块组成磁系,达到了更高的磁场强度和性能,如NCT系列全稀土永磁筒式磁选机。

永磁筒式磁选机根据工作性质的不同,有3种槽体结构形式,如图13-2所示,即顺流式(S)、逆流式(N)、半逆流式(B)。

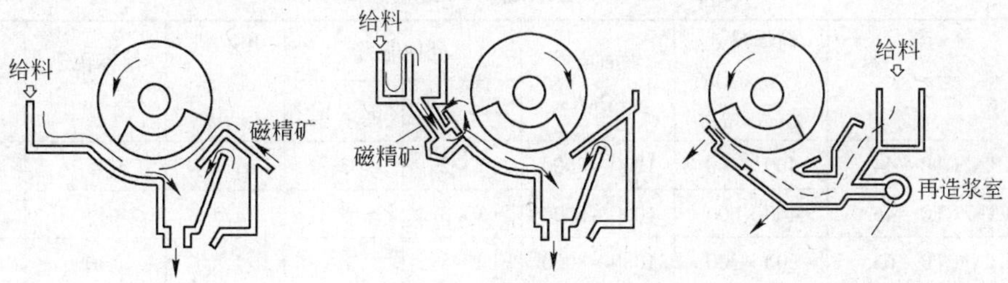

图13-2 圆筒磁选机的三种槽形

a—顺流式;b—半逆流式;c—逆流式

顺流磁选机适用于大于6mm的矿石;逆流式磁选机适用于小于2~3mm的矿石;半逆流磁选机适用于小于0.3mm的矿石。在给砂中磁铁矿含量低的情况下,即尾矿量大于50%时,三种槽形磁选机的工艺指标相近;当给矿中磁性铁含量高,即尾矿产率小于30%

时，顺流式磁选机的工艺指标明显超过逆流和半逆流磁选机。在实际生产中可根据矿石性质和选矿工艺流程选用合适的槽体形式。

永磁筒式磁选机除槽体差别较大外，其他部分与一般磁选机基本相近，图 13－3 所示为半逆流筒式磁选机的构造。

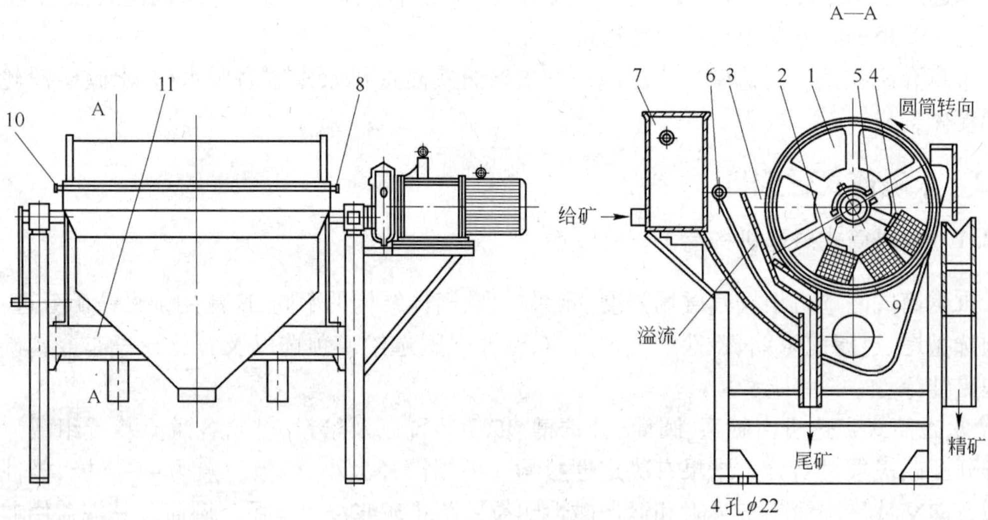

图 13－3　永磁筒式磁选机结构（半逆流式）

1—圆筒；2—磁系；3—槽体；4—磁导板；5—支架；6—喷水管；7—给矿箱；
8—卸矿水管；9—底板；10—磁偏角调整装置；11—支架

我国生产永磁筒式磁选机的生产厂家很多，各自根据自己的特长，对永磁筒式磁选机磁系的磁路、场强、梯度、极数、包角、磁场作用深度、磁极材料；对传动系统、轴承结构及配置、槽体结构等，进行了不同程度的改进和调整，使系列种类繁多、型号规格复杂。但其基本规格尺寸筒径和筒长都没有变化，为此，将我国目前主要生产和普遍应用的永磁筒式磁选机的系列、型号、规格及技术参数列于表 13－1。

表 13－1　BX 型永磁筒式磁选机技术参数

型　号	筒体尺寸 $(D\times L)$ /mm × mm	表面场强 /Oe①	处理能力		电动机功率 /kW	筒体转速 /r · min^{-1}	重量/kg
			/t · h^{-1}	/m^3 · h^{-1}			
CTS/CTN/CTB－44	400 × 400	1000 ~ 8000	1 ~ 2	3	1.1	45	350
CTS/CTN/CTB－46	400 × 600	1000 ~ 8000	1 ~ 3	5	1.1	45	600
CTS/CTN/CTB－63	600 × 300	1000 ~ 8000	3 ~ 5	8	1.1	40	600
CTS/CTN/CTB－66	600 × 600	1000 ~ 8000	5 ~ 10	16	1.1	40	750
CTS/CTN/CTB－69	600 × 900	1000 ~ 8000	8 ~ 15	24	1.1	40	780
CTS/CTN/CTB－612	600 × 1200	1000 ~ 8000	10 ~ 20	32	2.2	40	990
CTS/CTN/CTB－618	600 × 1800	1000 ~ 8000	15 ~ 30	48	2.2	40	1330
CTS/CTN/CTB－712	750 × 1200	1000 ~ 8000	15 ~ 30	48	3	35	1500
CTS/CTN/CTB－718	750 × 1800	1000 ~ 8000	20 ~ 45	72	3	35	2100

续表 13-1

型　号	筒体尺寸 ($D \times L$) /mm×mm	表面场强 /Oe①	处理能力		电动机功率 /kW	筒体转速 /r·min^{-1}	重量/kg
			/t·h^{-1}	/m^3·h^{-1}			
CTS/CTN/CTB-918	900×1800	1000~8000	25~55	90	4	28	2500
CTS/CTN/CTB-924	900×2400	1000~8000	35~70	110	4	28	2500
CTS/CTN/CTB-1018	1050×1800	1000~8000	40~75	120	5.5	22	4000
CTS/CTN/CTB-1021	1050×2100	1000~8000	45~88	140	5.5	22	4500
CTS/CTN/CTB-1024	1050×2400	1000~8000	52~100	160	5.5	22	5000
CTS/CTN/CTB-1030	1050×3000	1000~8000	65~125	200	7.5	19	5800
CTS/CTN/CTB-1218	1200×1800	1000~8000	47~90	140	5.5	19	6200
CTS/CTN/CTB-1224	1200×2400	1000~8000	52~100	160	5.5	19	6200
CTS/CTN/CTB-1230	1200×3000	1000~8000	82~120	192	7.5	19	7200
CTS/CTN/CTB-1530	1500×3000	1000~8000	90~170	270	11	14	
CTS/CTN/CTB-1540	1500×4000	1000~8000	115~220	350	11	14	

①1Oe=79.58A/m。

13.2.2 永磁筒式磁选机的主要工作参数

永磁筒式磁选机在实际生产过程中影响工艺过程的主要参数有:圆筒的转数、磁偏角、工作间隙、排精矿处的间隙及处理量等。这些参数,直到目前也没有一个准确的计算方法,而且只能在生产实践过程中,不断去探索或试验,找出比较合适的工作参数。

13.2.2.1 圆筒的转数

圆筒转数的大小,直接影响矿粒在圆筒上的离心力大小。转数增大,有一部分受磁吸引力小的连生体被抛入尾矿中,使精矿品位和尾矿品位均有增高的趋势,铁回收率有所下降,但都不是很明显。考虑到精矿质量和处理量的提高,圆筒的转数改变要适当。

13.2.2.2 磁偏角

磁偏角的大小,直接影响扫选区的宽度。随着磁偏角的增大,扫选区变窄,扫选时间缩短,精矿品位和尾矿品位均稍有增高,铁回收率有下降的趋势,但变化较小,均能取得较好的指标。我国生产的永磁筒式磁选机绝大多数磁系较为完善,磁路合理,磁偏角可根据不同矿石性质的要求,在较大的范围5°~25°内进行调整。

13.2.2.3 工作间隙

工作间隙是指圆筒与槽体扫选区底板之间,可供矿浆通过的最小断面,习惯用断面的高表示。它的大小决定磁选机的处理能力,间隙大,处理能力大,但尾矿流失多;反之处理量小,影响生产,根据不同情况,该间隙一般为35~60mm。

13.2.2.4 排精矿处的间隙

排精矿处的间隙,根据生产能力确定。大小影响排矿,同时尾矿品位也增高,降低处理能力;太大不易排矿。根据精矿量的大小,其间隙为15~25mm,一般取20mm。

13.2.2.5 处理量

永磁筒式磁选机的处理量,可根据生产实际指标选取,也可以用每米筒长的单位处理量来计算，见计算公式 13－1：

$$Q = KqL \tag{13-1}$$

式中　Q——磁选机干矿处理量，t/h；

K——系数，一般取 0.85；

q——磁选机每米筒长处理量，t/(m·h)；

L——磁选机筒长，m。

13.2.3　永磁筒式磁选机的安装与试车

13.2.3.1　永磁筒式磁选机的安装

具体如下：

(1)安装时，应注意轻放，远离铁器，不要碰撞，防止变形。

(2)转筒与槽体之间的间隙 a、转筒与排矿口之间的间隙 b 必须符合设计文件的规定(见图 13－4)。

(3)筒式磁选机安装的允许偏差及检验方法应符合表 13－2 的规定。

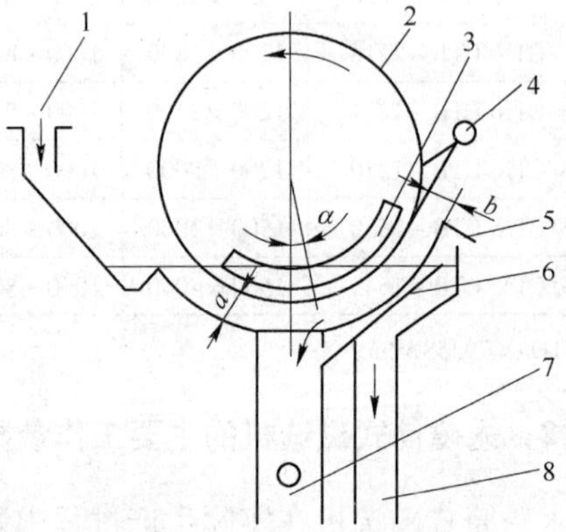

图 13－4　筒式磁选机

1—给矿口；2—转筒；3—磁系；4—冲矿水管；5—排矿口；6—溢流堰；7—可调尾矿口；8—溢流口；a—转筒与槽体之间的间隙；b—转筒与排矿口之间的间隙；α—调整磁系位置角

13.2.3.2　永磁筒式磁选机的试车

永磁筒式磁选机的试车应符合下列规定：

(1)无负荷试车不少于 2h。

(2)试运转前必须将箱体、吸附物清除干净。

(3)传动不得有啃卡和异常噪声。

(4)各紧固件、连接体不得有松动。

(5)润滑轴承温度不得超过 70℃，滚动轴承温度不得超过 80℃。

表 13－2　筒式磁选机安装的允许偏差

项　次	项　目	允许偏差	单　位	检验方法
1	纵、横向中心线	3.0	mm	拉线尺量检查
2	转筒标高	±5.0	mm	用钢直尺或水准仪检查
3	转筒水平度	0.3/1000	—	用水准仪检查
4	溢流堰全长高差	±2.0	mm	用水平仪检查

13.2.4　永磁筒式磁选机的使用

13.2.4.1　开车、停车

开车、停车具体如下：

(1)开车前的检查。检查设备是否完好，各部螺丝有无松动，传动部分有无障碍物，经盘车 2 ~3 转后方可开车。

(2)开车顺序。按工艺顺序由后向前开动,待磁选机槽装清水后,先开动电机运转后再给矿。

(3)停车顺序。与开车顺序相反,由前向后停。

13.2.4.2 运行

运行要求具体如下:

(1)注意检查筒皮磨损情况,如耐磨层磨损或脱落,应及时补修或更换。

(2)槽体内有无铁块或杂物掉入,发现后要及时清除。

(3)轴承及电动机的温升一般不超过 70℃。

(4)传动链条松紧要适当,链条严重磨损后要及时更换。

(5)各润滑点必须有足够的润滑脂。

(6)各水管的给水压力不得小于 0.12MPa。

13.2.5 永磁筒式磁选机的维修

13.2.5.1 维修内容

永磁筒式磁选机的结构简单,一般是根据其磨损及损坏情况确定维修内容,而进行维修。

13.2.5.2 维修方法

维修方法如下:

(1)磁系。磁系是永磁筒式磁选机最重要的部件,由主轴连接板、轭板和磁块组成。磁块由 Y30BH 锶铁硼材料组成,固定在轭板上,磁系整体用 1Cr18Ni9Ti 不锈钢包裹保护,使磁块组不脱落损坏。但由于长期运转,仍可能发生磁块破裂情况,此时应将此组全部取下,换一组新的,而不能坏一块换一块。

(2)滚筒。永磁筒式磁选机滚筒,根据其筒径大小,一般用 3 ~5mm 1Cr18Ni9Ti 不锈钢板。滚筒的保护对磁选机使用寿命有很大影响,为防止磨损,制造厂家在滚筒表面铺以高耐磨夹布橡胶板,厚度 6mm,其中底层采用 2mm 厚线层与不锈钢滚筒黏结,外层为 4mm 厚的耐磨橡胶,在生产过程中,如发现高耐磨夹布橡胶板局部有磨损现象出现,应及时进行补胶,如磨损严重时,应将其全部更换。

(3)槽体。槽体材质为 1Cr18Ni9Ti 不锈钢板,用氩弧焊或 CO_2 气体保护焊,保证了焊道内在质量,使槽体在运转过程中不漏水。槽体底部采用圆弧面结构,避免槽体底部物料淤积,减缓了物料对槽体底部的冲击。槽体形状尺寸对选别指标有直接影响,所以在生产操作和维修过程中,对其形状、尺寸和磨损情况都要进行严格的检查,发现问题要及时进行维修处理。

(4)传动部分。永磁筒式磁选机传动部分采用驱动减速机和滚子链传动,驱动减速电机配有过电流保护器,生产过程中不会出现什么大的问题。滚子链传动,传动链条在长期生产过程中易于伸长,应及时维修或更换。

13.3 永磁脱水槽

13.3.1 永磁脱水槽构造

磁力脱水槽有永磁和电磁两种,我国生产 CS 型永磁脱水槽于 20 世纪 70 年代中期研制成功。它具有结构简单、无运动部维护方便、操作简单、不用电力等优点，已广泛应用于我国各磁铁矿选厂。

永磁脱水槽适用于湿式细粒强磁性矿物的分选和浓缩。该设备脱泥效果好，在选矿流程中可用于第一段磨以后的脱泥，第二段磨矿后、磁选前的脱泥，也可用于磁选后、过滤前的浓缩。

CS型永磁脱水槽的结构示于图13－5。图中所示磁系位于槽上部，还有位于槽下部的，这两种结构可根据原矿磁性和粒度情况进行选用。

CS型永磁脱水槽的技术参数列于表13－3。

型号含义示例如下：

CS－16　C—磁选设备；S—永磁脱水槽；16—槽体上口直径，dm。

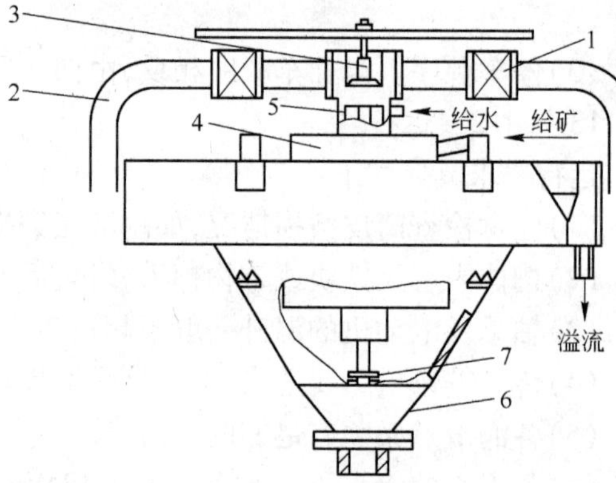

图13－5　CS型永磁脱水槽结构

1—磁体；2—磁导体；3—排矿装置；4—给矿筒；5—空心筒；6—槽体；7—返水盘

表13－3　CS型永磁脱水槽技术参数

型号及规格	槽体			沉淀面积/m^2	溢流粒度/mm	处理量/$t\cdot h^{-1}$	磁感应强度/mT	质量/t	磁系位置
	上口直径/mm	高度/mm	锥角/(°)						
CS－12	1200	—	48	1.5	—	25～40	≥30	1.5	上部
CS－16	1600	1390	48	2	—	30～45	30～40	2	上部
CS－20	2000	1600	48	3	—	35～50	30～40	1.4	下部
CS－20	2000	1650	46	3	0.15	35～50	≥30	2	上部
CS－25	2500	1800	50	4.8	0.15	40～55	≥30	1.6	下部
CS－30	3000	2000	56	7	0.15	45～60	≥30	2	下部

13.3.2　永磁脱水槽的主要工作参数

13.3.2.1　磁场强度

永磁脱水槽内产生的磁场对磁性矿粒主要起吸引作用，而不起吸住作用，即能使磁性矿粒在上升水流作用下，还能吸向下部，并能顺利排出，不致引起堵塞。磁力脱水槽按纵向大致分成三个区域：溢流区（或称尾矿区）、选分区、精矿区，溢流区靠近溢流面，深度大约在150～300mm，选分区在给矿口周围附近，精选区靠近槽体下部。根据生产实践经验，选分区和它下部的磁场强度应达200～500Oe。下限值适于粗粒、磁性强的矿石；上限值适于粒度细、磁性弱的矿石。

13.3.2.2　磁场特性

磁力脱水槽内磁场特性应在轴向和径向都有梯度。在相同的条件下，轴向梯度大，径向梯度小时，磁性矿粒下降的速度较快，对提高处理能力有利。反之，径向梯度大，轴向梯度小时，磁链往往呈水平或近乎水平状态下降，所受到的上升水流阻力大，矿粒的沉降速度慢，影响处理能力，但此时磁链在下降过程中能受到较好的冲洗作用，对提高精矿质量有利，故应根据磁力脱水槽的不同用途来考虑磁性特性。

13.3.2.3 槽体尺寸

磁力脱水槽的槽体一般用6mm 的钢板制作，为了使磁性产品能顺利地从槽体底排出而不存积，槽体应有一定的锥角，一般为50°~60°，槽体直径和槽体深度之比值，一般为1.4~1.5。

13.3.2.4 处理量

磁力脱水槽的处理量，一般按溢流速度来计算，见公式13-2：

$$Q = 3.6Fv \tag{13-2}$$

式中 Q——按溢流速度计的处理量，m^3/h；

F——磁力脱水槽的溢流面积，m^2；

v——溢流速度，mm/s。

给矿粒度小于0.15mm 时，取 $v = 5mm/s$；

给矿粒度小于0.074mm 时，取 $v = 2mm/s$。

13.3.3 永磁脱水槽的安装与试车

13.3.3.1 永磁脱水槽的安装

永磁脱水槽的安装要求具体如下：

(1)脱水槽应装水试漏，应无泄漏。

(2)磁系排列必须符合设计文件的要求，磁块塞紧，与导磁杆接触良好，捆扎和塞紧材料不得用导磁材料。

(3)磁力脱水槽安装的允许偏差及检验方法应符合表13-4的规定。

表13-4 磁力脱水槽安装的允许偏差(mm)

项 次	项 目	允许偏差	检验方法
1	槽体纵、横向中心线	5.0	接线尺量检查
2	槽体标高	±10.0	钢直尺或水准仪检查
3	槽体溢流堰平面度	4.0	尺量检查
4	磁体与槽体同心度	8.0	尺量检查
5	给矿体与槽体同心度	6.0	尺量检查
6	排矿调节装置杆与阀座同心度	2.0	尺量检查

13.3.3.2 永磁脱水槽的试车

脱水槽安装较简单，没有运转件和用电问题，只要安装符合表13-4的要求，将各管路接好，使排矿箱手轮转动方便，没有其他复杂的技术要求。

13.3.4 永磁脱水槽的使用

13.3.4.1 开车、停车

开车、停车具体如下：

(1)开车前详细检查设备及各种管路是否畅通。

(2)开车顺序。将底阀关闭,给上升水,待槽内给满水后给矿,接着打开底阀,并将其大小调整好。

(3)停车顺序。先停止给矿,再逐渐打开放矿阀,关闭上升水及相关水管。

13.3.4.2　运行

永磁脱水槽操作较简单,只要熟练控制给矿阀和给水阀门,便可得到满意效果,在生产操作中,要经常检查矿浆面,溢流区深度保持在 150～300mm 范围,发现翻花、跑黑时,立即调整排矿口。

13.3.5　永磁脱水槽的维修

在生产过程中,要经常检查磁块是否脱落、底阀是否松扣、拢矿圈是否磨损,手轮丝扣是否转动灵活。如发现以上情况,应及时维修或更换。

13.4　永磁磁滑轮

13.4.1　永磁磁滑轮构造

磁滑轮又称磁力滚筒,有永磁和电磁两种(如图 13－6 所示)。其结构简单,可直接安装在皮带运输机的头部,也可以配置成单独的干式磁选机。磁性物料随皮带移动到滚筒顶部时即被吸附,转到底部时自动脱落,而非磁性物料沿水平抛物线轨迹直接落下。它可用于物料除铁,特别是用于磁铁矿块矿预选。普通磁力滚筒的给矿粒度为 7.5～10mm,大块磁力滚筒的给矿粒度可达 350mm。目前,我国主要生产永磁磁力滚筒。

近 20 多年来,永磁磁力滚筒发展较快,其处理粒度上限已从 75mm 发展到 350mm 以上,组成磁系的永磁材料已从铁氧体发展到采用部分稀土钕铁硼磁材组成复合磁系,采用全钕铁硼磁材组成磁系,因而使磁滑轮的技术性能不断提高,选别效果不断改善,适用范围不断扩大。

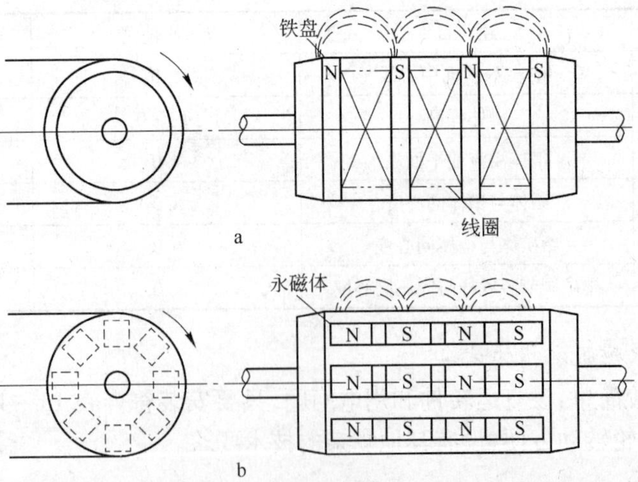

图 13－6　磁力滚筒结构示意

a—电磁;b—永磁

目前,我国所生产的磁力滚筒主要有 CT 型和 YG 型永磁磁力滚筒,磁源采用高性能锶铁氧体(或钕铁硼磁钢)磁性材料,磁极组均布在筒内圆周,组成满圆形磁系,磁系和筒体一起随皮带同速转动;另根据生产实际需要,也可将磁系组成半圆形磁系,磁系不转动,只筒体和皮带同速转动。工作平稳,安全可靠。主要用于磁铁矿块矿的选别,还可广泛用于有色金属矿石、钢渣、建筑材料及其他物料的除铁。其技术性能列于表13-5。

型号含义示例如下:

CT1014 C—磁选设备,T—滚筒,10—筒径,dm,14—筒长,dm;

YG100-A-1 Y—永磁,G—滚筒,100—配用皮带宽度,cm,A—传动方式,1—安装形式。

YG型磁力滚筒有两种传动方式,其中A型主轴伸出轴承座,可连接传动装置,B型主轴不伸出轴承座,不可连接传动装置。

表13-5 永磁磁力滚筒技术性能

型号	滚筒直径/mm	滚筒长度/mm	相应的皮带宽度/mm	筒表面磁感应强度/mT	允许最大扭矩/N·m	入选粒度/mm	处理能力/$t \cdot h^{-1}$	重量/t
CT-0404	410	465	400	150~160	1300	10~40	>100	0.25
CT-0505	520	500	400	150	1300	10~40	>100	0.5
CT-0506	520	600	500	150	2100	10~40	>100	0.6
CT-0507	520	750	650	150	2120	10~40	>100	0.7
CT-0707	750	750	650	>160	2860	10~60	>100	1.2
CT-0709	750	950	800	>160	5500	10~60	>100	1.62
CT-0816	800	1600	1400	>160	9760	10~60	100~150	2.85
CT-1010	1000	970	800	200~210	5590	10~100	150~200	3.41
CT-1012	1000	1170	1000	>200	10680	<100	200	4.01
CT-1014	1000	1400	1200	>200	12810	<100	200	4.6
CT-1016	1000	1600	1400	160~210	14920	10~100	150~200	5.2
CT-1210	1200	970	800	160~210	8380	10~100	150~200	4.38
CT-1212	1200	1170	1000	>160	10470	<100	200	5.28
CT-1214	1200	1400	1200	>160	12570	<100	200	6.07
CT-1216	1200	1600	1400	>160	14580	<100	200	6.67
CT-1218	1200	1800	1600	>160	16620	<100	200	7.26
CT-1412	1400	1200	1000	>160	16000	<120	200	6.0
CT-1414	1400	1400	1200	>160	20000	<120	200	7.1
CT-1416	1400	1600	1400	410	25000	约400	300	9.8
YG40-$\frac{A}{B}$	410	465	400	150~160	1300	10~40	约100	0.25
YG50-$\frac{A}{B}$	520	850	500	160	2100	10~45	约100	0.46
YG65-$\frac{A}{B}$-1	750	1000	650	170	2860	10~60	约100	1.23
YG65-$\frac{A}{B}$-2	520	1000	650	160	2100	10~45	—	1.38

续表 13－5

型　号	滚筒直径 /mm	滚筒长度 /mm	相应的皮带宽度 /mm	筒表面磁感应强度 /mT	允许最大扭矩 /N·m	入选粒度 /mm	处理能力 /$t\cdot h^{-1}$	重量/t
YG80－$\frac{A}{B}$－1/2	1000	1300	800	200	5590	10～100	150～200	3.05
YG－$\frac{A}{B}$－3	750	1300	800	150～160	5500	10～80	约 100	1.58
YG100－$\frac{A}{B}$－1/3	1200	1500	1000	200	—	10～120	—	5.05
YG120－$\frac{A}{B}$－1	1000	1400	1200	>300	—	10～250	约 200	4.0
CTDY1214	1250	1400	1200	>360	—	10～400	300～600	4.5

13.4.2　永磁磁滑轮的主要工作参数

13.4.2.1　*磁滑轮的磁力*

永磁磁滑轮的磁力是磁滑轮的重要工作参数，它不仅决定其他工作参数，而且直接影响其选别效果和生产能力。当被选矿物给到磁滑轮筒皮上之后，其中磁性矿粒主要受到两个力的作用，即磁力和离心力，只有当磁力大于离心力，才能将磁性矿粒和非磁性矿粒分开，其磁力用公式 13－3 算出。

$$F_c = X_0 \cdot H \cdot \mathrm{gard}H \geqslant v^2/R \tag{13-3}$$

式中　F_c——磁性矿粒所受的磁力；
X_0——被选矿物的比磁化系数；
H——滚筒表面的磁场强度；
$\mathrm{gard}H$——磁场梯度；
v——磁滑轮筒皮线速度；
R——磁滑轮筒体半径。

13.4.2.2　*磁场强度*

根据入选矿石的特性，合理选择和确定磁滑轮的磁场强度，是一件非常重要的工作。在确定磁场强度时，必须考虑实际生产中的因素，根据选矿实验结果或参考类似生产实例，来确定磁滑轮的极面磁场强度，一般用公式 13－4 计算。

$$H_0 = \sqrt{\frac{\dfrac{v^2 \cdot (R+0.5d)^2}{R^3}}{X_0 \cdot c \cdot \mathrm{e}^{-2cx}}} \tag{13-4}$$

式中　H_0——磁滑轮极面磁场强度；
v——皮带速度；
R——筒体半径；
X_0——矿粒的比磁化系数；
d——矿粒直径；

c——磁场非均匀系数，$c = \pi/e + 1/R$；

e——极距；

x——$\Delta + 0.5d$，Δ 为矿粒下边到极面的距离。

13.4.2.3 皮带速度

皮带速度的选择和确定，必须与磁滑轮的磁场强度、磁力、入选矿石比磁化系数相适应，速度过大会造成磁性矿物抛到尾矿中去，造成矿石损失；过小则不利于排除废石，且降低磁滑轮的生产能力。物料在磁滑轮滚筒皮带上运行时，其皮带速度按公式 13-5 计算：

$$v = \sqrt{(F_C - 2g)\frac{R^3}{(R + 0.5d)^2}} \tag{13-5}$$

式中 v——皮带速度；

F_C——磁性矿粒所受的磁力；

g——重力加速度；

R——筒体半径；

d——矿粒直径。

13.4.2.4 筒体的临界转数

从公式 13-5 可知，筒体上皮带线速度与磁力成正比，欲获得较高的线速度，必须有较大的磁力。磁力大，允许的筒体的临界转数也大，则磁滑轮的处理量也大，三者之间有密切的关系，见公式 13-6：

$$n_{kp} = \frac{60}{2\pi}\sqrt{\frac{X_0 \cdot F_C}{R}} \tag{13-6}$$

式中 n_{kp}——筒体临界转数；

X_0——矿粒比磁化系数；

F_C——磁性矿粒所受的磁力；

R——筒体半径。

13.4.2.5 磁滑轮处理量

磁滑轮处理量与筒体转数、筒体宽度有直接关系，见公式 13-7：

$$Q = 0.00012\pi \cdot R \cdot n \cdot d \cdot b \cdot \delta \tag{13-7}$$

式中 Q——磁滑轮处理量，t/h；

n——筒体转数，r/min；

R——筒体半径，cm；

b——筒体宽度，cm；

d——矿粒直径或料层厚度，cm；

δ——物料堆密度，g/cm^3。

13.4.3 永磁磁滑轮的安装与试车

13.4.3.1 永磁磁滑轮的安装

具体如下：

（1）吊装永磁磁滚筒时，滚筒最下部离铁磁性物体距离必须大于 500mm 以上，以防铁磁性物体被吸引而发生意外事故。

(2)磁滚筒安装时保证水平度,以防止皮带跑偏。

(3)各连接件、紧固件要拧紧,防止振动、松动或脱落。

13.4.3.2　永磁磁滑轮的试车

永磁磁滑轮安装后,需空转24h,检查各部件是否安装可靠,运转灵活正常。

13.4.4　永磁磁滑轮的使用

具体如下:

(1)操作人员应详细了解永磁磁滑轮构造和工作原理、操作规程、调整方法及润滑制度。

(2)连续生产时,应尽量保证给料均匀,保证良好的分选效果。

(3)磁滑轮滚筒启动后,待皮带运转正常后再给料,禁止带负荷启动。停车时,先停止给料,待运输皮带上物料卸完后再停车。

(4)开车启动前应检查各运转部件有无障碍物,保证人身及设备安全。

(5)应经常检查设备运转是否正常,发现异常应立即停车检查。

(6)严禁硬物落入皮带与滚筒之间,而损坏滚筒和运输带。

13.4.5　永磁磁滑轮的维修

具体如下:

(1)应定期清洁设备,以保证良好的运转环境。

(2)磁滚筒每18个月检修一次,清洗各部轴承,上满润滑油。在拆装滚筒时禁止用锤或用重物撞击磁系部分,以防止磁块脱落、退磁。

(3)经常检查各部件运转情况,按润滑制度定期加油。每班检查传动减速机的油标尺,及时补充20号或30号机械油。

(4)磁滚筒、轴承各部位油眼,每15天加一次GZ-5钙基润滑脂。

13.5　高梯度磁选机

13.5.1　高梯度磁选机构造

高梯度磁选机的分选原理是在包铁螺线管所产生的均匀磁场中,设置钢毛、钢板网之类的聚磁介质,使之被磁化后在径向表面产生高度不均匀的磁场,即高梯的磁化磁场。因此,在背景场强不太高的情况下,可产生较高的磁场力,顺磁性物料在这种磁场中,将受到一个与外加磁场和磁场梯度的乘积成比例的磁引力,利用此高梯度不均匀磁场,可以分离一般磁选机难以分选的磁性极弱的微细粒物料,并大大降低分选粒度下限,可降至1μm,改善分选指标。

高梯度磁选机分为电磁和永磁两种,目前我国主要生产电磁的。高梯度磁选机除用来分选弱磁性的微细粒矿物外,还可用来处理工业废水,在废水流过钢毛之类磁介质时,废水中的磁性颗粒被吸附在钢毛上,而达到净化废水的目的,故又称为高梯度磁过滤器。

现在,我国生产高梯度磁选机主要有DMG、SLon、CHAD、CAD、CRIMM、YG1-15、SSS-Z等七种型号。目前,在国内应用最广泛的是SLon型立环脉动高梯度磁选机。

这是一种利用磁力、脉动流体力和重力等综合力场选矿的新型高效连续选矿设备,适用于粒度为小于0.074mm(-200目)占60%~100%(或1mm以下)的红铁矿、锰矿、钛铁矿、黑钨矿等细粒弱磁性矿物的分选和高岭土、铝土矿、石英砂等非金属矿物的提纯。

SLon－1500型高梯度磁选机的结构示于图13－7。它主要由脉动机构、激磁线圈、铁轭和转环等组成。转环用普通不锈钢加工的1块中环板、2块侧环板和74块梯形隔板围成双列共74个分选室。各分选室用1.0mm×4mm×12mm导磁不锈钢板网和0.7mm×10mm×25mm普通不锈钢大孔网交替重叠构成磁介质堆，导磁网和大孔网的充填率各为12%和3.2%。选别时，转环做顺时针旋转，矿浆从给矿斗给入，沿上铁轭缝隙流经转环，矿浆中的磁性颗粒吸附在磁介质表面，由转环带至顶部无磁场区，被冲洗水冲入精矿斗；非磁性颗粒则沿下铁轭缝隙流入尾矿斗带走。

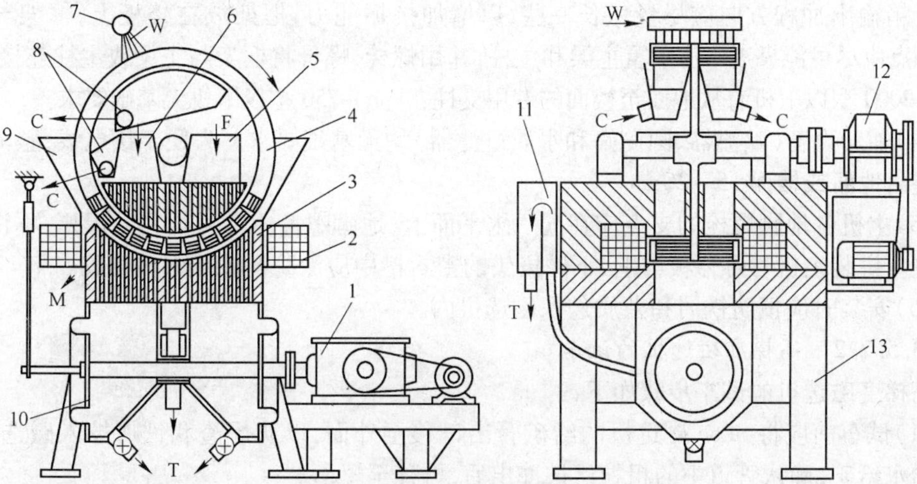

图13－7 SLon－1500型高梯度磁选机结构

1—脉动机构；2—激磁线圈；3—铁轭；4—转环；5—给矿斗；6—漂洗水；7—精矿冲洗水管；8—精矿斗；9—中矿斗；10—尾矿斗；11—液面斗；12—转环驱动机构；13—机架；F—给矿；W—清水；C—精矿；M—中矿；T—尾矿

该机的特点是：转环立式旋转，反向冲洗精矿，并配有脉动机构（用来消除机械夹杂现象），具有富集比大、回收率高、分选粒度宽、磁介质不易堵塞、操作与维修方便、适应性强等优点。

该机的规格和技术参数列于表13－6。

表13－6 SLon主环脉动高梯度磁选机主要技术参数

机 型	给矿粒度（小于）/mm	给矿浓度/%	矿浆通过能力/$m^3 \cdot h^{-1}$	干矿处理能力/$t \cdot h^{-1}$	额定背景磁场强度/T	额定激磁功率/kW	脉动冲程/mm	脉动冲次/$r \cdot min^{-1}$	主机重量/t
SLon－500强磁机	1.0	10～40	0.5～1.0	0.05～0.25	1.0	13.5	0～50	0～400	1.5
SLon－750强磁机	1.0	10～40	0.1～2.0	0.1～0.5	1.0	22	0～50	0～400	3
SLon－1000强磁机	1.3	10～40	12.5～20	4～7	1.2	28.6	0～30	0～300	6
SLon－1250强磁机	1.3	10～40	20～50	10～18	1.0	35	0～20	0～300	14
SLon－1500强磁机	1.3	10～40	50～100	20～30	1.0	44	0～30	0～300	20
SLon－1750强磁机	1.3	10～40	75～150	30～50	1.0	62	0～30	0～300	35
SLon－2000强磁机	1.3	10～40	100～200	50～80	1.0	74	0～30	0～300	50
SLon－2500强磁机	1.3	10～40	200～400	100～150	1.0	94	0～30	0～300	105
SLon－1500中磁机	1.3	10～40	75～150	30～50	0.4	16	0～30	0～300	15
SLon－1750中磁机	1.3	10～40	75～150	30～50	0.6	38	0～30	0～300	35
SLon－2000中磁机	1.3	10～40	100～200	50～80	0.6	42	0～30	0～300	40
SLon－2500中磁机	1.3	10～40	180～450	80～150	0.4	63	0～30	0～300	60

13.5.2　高梯度磁选机的安装与试车

13.5.2.1　高梯度磁选机的安装

具体如下：

(1)SLon 高梯度磁选机的脉动机构推动矿浆往复运动会产生一定的水平振动力和垂直振动力，因此，该机必须落在比较牢固的基础上。

(2)如果安装之处离地平面较近，最好用钢筋混凝土做基础。

(3)如果安装之处是在离地面较高的楼板上，建议用工字钢焊或平面框架做基础，框架沿冲程箱输出冲程方向应尽量做长一些，以增加抗振能力，框架放在楼板上，框架与楼板的接触点应尽可能靠近厂房承重主梁和主柱，并用螺栓、螺母将框架与主梁或主柱连接起来。SLon－2000 型以上机有从地面至楼面的专用支柱，SLon－750 型以下机无基础要求。

(4)辅助设备(整流器、圆筒筛和水质过滤器)均无基础要求。为便于接电线，整流器可酌情垫离地面或楼面 15～20cm。

(5)主机各地脚螺栓的支点应在同一水平面上，地脚螺栓应尽量拧紧或焊死，不得有松动现象。拼装主机时月牙板与上、下磁极头的密封槽中应涂防漏胶或水玻璃胶。

(6)安装时应慎防铁屑和杂质进入磁选机内。

13.5.2.2　高梯度磁选机的试车

高梯度磁选机的试车步骤如下：

(1)试车前应将 SLon 磁选机的给矿管出口移至外面，以防焊渣和铁屑掉入磁选机内；然后给水给矿，确认管道中的粗粒已被冲出后，再移至里面。

(2)安装好后空车运转数小时。试车顺序是：通水，确认各路冷却水管无脱落、漏水现象，转环启动、脉动启动、激磁启动、圆筒筛启动；1～2h 后如无异常现象，则暂停脉动并给矿和给漂洗水至液位斗满至溢流面，然后小心启动脉动(因只有液位达到液位斗溢流面时脉动负荷才最大)，如整机无明显晃动或振动，则设备可正常运转。

(3)试车的前几天内必须每 2h 检查一次磁介质松紧程度，如有松动，应马上停机补加磁介质或紧固螺栓。新装磁介质开头几天较易松动，添加或紧固几次后就会慢慢好转。

13.5.3　高梯度磁选机的使用

13.5.3.1　开机前的准备

具体如下：

(1)检查磁介质是否松动，压杆销是否断失，棒介质应检查压紧螺栓是否松动，如有问题应先处理好。

(2)检查磁选机运转部件附近是否有零星铁块或其他杂物，如有应清除。

13.5.3.2　操作参数

操作参数包括激磁电流(A)、脉动冲程(mm)、脉动冲次(r/min)、矿浆流量(m^3/h)、漂洗水量(m^3/h)，这些参数调节范围要根据相应选矿要求来确定。

13.5.3.3　操作顺序

具体如下：

(1)开机：开水阀→电源→转环→脉动→激磁→圆筒筛→给矿。

(2)停机:停给矿→圆筒筛→断磁(2min 后)→脉动→转环→电源→水阀。

(3)紧急停机:关电源→停给矿→停其他。

停机断磁后必须空转 2min 以上,将磁选机内积累的强磁性物质冲洗出来后才允许关水关机。

13.5.3.4 操作注意事项

具体如下:

(1)带矿停转环易造成磁介质堵塞,一般情况下不准带矿停转环;紧急情况下先关电源,马上关给矿。任何情况下停机都必须停给矿。

(2)每个班必须检查一次磁介质是否松动,压杆销是否断失,棒介质应检查压紧螺栓是否松动,如有问题应立即停机处理,以免磁介质损耗过快或转环卡死。

(3)勤检查液位高度是否与液位斗溢流面同样高。

(4)勤检查供水压力是否正常,整流器冷却水压应控制在 0.03 ~ 1MPa 的范围。

(5)勤检查冷却水出水量和温度是否正常,出水温度不得超过 70℃。

(6)勤检查脉动部分和转环是否运转正常,激磁电压和电流是否在要求的范围内。

(7)如冷却水压过低或激磁电路短路,整流器保护装置自动切断激磁电源,警铃自动发生报警。操作时如遇警铃报警,应检查水压是否过低或激磁电路是否短路,排除故障后,按复位键,再重新激磁。若一时无法处理,应停机。

13.5.3.5 影响选矿指标的主要因素

具体如下:

(1)如果液位太低,脉动不起作用,会导致精矿品位大幅度下降和尾矿品位升高。提高液位的方法有:1)关小尾矿阀;2)增大给矿量;3)增大漂洗水量。

(2)增大脉动冲程或冲次,在一定的范围内精矿品位提高,回收率基本不变,但冲程冲次太高会使尾矿品位升高。

(3)磁场强度越高,尾矿品位越低,但精矿品位略有下降。

(4)如果磁介质堵塞或不清洁,会严重降低选矿指标,应及时清洗。

13.5.3.6 维护保养和润滑制度

具体如下:

(1)经常清洗机身,保持机身和周围环境清洁。

(2)每个班必须冲洗一次进气缝隙,以免堵死。

(3)润滑制度见表 13-7。

表 13-7 SLon 磁选机和圆筒筛润滑制度

设 备	润滑部位	润滑图位号	润滑点数	润滑油(全手工加油)		加油、换油的期限
				名 称	牌 号	
高梯度磁选机	转环主轴轴承	1	2	黄 油	ZG-5	一个月(加油)
	大、小齿轮	2	1	齿轮油	HL-30	一个月(加油)
	转环电动机	3	2	黄 油	ZG-5	两年(换油)
	转环减速机	4	1	机 油	40 号	六个月(换油)
	脉动冲程箱	5	1	机 油	40 号	三个月(换油)
	脉动电动机	6	2	黄 油	ZG-5	两年(换油)

续表 13-7

设备	润滑部位	润滑图位号	润滑点数	润滑油(全手工加油)		加油、换油的期限
				名称	牌号	
圆筒筛	电动机	1	2	黄油	ZG-5	两年(换油)
	减速机	2	1	机油	40号	六个月(换油)
	大、小齿轮	3	1	齿轮油	HL-30	一个月(加油)
	筒体托轮表面	4	2	黄油	ZG-5	一周(加油)
	筒体托轮轴承	4	4	黄油	ZG-5	半年(换油)

13.5.4 高梯度磁选机的维修

13.5.4.1 主机

具体如下:

(1)转环主轴轴承。主轴上装有防水卡,以免矿浆和水进入到轴承座中去。主轴旋转速度很慢,轴承磨损极小,只要坚持每月向每个轴承座内加一杯黄油,轴承的使用寿命可达多年。但是如果不坚持加油,轴承在无油状态下工作,将大大缩短其使用寿命,并且更换轴承也较麻烦。

(2)转环传动大小齿轮。转环传动大小齿轮均是采用优质钢制造的。安装减速器时,应注意调整好大小齿轮啮合间隙,如果发现齿轮不沾油或有咬齿根现象,应调整齿轮间隙。在间隙合适和有润滑油条件下,齿轮寿命可达多年。每个月应加齿轮油一次。

(3)转环。必须勤检查磁介质是否松动和压杆销是否掉出,棒介质应勤检查紧固螺栓是否松动。磁介质松动容易造成烂网和卡环,压杆销或螺栓掉出容易造成卡环。每天检查1~2次,发现问题及时处理,从而避免出现卡环和烂网现象。

为了防止卡环损坏设备,转环电动机至减速机的三角带不可太紧,一旦卡环,让三角带打滑,从而使其他重要部分得到保护。

(4)脉动部分。

1)安装鼓膜要求位置正确,内外锁紧圈应锁紧,不漏矿,内锁紧圈的两个锁紧螺栓应对称装在水平位置,禁止装在下方,因冲程箱的机械磨损会使鼓动盘下沉,弄不好螺栓会刮坏鼓膜。

2)一旦发现脉动斗任何部位有漏矿现象,必须尽快修补,因脉动斗各部位受的是交变力,且矿浆压力大,如不及时修补,漏洞会很快扩大,很可能损坏机件。

3)脉动冲程箱应谨防矿水入内,较容易进水进矿的地方是冲程出端,冲程箱及其电动机的上方应有挡水板,冲程箱应三个月补加一次机油,如果剩油很脏,则必须更换机油。

(5)尾矿阀。SLon 磁选机的尾矿阀既要起节流作用,又要承受矿浆的脉动冲力,因此磨损较快,普通的工业阀只能使用1~3个月。为此,生产厂专门研制了耐磨流量调节阀,其使用寿命是普通阀门的十倍左右。

13.5.4.2 整流器

整流器下方的变压器初级线圈应保持干燥,因此,应经常检查各胶管及其接头是否漏水,一旦发现漏水,应及时处理。万一初级线圈受潮,应晾干或用风机干燥后再将激磁电流调至低挡激磁,彻底干燥后方可使用高挡。

13.5.4.3 圆筒筛

具体如下:

(1)经常检查下托轮是否旋转,上托轮不一定要旋转。下托轮的作用是支持圆筒筛重量,上托轮的作用是防止圆筒筛胀肚时打坏齿轮。新设计圆筒筛已无上托轮。

(2)定期给各润滑点加油。

(3)经常检查筛网是否堵塞,有堵塞时应用胶管敲打干净或更换筛网。

参 考 文 献

[1] 中华人民共和国国家标准. 选矿机械设备工程安装验收规范[S]. GB 50377—2006,北京:中国计划出版社,2006:36,37.

[2] 抚顺隆基磁电设备有限公司. CTB型磁选机安装调试,运行和维护保养手册[S]. 2008:1~10.

[3] 王运敏,田嘉印,王化军,等. 中国黑色金属矿选矿实践(上册)[M]. 北京:科学出版社,2008:303,304.

[4] 冶金部张家洼工程指挥部. 岗位规程、安全技术操作规程(选矿厂工种)[S]. 1984:54~66.

[5] 沈阳矿机器厂. 永磁磁选机产品说明书[S].

[6] 沈阳矿机器厂. CS永磁脱水桶产品说明书[S].

[7]《中国选矿设备手册》编委会. 中国选矿设备手册(下册)[M]. 北京:科学出版社,2006:627~651.

[8] 孙长泉. 磁滑轮在铁矿石选厂中的应用及问题探讨[M]. 山东冶金(冶金矿山选矿论文选集),1990:5~10.

[9]《选矿手册》编委会. 选矿手册(第三卷,第三分册)[M]. 北京:冶金工业出版社,1991:76,87.

[10] 北京矿冶研究院. 永磁干式磁滚筒[S].

[11] 赣州金环磁选设备有限公司,赣州立环磁电设备高技术有限公司. SLon立环脉动高梯度磁选机使用说明书[S].

14 浓缩机

14.1 浓缩过程及其原理

浓缩机在选矿厂一般用于过滤之前的精矿浓缩和尾矿脱水,还广泛用于煤炭、化工、建材、水源和污水处理等工业中含有固料浆液的浓缩和净化。

矿浆的沉淀浓缩是借重力作用将悬浮在水中的微细矿粒在浓缩池中沉淀,使悬浮液分成澄清液和浓厚的矿浆,这种过程称为沉淀浓缩过程。

矿浆在浓缩池中的沉淀过程如图 14-1 所示。需要浓缩的矿浆首先由给矿筒进入自由沉降区——B 区,矿浆中的颗粒靠自重迅速下降。当沉降至压缩区——D 区时,矿浆已汇集成紧密接触的类似纤维海绵状的团块组织。当继续下沉到被浓缩了的矿浆区——E 区,由于刮板的运转,E 区形成一个锥形表面。矿浆受到刮板的压力,使矿浆进一步浓缩,然后由卸料口排出。

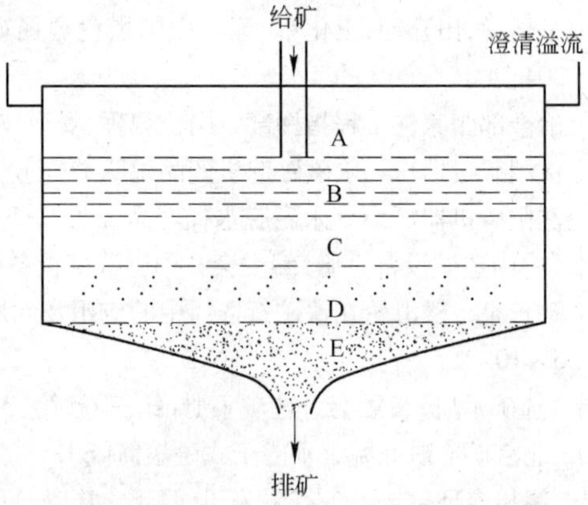

图 14-1 浓缩机的浓缩过程示意图
A—澄清区;B—沉降区;C—过渡区;
D—压缩区;E—矿浆区

矿浆由 B 区沉降到 D 区时,中间还经过 C 区,在 C 区,一部分矿粒能够因自重而下沉,一部分矿粒却又多了密集的矿粒阻碍而不能自由下沉,形成了介于 B、D 两区之间的过渡区——C 区,根据矿浆性质的不同,C 区有时很薄,有时较厚。

在这五个区中,A、E 区是浓缩的结果,B、C、D 区是浓缩过程。在 A 区得到的是澄清的水,从溢流槽流出。在 E 区,对于精矿,可以得到浓度较高的精矿,可供进一步过滤;对于尾矿,可以得到排出浓度较高的尾矿。

根据浓缩过程及其原理,结合生产需要研制和生产浓缩机。浓缩机的选择,一般应根据给矿量、给矿的粒度组成、物料沉降速度,给矿及排矿的固液比,矿浆及泡沫的黏度、浮选药剂和絮凝剂的类型、矿浆温度等因素来选择浓缩机的类型和规格。

14.2 中心传动式浓缩机

目前,我国生产的中心传动式浓缩机的规格都比较小,直径一般在 20m 以下,大于 20m 的只有 ϕ45m 一种规格。直径在 12m 以下者,一般采用手动提耙方式,直径在 12m 以上者,一般采用自动提耙方式。为了处理有腐蚀性的料浆,还有防腐蚀型的浓缩机。为了提高处理能力,也有装倾斜板的浓缩机。

现以 NZ - 20Q 型中心传动式浓缩机为例，介绍这类浓缩机的一般结构如图 14 - 2 所示。中心传动式浓缩机主要由浓缩池、耙架、传动装置、耙架提升装置、给料装置、卸料装置和信号安全装置等组成。

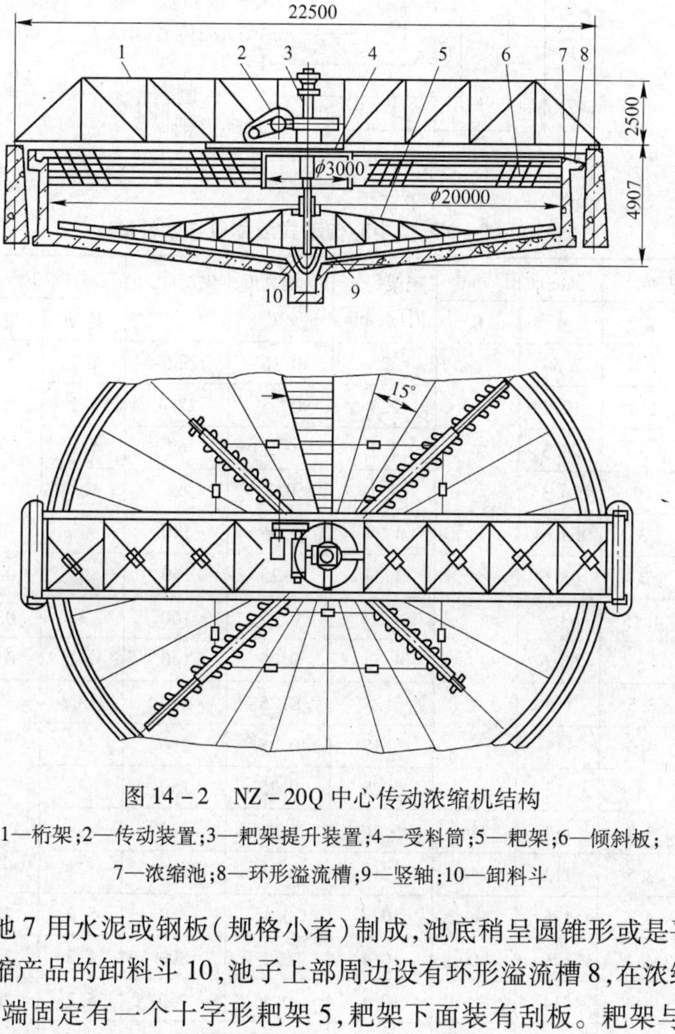

图 14 - 2 NZ - 20Q 中心传动浓缩机结构

1—桁架；2—传动装置；3—耙架提升装置；4—受料筒；5—耙架；6—倾斜板；
7—浓缩池；8—环形溢流槽；9—竖轴；10—卸料斗

圆柱形浓缩池 7 用水泥或钢板（规格小者）制成，池底稍呈圆锥形或是平的。在池底中心有一个排出浓缩产品的卸料斗 10，池子上部周边设有环形溢流槽 8，在浓缩池中心安有一根竖轴 9，轴的末端固定有一个十字形耙架 5，耙架下面装有刮板。耙架与水平面成 8° ~ 15°。竖轴由固定在桁架 1 上的电动机经圆柱齿轮减速器、中间齿轮和蜗轮减速器带动旋转。当竖轴旋转时，矿浆沿着桁架上的给矿槽流入池中心的受料筒 4，并向浓缩池的四周流动。矿浆中的固体颗粒渐渐沉降到浓缩池的底部，并由耙架下面的刮板刮入池中心的卸料斗，用砂泵排出。上面澄清的水层从池上部的环形溢流槽 8 流出。

为提高浓缩效率，在浓缩池澄清区下部，沿池的周围装有倾斜板 6，装设倾斜板后，矿浆流便沿倾斜板的空间向斜上方运动，固体颗粒在两块斜板之间垂直沉降，使沉降路程缩短，时间减少，沉降到倾斜板上的微细颗粒团聚在一起，沿倾斜板向下滑，沉降速度加快。装设倾斜板还增大了浓缩机的自然沉降面积。

在作业过程中应注意排料浓度。在浓缩机过负荷或物料过浓缩情况下，会使卸料斗淤塞和耙架扭曲，为防止这种现象，设有信号安全装置和耙架提升装置。

目前，我国生产的中心传动浓缩机形式、规格比较齐全，有手动提耙和自动提耙、防腐型和加倾斜板的，其技术性能列于表 14 - 1，型号、规格含义示例如下：

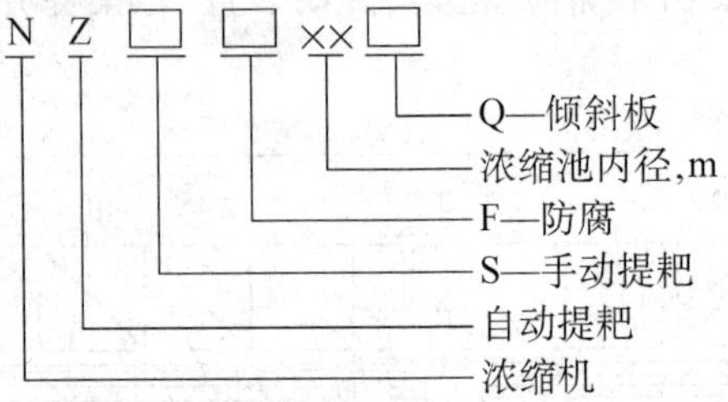

表 14 - 1　NZ 型中心传动式浓缩机技术性能

型　号	浓缩池/m		沉淀面积①/m^2		耙架每转时间/min	提耙高度/m	生产能力/$t \cdot d^{-1}$	电动机功率/kW		质量/t	备注
	直径	深度	A	B				传动	提升		
NZS - 1	1.8	1.8	2.54	—	2	0.16	5.6	1.1	—	1.235	—
NZS - 3	3.6	1.8	10.2		2.5	0.35	22.4	1.1		3.194	
NZS - 6	6	3	28.3		3.7	0.2	62	1.1		8.751	
NZSF - 6	6	3	28.3		3.7	0.2	62	1.1		3.646	
NZS - 9	9	3	63.6		4.34	0.35	140	3		5.1	
NZ - 9	9	3	63.6		4.34	0.25	140	3	0.8	5.134	
	9	4.15	63.6		4.37	0.25	160	3	0.8	7.903	F171
NZF - 9	9	3	63.6		4.34	0.25	140	3	0.8	5.36	—
NZS - 12	12	3.5	113		5.28	0.25	250	3	—	8.51	
	12	3.5	113		5.28	0.25	250	3		34.671	426B
	12	4	113		5.28	0.25	250	3		9.818	F172
NZF - 12Q	12	3.5	113	244	5.26	0.25	180	3		12.75	—
	12	3.5	113	244	21	0.25	180	1.1		13.18	F60B
NZ - 15	15	4.4	176	—	10.4	0.4	350	5.2	2.2	21.757	
NZF - 15Q	15	4.4	176	800	10.4	0.2	800	5.2	2.2	32.4	
NZ - 20	20	4.4	314	—	10.4	0.4	960	5.2	2.2	24.504	
	20	4.4	314	1400	14.7	0.4	1440	5.2	2.2	104.087	F61
NZ - 20Q	20	4.4	314	1400	10.4	0.4	1440	5.2	2.2	43.218	
	20	4.4	314	1400	61.97	0.4	1440	5.2	2.2	45.161	F30K
	20	4.2	314	1400	10.4	0.4	1440	5.2	2.2	48.988	F30B
NZF - 20	20	4.4	314	—	10.4	0.2	500	5.2	2.2	25.287	—
NZ - 45	45	4.64	1590	—	20	—	515	5.2	—	47.81	

①A—池底面积；B—倾斜板水平投影。

14.3　周边传动式浓缩机

目前，我国生产的周边传动式浓缩机系列，一般直径为 15 ~ 53m，1991 年生产出 ϕ100m 浓缩机，至此填补了我国无大型浓缩机这一空白。周边传动式浓缩机一般分为辊轮传动式和齿条传动式两类。但是，辊轮传动式的缺点是附着系数低、容易打滑、传递转矩受限；齿条传动式的缺点则是结构笨重、钢材耗量大、安装维修费用高，为此，1987年研制出NJ-38型充气胶轮传动浓缩机，并且采用了国内外都极为少见的用于周边传动式浓缩机的自动提耙装置，国内首次采用的这种装置结构简单、易于制造、工作可靠，能够在过载时自动提起耙架已达到自行保护的目的。

周边传动式浓缩机（图14-3）的浓缩池一般由混凝土制成，其中心有一个钢筋混凝土支柱，耙架的一端借助于特殊的轴承置于中心支柱上，其另一端与传动小车相连接，并由小车上的辊轮支撑在沿浓缩池圆周敷设的钢轨轨道上。该辊轮由固定在传动小车上的电动机经减速器、齿轮齿条传动装置驱动，使其在轨道上滚动，带动耙架回转以刮集沉淀物。

为了给电动机供电，在中心支柱上装有环形接点，而沿环滑动的集电接点则与耙架相连，并由敷设在耙架上的电缆将电流从这些接点引入电动机。

在浓缩机为辊轮传动式时，如果刮板阻力超过一定限度或者冬季轨道上结冰，则会导致辊轮打滑、耙架停转，因此可以不要特殊的安全装置。但是，这种浓缩机不适合处理量大及浓缩产品浓度过高的情况，在这种情况下，用齿条传动式较为可靠，其浓缩池壁周边上与轨道并列着固定齿条，小车上的减速器出轴的齿轮与齿条啮合，推动耙架前进，这种浓缩机常用热继电器保护电动机。目前，国内已经研究并开始采用自动提耙装置作为安全措施。

图14-3为齿条传动式浓缩机，若不带齿条和齿轮，则为辊轮传动式浓缩机。

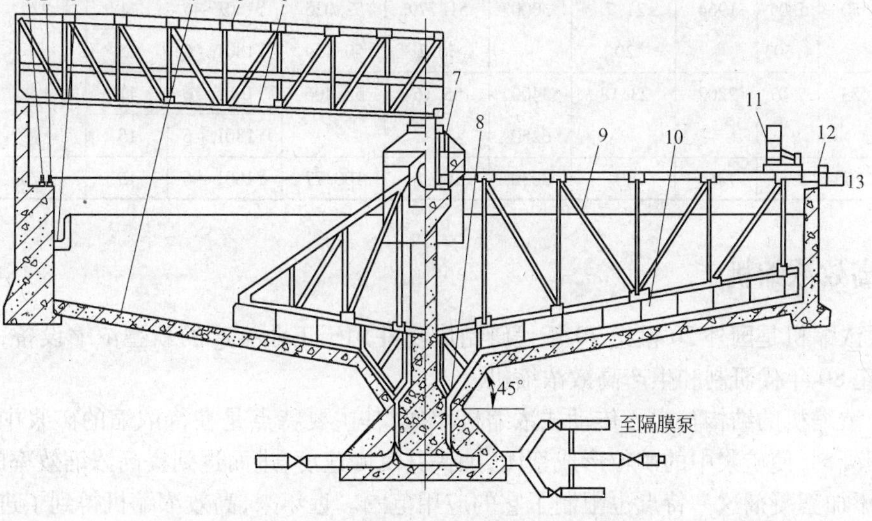

图14-3　周边传动浓密机结构简图

1—齿条；2—轨道；3—溢流环槽；4—浓缩池；5—托架；6—给料槽；7—集电装置；8—卸料口；9—耙架；10—刮板；11—传动小车；12—辊轮；13—齿轮

周边传动式浓缩机规格较大，适用于处理量较大的场合，主要用于选矿厂精矿的浓缩和尾矿的脱水，可广泛用于煤炭、化工、建材以及水源和污水处理工业中含固体颗粒液体的浓缩和净化。其技术性能列于表14-2。

型号规格含义示例如下：

NG-15—周边辊轮传动；NT-15—周边齿条传动；NJ-38—周边胶轮传动；NTJ-45，J—精矿用，其余同上；数字均为浓缩池内径，m。

表 14-2　NG 型和 NT 型周边传动式浓缩机技术参数

型　号	浓缩池			耙架每转时间/min	生产能力/t·d^{-1}	辊轮轨道中心圆直径/m	齿条轨道中心圆直径/m	电动机			总重/t
	直径/m	深度/m	沉淀面积/m^2					型号	功率/kW	转速/r·min^{-1}	
NG-15	15	3.5	177	8.4	390	15.36	—	$Y132M_2-6$	5.5	960	9.12
NT-15						—	15.56				11
NG-18	18	3.5	255	10	560	18.36	—				10
NT-18						—	18.57				12.1
NG-24	24	3.4	452	12.7	1000	24.36	—	Y160M-6	7.5	970	23.3
NT-24						—	24.88				28.3
NG-30	30	3.6	707	16	1570	30.36	—				26.4
NT-30						—	30.88				31.3
NT-38	38	5.06	1134	24.3	1600	38.383	38.629	Y160L-8	7.5		59.82
NT-38		4.9		10~25		38.3		JZI_252-4	11		55.26
NT-38A				13.4~32				YCT225-4	11		55.72
NT-45	45	5.06	1590	19.3	2400	45.383	45.62	Y160L-6	11	970	58.64
NTJ-45					4300			Y180L-6	15		71.69
NT-50	50	5.05	1964	21.7	3000	51.779	52.025	Y160L-6	11	970	65.92
NTJ-50		4.503		20		50.2	50.439	Y180L-6	15		109
NT-53	53	5.07	2202	23.18	3400	55.16	55.406	Y160L-6	11		69.44
NTJ-53					6250			Y180L-6	15		79.8
NT-100	100	5.65	7846	43	3030	100.5	100.77	Y180L-6	15	970	198.08

14.4　高效浓缩机

高效浓缩机是国外 20 世纪 70 年代研制成功并用于工业生产的新型浓缩设备，我国则在 20 世纪 80 年代研制和生产高效浓缩机。

高效浓缩机的结构与中心传动式浓缩机相似，其主要特点是在待浓缩的矿浆中添加一定量的絮凝剂，使矿浆中的矿粒形成絮团，加快其沉降速度，进而达到提高浓缩效率的目的。但是，需添加絮凝剂这一特点也限制了它的应用范围。近年来，高效浓缩机得到了进一步改进，规格也不断扩大，并已形成系列产品。

GX 型高效浓缩机系统示于图 14-4，包括主机、絮凝剂配制与添加、自动控制等部分。除主机结构合理外，其自动控制系统亦相当先进。自动控制系统的作用一是对有关工艺参数进行连续、准确的检测；二是对影响技术指标的某些工艺参数（如底流浓度、溢流蚀度、絮凝剂浓度、絮凝矿浆界面高度等）进行稳定化控制。

高效浓缩机具有下列特点：

（1）底流浓度高。用于料浆处理，沉砂重量浓度可达 40% 以上。

（2）处理能力大，占地面积小。处理相同体积和浓度的料浆所需沉降面积仅为普通浓缩机的 20% 左右。

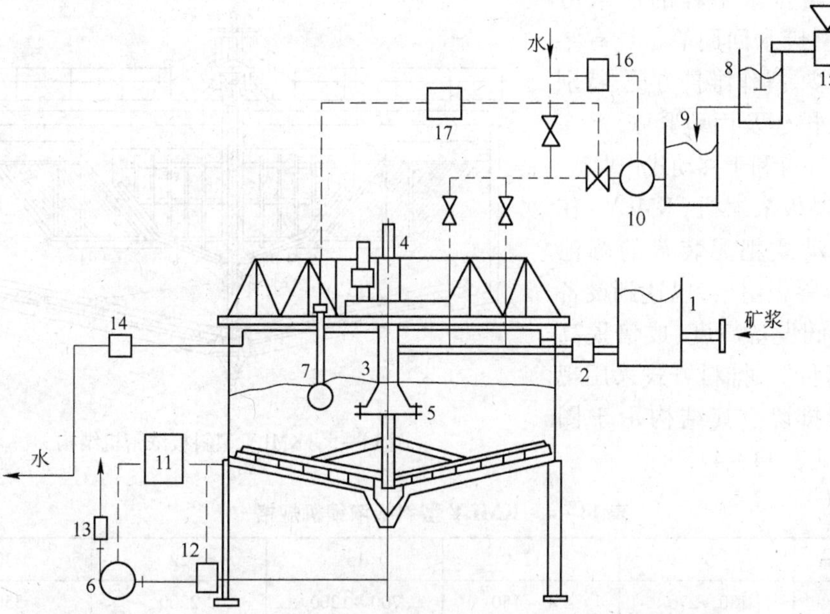

图 14－4　GX 型高效浓缩机系统

1—消气装置；2—流量计；3—混合装置；4—中心驱动装置；5—耙架；6—底流泵；7—界面计；8—絮凝剂补充槽；9—絮凝剂储槽；10—给药计量泵；11—底流浓度控制系统；12—浓度计；13—底流流量计；14—浊度计；15—加药机；16—稀释水控制系统；17—絮凝剂控制系统

(3)溢流水质好。溢流水悬浮物含量小于 500mg/L，可作为循环用水。

(4)可根据用户需要配备自动检测与控制系统。

其主要技术参数列于表 14－3。

表 14－3　GX 型高效浓缩机主要技术参数

型　号	浓缩池内直径/mm	浓缩池深度/mm	沉降面积/m^2	处理能力/$m^3 \cdot h^{-1}$	主电动机功率/kW	提耙高度/mm	耙子转速/$r \cdot min^{-1}$	整机重量/t	池体形式
GX－1.8	1800	1000	2.5		0.75	200	0.8	2.8	
GX－2.0	2000	1800	3.1		1.1	200	0.8	3.0	
GX－2.5	2500	1730	4.9	15～20	0.75	300	1.68	4	钢板池
GX－3.6	3600	1980	10.0	30～40	0.75	200	1.10	6	
GX－5.18	5180	2380	21.0	60～80	1.50	300	0.80	10	
GX－9	9000	3000	63.0	180～240	3.00	400	0.47	12	水泥池
GX－12	12000	3600	110.0	250～350	4.00	400	0.30	16	

14.5　斜板浓缩机

14.5.1　普通斜板浓缩机

KMLZ(Y)系列斜板浓缩(澄清)设备，是引进瑞典萨拉(SALA)国际公司先进技术研制开发的系列新产品，近 10 多年来，已广泛应用于市政、环保、化工、电力、食品、轻纺、矿冶等工业、民用、给排水工程的浊水澄清、污水处理、废水回用等。具有结构紧凑、占地少、操作维护方便，特别适用于技改、扩建及用地紧张、严寒和干热地区，并有利于移动式作业。

圆池型斜板浓缩机（KMLY）在配有中心传动式耙泥装置的圆池中，置入若干斜板组架，以达到设备大型化和降低设备高度、成倍提高处理能力的目的。排料方式采用耙式结构强制排除。其结构示于图 14－5，规格见表 14－4。

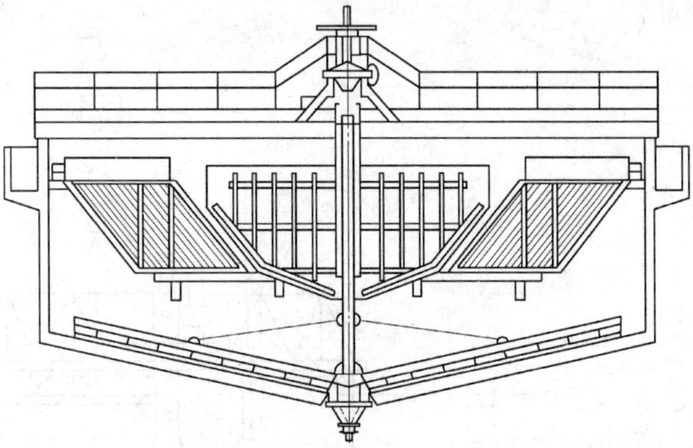

图 14－5　KMLY 型斜板浓密机结构

表 14－4　KMLY 型斜板浓缩机规格

规格（内径）/m	9	12	15	22	30
沉降面积/m^2	180～270	450～750	700～1200	2200	3500

注：规格可根据用户要求或使用情况作必要的改变。

14.5.2　箱式斜板浓缩机

KMLZ 型箱式斜板浓缩机包括上部箱体和下部锥体。上部箱体内有斜置的斜板组群，斜板组群由若干个相互独立的斜板单元构成，被处理物料由斜板单元下端两侧进入，斜板组群上方有一贯通全长的溢流槽，槽底开有节流孔，造成外排溢流的水力背压，保证各斜板单元载荷均匀，防止径向紊流。采用侧向半逆流的给料方式，能使下沉的固体颗粒，上行的澄清液各行其道，互不干扰，沿斜板下滑的浓泥进入下部锥体后，压缩脱水，并靠重力外排，也可借助于机械振动使浓泥顺利外排。其结构和外形示于图 14－6、图 14－7，规格见表 14－5。

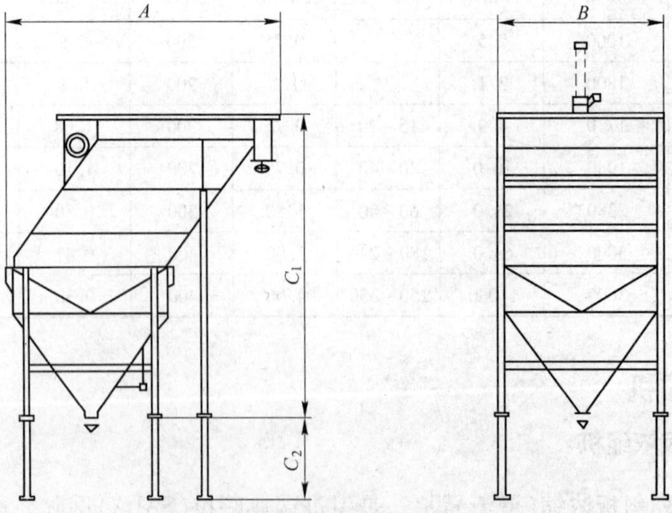

图 14－6　KMLZ 型箱式斜板浓缩机外形

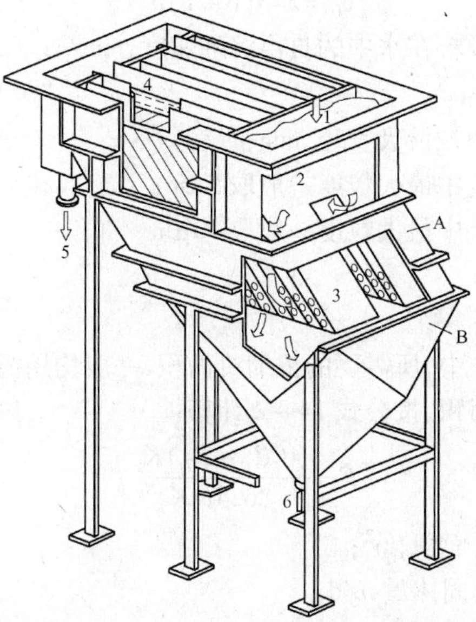

图 14－7 KMLZ 型箱式斜板浓缩机结构

1—给料口;2—给料槽;3—斜板组;4—溢流槽;5—溢流口;6—底流;A—上箱;B—下锥斗

表 14－5 KMLZ 型箱式斜板浓缩机规格

规格与沉降面积倾角/(°)	外形尺寸/mm					容积/m^3	机重/kg
	A	B	C	C_1	C_2		
20/45	3127	1550	3967	2270		3.9	2116
30/45	3360	1880	4582	2900		7	2436
50/45	4180	2220	5865	3620	1000	11.6	3632
100/45	4922	2902	6636	2900			
200/45							
20/55	2860	1550	4200	2270		3.9	1611
30/55	3159	1880	4823	2900		7	
50/55	3862	2218	6143	3620	1000	11.6	4128
100/55	4588	2902	6916	4316	1000		6538

注:更大规格可根据用户要求或使用情况做必要的改变。

14.6 浓缩机主要工作参数

14.6.1 溢流中最大颗粒沉降速度

矿粒在浓缩池中沉降的过程十分复杂,目前尚无准确的计算方法。影响矿粒沉降速度的因素有矿粒的密度、粒度、形状、表面性质等。汇流中最大颗粒的沉降速度,一般由试验取得,无试验时,可按公式 14－1 计算:

$$v_0 = 545(\delta - 1)d^2 \tag{14-1}$$

式中 v_0——溢流中最大颗粒在水中的自由沉降速度，mm/s；

δ——矿石密度，g/cm^3；

d——溢流中矿石颗粒最大直径，mm；

精矿中矿溢流中最大粒度一般取 5μm；

脉石矿物溢流中最大粒度一般取 10μm。

14.6.2 浓缩机面积

在设计和生产实际工作中，所需要的浓缩机面积，一般均用溢流中最大颗粒的沉降速度计算浓缩作业所需浓缩机面积，按公式 14－2 计算：

$$F = \frac{Q(R_1 - R_2)K_1}{86.4 v_0 K} \tag{14-2}$$

式中 F——需要的浓缩机面积，m^2；

Q——给入浓缩机的固体量，t/d；

R_1——浓缩前矿浆的液体和固体重量比；

R_2——浓缩后矿浆的液体和固体重量比；

v_0——溢流中最大颗粒的自由沉降速度，mm/s，见公式 14－1；

K——浓缩机有效面积系数，一般取 0.85～0.95，ϕ12m 以上浓缩机取大值；

K_1——矿量波动系数，一般取 1.05～1.20。

14.6.3 浓缩机单位面积处理量

浓缩机单位面积处理量，一般根据工业性或模拟试验选取，若无试验数据，可参照类似选矿厂的实际生产指数选取，在无上述资料时，按公式 14－3 计算。

$$q = \frac{86.4 v_0 K}{R_1 - R_2} \tag{14-3}$$

式中 q——浓缩机单位面积处理量，$t/(m^2 \cdot d)^{-1}$；

其他符号同公式 14－2。

14.6.4 浓缩机直径

在计算出浓缩作业所需浓缩机面积之后，浓缩机面积按公式 14－4 计算：

$$D = 1.13\sqrt{F} \tag{14-4}$$

式中 D——需要的浓缩机直径，m；

F——需要的浓缩机面积，m^2。

14.6.5 浓缩池深度

浓缩池的深度取决于浓缩过程中矿浆所经过的各区的高度，按公式 14－5 计算：

$$H = H_1 + H_2 + H_3 + H_4 \tag{14-5}$$

式中 H——浓缩池总深度，m；

H_1——澄清区高度，为保证溢流清洁，应使 H_1 在 0.5～0.8m 之间；

H_2——自由沉降区高度,由试验确定;

H_3——压缩区高度,由试验及设计确定;

H_4——刮板运动区高度,由公式 14-6 计算:

$$H_4 = \frac{D}{2}\tan\alpha \tag{14-6}$$

D——浓缩机直径,m;

α——浓缩池水平倾角,一般为12°。

14.7 浓缩机的安装与试车

14.7.1 中心传动浓缩机的安装与试车

14.7.1.1 安装方法

具体如下:

(1)按图纸检查浓缩池水泥基础的各部尺寸、池直径、池深、池底坡度、中央水泥柱基础,溢流堰水平及标高。预埋钢板位置及尺寸等。

(2)吊装焊接浓缩机槽体(钢板池体)按要求核查调整各安装尺寸后,与预埋钢板焊牢。

(3)吊装传动支撑桁架,按要求核查调整相关尺寸后与预埋钢板或钢制池体焊牢。

(4)吊装大蜗轮减速机整体底座,大蜗轮减速机、减速机、电动机,按图纸要求与桁架用螺栓固定或直接焊接。

(5)耙架的安装、耙齿在圆周内与池底间隙应符合设计规定,对称耙架与池底角度应对称,升降可调耙架行程最低位时,耙齿与池底间隙应不小于设计规定的最小值。

(6)中心传动式浓缩机安装的允许偏差及检验方法应符合表 14-6 的规定。

表 14-6 中心传动式浓缩机安装的允许偏差

项次	项目		允许偏差	单位	检验方法
1	传动支撑架	纵、横向中心线	2.0	mm	拉线尺量检查
2		标　高	±2.0	mm	水准仪检查
3		水平度	1/1000	—	水准仪检查
4	传动减速器	纵、横向中心线	4.0	mm	拉线尺量检查
5		与池体标高相对差	2.0	mm	水准仪检查
6		纵、横向水平度	0.3/1000	—	水准仪检查
7	联轴器同轴度应符合 GB50231 的规定				用塞尺或百分表检查

14.7.1.2 试车

中心传动浓缩机试车应符合下列规定:

(1)无负荷试运转时间为 4h。

(2)提升机构往复试验 5 次以上。

(3)负荷试运转时,先带水运转 4h,而后给矿负荷运转 20h 以上。

(4)负荷试运转时,如临时停车超过 10min,必须将耙提起。

(5)在负荷试运转中,应按技术文件的要求,调整过载指示器弹簧和过载报警装置。

14.7.2　周边传动浓缩机的安装与试车

14.7.2.1　安装方法

具体如下：

(1)中心部分。装配中心筒，并套在中央支柱上，然后装在转盘上。转盘轴承面呈水平，转动部分转动要灵活。集电装置的电刷和集电环应保证紧密接触。在转盘座下部的中心支柱上面用高标号水泥抹成斜面，以利矿浆流出。

(2)滚轮、轨道、齿条道。钢轨接头处不要与齿条固定垫相互干扰，钢轨中心半径、顶面高差、接头处高差，要符合规定要求。

(3)耙架。耙架是分段运输的，要按耙架包装图和运输示意图焊接各段的接点，并同时配钻把耙架与耙齿的连接螺栓孔钻出，不得用气割。耙齿安装定位后焊接各支撑杆。通过耙架上部可调螺杆调整耙齿与池底面的距离，误差不得超过其名义值的20%。

(4)传动机械。卸下传动架上"小房"的顶板和端面活板，先在"小房"内安装传动机械，调整辊轮与钢轨，保证传动齿轮与齿条接触良好，然后按图纸尺寸组焊传动架。

(5)二次灌浆。调整好各部尺寸后，进行二次灌浆，固定地脚螺栓。

(6)电气部分。安装电气部分，接通电源，集电装置不得漏电，并按要求接地。

(7)轨道、齿条、中心转盘座安装的允许偏差及检验方法应符合表14-7的规定。

表14-7　轨道、齿条、中心转盘座安装的允许偏差

项次	项目			允许偏差	单位	检验方法
1	圆周轨道	轨道直径	≤45m	±8.0	mm	尺量检查
2			>45m	±12.0	mm	
3		轨道与中心盘相对高差		±5.0	mm	用水准仪检查
4		轨道面水平度		0.40/1000	—	用水平仪检查
5		轨道接头	两轨道头高差	≤0.5	mm	尺量检查
6			两轨道间间隙	2~4	mm	
7			两轨道端面错位	≤1	mm	
8	齿条	齿顶面至轨道顶面距离 b(见图14-8)		0~2	mm	用水准仪检查
9		与轨道中心距离 a(见图14-8)		±2	mm	尺量检查
10		接头处周节		±1	mm	尺量检查
11		齿顶面水平度		0.40/1000	—	用水平仪检查
12	中心座盘	与池体中心重合度		2	mm	拉线尺量检查
13		标高		$^{+10}_{0}$	mm	用水准仪检查
14		水平度		0.10/1000	—	用水平仪检查

(8)耙架和传动机构的组装的允许偏差应符合表14-8的规定(见图14-8)。

14.7.2.2　浓缩机给矿槽架安装

给矿槽架安装的允许偏差应符合表14-9的规定。

表 14－8　耙架传动机构安装的允许偏差

项　次	项　　目			允许偏差	单　位	检验方法
1	耙架	水平度		1/1000	—	水平仪检查
2		组装长度		±10.0	mm	尺量检查
3		平面翘曲(全长)		≤10	mm	拉线尺量检查
4		宽度方向翘曲		≤3	mm	拉线尺量检查
5	传动机构	齿轮对齿条 *c*	<30m	±3.0	mm	尺量检查
6		滚轮对轨道 *d*	≥30m	±5.0	mm	尺量检查
7		桁架横向水平度		1/1000	—	水平仪检查
8		滚轮横向水平度		0.3/1000	—	水平仪检查
9		滚轮轴线偏斜		0.5/1000	—	拉线尺量检查
10	联轴器装配			应符合 GB50231 的规定		塞尺或百分表检查
11	齿轮与齿条啮合			应符合 GB50231 的规定		塞尺、着色检查

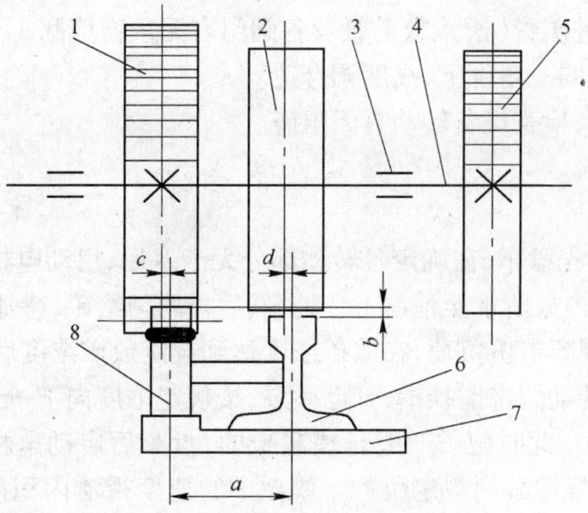

图 14－8　轨道齿条安装示意图

1—齿轮；2—滚轮；3—轴承；4—轴；5—齿轮；6—轨道；7—底板；8—齿条

表 14－9　矿槽架安装的允许偏差

项　次	项　目		允许偏差	单　位	检验方法
1	支柱	纵、横向中心线	5.0	mm	拉线尺量检查
2		标　高	±5.0	mm	水准仪检查
3		垂直度	1/1000	—	拉线尺量检查
			全高≤5	mm	
4	槽	槽架弯曲	1/1000	—	拉线尺量检查
			全长≤10	mm	

14.7.2.3　试车

试运转应遵守下列规定：

(1)无负荷试运转时间为4h。

(2)滚轮与轨道运行时,应持续接触,滚轮不得悬空。

(3)在负荷试运转之前转盘水封槽应充满清水,池底应试漏。

(4)负荷试运转时,应在机械运转正常后给矿。停止运转前先停矿,待池内矿浆排净后再停车。

(5)在负荷试运转中,遇故障停车,必须待池内矿浆放净后,方可再次启动。

(6)负荷试运转时间为24h。

14.8　浓缩机的使用

14.8.1　开车、停车

14.8.1.1　开车前的准备工作

具体如下:

(1)检查各部螺栓是否紧固。

(2)检查各润滑部位润滑是否良好。

(3)检查溢流槽、进矿管(槽)、放矿管及各阀门有无杂物堵塞。

(4)将耙子调整在同一角度上,高度调合适。

(5)手动盘车数周,检查设备转动有无阻碍。

14.8.1.2　开车

具体如下:

(1)空载开车。首先盘车,在确定各转动部分无卡塞后,启动电机空转1~2h,待检查各部件运转正常后,向池内放清水至池深1/2处,然后再均匀给矿,待池内有沉淀后,可间断放矿,并测定矿浆浓度,观察电机负荷,在放矿浓度达到规定放矿浓度后,可控制均匀放矿。放矿时通知下一工序先开动调浆搅拌槽,开动砂泵,按规定浓度向下一工序供矿。

(2)带负荷开车时。此时耙子一般是提起来的,盘车后启动电机,待设备正常运转后,一边放矿,一边将耙子慢慢放到规定位置。放耙子的速度视池内积矿多少而定。严防放耙子过快,造成扭轴事故,一般最快每转一周放提升丝杆螺距的一半,并要缓慢均匀下放,靠提升丝杆约束,防止丝杆不受耙子重力。

14.8.1.3　停车

具体如下:

(1)无通知停电,应通知上下工序停止给矿,高效浓密机应停止添加絮凝剂。

(2)有计划正常停车时,应先停止给矿,停止加絮凝剂,继续放矿直到排矿浓度低于25%时,停止给水排矿,耙子视情况可以不停,但决不允许提升。

14.8.2　运转

具体如下:

(1)经常检查各部件运转及润滑是否处于正常状态,发现问题及时处理。

(2)注意电机负载,根据矿量大小和耙子负载情况,调整好放矿速度,使耙子负荷稳定,使底流浓度控制在规定范围内,每小时测一次底流浓度。

(3)经常检查进矿管,放矿管是否堵塞,溢流是否纯净,严禁跑浑。

(4)如停车存矿时,应密切观察耙子负荷,这期间应间断放矿打回流。

14.8.3　运转中的故障及处理方法

浓缩机运转中的故障及处理方法,见表 14 - 10。

表 14 - 10　浓缩机运转中的故障及处理方法

故障情况	原　因	消除方法
电机及减速机运转而耙子不转	因浓缩机负荷过大而将传动机机构上的安全销剪断,或下部耙架十字头断裂	消除使浓缩机负荷过大的原因,如矿浆浓度大,池底有杂物等,再更换安全销或耙架十字头
排矿斗堵塞	粗粒物料、木块、破布、砖石等物落入浓缩池中	先关闭放矿阀门,然后用高压水冲洗或放空浓缩池彻底清理
减速机有杂音	1. 轴承磨损严重。 2. 缺油或油质不好。 3. 连接螺栓松动。 4. 内部齿轮磨损严重	1. 更换轴承。 2. 换油或添加润滑油。 3. 紧固螺栓。 4. 更换磨损严重的齿轮
电机过热、振动有杂音	1. 负荷过大。 2. 电机轴承磨损严重或缺油。 3. 电机轴与减速机轴不同心	1. 减轻浓缩机负荷。 2. 更换轴承或加油。 3. 调整保证同心

14.9　浓缩机的维修

14.9.1　维修内容

维修根据其内容和工作量,在我国大多数选矿厂现行的维修工作制度,一般分为小修、中修和大修。

(1)小修。小修主要工作内容有:

1)检查各阀门、管道有无跑、冒、滴、漏或阻塞并处理。

2)检查各润滑部位油量并及时补加油。

3)检查各部滚动轴承、滑动轴承磨损严重及时更换。

4)检查紧固各部螺栓。

5)清洗检查减速箱及蜗轮箱,视油质情况换加油。

6)更换磨损严重管路和损坏的阀门。

7)小修每 3 ~6 个月一次,每次需 12h。

(2)中修。中修主要工作内容有:

1)包括小修内容。

2)检查修理或更换耙架、耙齿。

3)检查更换传动小齿轮。

4)电机解体检查,更换轴承。

5)中修每年 1 次,每次需 1 天。

(3)大修。大修主要内容有：

1)包括中修内容。

2)设备解体清洗检查,更换轴套,视磨损情况更换蜗杆、大蜗轮齿及蜗轮推力大轴承。

3)更换耙子。

4)修理更换给矿槽、矿浆分散装置及下部放矿锥斗和主管路。

5)大修每3~5年一次,每次需2天。

14.9.2 维修方法

14.9.2.1 耙架的维修

浓密机的耙架通常分为两种结构形式:简支架整体式耙架和悬臂梁耙架。前者主要应用于周边传动式浓密机,后者主要应用于中心传动式浓密机,简支架式耙架较为坚固且不易变形,工作安全可靠,悬臂梁耙架相对来讲强度和刚性较差,容易产生变形和松动。

简支架式耙架的维修较为简便,定期检查耙齿的磨损程度和固定情况,耙齿高度磨损一半以上时应更换或修补耙齿,达到其原有尺寸,另外应定期检查简支架各连接点和焊缝,及时紧固连接螺栓,焊补加固焊缝开裂处。

悬臂梁耙架一般有两长两短4只耙子,每只耙子一端用螺栓固定在装配在主轴上的耙架十字头上,另一端与主轴之间用1~2条拉杆斜拉铰接,各只耙子之间相互也用拉杆横拉铰接,各条拉杆均可调整松紧。

悬臂梁耙架因其结构决定刚性较差,受载荷过大时,拉杆易松动,而导致耙子扭曲变形,与十字头连接螺栓松动,严重的造成十字头开裂,所以应定期检查耙架拉杆松紧,并按要求调整,耙齿连接螺栓和耙子与十字头连接螺栓应一次性紧固,上双螺帽紧固后点焊固定,防止松脱,小型浓密机十字头材质一般为灰铸铁,容易开裂,最好改材质为铸钢的,增加其强度。耙架与耙齿一般磨损较轻,但如所处理矿浆磨蚀性较大时,应做耙架耙齿的防腐处理。

14.9.2.2 中心传动式浓缩机传动部的维修

中心传动式浓缩机传动一般由固定在桁架上的电动机经圆柱齿轮减速器、中间开式齿轮、大蜗轮减速机带动主轴耙架旋转。电动机与圆柱齿轮减速机之间一般采用棒销联轴器连接,应定期检查棒销磨损情况,如磨损较大且联轴器转动噪声较大,则应及时更换,每次更换都要做详细记录,以便准确掌握其使用更换周期,确定计划检修更换时间。

圆柱齿轮减速器故障一般较少,零部件经久耐用,常见的问题是输入输出轴端的密封漏油,解决的办法一是避免加油过量;二是调整或加大轴承内侧的挡油板;三是改造密封形式,将原来的毡封或单个骨架橡胶油封,改为双骨架橡胶油封,并保证所有静密封点无渗漏。如减速机在运行中发现异常噪声、冲击和温度急剧升高及振动现象时,应立即停止运转,进行检查,一般有如下几种情况:一是轴承损坏,这时应清洗检查各部轴承,间隙超标或明显损坏的及时更换;二是内部齿轮磨损较为严重,磨损超过齿顶宽1/4以上需要更换新的齿轮;三是内部齿轮之间掉入异物并黏附于齿面,造成齿轮啮合不平稳振动,应清洗检查并剔除;四是减速机地脚螺栓松动,造成联轴器不同心及开式齿轮啮合不好,应及时调整并紧固。

中间开式齿轮,应注意经常添加润滑脂或改为稀油油池带油润滑,齿轮齿厚磨损30%以上时应更换。

大蜗轮减速机转速较慢,故障率较低,运转过程中应注意蜗杆轴瓦的润滑,避免失油造成轴瓦损坏,一般连续运行一年以上,应取出轴瓦清洗检查并刮研。蜗轮下部大推力轴承,应注意防止进水或其他异物,尽量使润滑脂充满轴承空隙,避免造成滚珠或滚珠滑道点蚀,从而缩短轴承寿命,一般运行三年以上应清洗检查,滑道、滚珠出现麻点凹坑应及时更换,避免出现较大事故。

蜗轮主轴下部支撑轴套应保持润滑与密封良好,运行1年以上应清洗检查并研磨,如发现磨偏,应查找原因及时解决。

14.9.2.3 周边传动式浓缩机传动部的维修

周边传动式浓缩机传动一般可分为三种形式:辊轮传动式、齿轮齿条传动式和充气胶轮传动式。无论哪一种传动方式,其传动机构相对于中心传动式浓缩机都比较简单,一般采用电机带动减速机,通过一对开式齿轮或齿条两级变速传动,为给电动机供电,在中心支柱上装有集电滑环,滑环上部周围应注意密封,避免落入雨雪,灰尘造成接触不良,从而影响电机正常运转。

齿条应定期检查是否变形松动,每月一次按周边齿条的安装尺寸要求进行核查,出现偏差应及时校正。

齿轮轴承座和辊轮轴承座轴承,应定时加注润滑脂,每6个月清洗检查轴承一次,轴承出现点蚀或明显损坏应及时更换,同时注满新润滑脂。

中心大推力轴承、减速机、开式齿轮的维修可参照上述中心传动式浓缩机。

参 考 文 献

[1] 中华人民共和国国家标准. 选矿机械设备工程安装验收标准[S]. GB 50377—2006. 北京:中国计划出版社,2007:46~48.

[2]《选矿设计手册》编委会. 选矿设计手册[M]. 北京:冶金工业出版社,1988:265~267.

[3] 沈阳矿山机器厂. ϕ45~53m 周边传动浓缩机产品说明书[S].

[4]《中国选矿设备手册》编委会. 中国选矿设备手册(下册)[M]. 北京:科学出版社,2006:869,870,893,894,908,909,927,928.

[5] 沈阳选矿机械研究所. 选矿机械[M],北京:机械工业出版社,1974:205.

[6] 王运敏,田嘉印,王化军,等. 中国黑色金属矿选矿实践(上册)[M]. 北京:科学出版社,2008:877.

15 过 滤 机

15.1 过滤机的分类及选择

15.1.1 过滤机的分类

过滤机是利用压力差而使固体颗粒与液体通过多孔介质（滤布、滤板等）进行分离的机械。工业过滤机的出现及应用比较早，种类也很多。按照过滤推动力的来源不同，过滤机可分为四大类型，即真空过滤机、压滤机、磁性过滤机和离心过滤机。按照设备的形状及结构特点，其详细分类见表 15－1。

表 15－1 过滤机分类、性能特点及使用范围

分类及名称	按形状分类	按过滤方式分类	卸料方式	给 料	应用范围
真空过滤机	筒形真空过滤机	筒形内滤式过滤机	吹风卸料	连 续	用于矿山、冶金、化工及煤炭工业部门
		筒形外滤式过滤机	刮刀卸料		
		折带式过滤机	自重卸料		
		绳索式过滤机	自重卸料		
		无格式过滤机	自重卸料		用于煤泥、制糖厂
	平面真空过滤机	转盘翻斗过滤机	吹风卸料	连 续	用于矿山、冶金、煤炭、陶瓷、环保等部门
		平面盘式过滤机	吹风卸料		
		水平带式过滤机	刮刀卸料		
	立盘式真空过滤机		吹风卸料		
磁性过滤机	圆筒形	内滤式	吹风卸料	连 续	用于含磁性物料的过滤
		外滤式	刮刀卸料		
		磁选过滤	吹风卸料		
离心过滤机	立式离心过滤机		惯性卸料	连 续	用于煤炭、陶瓷、化工、医药等部门
	卧式离心过滤机		机械卸料		
	沉降式离心过滤机		振动卸料		
压滤机	带式压滤机	机械压滤	吹风卸料	连 续	用于煤炭、矿山、冶金、化工、建材等部门
	板框压滤机	机械或液体加压	自重卸料	间 歇	
	板框自动压滤机	液 压	自重卸料		
	厢式自动压滤机	液 压	自重卸料	间 歇	
	旋转压滤机	机械加压	排料阀排料	间 歇	
	加压过滤机（筒式、带式）	机械加压	阀控或压力排料	连 续	
		压缩空气压滤			

15.1.2 过滤机的选择

过滤机的选择主要根据所处理物料的性质及对产品的要求，如被过滤物料的粒度特性、矿浆浓度、物料的密度、矿浆温度及药剂含量、所要求的滤饼水分、滤液质量和选矿厂生产规模（精矿数量）等因素。处理不同浓度及固体粒度的矿浆时过滤机的选型见表 15－2 及图 15－1。

表 15－2 过滤机选型表

矿浆性质	过滤机性能参数				
浓度/%	20	10～20	1～10	1	0.1
成饼速度/mm·min^{-1}	>20	>20	<10	<1	无滤饼
单位过滤面积生产能力/kg·(m^2·h)$^{-1}$	>3000	<3000	<500	<50	<5
滤液形成速度/kg·(m^2·h)$^{-1}$	>15000	>1000	>100	50～5000	50～5000
推荐的过滤机类型					
重力过滤	√				
上部给料过滤机	√				
筒形过滤机	√	√	√		
带式过滤机	√	√	√		
盘式过滤机		√	√		
带预涂层的过滤机				√	√
自动压滤机		√	√	√	√

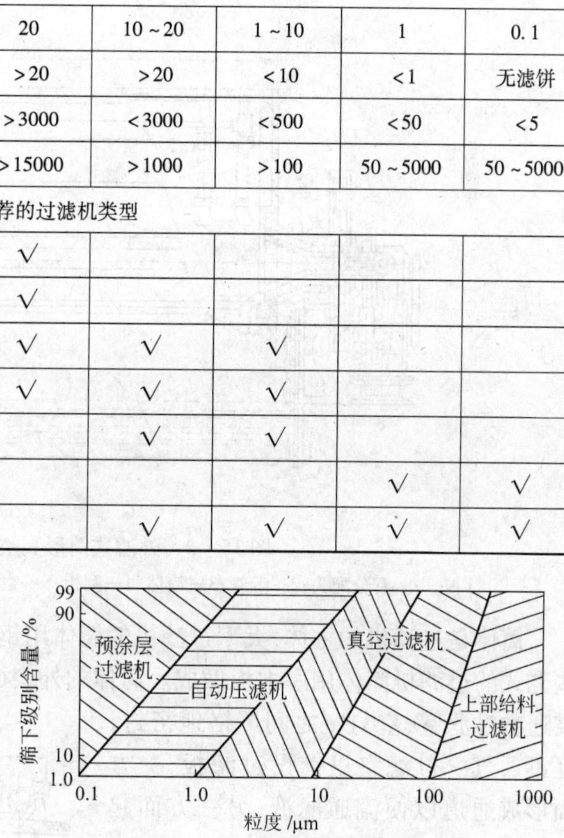

图 15－1 过滤机选型范围示意图

根据生产实践，过滤机一般选型原则为：

（1）筒形真空过滤机。其中内滤式适用于过滤粒度较粗、密度较大、沉降速度较快的物料，主要用于过滤磁选和浮选铁精矿。外滤式和折带式主要用于过滤粒度细、要求产品含水分低的有色金属和非金属精矿；当过滤细黏物料时，可在筒外脱水区增设拍打或压辊等装置，以降低滤饼水分。永磁式过滤机特别适用于过滤粗粒磁铁精矿。

（2）盘式真空过滤机。适用于过滤含有矿泥的细粒精矿，国外早已广泛用于铁精矿过滤，国内目前已从主要用于浮选精煤和有色金属精矿普及到铁精矿的过滤。

（3）普通板框式和厢式压滤机。适用于过滤料浆中含固体量少而又对滤饼水分要求不太高的物料。自动板框式压滤机适用于过滤量大的难滤物料，可使滤饼水分降到 10% 左右，现已广泛用于过滤煤泥、稀土精矿、浮选镍精矿、浮选金精矿、金氰化厂氰化尾渣、铁选矿厂尾矿、化工产品、污水处理等。

（4）水平带式真空过滤机。特别适用于过滤粗粒和密度大的矿物，也可用于过滤煤等物料。

(5)带式压滤机。适用于过滤难处理的细粒物料,目前广泛用于过滤各种污泥、选煤产品、湿法冶金的残渣、管道输送的物料等。

15.2 筒形真空过滤机

15.2.1 外滤式筒形真空过滤机

这种过滤机主要由筒体、传动机构、分配头、主轴承、搅拌器、矿浆槽、刮板和绕线机构等构成(图 15-2)。

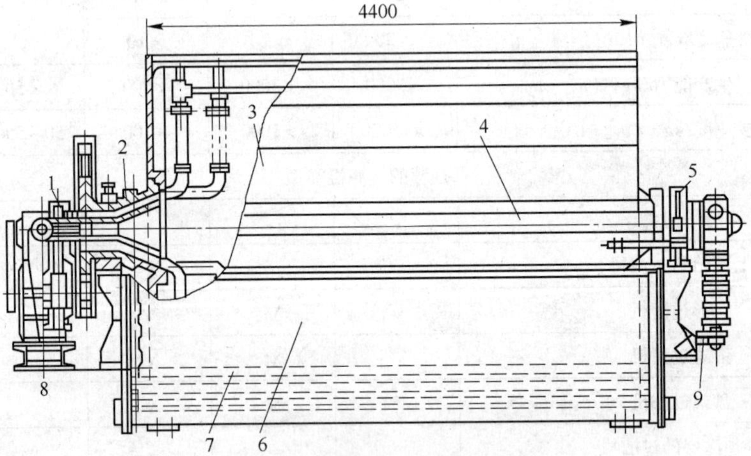

图 15-2 外滤式筒形真空过滤机结构示意

1,9—左、右分配头;2—喉管;3—筒体;4—刮板;5—主轴承;6—矿浆槽;7—搅拌器;8—传动机构

筒体是过滤机的主体,大型过滤机的筒体用钢板焊接制成,小规格的采用铸造筒体,一些老式的过滤机筒体用厚木板做成。筒体的外表面用隔条沿圆周方向分成一定数量的轴向贯通的过滤室,室与室之间严格地密封,互不通气。过滤室里铺设过滤板,一方面形成通道以便流通滤液;另一方面起着支撑过滤布的作用(图 15-3)。

整个筒体外面裹着滤布,为了保证每个室之间的密封,滤布用胶条、麻绳或棕绳嵌在隔条的绳槽内。然后再用绕线机构在筒体外面沿轴向以 50~80mm 的间距缠绕很多道钢丝,把滤布固定在筒体上。

在筒体的一端有一个喉管,它有与过滤室数量相同的孔道,每个孔道都经过管子分别和对应的一个过滤室接通。

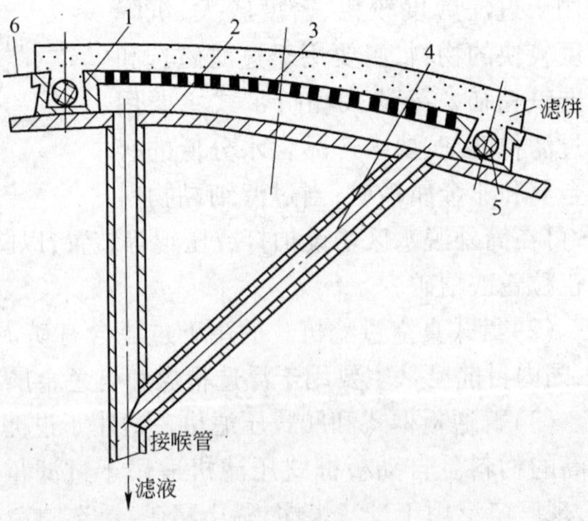

图 15-3 过滤机筒体结构

1—隔条;2—筒皮;3—过滤板;4—管子;5—胶条;6—滤布

传动机构驱动筒体回转,并且可以

变换几种速度。

分配头是过滤机的重要部分，其位置固定不动。它的一面与喉管密合保持滑动接触，另一面有管子与真空泵、鼓风机相连。通过它控制过滤机的各个过滤室依次进行过滤、滤饼脱水、卸料以及清洗滤布。

矿浆槽位于筒体下部，用来容纳被过滤的矿浆。槽中有往复摆动的搅拌器搅拌矿浆，使颗粒呈悬浮状态。在工作时，筒体有1/3浸在矿浆中。筒体通过主轴承支撑在矿浆槽上。

为了改善脱水效果，使滤饼不出现裂纹，可以采用拍打、压辊、压带和抹压装置。

给料方式除下部给料外，还有上部给料和侧向给料方式，用来过滤粒度较大、沉降较快的物料。卸料方式除常用的鼓风卸料外，还有卸料辊卸料和绳索卸料。

外滤式筒形真空过滤机在选矿厂主要用于浮选后的有色金属（铜、锌、铅、镍等）精矿和非金属（硫、磷、滑石、萤石等）精矿以及浮选精煤等进行脱水，也可用于不易沉淀悬浮液的固液分离，可广泛用于选矿、冶金、化工、造纸等部门。

我国生产这种过滤机的主要厂家有十几家，其产品技术参数列于表15－3。

型号含义示例如下：

GW－20　G—真空过滤机；W—外滤式筒形；20—过滤面积，m^2。

表15－3　外滤式筒形真空过滤机技术参数

型　号		GW－3	GW－5	GW－8	GW－12	GW－20	GW－30	GW－40	GW－50
过滤面积/m^2		3	5	8	12	20	30	40	50
筒体尺寸/mm	直径	1600		2000		2500	3350		
	长度	710	1120	1400	2000	2650	3000	4000	5000
筒体转速/$r \cdot min^{-1}$	Ⅰ组	0.133，0.335	0.1～2	0.1～2	0.1～2	0.14，0.19，0.27，0.38，0.54	0.12，0.16，0.23，0.29，0.39，0.56		
	Ⅱ组						0.11，0.14，0.21，0.26，0.34，0.50		
搅拌次数/$r \cdot min^{-1}$		23					25，45		
生产能力/$t \cdot h^{-1}$		1.2	2	3.2	4.8	3～8	4.5～12	6～16	7.5～20
总重/t		2.36	3.76	4.877	5.6	10.6	17.2	19.5	21
减（变）速器		A1X－Ⅲ－4.5			XWD0.8－4	BKP ZL35	K231P ZL35	K231P ZL35	K231P ZL42.5
电动机/kW	筒体用	Y90L－4　1.5				YD132M－8/4 3.0/4.5	YD160M－8/6/4 3.3/4/5		
	搅拌器用	0.8		0.8	Y802－4 0.75	Y112M－6 2.2	Y123S－6 3		Y132M1－6 4
说明		—		—		订货无注明，搅拌次数按25次/min及Ⅰ组转速供货			

注：1. 需要真空度60～80kPa，抽风量0.5～2m^3/（min·m^2）（过滤面积）；

2. 需要鼓风压力10～30kPa，鼓风量0.2～0.4m^3/（min·m^2）（过滤面积）。

15.2.2　内滤式筒形真空过滤机

这种过滤机的结构示于图15－4，其滤布装于筒体的内表面，筒体的一端支撑在主轴承上，另一端支撑在托辊上，由传动机构驱动旋转。喉管和分配头的作用与外滤式过滤机相同，结构也相似。但是，分配头内抽真空和鼓风区域的位置不同，滤饼是在筒体内表面形成，在顶部位置卸料,并用皮带输送机或溜槽运出机外。大型过滤机一般用皮带输送机排料。

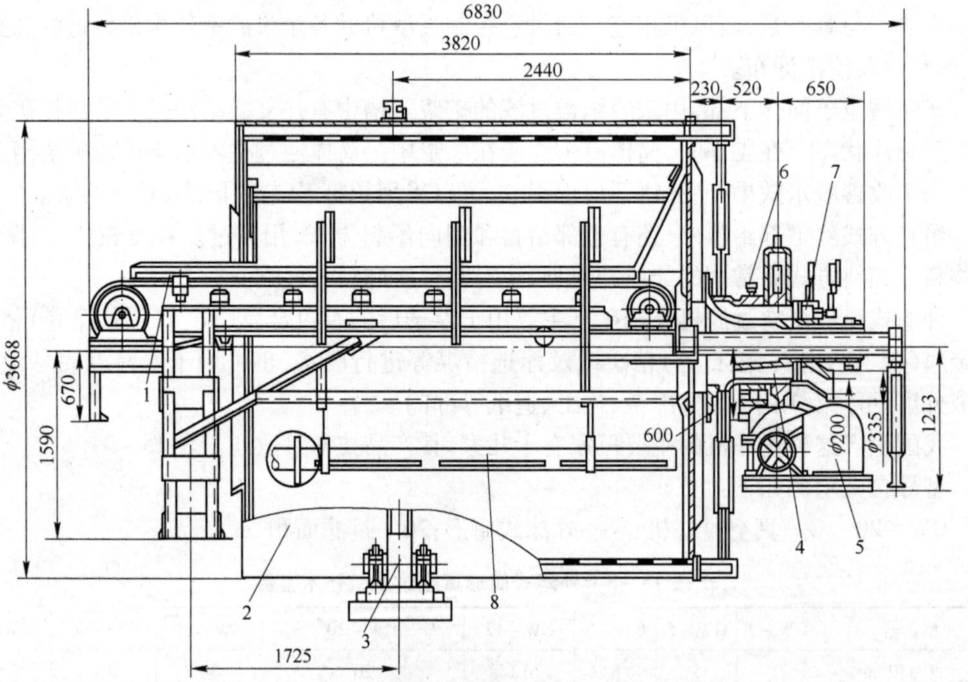

图 15－4　40m² 内滤式筒形真空过滤机结构

1—卸料皮带运输机;2—筒体;3—托辊;4—喉管;5—传动机构;6—主轴承;7—分配头;8—给矿管

内滤式过滤机的矿浆装在筒体内部,在形成滤饼时,除依靠真空的压力外,由于没采用搅拌器,还可借助固体颗粒本身的重力。矿浆中沉降速度快的较大颗粒先附着在滤布上,沉降速度慢的较小颗粒后附着于大颗粒上面,因此滤饼透气性好,不易堵塞滤布。其缺点是不便于观察过滤的工作情况,维修工作也不方便。

内滤式筒形真空过滤机适用于粒度不大于 0.6mm、密度较大、较松散、黏性较小的湿选金属矿浆的脱水,尤其是过滤磁选铁精矿最为适宜。

目前,国内只有少数厂家生产这种产品,其技术参数列于表 15－4。

型号含义示例如下:

GN－12　G—过滤机;N—内滤式筒形;12—过滤面积,m^2。

表 15－4　内滤式筒形真空过滤机技术参数

型　号		GN－8	GN－12	GN－20	GN－30	GN－40	GN－40A	GN－40
内滤面积/m^2		8	12	20	30	40	40	40
筒体尺寸(直径×高)/mm×mm		2956×1020	2956×1370	3668×1920	3668×2720	3668×3720	3668×3720	3668×3720
筒体转速/$r \cdot min^{-1}$	高速	0.72,1.00,1.43		0.42,0.56,0.84,1.04,1.40,2.18		0.42,0.56,0.84,1.04,1.40,2.18	0.13,0.17,0.24,0.31,0.40,0.60	0.23～0.91

续表 15-4

型号		GN-8	GN-12	GN-20	GN-30	GN-40	GN-40A	GN-40
筒体转速 /r·min^{-1}	中速	0.49,0.69,0.93		—		—	—	0.23~0.91
	低速	0.34,0.47,0.68		0.12,0.17,0.25, 0.31,0.42,0.66		0.12,0.17, 0.25,0.31, 0.42,0.66	0.10,0.13, 0.19,0.24, 0.32,0.46	
卸料方式		固定溜槽或中心皮带运输机			中心皮带运输机	中心皮带运输机		
生产能力 /t·h^{-1}	磁选精矿	6~12	9~10	15~20	24~45	30~60	30~60	30~60
	浮选精矿	2.4~5	3.5~7	6~12	9~18	12~24	8~20	
总重/t	溜槽卸料	6.6	7.3	12.3	—	—	—	—
	皮带卸料	6.9	7.6	12.7	14.4	16.6	18.4	17.2
减(变)速器		BK-Ⅲ(专用)		K231P(专用)		K231P(专用)		WDBY 4.0-7-1/11
电动机		Y112M-6;2.2kW		YD160M-8/6/4; 3.3,4,5.5kW		YD160M-8/6/4; 3.3,4,5.5kW		Y112M-4; 4kW
电动滚筒皮带卸料用电动机		YD-15-100-5032; 1.5kW		YD-22-100-5040; 2.2kW		YD-30-100-5050;3kW		
说明		订货时需注明卸料方式及筒体转速,若未注明,按固定溜槽及中速供货		订货时需注明卸料方式及筒体转速,若未注明按溜槽(GN-20)及高转速供货		订货时若未注明筒体转速,按高转速供货	订货时若未注明筒体转速,按低转速供货	

注:1. 需要真空度 60~80kPa,抽气量 ~1.5m^3/(min·m^2)(过滤面积);

2. 需要鼓风压力大于 30kPa,鼓风量 0.2~0.4m^3/(min·m^2)(过滤面积);

3. 给矿浓度大于 50%;

4. 精矿水分:对于磁选精矿 8%~10%,对于浮选精矿 10%~13%。

15.2.3 折带式真空过滤机

这种过滤机是在外滤式筒形真空过滤机的基础上发展而来的,对细黏物料的过滤效果较好。而外滤式过滤机过滤细黏物料时,存在着卸料困难、透气性差、滤布易堵塞、滤饼水分高、生产能力低等缺点。由于折带式过滤机改变了卸料方式,加强了对滤布的清洗,便基本上克服了这些缺点。

折带式真空过滤机的结构和工作示意于图 15-5。其滤布布置与外滤式过滤机不同。当滤饼经过真空区以后,滤布就由一套辊子引出筒外进行卸料和清洗,清洗好的滤布再回到筒体重新工作。

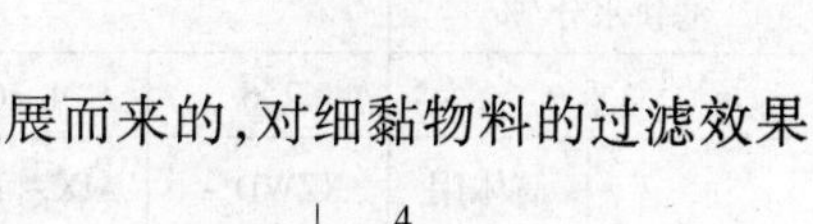

图 15-5 折带式真空过滤机的结构和工作示意图

1—矿浆槽;2—分配头;3—筒体;4—滤布;5—托辊;6—调整辊;7—卸料辊;8—水管;9—清洗槽;10—张紧辊;11—搅拌器

折带式真空过滤机不采用鼓风卸料,而是让滤布绕过卸料辊,通过变化曲率使滤饼自动落下,也可以利用刮板等机构帮助卸料。这样卸料不仅提高了过滤能力,而且不用鼓风,使滤饼不致因回水而增加水分。外滤式过滤机采用鼓风清洗滤布时,因滤布固定在筒体上,清洗区角度较小,致使清洗不够彻底。而折带式过滤机将滤布引到筒体以外,有足够的时间采用有效的方法清洗滤布。一般用压力水冲滤布的两面,还可根据需要用刷子和打布器等装置进行更彻底的清洗,以保证滤布的透气性。

折带式真空过滤机适用于细、黏物料的脱水,广泛用于过滤浮选后的有色金属精矿和煤的浮选产品以及处理污水。

我国生产折带式真空过滤机的厂家不足十家,其产品技术参数见表15-5。

型号含义示例如下:

GD-30　G—过滤机;D—折带式;30—过滤面积,m^2。

表15-5　折带式真空过滤机技术参数

型号		GD-1.7	GD-5	GD-12	GD-20	GD-30	GD-40	DO-28①
过滤面积/m^2		1.7	5	12	20	30	40	28
筒体	直径/mm	914	1600	2000	2500	3350	3350	2438
	长度/mm	650	1120	2000	2770	3015	4015	3608
	转速/$r \cdot min^{-1}$	0~0.488	0.1~2	0.1~2	0.075,0.105,0.149,0.150,0.209,0.290	0.1~0.6	0.11,0.14,0.21,0.26,0.34,0.50	0.1~1.0
需要真空度/kPa		53~80						
抽气量/$m^3 \cdot (m^2 \cdot min)^{-1}$		0.5~2						
冲洗水压力/kPa		>200						
给矿浓度/%		>60						
搅拌次数/次·min^{-1}		0~46.8	23	23	47	25	25	31.4
生产能力/$t \cdot h^{-1}$		0.68	2	4.8	8	12	16	—
滤饼水分/%		10~12						
总重/t		2.6	4.36	5.8	11.1	17.8	20.3	10.0
电动机	筒体用/kW	XZWD-1500;1.5	AIX-Ⅲ-4.5;1.5	AIX-Ⅲ-4.5;1.5	YD132M-8/4 3.0/4.5	Y100L2-4 3	D160M-8/6/4 3.3/4/5.5	1.5
	搅拌用/kW	—	XWD0.8-4 0.8	XWD0.8-4 0.8	Y112M-6 2.2	Y132S-6 3	Y132S-6 3	1.5

①DO-28型过滤机为引进美国道尔公司技术制造的新型过滤机,结构轻便,操作灵活,已用于宝钢过滤高炉瓦斯灰。

15.2.4 永磁外滤式筒形真空过滤机(磁滤机)

磁滤机的结构(图15-6)与外滤式筒形真空过滤机相似,不同之处是给矿槽位于筒体上部,筒体内部装有锶铁氧体永久磁系,可促使磁性颗粒迅速吸附到滤布表面。磁滤机主要用于粒度较粗的强磁性矿物精矿矿浆的脱水。

由于是上部给料,滤饼中精矿按粒度分层的效果更加明显。当磁性精矿形成滤饼时,颗粒同时受到重力和磁力的作用,粗颗粒精矿比细颗粒精矿向滤布运动得快,粗颗粒首先接触滤布,故滤饼的透气性好。而且矿浆中的磁性颗粒在磁力吸引下呈放射状布于圆筒表面,并

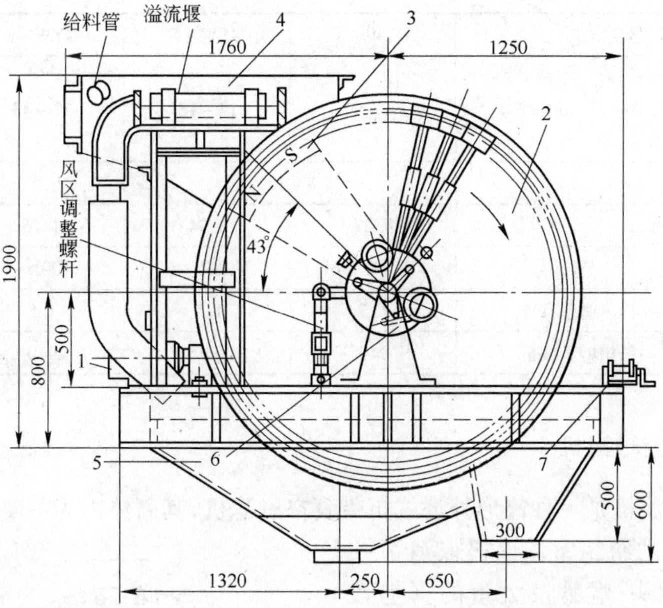

图 15－6 永磁外滤式筒形真空过滤机结构

1—传动装置；2—筒体；3—磁系；4—给料槽；5—溢流槽；6—分配头；7—绕线装置

由于磁系极性变化而产生磁搅动作用，这都成为滤饼易脱水的有利条件，使得滤饼厚且透气性好，显著地提高了生产率。与同规格的筒形真空过滤机相比，其效率提高3倍以上。大量的水通过给矿槽的溢流口溢出。在真空脱水区，滤饼中的残存水分透过滤布并经过滤室和分配头上的两个真空管路而被抽出。滤饼用压缩空气吹落，并借助刮板刮下。

我国的磁滤机主要由两家生产，最适合于粒度为0.15～0.8mm的磁选精矿的脱水。其技术参数见表15－6，型号含义示例如下：

GYW－12　G—过滤机；Y—永磁；W—外滤式；12—过滤面积，m^2。

表 15－6 永磁外滤式筒形真空过滤机技术参数

型号		GYW－3	GYW－5	GYW－8	GYW－12
过滤面积/m^2		3	5	8	12
筒体	直径/mm	1600	2000	2000	2000
	长度/mm	700	900	1400	2000
	转速/$r \cdot min^{-1}$	0.5～2.0	0.5～2.0	0.5～2.0	0.5～2.0
需要真空度/kPa		60～80			
抽气量/$m^3 \cdot (m^2 \cdot min)^{-1}$		0.5～2.0			
需鼓风压力/kPa		10～30			
鼓风量/$m^3 \cdot (m^2 \cdot min)^{-1}$		0.1～0.5			
筒体表面磁感应强度/mT		82			87
给矿浓度/%		≥60			

续表 15-6

型号		GYW-3	GYW-5	GYW-8	GYW-12
最大生产能力（小于0.074mm（-200目）占60%）$/t \cdot h^{-1}$		6~9	14~18	22~43	33~65
滤饼水分/%		8~11		8~10	
总重/t		3.27	3.94	4.76	5.42
电动机	型号	Y100L-6	Y100L-6	Y100L-6	Y112M-6
	功率/kW	1.5	1.5	1.5	2.2
	转速$/r \cdot min^{-1}$	940	940	940	940

15.2.5 无格真空过滤机

无格真空过滤机是一种筒形外滤式折带真空过滤机，其筒体内为一整体真空室，筒体在卸料区有一特殊的密封室。该机取消了一般过滤机的分配头、喉管及大量的真空管路，是一种新型的连续过滤机，主要由筒体、密封装置、空心轴、搅拌器、料浆槽等部件组成。其结构及工作区的划分示于图15-7。无格过滤机工作时，筒体内部处于真空状态，使滤饼吸附在筒体滤布表面上，滤液和清洗水分别由不相通的空心轴两端抽出，滤饼随滤布运行到卸料辊处脱落。该机不需要吹风卸料和在筒体上清洗滤布。因此，密封装置的作用是把暴露在空气中的一段筒体（从滤布引出点到滤布返回点之间）上的过滤孔密封住，防止破坏真空。

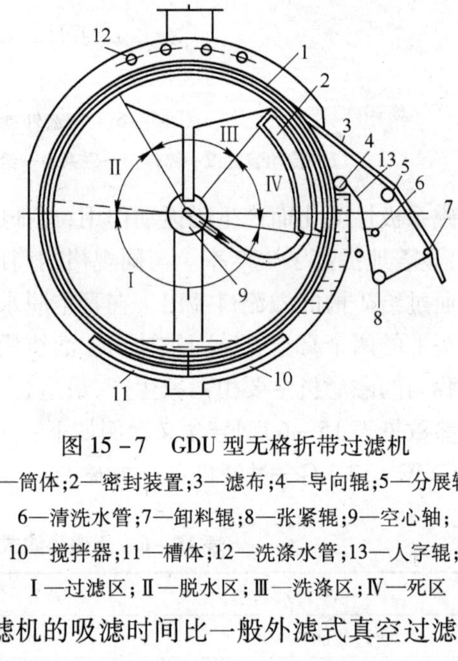

图 15-7　GDU 型无格折带过滤机

1—筒体；2—密封装置；3—滤布；4—导向辊；5—分展辊；6—清洗水管；7—卸料辊；8—张紧辊；9—空心轴；10—搅拌器；11—槽体；12—洗涤水管；13—人字辊；Ⅰ—过滤区；Ⅱ—脱水区；Ⅲ—洗涤区；Ⅳ—死区

该过滤机结构的另一特点是给料槽采用深槽结构，增加吸滤时间以提高生产能力。在相同的转速下，GDU-40型无格折带过滤机的吸滤时间比一般外滤式真空过滤机增加1/3~2/3。

GDU型无格折带过滤机的技术参数列于表15-7。

表 15-7　无格折带真空过滤机技术参数

型号	过滤面积$/m^2$	筒体直径/mm	筒体长度/mm	总重/t	筒体传动功率/kW	搅拌器功率/kW
GDU-20	20	2500	2650	—	—	—
GDU-30	30	3350	3000	23	5.5/2.8	2.8
GDU-40	40	3350	4000	24	7.5/2.8	—
GDU-50	50	3350	5000	25	7.5/2.8	—

15.3 盘式真空过滤机

15.3.1 盘式真空过滤机

图 15－8、图 15－9 分别为盘式真空过滤机的结构和工作原理示意图,其过滤面的结构形式与筒形真空过滤机不同,但操作原则基本相同。过滤面由多个单独的扇形片组成的圆盘构成。每一个扇形片为单独的过滤单元,由滤布做成布袋套在扇形片上形成滤室。工作时,过滤盘顺时针方向转动,料浆中的固体颗粒借真空的作用附着在过滤盘上形成滤饼。搅拌器往复摆动防止固体沉淀。滤饼离开液面之后,在真空作用下继续脱去水分。滤液透过滤布,进入过滤盘内,经过滤液管,从分配头排出。滤饼在卸料区通过滤盘由内向外吹风卸落。

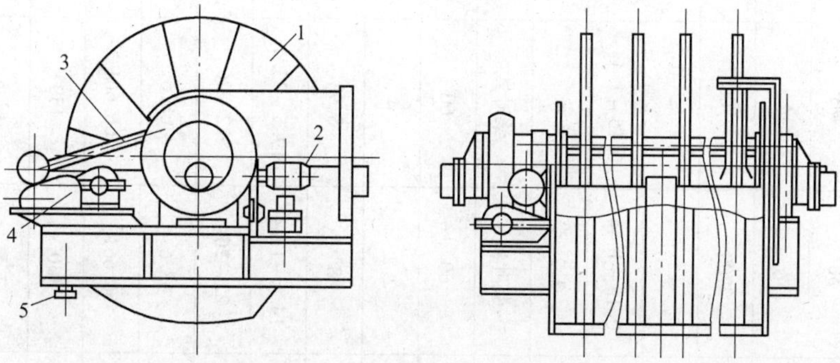

图 15－8 盘式真空过滤机结构

1—过滤机;2—主传动机构;3—搅拌器;4—搅拌器传动机构;5—瞬时吹风系统

扇形片由螺栓固定在主轴(空心轴)上,拆卸及更换滤布方便,甚至可以在过滤机运转过程中进行,给生产检修带来方便。国产过滤盘的直径为 1.7～3.84m,一台过滤机可有2～15个过滤盘,过滤面积为 9～302m^2。

盘式真空过滤机原则上可分为煤用和金属矿用两种,同时还可广泛用于其他各工业部门。

我国煤用盘式真空过滤机的产量较大,用户多,主要生产厂家有十余家。金属矿山用的重型盘式真空过滤机也已推广,并不断扩大应用范围。我国目前生产的盘式真空过滤机,规格齐全,性能良好,其主要产品的技术参数见表 15－8～表 15－10。

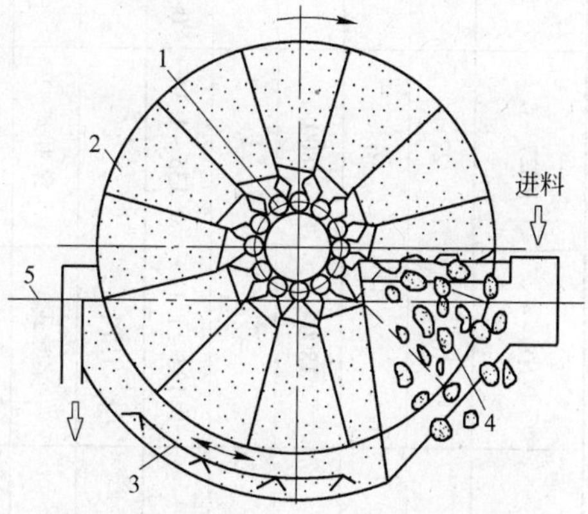

图 15－9 盘式真空过滤机工作原理

1—滤液管;2—滤饼;3—搅拌器;4—滤饼卸落;5—液面

型号含义示例如下:

PG(GP)－9 P—盘式;G—过滤机;9—过滤面积(m^2);

GPY－20 Y—异形管(主轴);其余同上;

GPZ－40 Z—重型;其余同上;

PG18－4 4—圆盘数目;其余同上。

表 15 - 8 PG 型盘式真空过滤机技术参数

型号			PG18 - 4	PG27 - 6	PG39 - 4	PG58 - 6	PG78 - 8	PG97 - 10	PG116 - 12	PG27 - 6（耐酸）
过滤面积/m^2			18	27	39	58	78	97	116	27
过滤盘数/个			4	6	4	6	8	10	12	6
滤盘直径/mm			1800	1800	2700	2700	2700	2700	2700	1800
矿浆槽容积/m^3			—	—	—	—	—	—	—	0. 167 ~ 1
主传动电动机	转速/$r \cdot min^{-1}$		0. 135 ~ 1. 14	0. 135 ~ 1. 14	0. 135 ~ 1. 14	0. 15 ~ 1. 44	0. 15 ~ 1. 44	0. 148 ~ 1. 98	0. 148 ~ 1. 98	0. 135 ~ 1. 14
	功率/kW		1. 1	1. 1	1. 5	2. 2	4	4	4	1. 1
搅拌器形式			桨叶式	桨叶式	桨叶式	桨叶式	桨叶式	桨叶式	桨叶式	桨叶式
搅拌器电动机	转速/$r \cdot min^{-1}$		60	60	60	60	60	60	60	60
	功率/kW		1. 1	1. 1	1. 5	2. 2	4	4	4	1. 1
主机重/t			3. 5	4. 36	5. 65	8	8. 98	10. 9	12	3. 9
处理量（干物料）/$t \cdot h^{-1}$			4. 5 ~ 5. 4	6. 7 ~ 8. 1	9. 78 ~ 11. 7	14. 5 ~ 17. 4	19. 5 ~ 23. 4	24. 3 ~ 29. 1	29 ~ 34. 8	6. 5 ~ 8
滤饼水分（精煤）/%			22 ~ 26	22 ~ 26	22 ~ 26	22 ~ 26	22 ~ 26	22 ~ 26	22 ~ 26	22 ~ 26
辅机	真空泵	气量/$m^3 \cdot min^{-1}$	26. 03	26. 03	34. 8	68. 6	68. 6	108. 3	108. 3	26. 03
		真空度/kPa	66. 661	66. 661	73. 327	66. 661	66. 661	66. 661	66. 661	66. 661
		电动机功率/kW	40	40	60	130	130	185	185	40
	鼓风机	风量/$m^3 \cdot min^{-1}$	1. 5	1. 5	1. 5	7. 5	12. 5	7. 5	7. 5	1. 5
		风压/MPa	1	1	1	1	1	1	1	1
		电动机功率/kW	17	17	17	40	40	40	40	17

表 15-9 GPY 型盘式真空过滤机技术参数

型号		GPY-20	GPY-30	GPY-40	GPY-60	GPY-80	GPY-100	GPY-120	GPY-140	GPY-160	GPY-180	GPY-200	GPY-220	GPY-240	GPY-260	GPY-280	GPY-300
过滤面积/m^2		20	30	40	60	80	100	120	140	164	184	204	224	245	266	284	302
过滤盘数/个		4	6	4	6	8	10	12	7	8	9	10	11	12	13	14	15
滤盘直径/mm		1800		2700					3840								
矿浆槽容积/m^3		—	—	6	8	10	12	14	11.4	13	14.6	16	17.6	19.2	20.8	22.4	24
主传动电动机	转速/$r \cdot min^{-1}$	—	—	0.167~1			0.215~0.966		0.185~1.11				0.152~0.92				
	功率/kW	—	—	2.2			4		4	4.7		5	4.7		6.5		
搅拌器电动机	形式	浆叶式															
	转速/$r \cdot min^{-1}$	73					80.4										
	功率/kW	2.2			4		5.5								7.5		
主机重(不包括辅机)/t		—		5.5	7.8	8.8	10	11	10.6	14.6	15.8	16.8	18.3	19.3	20.9	22	23.3
处理量(干物料)/$t \cdot h^{-1}$		5~6	7~9	9~12	13~18	18~24	22~30	26~36	31~42	35~48	40~54	44~60	48~66	53~72	57~78	62~84	66~90
滤饼水分(精煤)/%		22~24															
辅助电动机 真空泵	气量/$m^3 \cdot min^{-1}$	30	45	60	90	120	150	180	210	240	270	300	330	360	390	420	450
辅助电动机 真空泵	真空度/kPa	73.327															
辅助电动机 真空泵	功率/kW	40		60	130		185		320			340		400	500		600
辅助电动机 鼓风机	风量/$m^3 \cdot min^{-1}$	1.5			7.5				20			30					
辅助电动机 鼓风机	风压/MPa	0.1~0.15															
辅助电动机 鼓风机	功率/kW	17			40				95			155					

注:处理量和滤饼水分与物料性质、粒度组成、入料浓度、真空度等因素有关。

表 15 - 10　GPY 型代替相应的 PG 型过滤机对照表

新系列	GPY - 20	GPY - 30	GPY - 40	GPY - 60	GPY - 80	GPY - 100	GPY - 120
老系列	PG - 18	PG - 27	PG - 39	PG - 58	PG - 78	PG - 97	PG - 116

PG 系列盘式真空过滤机主要用于 0 ~ 0.5mm、GPY 系列盘式过滤机主要用于 0 ~ 0.05mm，浮选精煤和尾煤等细粒物料的脱水，也可用于冶金、化工、石油、污水处理等方面的固液分离。

GPY 系列是从美国艾姆科公司（EIMCO）引进的先进技术，其性能指标和结构均达到世界先进水平。该系列包括 GPY20 - 300 的 16 种规格，其中 140 - 300 为引进产品；20 - 120 是在引进产品的基础上，经扩展改进而形成的新系列产品，可代替 PG18 - 116 型老系列产品，其对应情况见表 15 - 10。

15.3.2　陶瓷盘式真空过滤机

15.3.2.1　陶瓷盘式真空过滤机的工作原理

陶瓷盘式真空过滤机于 20 世纪 90 年代问世，它的出现无疑是脱水过滤领域中观念上的革命，在此之前几乎没人想到利用陶瓷滤盘进行过滤脱水。鉴于这种新设备的多种显著优点，我国于 1996 年也开始研制陶瓷盘式真空过滤机，两年之后即研究成功，并于 1999 年首先在安徽铜陵有色金属公司铜官山铜矿选厂进行工业试运转，取得了成功，从此开始推广应用。该过滤机是集机电、微孔滤板、自动化控制、超声波清洗等高新技术于一体，可实现高真空、低能耗、全自动、高效率、高分离精度的一种新型过滤机。

该过滤机主机工作时有分配阀控制转子循环工作，在一周转动中完成四个动作，即称为一个循环过程。具体包括吸浆、干燥、滤饼剥离（卸料）、反冲洗四个连续动作。如此周而复始，循环往复，连续生产。其工作原理示于图 15 - 10。

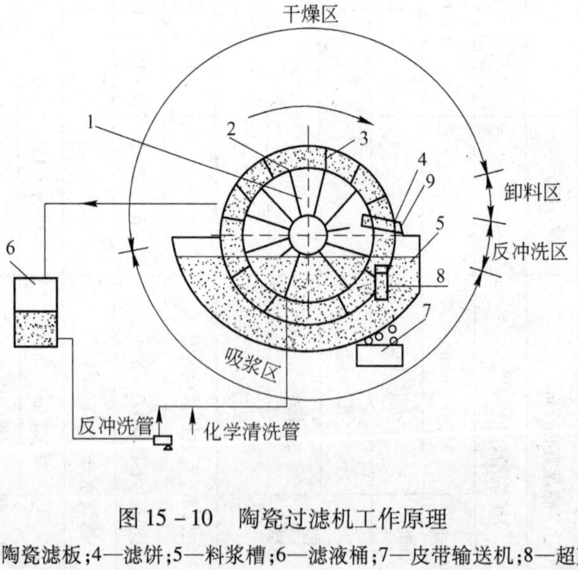

图 15 - 10　陶瓷过滤机工作原理

1—转子；2—滤室；3—陶瓷滤板；4—滤饼；5—料浆槽；6—滤液桶；7—皮带输送机；8—超声装置；9—刚玉刮刀

生产过滤时，将浆液输入过滤机的料浆槽 5，主轴转动，带动转子 1 上的陶瓷滤板 3（一圈12块)一起转动并进入料浆槽5。在真空条件下,陶瓷滤板3在一个工作循环中经过滤饼形成、滤饼脱水、剥离及冲洗4个阶段。

(1)滤饼形成。在主轴转动下,陶瓷滤板3进入矿浆区,在无外力作用下,毛细作用立即开始出现。这时真空泵能形成几乎绝对真空(-0.09~-0.098MPa),吸入的液体通过滤板3进入转子内部的滤液通道,固体迅速堆积在陶瓷滤板3的外侧。而陶瓷滤板3的特有结构使固体和空气无法透过其表面。

(2)滤饼脱水。在滤饼形成阶段结束后,带有物料的陶瓷滤板3离开矿浆进入脱水区。这时毛细作用仍然存在,在-0.09~-0.098MPa的负压吸附作用下,堆积在陶瓷滤板3上的物料中仍有残余液体不断地渗透并进入水管路,最终到达滤液桶6内,滤饼脱水作业完成。

(3)滤饼剥离。滤饼经过脱水区后,就进入卸料区。卸料是靠两块刮刀完成的。在每组陶瓷滤板3的两侧装有两块刚玉刮刀9,通过固定在筒体上的陶瓷滤板3的自转,将两面的物料自动刮下。

(4)反冲洗。在脱水时,水自陶瓷滤板外部流经陶瓷滤板进入内部;冲洗时,水自陶瓷滤板内部向外渗出,故此阶段又称为反冲洗。设计并实施反冲洗,是因为滤饼剥离后,陶瓷片表面仍有残余的物料以及部分微孔被堵塞,而采用反冲洗方法,可以除去表面残余物和疏通微孔,保持下一过滤循环的工作效率。反冲洗是让滤泵泵出的压力水通过过滤、减压和恒压系统成为0.06~0.08MPa的压力水,它通过管道、分配阀进入陶瓷片内腔,经过毛细管向外流动,于是达到清洗滤板的残留物料并疏通陶瓷微孔的目的。

(5)混合清洗。为了保持该机的生产效率,经过一段时间(根据矿物性质而定)的运行后,陶瓷滤板表面及内部会积存一定的固体并影响过滤效率。这时,该机必须启动混合清洗程序。所谓混合清洗就是超声波清洗和稀酸液清洗相结合。混合清洗首先是把槽内物料全部放掉并清除干净。然后,将槽内注满水,开动转子,同时启动加酸系统,使反冲洗水得到一定浓度的硝酸(一般不大于65%),最终得到混合浓度为1%的酸液。酸液通过陶瓷滤板内腔,经过微孔,到达陶瓷滤板表面。这样就可清除微孔内部的不溶性氟化物及其他矿物,达到疏通微孔的目的。为了高效、快捷清洗并节约化学清洗用酸,弥补化学清洗在物理作用方面的不足,专门设计了超声清洗装置。这样在化学清洗的同时进行超声清洗,就能更有效地、彻底地清除陶瓷滤板表面上的物料颗粒,保持陶瓷滤板的毛细孔畅通,实现设备运转的高效率。

15.3.2.2 陶瓷盘式真空过滤机的结构

该过滤机由五部分组成:主机部分、清洗部分、真空部分、超声部分、微机自动控制部分。陶瓷过滤机的结构示于图15-11。

主机部分由支撑架、槽体、转子、搅拌系统及卸料装置组成。支撑架支撑着槽体、转子、搅拌系统及卸料装置。槽体用来存放矿浆。转子上固定有若干组陶瓷片,每组陶瓷片有12块。转子通过一台摆线针轮减速机由电动机驱动,通过变频调速可得到任意转速($n=0\sim100$r/s)。搅拌装置由ϕ50mm圆筒密封装置及轴承座组成;采用旋转搅拌方式,由一对开式链传动和变频电动机驱动,转速根据工况可调。卸料机构由调整支架及刚玉刮刀组成。

该过滤机还有专门的清洗系统、真空系统和微机自动控制系统。

经过近年来的运行,证实TT系列陶瓷过滤机有如下特点:

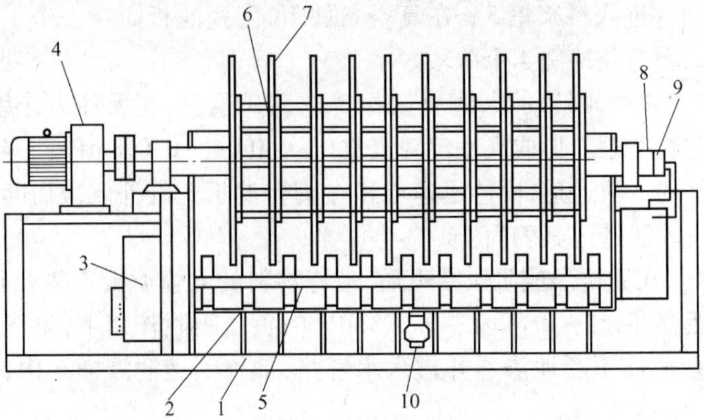

图 15－11　TT 型陶瓷过滤机结构示意图

1—支架;2—槽体;3—电控箱;4—主机传动部分;5—搅拌系统;6—转子部分;
7—陶瓷板;8—气路部分;9—分配阀;10—放浆阀

(1)高效。陶瓷过滤机的处理能力达 1000 ~ 1700kg/(m^2 · h),外滤机的处理能力为 300 ~400kg/(m^2·h),效率提高了 3 ~4 倍。

(2)节能。陶瓷过滤机处理 1t 硫精矿只耗电 0. 62kW · h,外滤机处理 1t 硫精矿的耗电量为 5. 62kW · h,节能约 89%。

(3)产品滤饼水分可调。水分可在 8% ~12% 调整,而且滤液像矿泉水一样清澈透明,可综合利用。

(4)运行成本低。陶瓷过滤机脱水直接成本为 0. 948 元/t,而外滤机成本高达 4. 318 元/t,成本节约达 78%。由于不使用滤布,故不会消耗并更换滤布。

(5)自动化程度高。系统采用微机管理,自动化控制,自动报警,运行安全稳定。

(6)整机体积小,占用空间小。管理简单,操作方便,维护工作量小。

(7)工作环境好。TT 系列陶瓷过滤机由于其独特的设计,提供了一种安全无污染的工作环境,整机噪声小,无污染。

经过短短几年的应用和发展,陶瓷盘式真空过滤机已日益成熟和完善,现在已成为一个完整的产品系列。现成系列生产的 TT 型陶瓷过滤机及其技术参数列于表 15－11。

表 15－11　TT 系列陶瓷盘式真空陶瓷过滤机技术参数

型　号	TT－4	TT－8	TT－12	TT－16	TT－20	TT－24	TT－30	TT－36	TT－45	TT－60	TT－80	TT－100
滤板数量/块	24	48	72	96	120	96	120	144	180	180	240	300
滤盘数量/圈	2	4	6	8	10	8	10	12	15	15	20	25
过滤面积/m^2	4	8	12	16	20	24	30	36	45	60	80	100
滤盘转速 /r · min^{-1}	0. 5 ~ 1. 5	0. 5 ~ 1. 5	0. 5 ~ 1. 5	0. 5 ~ 1. 5	0. 5 ~ 1. 5	0. 5 ~ 1. 5	0. 5 ~ 1. 5	0. 5 ~ 1. 5	0. 5 ~ 1. 5	0. 5 ~ 1. 5	0. 5 ~ 1. 5	0. 5 ~ 1. 5
装机功率/kW	8	10	11	14	16	16	18	20	24	32	43	54
主轴电动机 /kW	1	1. 5	1. 5	2. 2	3	3	3	3	4	4	5. 5	7. 5
重量/t	1. 2	1. 8	2. 7	4. 2	5. 4	6. 8	8	9. 3	10. 6	12	15	18

现在国内有几家厂家生产的陶瓷盘式真空过滤机大体上相同；目前已经在推广应用，均获得较好的经济和社会效益，并且逐渐从选矿厂开始应用到相关行业。

15.4　水平带式真空过滤机

15.4.1　移动室水平带式真空过滤机

国产水平带式真空过滤机有两种形式：一种是移动室水平带式真空过滤机，即真空室与滤带同步向前移动；另一种固定室水平带式真空过滤机，即真空室不动并与滤带之间构成运动密封。

移动室水平带式真空过滤机是20世纪80年代初，在引进、消化、吸收国外同类产品（荷兰Pannevis型）的基础上发展起来的一种新颖、高效、连续进行固液分离的设备，可广泛用于冶金、矿山、化工、化肥、制药、食品及污水处理等行业，在选矿厂特别适用于粗粒和重矿物（如钨和锡）精矿的过滤脱水，也可用于选煤厂粗粒级煤的过滤脱水。引进消化后并做了改进，改进了真空排液、滤布纠偏等装置，采用了红外光控制技术，并可根据用户需要采用计算机终端控制，因而比引进的原同类设备在技术性能和自动控制方面更加先进。

移动室带式真空过滤机的工作原理和工艺流程示于图15－12。当过滤行程开始时，料浆被均布在滤带上，真空室和滤带同步向前移动，真空室上的料浆在真空吸力的作用下进行过滤，滤液经滤室、管路、切换阀进入真空排液装置而排向滤液池。滤饼经洗涤吸干后由卸料装置从滤带上剥离卸下，滤布经洗刷后得以再生。当真空行程终了时，真空室触到变向开关，真空被切换，滤带仍以原速向前移动，真空室则被往复气缸快速拖回原处，触到变向开关即开始下一过滤行程。

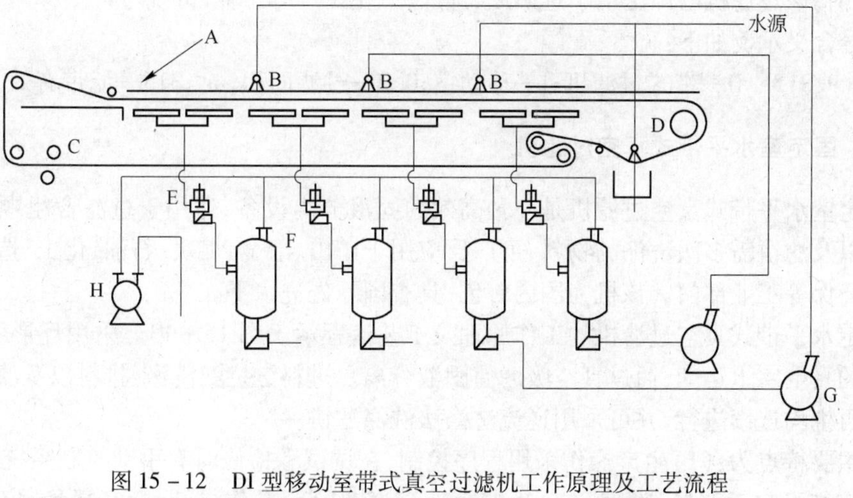

图15－12　DI型移动室带式真空过滤机工作原理及工艺流程

A—加料装置；B—洗涤装置；C—纠偏装置；D—洗布装置；
E—切换阀；F—排液分离器；G—返水泵；H—真空泵

机身为水平框架式刚性结构，真空滤室靠滚轮沿框架上的导轨做往复运动。可根据被过滤物料性质而选用不同型号的强力纯涤纶布作为滤布，同时又用作传送带。过滤、洗涤和吸干可一次连续完成。滤室有若干出液（抽气液两相）口，用弹性较好的真空胶管与集液系统连接,再经气动切换阀控制换向(变更吸滤与释放真空),并与气液分离器相连接。可无级调速的头轮拖动环状滤带连续循环移动。过滤、洗涤和吸干区段的分配可根据工艺需要做任意变更。滤布的张紧、纠偏、真空切换和真空滤室的往复运动等均由气控系统自动完成,且动作准确可靠。

DI 型移动室带式真空过滤机的特点如下:

(1)适应物料广泛。该机由于设计独特新颖,故可适应多种类型的物料过滤,特别是对于那些固体颗粒大、沉降速度快的浆液过滤效果更佳,并且可以满足需要滤液分级的工艺。

(2)彻底清洗滤饼。该机能够对滤饼分别或联合进行淋洗、喷淋等洗涤,并且可以方便地采用平流或逆流两种洗涤方式,以便最大限度节省洗水和提高回收率。

(3)滤布再生彻底。过滤机的滤布应始终在不被堵塞的状态下连续运行,因此滤布洗涤装置设有 2~3 排冲洗水管,并配有滚刷装置,以适应那些特别容易堵塞滤布的浆液。

(4)全自动连续运转。DI 型过滤机从喂料、洗涤、卸料、滤布清洗均为连续自动进行,无需专人操作,因而大幅度降低了劳动强度,提高了生产效率。

(5)获得较高的真空度。该机由于吸滤时真空室与滤布之间没有相对运动,因此真空度可以达到较高的程度(约 -80kPa),从而降低了滤饼的含湿量,满足了工艺要求。且滤布消耗非常少。

(6)机型可以灵活组合。该机只需装上或卸下某一个真空室就可以改变其过滤面积,也可以根据物料过滤性能增加有助于过滤的附加装置(如疏松装置、滚压装置、烘干装置等),以最大限度地满足过滤工艺要求。

DI 型移动室带式真空过滤机的技术参数列于表 15-12,现在国内有两家厂家生产该类产品,目前,该过滤机已广泛用于选矿厂、选煤厂、化工厂等工业部门。

型号含义示例如下:

DI0.9/315　D—带式过滤机;I—移动室;0.9—过滤面积,m^2;315—滤带有效宽度,mm。

15.4.2 固定室水平带式真空过滤机

固定室水平带式真空过滤机是一种高效的固液分离设备,适用于过滤含粗颗粒的高浓度料浆以及滤饼需多次洗涤的物料,可广泛应用于矿山、冶金、煤炭、石油、化工、造纸、纺织、医药和环保等工业部门。该机为国内首创,具有国际先进水平。

固定水平带式真空过滤机的工作原理及工艺流程示于图 15-13。采用环形胶带,滤布在固定的真空室上运动,通过真空吸滤使固液分离。进料、过滤、洗涤、排料以及滤布和胶带的清洗再生均连续进行,并可采用逆流洗涤法洗涤滤饼。

其主要特点为:(1)生产操作采用程序控制,在调试和检修时有手动控制系统;(2)滤布和输送胶带可自动张紧、调偏;(3)生产效率高,能耗低、操作灵活,运行平稳,安装维修方便;(4)胶带采用波浪式围边及摩擦带保护,使用寿命可达 5 年以上。

固定室水平带式真空过滤机的技术参数列于表 15-13,现在国产只有 DU 和 DZG 两种产品,型号含义示例如下:

DZG15/1300　D—带式过滤机;Z—真空;G—固定式;15—过滤面积,m^2;1300—胶带有效宽度,mm。

表 15－12 DI 型移动室带式真空过滤机技术参数

型号	过滤面积 /m²	滤带有效宽度 /mm	主电动机功率 /kW	洗刷电动机功率 /kW	滤机最高真空度 /kPa(mmHg)	滤室行程 /m	滤室返回速度 /m·min⁻¹	气控气源压力 /MPa	压缩空气耗量（当0.4MPa时）/m³·min⁻¹	真空耗量（当0.4MPa时）/m³·min⁻¹	滤布再生耗水量 /L·min⁻¹	质量 /t
DI0.9/315	0.9	315	1.5	0.37	<79.99 (<600)	0.5	≥8	0.4～0.6	1.2	4～5	30～50	—
DI1.2/315	1.2											—
DI2.5/630	2.5	630	2.2	0.75		0.6	≥8	0.4～0.6	1.2	4～5	40～60	2.9
DI3.8/630	3.8									6～8		3.5
DI5.0/630	5.0											4.1
DI6.3/630	6.3									7.5～10		4.7
DI11.2/1250	11.2	1250	2.2	0.75		0.6	≥8	0.4～0.6	1.3	16～25	50～70	
DI9.6/1600	9.6	1600	3	0.75		0.6	≥8	0.4～0.6	1.6	15～20	60～80	6.1
DI11.2/1600	11.2									16～25		6.4
DI14.4/1600	14.4											6.7
DI17.6/1600	17.6											7.6
DI15/2500	15	2500	4	0.75		0.9	≥8	0.4～0.6	2.1	28～35	70～120	8.7
DI17.5/2500	17.5											9.8
DI22.5/2500	22.5									30～40		10
DI25/2500	25											12
DI27.5/2500	27.5											13.1
DI32.5/2500	32.5									35～50		14.2
DI35/2500	35											15.3

注:1. 用途。主要用于湿法冶金、矿山、化工、制药、造纸、食品、洗煤及污水处理等工业部门的固液分离；

2. 特点。适应物料广泛，脱水迅速，具有特别优良的滤饼洗涤效果，且可满足滤液分级的工艺要求等特点；

3. 材质。分不锈钢和碳钢两种。

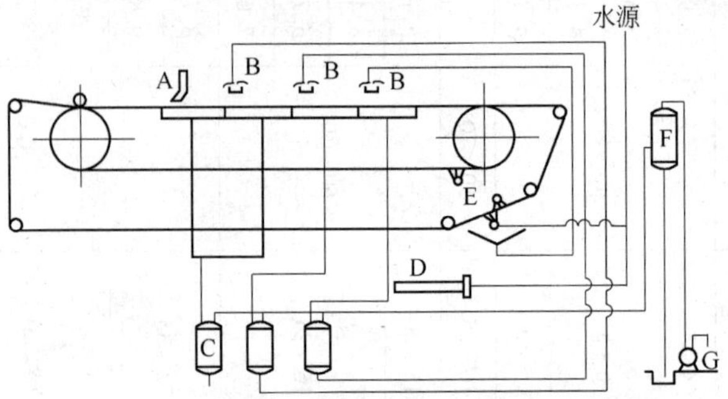

图 15－13　DU 型带式真空过滤机工艺流程

A—进料装置；B—洗涤装置；C—排料分离器；D—密封水装置；E—洗涤；F—冷凝器；G—真空泵

表 15－13　DU 型橡胶带式真空过滤机技术参数

系列	过滤面积 /m²	滤带有效宽度 /mm	过滤有效长度 /mm	整机总长 /mm	机身宽度 /mm	机身高度 /mm	重量 /t	真空耗量 (0.053MPa)/m³·min⁻¹
400	1	400	2500	4500	1000	1650	1.5	2
1300	7.3	1300	5600	10200	约 1800	2450	8.0	14
	9.1		7000	11600			9.0	18
	10.9		8400	13000			10.0	22
	14.6		11200	15800			12.0	29
	18.2		14000	18600			14.0	36
	20.0		15400	20000			15.0	40
1800	20.0	1800	11200	17600	2300	2740	18.0	40
	25.0		14000	19500			20.0	50
	30.0		16800	22300			22.0	60
2000	28.0	2000	14000	19500	约 2500	2740	22.0	56
	33.6		16800	22300			24.5	67
	39.2		19600	25100			27.0	78
2500	42.0	2500	16800	22300	约 3000	3000	29.0	84
	49.0		19600	25100			32.5	98
	56.0		22400	27900			36.0	112
3150	61.7	3150	19600	25100	约 3560	3000	40.0	123
	70.6		22400	27900			45.0	141
	79.4		25200	30700			50.0	159

15.5　压滤机

15.5.1　厢式（箱式）自动压滤机

加压过滤机简称压滤机，种类较多，目前我国主要生产板框式压滤机、厢式（又称箱式、室式)压滤机、带式压滤机以及筒式压滤机。压滤机是近二十几年才发展起来的新型固液分离设备,在国外也只有几十年的历史。

板框式压滤机分为立式和卧式,已从人工半自动操作发展到全自动操作,成为一种较完善的压滤设备,但主要缺点是间断作业。厢式压滤机是在板框式压滤机的基础上发展起来的,在力学性能上有进一步改善,目前一般为全自动作业方式,也分为立式和卧式两种。一般说来,卧式便于操作和维修,也可向大型发展,最大已达到过滤面积 $1000m^2$ 以上。立式有占地面积少、卸饼完全等特点,但结构较复杂,不便向大型化发展,最大过滤面积只有 $40m^2$。

目前我国主要生产卧式的板框及厢式压滤机。

压滤机主要用于颗粒细、黏度大、难处理悬浮液的过滤,在选矿领域主要用于有色金属矿精矿、精煤和尾煤的脱水以及废水处理,还可广泛用于各有关行业。

厢式(又称箱式、室式)压滤机的滤室由凹形滤板和装有挤压隔膜的压榨滤板交替排列而成,具有双面过滤、效率高、中间进料性能好、滤布更换方便、规格大、滤板防腐和适用行业广等优点,在国内比板框压滤机应用得更广。

厢式自动压滤机分为卧式和立式两种;卧式的滤板垂直放置,冲洗滤饼不便;立式的滤板水平放置,便于冲洗滤饼,靠自重卸饼完全,占地面积小,但机架较高,过滤面积小。目前我国主要生产卧式的厢式自动压滤机。

厢式自动压滤机的基本工作原理和工作过程示于图 15-14。压滤机工作时,液压油充入液压油缸内,活塞杆伸出,并推动头板向前移动,将滤板压紧在头板和尾板之间,滤板上安装滤布,相邻滤板构成密封的滤室,然后给料泵将待过滤矿浆从尾板的给料孔输入滤室,矿浆借助于给料压力进行固液分离,固体颗粒留在滤室内。滤液穿过滤布,从滤板上的滤液孔流出。随着时间的延长,固体颗粒越积越多,直到形成滤饼。成饼后,停止给料,按松开按钮,头板返回,传动系统带动拉钩盒做往复运动,将滤板相继拉开,滤饼靠自重及滤布张力脱落,并被机下输送机送走,至此,压滤机完成一个工作循环。

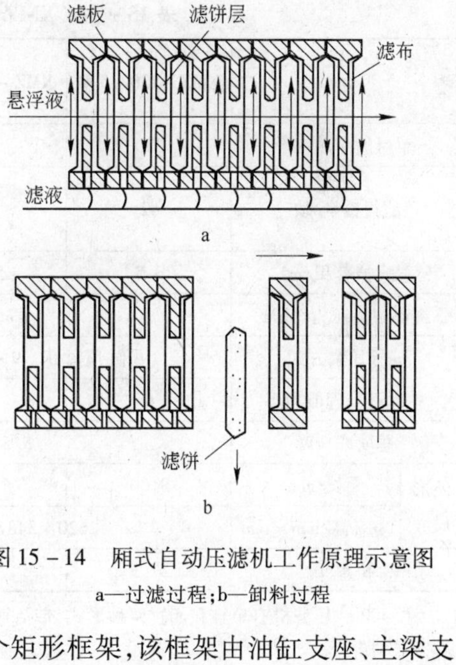

图 15-14 厢式自动压滤机工作原理示意图

a—过滤过程;b—卸料过程

厢式自动压滤机的构造示于图 15-15,由油缸、头板、尾板、滤板、液压系统、传动系统、控制系统等部分组成。尾板和油缸与主梁装配后,形成一个矩形框架,该框架由油缸支座、主梁支座支撑,头板骑跨于两大梁间并和油缸活塞杆连接在一起,头板可在主梁上前后移动,以实现对滤板的压紧与松开,尾板固定于机尾,滤板平行的放置在头板和尾板之间的主梁钢轨上,拉板装置配置在两主梁外侧。整机动作由液压传动和程序控制,实现工作过程的自动控制。

厢式自动压滤机的一般优点是:单位过滤面积占地少,过滤压力高,滤饼含水较低,回水利用率高,过滤能力大,结构简单,易操作,故障少。

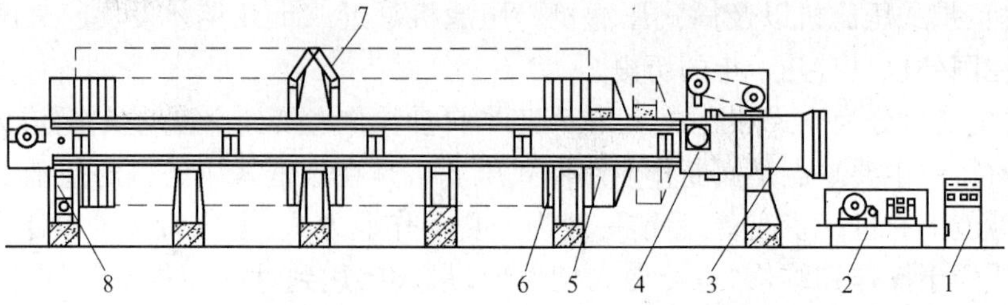

图 15－15　XMZ 型厢式自动压滤机(卧式)结构示意图

1—电控系统;2—液压系统;3—油缸;4—传动系统;5—头板;
6—滤板;7—自动卸料;8—可动尾板

我国生产厢式(箱式)自动压滤机的厂家较多,型号规格也较多,其大型厢式(箱式)自动压滤机的技术参数列于表 15－14,该机是选煤、冶金、化工、建材等行业脱水的有效设备,对于洗水闭路循环、净化污水和充分利用能源起重要作用,并且适用于其他工业部门的污水处理及固液分离作业。

型号含义示例如下:

XMZ－1050/2000　X—厢式;M—明流;Z—自动操作;1050—总过滤面积,m^2;2000—滤板外形尺寸,mm。

表 15－14　XMZ 型厢式全自动压滤机技术参数

型　号		XMZ－230/1500	XMZ－340/1500	XMZ500/1500 XXMZ500/1500	XMZ－800/1800	XMZ－1050/2000
总过滤面积/m^2		230	340	500	800	1050
滤板数量/块		62	92	132(125)	138(QT), 136(橡塑)	150
总过滤容积/m^3		3.5	5.23	7.7	13	18.16
最高过滤压力/MPa		≤1(≤1.5)			≤1.2	≤1.5
滤板压紧方式		单缸顶紧,$P=9\sim14$(四缸同步拉紧)			单缸顶紧	四缸同步拉紧
单循环处理能力/t		6	8	12	18	23
总功率/kW		5.5(15.5)			15	22
外形尺寸	长/mm	8100	10000	12020(13641)	13250	16910
	宽×高/mm×mm	2620×3487(2650×4000)			2920×4000	3450×5246
机重/t		37.5	52	74.5(82)	105.7(73.2)	195.5

注:500m^2 压滤机有单缸和四缸两种形式,带括号的数据为四缸拉紧的参数。滤板材质有 HT200、QT500 及橡胶、塑料等。

15.5.2　板框式压滤机

板框式压滤机按操作方式分为普通和自动两种,按结构可分为卧式和立式两类,目前我国主要生产卧式。此外,还可细分如下:(1)按滤液排出机外的方式可分为明流式(滤液是可见的)和暗流式(滤液是不可见的);(2)按压滤方式分为手动、机械、液压;(3)按滤板、滤框材质可分为铸铁、塑料的。

板框式压滤机的基本工作原理是:悬浮液进入由滤板、滤框组成的单独过滤室,在供料压力的推动下,滤液通过滤板滤框压紧面间的过滤介质滤布纤维间隙,流到滤板花纹表面上,汇集后流出机外,固体留在滤框内形成滤饼,松开滤框,将滤饼排出,是一种间断的循环性过滤作业。

我国生产的板框式压滤机型号规格较多,均为卧式,其技术参数列于表 15 - 15。适用于冶金,洗煤、化工、染料、制药、制糖、食品和污水处理等工业部门。

型号含义示例如下:

BA(M)S(J)20/630 - U　B—板框式压滤机;A(M)—暗流(明流);S(J)—手动(机械);20—过滤面积,m^2;630—框内尺寸,mm;U—塑料滤板。

表 15 - 15　板框式压滤机技术参数

型　号	框内尺寸(长×宽)/mm×mm	过滤面积/m^2	框数	框厚/mm	工作压力/MPa	压紧方式	功率/kW	重量/kg
BAS2/320	320×320	2	10	25	1	手动	—	475
BAS2/320 - U								400
BAS4/320		4	20					650
BAS4/320 - U								500
BAS6/320		6	30					825
BAS6/320 - U								600
BAS8 - 450	450×450	8	20					1555
BAS8/450 - U								1355
BAS12/450		12	30					1955
BAS12/450 - U								1655
BAS16/450		16	40					2355
BAS16/450 - U								1955
BMS8/450		8	20					1580
BMS12/450		12	30					1980
BMS16/450		16	40					2380
BAS20/630	630×630	20	26		0.8			3880
BAS30/630		30	38					5030
BAS40/630		40	50					6290
BMS20/630		20	26					4010
BMS30/630		30	38					5210
BMS40/630		40	50					6520
BAJ20/630		20	26			机械	2.2	4320
BAJ30/630		30	38					5470
BAJ40/630		40	50					6710
BMJ20/630		20	26					4460
BMJ30/630		30	38					5660
BMJ40/630		40	50					6950

续表 15－15

型　号	框内尺寸(长×宽) /mm×mm	过滤面积 /m^2	框数	框厚 /mm	工作压力 /MPa	压紧方式	功率/kW	重量/kg
BA50/800	800×800	50	38	25	0.5	液压	3.0	8500
BA60/800		60	46					9800
BA70/800		70	54					11100
BM50/800		50	38					8800
BM60/800		60	46					10100
BM70/800		70	54					11400

15.6　过滤机主要工作参数

15.6.1　真空过滤机主要工作参数

15.6.1.1　过滤机生产能力

筒形、盘式、水平带式真空过滤机的生产能力，一般按单位过滤面积的生产能力来计算，计算方法见公式 15－1：

$$Q = Fq \tag{15-1}$$

式中　Q——过滤机生产能力，t/h；

F——过滤面积，m^2；

q——过滤机单位面积的处理能力，t/m^2。

一般应从工业试验、半工业试验直接测得或按过滤试验结果计算得出，若无以上数据时，可参考类似选矿厂生产指标选取。

15.6.1.2　过滤机单位面积处理量

过滤机实际生产过程中单位面积的处理量，按公式 15－2 进行计算：

$$q = 60nq_s \tag{15-2}$$

式中　q——过滤机单位面积处理量，t/(m^2 · h)；

n——过滤机圆筒(圆盘)转速，r/min；

q_s——过滤机旋转一周单位面积处理量，t/(m^2 · 周)。

15.6.1.3　过滤机旋转一周处理量

过滤机旋转一周处理量，按公式 15－3 进行计算：

$$q_s = \frac{10q_0}{S_t} \tag{15-3}$$

式中　q_s——过滤机旋转一周的单位面积处理量，kg/(m^2 · 周)；

q_0——标准过滤叶片在过滤时间为 T_1，真空脱水时间为 T_2 的条件下试验所得滤饼的干矿重量，g；

S_t——标准过滤叶片的面积，cm^2。

15.6.1.4　过滤时间和真空脱水时间

矿浆在过滤机中的过滤时间 T_1 和真空脱水时间 T_2 的分布见图 15－16。

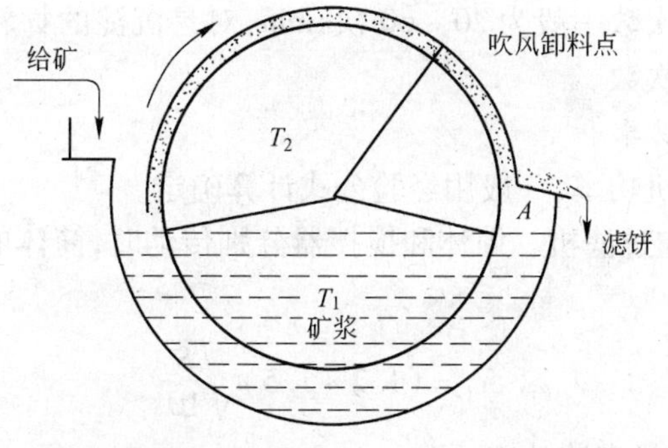

图 15-16 过滤机 T_1、T_2 分布图

(1)过滤时间 T_1 的计算：

$$T_1 = \frac{60r}{n} \tag{15-4}$$

式中 T_1——过滤时间，即相当于过滤机圆筒(盘)上(见图 15-16)，某点 A 旋转一周通过矿浆的时间，s；

r——过滤机过滤面积浸入率，%，

$$r = \frac{S_1}{S} \times 100\% \tag{15-5}$$

S_1——过滤机圆筒(盘)浸入矿浆中面积，m^2；

S——过滤机圆筒(盘)面积，m^2；

n——过滤机圆筒(盘)转速，r/min。

(2)真空脱水时间 T_2 的计算：

$$T_2 = \frac{60(0.75 - r)}{n} \tag{15-6}$$

式中 T_2——真空脱水时间，即相当于过滤机圆筒(盘)上(见图 15-16)，某点 A 旋转一周离开矿浆后到达吹风卸料点的时间，s；

r, n——同式 15-5。

15.6.1.5 过滤速度

在生产实践中，过滤速度通常用单位时间内，通过 $1m^2$ 过滤面积上的滤液流量来表示，见公式 15-7：

$$c = \frac{V}{ST_1} \tag{15-7}$$

式中 c——过滤速度，$m^3/(m^2 \cdot s)$；

V——过滤体积，m^3；

S, T_1——同式 15-4、式 15-5。

15.6.1.6 筒体的转数和耙式搅拌器的摆动次数

筒体(盘)的转数对生产能力和滤饼水分影响很大，筒体(盘)的转数随被过滤的物料性质和矿浆浓度而定。过滤浮选精矿等物料时，一般取 $n = 0.15 \sim 0.16$r/min；过滤磁选铁精矿等物料时，一般取 $n = 0.5 \sim 2$r/min。易过滤的物料选用较高转数，难过滤的物料选用低转数。

耙式搅拌器的摆动次数一般为 20 ~ 60 次/min，对易沉淀的物料选用较高的搅拌次数，一般均采用较低的搅拌次数。

15.6.1.7 电动机功率

过滤机所需的电动机功率，一般用经验公式计算确定。

(1)外滤式筒形真空过滤机。筒体和搅拌器分别传动时，筒体的电动机安装功率，用公式 15 - 8 计算：

$$N_1 = (1.2 \sim 1.5)\sqrt{\frac{S}{10}} \tag{15-8}$$

式中 N_1 ——筒体电动机安装功率，kW；

S ——过滤机面积，m^2。

搅拌器的电动机安装功率为：

$$N_2 = (1.0 \sim 1.3)N_1 \tag{15-9}$$

式中 N_2 ——搅拌器电动机安装功率，kW；

N_1 ——同式 15 - 8。

(2)内滤式筒形真空过滤机。内滤式筒形真空过滤机的电动机安装功率，用公式 15 - 10计算：

$$N = (1.7 \sim 2.0)\sqrt{\frac{S}{10}} \tag{15-10}$$

式中 N ——内滤式筒形真空过滤机电动机安装功率，kW；

S ——过滤机面积，m^2。

15.6.2 压滤机主要工作参数

15.6.2.1 压滤机生产能力

压滤机生产能力，是其重要工作参数，与滤板工作循环时间有直接关系，用式 15 - 11、式 15 - 12 计算：

$$Q_1 = \frac{F\delta}{2t} \tag{15-11}$$

式中 Q_1 ——以体积计的压滤机生产能力，m^3/h；

F ——压滤机总过滤面积，m^2；

δ ——滤室厚度，m；

t ——一个工作循环所需时间，h。

$$Q_2 = \frac{F \cdot \delta \cdot \gamma}{2t} \tag{15-12}$$

式中 Q_2 ——以重量计的压滤机生产能力，t/h；

γ ——物料堆密度，t/m^3；

F, δ, t ——同式 15 - 11。

15.6.2.2 压滤机利用系数

压滤机利用系数，即单位压滤面积的小时处理量，用公式 15 - 13 计算：

$$q = \frac{Q}{F} \tag{15-13}$$

式中　q——利用系数，即单位压滤面积的小时处理量，$m^3/(m^2\cdot h)$或$t/(m^2\cdot h)$；

Q——压滤机生产能力，m^3/h或t/h；

F——压滤机总压滤面积，m^2。

15.6.2.3　过滤工作压力

压滤机在压滤过程中，必须保持稳定的工作压力，一般为0.4～0.6MPa。

15.7　过滤机的安装与试车

15.7.1　筒形内滤式真空过滤机安装

具体如下：

(1)错气盘与分配盘接触应严密，接触面上的接触点，在每10mm×10mm面积内应不少于3点。抽检10格。着色检查。

(2)托轮滚圈摩擦式滤式真空过滤机安装的允许偏差及检验方法应符合表15－16的规定，见图15－17。

表15－16　托轮滚圈摩擦传动式过滤机安装的允许偏差

项次	项目		允许偏差	单位	检验方法
1	托轮座	纵、横向中心线	3.0	mm	拉线尺量检查
2	托轮座	标　高	±5.0	mm	用平尺、钢直尺或水准仪检查
3	托轮座	纵横向水平度	0.2/1000	—	水平仪检查
4	筒体	水平度	0.3/1000	—	水平仪检查
5	筒体	滚圈与托轮的接触长度	≥75%	—	用钢直尺检查
6	卸料装置	对筒体的纵、横向中心线	±5.0	mm	拉线尺量检查
7	卸料装置	与筒体的相对标高差	≤5	mm	尺量检查
8	卸料装置	运输机架纵、横向水平度	1/1000	—	水平仪检查

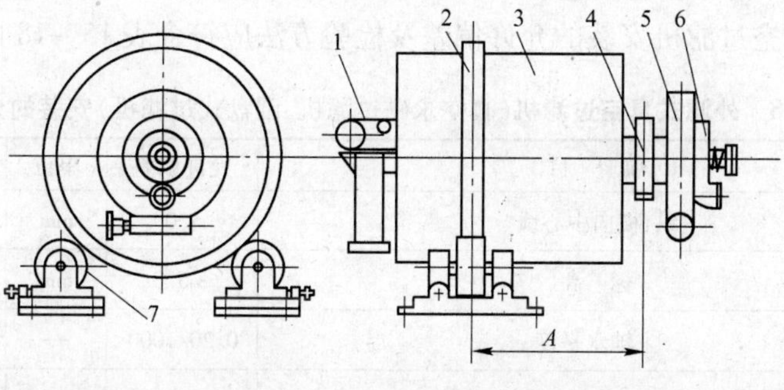

图15－17　内滤式真空过滤机安装

1—卸料装置；2—滚圈；3—筒体；4—主轴承座；5—涡轮副；6—分配头；7—托辊；

A—托辊横向中心线至主轴承座中心距

(3)机械啮合传动式安装的允许偏差及检验方法应符合表15－17的规定。

表 15-17 机械啮合传动式过滤机安装的允许偏差

项次	项目		允许偏差	单位	检验方法
1	主轴承座	纵、横向中心线	3.0	mm	尺量检查
2		标 高	±5.0	mm	用平尺、钢直尺或水准仪检查
3		主轴瓦横向水平度	0.1/1000	—	水平仪检查
4		主轴瓦径向水平度	0.2/1000	—	水平仪检查
5	托辊	托辊横向中心线至主轴承座中心距 A	±2.0	mm	拉线尺量检查
6		托辊横向中心线与筒体轴线垂直度	0.3/1000	—	摇臂旋转测检法
7		托辊对主轴承座相对标高差	±2.0	mm	水准仪检查
8		托辊轴向水平度	0.2/1000	—	水平仪检查
9		两托辊上表面水平度	0.2/1000	—	水平仪检查
10	筒体	主轴水平度	0.1/1000	—	水平仪检查
11		托辊与滚圈接触长度	≥75%	—	尺量检查
12		主轴瓦接触角	70~90	°	钢卷尺量弧长计算
13		主轴瓦 25mm×25mm 上接触点数	≥2	点	着色、目测
14	卸料装置	对筒体纵、横向中心线	5.0	mm	拉线尺量检查
15		与筒体的相对标高差	<5	mm	尺量检查
16		运输机架纵、横向水平度	1/1000	—	水平仪检查

15.7.2 外滤式真空过滤机安装

具体如下：

(1)滤布铺放固定应符合设计文件的规定。

检查数量：全数检查。

检验方法：观察检查，检查安装质量记录。

(2)错气盘与分配盘应接触严密。接触面上的接触点，在每 10mm×10mm 面积内应不少于 3 点。抽检 10 格。着色检查。

(3)外滤式真空过滤机安装的允许偏差及检验方法应符合表 15-18 的规定。

表 15-18 外滤式真空过滤机（真空永磁过滤机、圆盘式过滤机）安装的允许偏差

项次	项目	允许偏差	单位	检验方法
1	纵、横向中心线	5.0	mm	拉线尺量检查
2	标 高	±5.0	mm	钢直尺或水准仪检查
3	主轴水平度	0.20/1000	—	水平仪检查
4	过滤机横向水平度	0.30/1000	—	水平仪检查
5	筒式外滤过滤机卸矿刮料刀与筒体间隙（见图 15-18）	2~7	mm	尺量检查
6	真空永磁过滤机料箱与筒体过滤面之间隙（见图 15-19）	≥5	mm	拉线尺量检查
7	钢丝缠绕装置的丝杆与筒体的平行度	0.20/1000	—	

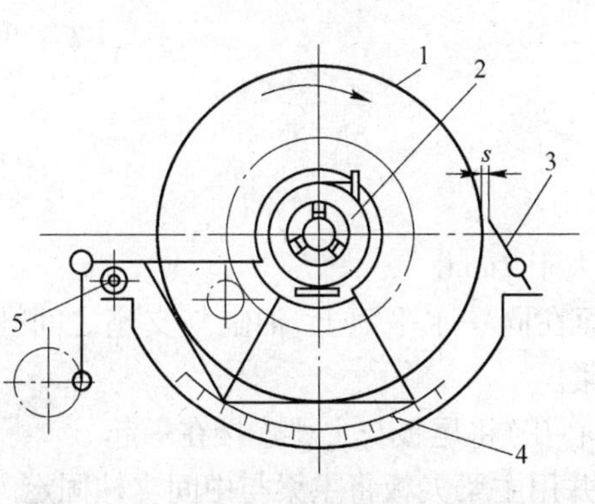

图 15-18 筒式外滤过滤机安装示意图

1—过滤筒;2—分配头;3—刮刀;4—搅拌器;
5—钢丝缠绕装置;s—调整距离

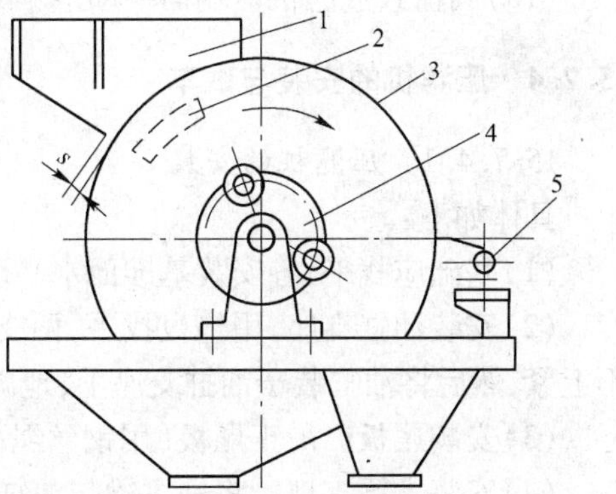

图 15-19 真空永磁过滤机安装示意图

1—盛料箱;2—磁系;3—筒体;4—分配头;5—钢丝缠绕装置

(4)安装在基础上的搅拌器传动装置允许偏差及检验方法应符合表 15-19 的规定(图 15-20)。

表 15-19 安装在基础上的搅拌器传动装置安装的允许偏差

项 次	项 目	允许偏差	单 位	检验方法
1	纵、横向中心线至筒体中心线距离	±2.0	mm	拉线尺量检查
2	传动轴与筒体中心相对标高差	±2.0	mm	用钢直尺量
3	纵向水平度	0.20/1000	—	水平仪检查
4	横向水平度	0.30/1000	—	水平仪检查
5	搅拌器叶片与槽体间隙的允许偏差为设计值	±20%	—	尺量检查

15.7.3 真空过滤机试车

真空过滤机试运转必须符合下列规定:

(1)无负荷试车连续 4h,由低速到高速分挡逐级试验,最高转速运转时不少于 2h。

(2)各紧固件、连接件不得有松动。

(3)槽体不得渗漏。

(4)卸料皮带跑偏不大于 20mm。

(5)瞬时吹风装置的工作相位、动作程序符合工艺要求。

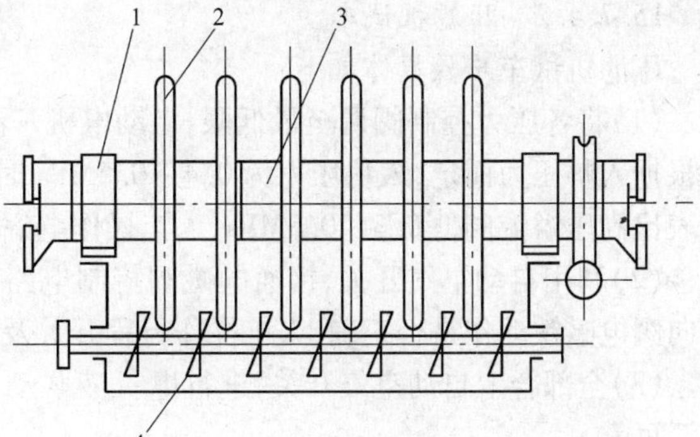

图 15-20 盘式过滤机安装示意图

1—分配头;2—过滤盘;3—空心轴;4—搅拌器

(6)真空永磁过滤机筒体表面无吸附物,槽体清洁。

(7)滑动轴承温度不得超过 70℃,滚动轴承温度不得超过 80℃。

(8)筒体内滤式真空过滤机的滚圈径向跳动公差应不大于 4mm。

(9)外滤式真空过滤机过滤筒径向跳动公差应不大于 5mm。

(10)圆盘式过滤机盘端面跳动应不大于 7mm。

15.7.4　压滤机的安装与试车

15.7.4.1　压滤机的安装

具体如下：

(1)基础应找平,各安装基准面水平度误差不大于 2mm。

(2)安装油缸支座,用垫板找平,两支座上平面在同一水平面上,油缸与支座之间螺栓不上紧,然后将油缸装于油缸支座上,地脚螺栓上紧。

(3)安装尾板。吊正尾板(用钢丝绳吊尾板中心孔)将尾板与主梁连接在一起。

(4)安装主梁支柱。将一主梁与油缸装配好,并用主梁夹板将主梁与中间支柱固定。

(5)将安装后的尾板垫平,安装另一主梁并用夹板固定好,两主梁与尾板定位卡口应安装到位,不留间隙。

(6)框架找正。用水准仪测量两主梁水平,两主梁上任意两点高度差应小于 3mm,主梁高低由主梁支柱调整,框架两对角线误差应小于 6mm,可通过调整尾板的左右位置达到。

(7)安装头板。将头板吊于两主梁道轨上,检查球面端盖与活塞杆同轴度,同轴度允差 2mm,可通过球面端盖的上下及左右移动达到同轴度要求,安装压板使头板与活塞杆连接。

(8)安装轨道盒托架及上、下轨道盒。

(9)安装传动部分。包括链轮、链条、油马达、拉钩盒等。连接链条和拉钩盒时,应使两拉钩盒紧靠轨道盒端部定位板,应保证两拉钩盒同步精度小于 4mm。

(10)将滤板吊装至主梁道轨上,定位把手在同一侧。

(11)安装滤布,上好滤布压圈(缝制滤布不用压圈)。

(12)调整轨道盒高度,滤板把手底面与上轨道盒底面距离为 104 ~ 107mm,以达到拉板工作稳定可靠为准。

15.7.4.2　压滤机试车

压滤机试车步骤具体如下：

(1)将各压力控制阀调至最低限,启动电机—油泵,空载运行 5 ~ 10min,调定压力阀,高压根据入料压力而定,入料压力为 0.4 ~ 0.6MPa 时,高压溢流阀调到 18 ~ 20MPa,电接点压力表比高压溢流阀低 0.3 ~ 0.5MPa,人工操作电磁换向阀检查油路是否正确。

(2)利用自动空气开关,接通电磁阀控制电路,断开电机回路,启动控制电路检查电磁换向阀电磁铁动作是否正确,人工操作行程开关及压力继电器检查电路是否达到转换功能。

(3)全部合上自动空气开关,进行电 - 液联动试车,拉板时调整拉板压力,使拉板换向灵活可靠。

15.8　过滤机的使用

15.8.1　筒形内滤式真空过滤机的使用

15.8.1.1　开车、停车

开车、停车步骤具体如下：

(1)开车的准备。检查所有注油器内及减速器内的油量是否充足,关闭管路系统所有阀门,检查电器线路是否安全可靠。

(2)开车顺序：

1)开动过滤机的卸料皮带运输机。

2)开动过滤机，并空转几圈。

3)打开分配头通真空泵的阀门及鼓风机供风阀门。

4)打开往筒内供给矿浆的阀门。

(3)停车顺序：

1)先停止向筒内给入矿浆，直到把筒内矿浆过滤完。

2)关闭与鼓风机和真空泵的连接阀门。

3)停过滤机。

4)停卸料皮带运输机。

5)把过滤机内残存的矿浆放净。

6)用清水冲洗滤布和筒体。

15.8.1.2 运转

运转中应注意的事项为：

(1)随时注意控制盘和模拟屏上的信号，如发现异常现象应及时采取措施。

(2)经常检查各部件的紧固情况，不允许有松动现象。

(3)经常检查真空管有无漏风现象，真空度指示是否正常，真空度需要在 0.045MPa 以上，滤布清洗鼓风压力要在 0.03 ~ 0.05MPa。

(4)经常检查各电机、各轴承温度是否正常。

(5)经常检查滤筒运转是否平稳、滤布是否完好无损。

(6)经常检查主轴及轴承运转及磨损情况。

(7)经常检查分配盘与错气盘是否由于磨损而漏气。

(8)卸料皮带运输机是否跑偏，并及时予以调整。

(9)检查入料、排料是否正常，滤饼的厚度及水分有无异常现象。

(10)经常检查各润滑点的润滑情况，并及时补充润滑油。

15.8.1.3 运转中的故障及处理方法

筒形内滤式真空过滤机运转中的故障及处理方法，见表 15－20。

表 15－20 运转中的故障及处理方法

常见故障	故障原因	处理方法
轴承发热	(1)缺油或油质不良； (2)轴承磨损或碎裂	(1)补加、更换新油； (2)更换轴承
传动机构噪声	(1)缺油或油质不良； (2)齿轮啮合不好； (3)齿轮磨损	(1)补加、更换新油； (2)调整齿轮间隙； (3)修复、更换齿轮
筒体面漏气	(1)滤布破裂； (2)滤饼裂纹严重	(1)缝补、更换滤布； (2)压辊或抹平滤饼
分配头串气	(1)分配头结合面不严密； (2)压紧弹簧安装不好	(1)检查研磨或加垫； (2)调整压紧弹簧

续表 15－20

常见故障	故障原因	处理方法
卸料皮带跑偏（内滤）	(1)头尾轮中心线不平行； (2)托辊中心位置不正； (3)卸料位置不正	(1)调整头尾轮中心线； (2)调整托辊的中心线位置； (3)调整卸料位置
真空度下降	(1)筒体表面漏气； (2)管路漏气； (3)真空泵有故障	(1)检修筒体表面； (2)焊补或更换管路； (3)修理真空泵
滤饼水分上升	(1)真空度不够； (2)箅子板大部堵塞； (3)滤布孔隙堵塞	(1)检查修理； (2)清洗或更换滤布

15.8.2　外滤式真空过滤机的使用

15.8.2.1　开车、停车

具体如下：

(1)开车的准备。检查所有注油器内及减速器内油量是否充足，关闭管路系统所有阀门，检查电器线路是否安全可靠。

(2)开车顺序：

1)开动过滤机矿浆搅拌器。

2)向桶内注入矿浆。

3)开动主轴电机。

4)开动真空泵。

5)开动润滑系统电机。

(3)停车顺序：

1)停止润滑系统电机。

2)停止真空泵。

3)停止主轴电机。

4)放空槽内矿浆。

5)停止过滤机矿浆搅拌器。

15.8.2.2　运转

运转中注意事项如下：

(1)随时注意控制盘和模拟屏上的讯号，如发现异常现象应及时采取措施。

(2)经常检查各部件的紧固情况，不允许有松动现象。

(3)经常检查真空管路有无漏气现象，真空表指示是否正常。

(4)经常检查各电机、各轴承温度是否正常。

(5)经常检查滤筒(盘)运转是否平稳、滤布是否完好无损、刮刀工作是否正常。

(6)检查主轴运转是否平稳，开式齿轮的接触面是否均匀，并保持齿面有油脂。

(7)经常检查搅拌器盘根处密封情况，并保证水封供水正常，如果盘根处漏水严重应及时压紧盘根或添加盘根。

(8)经常检查液位是否处于预定位置,必要时加以调整,保证溢流口有一定的溢流量。

(9)检查入料、排料是否正常,滤饼的厚度和水分有无异常现象。

(10)分配盘上的四个弹簧必须均匀压紧。

(11)经常检查各润滑点的润滑情况,并及时向干油桶补充干油。

15.8.2.3 运转中的故障及处理方法

外滤式真空过滤机运转中的故障及处理方法,见表15-21。

表15-21 运转中的故障及处理方法

常见故障	故障原因	处理方法
滤饼脱落率降低	(1)滤饼太薄; (2)反吹风压力太低	(1)调整主轴转速; (2)检查反吹风系统
分配盘与摩擦盘之间漏气	(1)两盘没有贴紧; (2)配合面磨损; (3)配合面润滑不良	(1)调整压紧弹簧; (2)修复或更换动静盘; (3)加足润滑油
过滤盘漏气(盘式)	(1)滤布局部破损; (2)滤扇与桶座处密封不严; (3)液面太低	(1)修补或更换; (2)调整更换密封圈; (3)提高液面
真空度太低	(1)真空泵工作不正常; (2)真空管路漏气或堵塞; (3)过滤盘漏气; (4)液面太低	(1)检修; (2)修补管路; (3)检修; (4)提高液面
搅拌轴盘根密封处漏水、漏矿	(1)盘根没有压紧; (2)盘根损坏; (3)水封失效	(1)压紧盘根; (2)更换盘根; (3)检修
不能形成滤饼、滤饼太薄	(1)矿浆浓度太低; (2)主轴转速不合适; (3)过滤盘漏气; (4)真空度太低; (5)搅拌器转速太高	(1)增加浓度; (2)调整转速; (3)检修; (4)检修; (5)适当调整搅拌器转速
润滑点供油不足	(1)油嘴堵塞; (2)干油泵工作不正常; (3)管接头连接不当	(1)清除堵塞物; (2)检修; (3)紧固
给料不正常	给料管堵塞	检修管路并清洗
控制不正常	电路失灵、组件损坏	按电气原理图检修

15.8.3 压滤机的使用

15.8.3.1 开车、停车

压滤机为全自动间断生产的设备,每完成一个工作循环,即完成一次开车、停车过程,其工作程序如下：

（1）启动电机—油泵，靠液压推动头板，压紧滤板。

（2）开动给料泵，将矿浆从尾板给料机输入滤室。

（3）压滤。成饼后停止给料。

（4）返回头板，松开滤板。

（5）卸饼。

上述工作程序完成后，即完成一个工作循环。

15.8.3.2　运转

运转中应注意的事项为：

（1）运转过程要经常注意检查给料系统、液压系统、传动系统、程序控制系统、头板、尾板、滤板及滤布是否处于良好状态。

（2）给料浓度控制在40%～60%，粒度应在0.5mm以下，给料压力视物料特性而定，一般为0.4～0.6MPa。

（3）定期清洗滤布，以保证其透水性和滤室的密封性。

（4）为控制滤饼水分应保证入料时间和入料压力。

（5）卸料时每拉一块滤板的时间一般控制在7～10s为宜，该时间由调速阀调节。

15.8.3.3　运转中的故障及处理方法

压滤机运转中的故障及处理方法，见表15－22。

表15－22　运转中的故障及处理方法

常见故障	故障原因	消除方法
液压系统流量不足	（1）低压泵不排油； （2）顺序阀调定压力过低或阀芯在开口位置被卡住； （3）滤油器堵塞； （4）油箱油面太低，油泵吸空； （5）液压油黏度大，吸油困难； （6）泵内零件磨损严重，内泄大	（1）检修油泵； （2）检修顺序阀； （3）清洗滤油器； （4）应补油； （5）换油或提高油温； （6）检修或更换油泵
液压系统压力不足	（1）油泵故障； （2）溢流阀故障； （3）有泄漏处	（1）检修油泵； （2）调整或检修溢流阀； （3）修好
油缸油管发生冲击摆动	单向节流阀节流口过大	关小单向节流阀节流口
头板返回转换为拉板 头板返回又前移	（1）电气故障； （2）油缸内留有空气	（1）查找并检修； （2）拧松放气油塞，排尽空气
拉板故障	（1）压力继电器弹簧压缩量过大或过小； （2）拉板速度过快或过慢	（1）调整压力继电器弹簧压缩量； （2）调整调速阀，使拉一块滤板时间为7～10s
喷　浆	（1）滤板边框部位夹入料饼； （2）滤板底部边框残存污泥太多； （3）入料浓度太低	（1）应及时清洗； （2）应及时清洗； （3）提高入料浓度至50%左右

续表 15-22

常见故障	故障原因	消除方法
不成饼	(1)入料粒度太大; (2)入料粒度太小,过滤性能差; (3)入料浓度太低	(1)改进上道工序; (2)提高入料压力; (3)提高入料浓度
滤布损坏太快	入料粒度太大	改进上道工序
滤液管出黑水	滤布破漏或滤布压圈安装不严密	缝补或更换滤布
滤板倾斜	滤板底部积存污泥太多	应及时清洗

15.9 过滤机的维修

15.9.1 真空过滤机的维修

目前国内各有关有色、黑色金属选矿厂,所用的真空过滤机有筒形内滤、筒形外滤、磁滤、盘式和陶瓷盘式等多种型号、规格的过滤机,其维修方式、内容、周期和方法各不相同,为此仅介绍共有部件的维修。

15.9.1.1 滤布

滤布作为一种过滤介质,对过滤效果有着十分重要的影响。合适的滤布,能大大改善过滤指标、提高过滤机台时处理量、降低滤饼水分和作业成本。为此,必须因地制宜根据不同矿物性质,合理选择相适应的滤布。目前滤布使用周期一般为1~3个月不等,在生产过程中应根据各种过滤机的具体要求,对滤布进行清洗,如发现孔洞或破损,要及时修补或更换。

15.9.1.2 滤盘、滤板

盘式过滤机的滤盘、筒形过滤机的滤板,是真空过滤机的重要过滤部件,必须有足够的强度、耐久性和抗疲劳强度。盘式真空过滤机的滤盘、筒形真空过滤机的滤板,都是用一次注塑而成的高强度工程塑料,生产过程中由于真空和吹风压力的不断变化、滤液中固体颗粒的磨损,使之产生局部变形和磨损,应及时予以更换。陶瓷盘式真空过滤机是近年新研制成功的一种新型过滤机,不使用滤布,利用毛细效应原理用于脱水过滤,其滤盘是用亲水性材料,烧结氧化铝制成,为保持稳定的过滤效果,应按要求清洗滤盘。

15.9.1.3 主轴传动装置

主轴传动装置由调速或变频电机、减速器、小齿轮、大齿轮、皮带等组成,其维修按其常用的通用方法进行。

15.9.1.4 主轴

中心主轴用厚壁钢管制成,它具有足够的刚性和强度承受扭矩和弯矩,一般不会出现什么大问题,但由于长时期的生产运行,可能会出现变形、磨损或裂纹,应根据其程度,进行修补或更换。

15.9.1.5 配气装置

配气装置是控制过滤机作业过程的关键部件,由分配盘和错气盘组成,由于长时期的生产运行磨损而漏气时,应及时进行研磨修理,磨损严重时更换。

15.9.1.6　滤液管

滤液管是过滤机最重要的过流部件，过滤时全部滤液要经过滤液管排出，且流速转快。由于滤液中含有一部分固体颗粒，特别是在滤布损坏时，滤液中所含固体颗粒增加，对滤液管磨损加剧，使得滤液管非正常磨损的因素增多，应及时检查，发现损坏及时更换。

15.9.2　压滤机的维修

压滤机在黄金选矿厂、氰化厂和铁选矿厂得到了应用和推广，根据维修特点，其维修修复件少，维修更换件多。

15.9.2.1　滤布

压滤过程中，滤布要保持平整，不允许有褶皱，视情况对滤布进行清洗。经常检查滤布，如有破漏，要及时缝补、更换。缝补时，应先将破漏处剪掉，然后缝补。

15.9.2.2　滤板

压滤机滤板材料有：球墨铸铁、超分子量聚乙烯、玻纤增强聚丙烯。滤板尺寸必须精确，如有变形、磨损，必须更换。

15.9.2.3　液压系统

具体如下：

(1)经常保持液压系统整洁，严防杂物侵入而造成故障。

(2)定期给液压系统补油、换油，并清洗滤油器。

(3)液压系统油温低于10℃时，要用加热器提高油温。

(4)维修好油泵，使其处于良好的工作状态。

(5)经常注意检查顺流阀、溢流阀、节流阀、单向阀、调压阀、换向阀的工作状态，不能灵敏动作，及时更换。

15.9.2.4　电气系统

按照控制关系，仔细检查限位开关、电接点压力表、接近开关、中间继电器等元件是否损坏、是否接触不良、线头是否脱落等，并及时修理。

参考文献

[1] 中华人民共和国国家标准．选矿机械设备工程安装验收规范[S]. GB 50377—2006，北京：中国计划出版社，2006：49 ~ 55.

[2] 沈阳矿山机器厂．GN 筒形内滤式真空过滤机产品说明书[S].

[3] 中钢集团马鞍山矿山研究院，中钢集团安徽天源科技股份有限公司．ZPG 系列盘式真空过滤机及过滤系统．

[4] 山东煤矿莱芜机械厂．X_A^MZ 系列压滤机使用说明书[S].

[5]《选矿手册》编委会．选矿手册(第四卷)[M]. 北京：冶金工业出版社，1991：61 ~ 116.

[6]《中国选矿设备手册》编委会．中国选矿设备手册(下册)[M]. 北京：科学出版社，2006：939 ~ 1050.

[7] 王运敏，田嘉印，王化军，等．中国黑色金属矿选矿实践(上册)[M]. 北京：科学出版社，2008：1220 ~ 1228.

[8]《选矿设计手册》编委会．选矿设计手册[M]. 北京：冶金工业出版社，1988：274 ~ 288.

[9] 中华人民共和国冶金工业部．冶金工人技术理论培训教材：选矿过滤工(中级本)[M]. 北京：冶金工业部，1985：51 ~ 92.